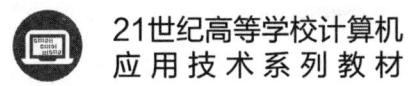

21世纪高等学校计算机
应用技术系列教材

计算机组成原理

微课视频版

张光河　主编

清华大学出版社
北京

内 容 简 介

本书按照普通高等院校计算机专业本科的教学要求，并根据"计算机组成原理"课程教学大纲及硕士研究生入学考试的要求编写而成。全书共分为7章：第1章介绍了计算机组成原理的基本知识，具体包括计算机的由来和分类、计算机的组成和发展历程、计算机的性能指标和典型应用等；第2章介绍了计算机运算的方法，包括数制与编码、定点数与浮点数的算术运算等；第3章介绍了存储器相关的知识，包括存储器概述、主存储器、高速缓冲存储器和虚拟存储器等；第4章介绍了指令系统，包括指令系统简介、指令格式、寻址方式、复杂指令集和精简指令集等；第5章重点介绍了计算机的核心部件中央处理器，主要包括中央处理器简介、指令执行过程、数据通路与时序产生器、硬布线控制器、微程序控制与设计、指令流水线与冲突处理等知识；第6章介绍了总线，包括什么是总线、总线的结构和分类、总线仲裁、总线通信与定时等知识；第7章介绍了输入输出系统简介，包括输入输出系统、输入输出接口、程序查询方式、程序中断方式、DMA方式和通道方式等。

本书可作为普通高等院校"计算机组成原理"课程的教材，尤其适合考研的同学使用，也可供计算机及相关专业的教学人员、科研人员或其他相关人员使用。高职高专类学校也可以选用本教材，使用时可以根据学校和学生的实际情况略去某些内容。

版权所有，侵权必究。举报：010-62782989，beiqinquan@tup.tsinghua.edu.cn。

图书在版编目（CIP）数据

计算机组成原理：微课视频版／张光河主编．－－北京：清华大学出版社，2024.12．
（21世纪高等学校计算机应用技术系列教材）．－－ ISBN 978-7-302-67852-6

Ⅰ．TP301

中国国家版本馆 CIP 数据核字第 20246W06M3 号

责任编辑：贾　斌
封面设计：刘　键
责任校对：徐俊伟
责任印制：刘　菲

出版发行：清华大学出版社
网　　址：https://www.tup.com.cn，https://www.wqxuetang.com
地　　址：北京清华大学学研大厦A座
邮　　编：100084
社 总 机：010-83470000
邮　　购：010-62786544
投稿与读者服务：010-62776969，c-service@tup.tsinghua.edu.cn
质量反馈：010-62772015，zhiliang@tup.tsinghua.edu.cn
课件下载：https://www.tup.com.cn，010-83470236

印 装 者：北京同文印刷有限责任公司
经　　销：全国新华书店
开　　本：185mm×260mm
印　　张：20.5
字　　数：509千字
版　　次：2024年12月第1版
印　　次：2024年12月第1次印刷
印　　数：1～1500
定　　价：59.80元

产品编号：093024-01

前言

本书是根据普通高等院校计算机专业本科的教学要求，并按照"计算机组成原理"教学大纲的规定，同时重点参考全国硕士研究生入学考试"计算机组成原理"的考试大纲编写的。全书不仅系统地讲解了"计算机组成原理"相关的基础知识、基本概念和基本方法，还针对考研相关的知识点进行了重点讲解。作者在总结近年来本课程教学工作经验的基础上，结合本课程及专业的发展趋势、前导课程及后续课程的情况安排了本书的内容。

"计算机组成原理"是计算机专业的核心课程之一，近年来越来越多的高校硕士研究生入学考试都采用408考研科目，这意味着本课程对于广大考研的学生而言，是一门必考专业课。作者在设计和挑选教材内容时，做到了双覆盖（既全覆盖考研内容，又全覆盖教学大纲涉及的内容），在使用这一教材时，可以参考以下建议。

（1）由于授课时发现部分学生在学习本课程时都不太记得如数制和编码、数据的表示方法等内容，因此在本书第2章中仍保留了这些内容以便学生更好地进入学习状态。若在授课时发现学生基础相当扎实，本章内容可以选讲甚至略过不讲。

（2）在第3章介绍虚拟存储器时，简单描述了页式、段式和段页式3种虚拟存储器，这可能与"操作系统"（408考研科目之一）课程中的部分内容重复，教师授课时亦可根据学生的实际情况选择跳过与否。

（3）在第5章中介绍的流水线相关内容，在"计算机体系结构"或"计算机系统结构"等相关课程中亦有提及，教学过程中是否讲解可酌情处理。

本书重点突出，语言精炼易懂，便于自学，既可作为高等院校计算机及相关专业的教材，又可以作为考研学子的首选教材，或是工程技术人员的参考书。本书的前导课程为"数字逻辑"，教学安排推荐学时数为64（每周4节课，共授课16周），并可以根据学校的实际情况适当开展基于某些教学实验箱的教学实验。

值得特别说明的是，本书配套的电子资源包括教学课件、习题及解答、教案、教学大纲等，后续还将推出与考研相关的资源。

参加本书编写的还有刘芳华老师，本书出版还得到了清华大学出版社贾斌编辑的大力支持和帮助，在此深表感谢！感谢在本书编写过程中给予过支持和帮助的惠敏和李钦华等同学！

在编写本书的过程中，作者参阅了大量的相关教材和专著，也在网上查阅了很多资料，在此向各位原著作者致敬和致谢！

由于作者水平有限，书中难免存在各种不妥或错误，恳请读者批评指正。

作　者
2024年10月

视频讲解

| 第1章 | 绪论 | 1 |

 1.1 计算机简介 ……………………………………………………………………… 1
  1.1.1 计算机的由来 …………………………………………………………… 1
  1.1.2 计算机的分类 …………………………………………………………… 2
 1.2 计算机的组成 ……………………………………………………………………… 3
  1.2.1 计算机硬件 ……………………………………………………………… 3
  1.2.2 计算机软件 ……………………………………………………………… 5
 1.3 计算机发展历程 …………………………………………………………………… 8
 1.4 计算机的性能指标 ………………………………………………………………… 13
 1.5 计算机的应用 ……………………………………………………………………… 15
 1.6 小结 ………………………………………………………………………………… 21

第2章 计算机运算方法 ………………………………………………………………… 22

 2.1 数制与编码 ………………………………………………………………………… 22
  2.1.1 数制及其转换 …………………………………………………………… 22
  2.1.2 真值和机器数 …………………………………………………………… 29
  2.1.3 BCD码 …………………………………………………………………… 35
  2.1.4 字符与字符串 …………………………………………………………… 37
  2.1.5 校验码 …………………………………………………………………… 41
 2.2 定点数与浮点数的表示方法 ……………………………………………………… 49
  2.2.1 定点数表示方法 ………………………………………………………… 49
  2.2.2 浮点数表示方法 ………………………………………………………… 51
  2.2.3 定点数与浮点数的比较 ………………………………………………… 58
 2.3 定点数移位运算 …………………………………………………………………… 59
  2.3.1 算术移位的规则 ………………………………………………………… 59
  2.3.2 算术移位的实例 ………………………………………………………… 60
  2.3.3 算术移位和逻辑移位的差别 …………………………………………… 62
 2.4 定点数加法和减法运算 …………………………………………………………… 63
  2.4.1 运算规则 ………………………………………………………………… 63
  2.4.2 运算实例 ………………………………………………………………… 65
  2.4.3 溢出判断 ………………………………………………………………… 67
 2.5 定点数乘法运算 …………………………………………………………………… 69

            2.5.1 乘法运算 …………………………………………………………………… 69
            2.5.2 原码一位乘法 ………………………………………………………… 71
            2.5.3 原码二位乘法 ………………………………………………………… 73
            2.5.4 补码一位乘法 ………………………………………………………… 76
            2.5.5 补码二位乘法 ………………………………………………………… 82
    2.6 定点数除法运算 ……………………………………………………………………… 84
            2.6.1 除法运算 ……………………………………………………………… 84
            2.6.2 原码一位除法 ………………………………………………………… 85
            2.6.3 补码一位除法 ………………………………………………………… 88
    2.7 浮点数算术运算 ……………………………………………………………………… 90
            2.7.1 浮点数加减运算 ……………………………………………………… 90
            2.7.2 浮点数乘除运算 ……………………………………………………… 93
            2.7.3 浮点运算器 …………………………………………………………… 97
    2.8 算术逻辑单元 ………………………………………………………………………… 100
            2.8.1 算术逻辑单元简介 …………………………………………………… 100
            2.8.2 串行加法器和并行加法器 …………………………………………… 101
            2.8.3 算术逻辑运算的实现 ………………………………………………… 105
            2.8.4 定点运算器 …………………………………………………………… 107
    2.9 小结 …………………………………………………………………………………… 108

第 3 章 存储器 ……………………………………………………………………………… 110

    3.1 存储器概述 …………………………………………………………………………… 110
            3.1.1 存储器分类 …………………………………………………………… 110
            3.1.2 存储器的主要技术指标 ……………………………………………… 113
            3.1.3 存储器层次结构 ……………………………………………………… 114
    3.2 主存储器 ……………………………………………………………………………… 115
            3.2.1 主存储器简介 ………………………………………………………… 115
            3.2.2 随机存储器 …………………………………………………………… 117
            3.2.3 只读存储器 …………………………………………………………… 127
            3.2.4 闪速存储器 …………………………………………………………… 129
    3.3 存储器与 CPU 的连接 ……………………………………………………………… 131
            3.3.1 存储容量的扩展 ……………………………………………………… 131
            3.3.2 存储芯片的地址分配和片选 ………………………………………… 133
            3.3.3 存储器与 CPU 连接的实现 ………………………………………… 134
    3.4 并行存储器 …………………………………………………………………………… 137
            3.4.1 双端口 RAM …………………………………………………………… 137
            3.4.2 多模块存储器 ………………………………………………………… 138
    3.5 高速缓冲存储器 ……………………………………………………………………… 141
            3.5.1 高速缓冲存储器简介 ………………………………………………… 141

3.5.2　地址映射与转换 ·· 144
　　　3.5.3　替换策略 ·· 147
　　　3.5.4　Cache 的一致性问题 ·· 147
　　　3.5.5　Cache 性能分析 ·· 149
　　　3.5.6　相联存储器 ·· 150
　3.6　虚拟存储器 ··· 151
　　　3.6.1　虚拟存储器简介 ·· 152
　　　3.6.2　页式虚拟存储器 ·· 153
　　　3.6.3　段式虚拟存储器 ·· 155
　　　3.6.4　段页式虚拟存储器 ··· 157
　　　3.6.5　快表 ·· 158
　　　3.6.6　虚拟存储器的替换算法 ··· 159
　3.7　外部存储器 ··· 160
　　　3.7.1　外部存储器简介 ·· 160
　　　3.7.2　磁表面存储器 ··· 161
　　　3.7.3　闪速存储器 ·· 166
　　　3.7.4　光存储器 ··· 168
　3.8　小结 ·· 169

第 4 章　指令系统 ··· 170

　4.1　指令系统简介 ·· 170
　　　4.1.1　指令系统的发展历程 ·· 170
　　　4.1.2　指令系统的性能指标 ·· 172
　　　4.1.3　常用指令的分类情况 ·· 173
　4.2　指令格式 ·· 176
　　　4.2.1　指令格式简介 ··· 176
　　　4.2.2　操作码 ··· 177
　　　4.2.3　地址码 ··· 178
　　　4.2.4　指令字长度与扩展方法 ··· 181
　　　4.2.5　典型指令格式实例 ··· 183
　4.3　寻址方式 ·· 186
　　　4.3.1　指令寻址 ·· 186
　　　4.3.2　数据寻址 ·· 188
　　　4.3.3　寻址方式举例 ··· 197
　4.4　复杂指令集和精简指令集 ·· 201
　　　4.4.1　复杂指令集简介 ·· 201
　　　4.4.2　精简指令集简介 ·· 202
　　　4.4.3　CISC 和 RISC 的比较 ··· 205
　4.5　小结 ·· 206

第 5 章 中央处理器 207

5.1 中央处理器简介 207
5.1.1 中央处理器的功能 207
5.1.2 中央处理器的基本结构 208

5.2 指令执行过程 211
5.2.1 指令周期的基本概念 211
5.2.2 指令周期的数据流 213
5.2.3 指令的串行与并行执行 215

5.3 数据通路与时序产生器 216
5.3.1 数据通路的功能和基本结构 216
5.3.2 时序产生器与控制方式 218

5.4 硬布线控制器 221
5.4.1 硬布线控制器简介 221
5.4.2 硬布线逻辑设计 222

5.5 微程序控制与设计 225
5.5.1 微程序控制简介 225
5.5.2 微程序设计 227

5.6 指令流水线与冲突处理 232
5.6.1 流水线简介 232
5.6.2 典型流水线技术 236

5.7 中央处理器的实例 238
5.7.1 Intel 和 AMD 系列处理器 238
5.7.2 ARM 系列处理器 243

5.8 小结 246

第 6 章 总线 247

6.1 总线的概述 247
6.1.1 总线的概念 247
6.1.2 总线的特性 249

6.2 总线的结构和分类 250
6.2.1 总线的结构 250
6.2.2 总线的分类 253
6.2.3 总线的性能指标 255

6.3 总线仲裁 257
6.3.1 集中仲裁方式 257
6.3.2 分布仲裁方式 259

6.4 总线通信与定时 261
6.4.1 信息的传送方式 261
6.4.2 总线的定时 264

6.5　总线标准 ··· 269
　　6.5.1　ISA 和 EISA 总线 ··· 269
　　6.5.2　PCI 和 AGP 总线 ·· 270
　　6.5.3　USB 总线 ··· 273
　　6.5.4　其他类型的总线 ·· 274
6.6　小结 ··· 276

第 7 章　输入输出系统 ·· 277

7.1　输入输出系统简介 ·· 277
　　7.1.1　输入输出系统的基本概念 ·· 277
　　7.1.2　输入输出设备的分类 ·· 278
　　7.1.3　输入输出系统的发展概况 ·· 279
7.2　输入输出设备 ·· 281
　　7.2.1　输入设备 ··· 281
　　7.2.2　输出设备 ··· 284
　　7.2.3　输入输出设备 ··· 286
7.3　输入输出接口 ·· 287
　　7.3.1　接口概述 ··· 287
　　7.3.2　接口的组成与功能 ··· 288
　　7.3.3　接口的类型 ·· 290
　　7.3.4　输入输出端口及其编址方式 ······································ 291
7.4　程序查询方式 ·· 291
　　7.4.1　程序查询方式的基本概念 ·· 291
　　7.4.2　程序查询方式的工作流程 ·· 293
7.5　程序中断方式 ·· 295
　　7.5.1　中断的基本概念 ·· 295
　　7.5.2　程序中断方式的工作流程 ·· 296
　　7.5.3　程序中断方式的基本 I/O 接口 ··································· 300
　　7.5.4　多重中断和中断屏蔽技术 ·· 301
7.6　DMA 方式 ·· 304
　　7.6.1　DMA 方式的基本概念 ·· 304
　　7.6.2　DMA 控制器的功能与组成 ······································· 306
　　7.6.3　DMA 传送方式 ··· 308
　　7.6.4　DMA 传送过程 ··· 310
7.7　通道方式 ·· 312
　　7.7.1　通道的作用和功能 ··· 312
　　7.7.2　通道的类型 ·· 313
　　7.7.3　通道的工作过程 ·· 314
7.8　小结 ··· 315

参考文献 ··· 316

绪论

计算机组成指的是系统结构的逻辑实现,包括计算机内的数据流和控制流的组成及逻辑设计等。计算机组成的任务是在指令集系统结构确定分配给硬件系统的功能和概念结构之后,研究各组成部分的内部构造和相互联系,以实现机器指令集的各种功能和特性。计算机组成要解决的问题是在所希望达到的性能和价格下,怎样最佳、最合理地用各个设备和部件组成计算机。

本章主要从整体上介绍计算机的产生、组成、发展历程及性能指标,最后给出计算机的主要应用领域。

1.1 计算机简介

1.1.1 计算机的由来

从目前已经公开的资料来看,计算机该从 1940 年 1 月贝尔实验室的 Samuel Williams 和 Stibitz 成功制造了一个能进行复杂运算的设备开始算起,这个设备大量使用了继电器,并且借鉴了一些电话技术,同时采用了先进的编码技术。

Atanasoff 和 Berry 在 1941 年夏季完成了能解线性代数方程的计算机,取名 ABC (Atanasoff-Berry Computer),它用电容作存储器,用穿孔卡片作辅助存储器,时钟频率是 60Hz,每秒完成一次加法运算。

1941 年 12 月,德国人 Zuse 完成了 Z3 计算机的研制。这是第一台可编程的电子计算机,它使用了大量的真空管,每秒能完成 3~4 次加法运算,需要 3~5s 才能完成一次乘法。

从 1943 年到 1959 年的计算机通常被称作第一代计算机。这代计算机的特点是使用真空管,所有的程序都是用机器代码编写,并使用穿孔卡片作为辅助存储器。

在 1943 年 1 月,自动顺序控制计算机 Mark I 在美国研制成功,该机器有 51 英尺长,重 5 吨,75 万个零部件,使用了 3304 个继电器,60 个开关作为机械只读存储器。通过将程序存储在纸带上,并从纸带或卡片阅读器上读取数据,该机器用来为美国海军计算弹道火力表。

Max Newman、Wynn-Williams 和他们的研究小组在 1943 年 4 月研制成功具有划时代的意义的 Heath Robinson,严格说来,它不是一台计算机,而是一台密码破译机。它使用了一些逻辑部件和真空管,其光学装置每秒钟能读入 2000 个字符。

1943 年 9 月,Williams 和 Stibitz 完成了 Relay Interpolator,后来命名为 Model II Relay Calculator。这是一台可编程计算机,同样使用纸带输入程序和数据。在该计算中,每个数用 7 个继电器表示,它可以进行浮点运算。

英国于1943年12月推出了最早的可编程计算机,包括2400个真空管,目的是破译德国的密码,每秒能翻译大约5000个字符,但使用完后不久就遭到了毁坏(据说是因为在翻译俄语的时候出现了错误)。

由John W. Mauchly和J. Presper Eckert于1943年开始研制的ENIAC(Electronic Numerical Integrator and Computer)是第一台真正意义上的数字电子计算机,它重30吨,有18000个电子管,功率25千瓦,主要用于计算弹道和氢弹的研制。尽管ENIAC极为庞大、不仅运行时极为耗电,而且需要手工拨动开关和拔插电缆来编制和运行程序,但它比同时代任何已知的机械计算装置要快得多,能实现每秒5000多次的加法运算。

ENIAC的出现标志着人类使用的计算工具进入了电子时代,这是人类发展史上一个里程碑的事件,它具有划时代的意义。尽管ENIAC于1995年正式退役之后就一直保存在美国国立博物馆中供人参观,但它确实开启了一个伟大的时代。从ENIAC出现到现在的短短几十年中,计算机及其相关技术已经渗透到各行各业,与我们的日常生活密不可分,它极大地促进了生产力的发展,丰富和便利了我们的生活。

1.1.2 计算机的分类

计算机是一种由硬件和软件组成的复杂设备,从信息的表现形式和被处理信息的类型来看,可以将其分为模拟计算机和数字计算机。模拟计算机的应用范围较小,而数字计算机应用则十分广泛,俗称电脑,它被认为是20世纪人类最伟大的科学技术产品之一。我们可以从不同角度对计算机进行分类,具体如下。

1. 从用途上对计算机进行分类

若从用途上对计算机进行分类,可以将其可分为专用计算机和通用计算机两大类,其中专用计算机是指仅能在某一专业领域使用或仅用于解决特定问题的计算机,如计算导弹弹道的专用计算机,控制轧钢过程的轧钢控制计算机,这类计算机的特点是速度快、可靠性高,且结构简单、价格便宜,不足之处是适应性差;而通用计算机则是指各行业、各种工作环境都能使用的计算机,例如学校、家庭、工厂、医院、公司等普通用户使用的就是通用计算机,又如,平时在网上或实体店购买的品牌机、兼容机也都是通用计算机。通用计算机不但能办公,还能家用(如上网购物)或娱乐(如上网玩游戏)等。

2. 从计算机的规模进行分类

若从计算机的规模进行分类,可将其分为巨型机(指同时执行数百万用户的指令的计算机)、大型机(指同时执行数万用户的指令的计算机)、中型机(指同时执行数千用户的指令的计算机)、小型机(指同时执行数百用户的指令的计算机)和微型机(指单用户的计算机)。

注意:执行用户的指令数量只有参考意义,不可以作为绝对标准。

3. 根据计算机的综合性能指标进行分类

若根据计算机的综合性能指标并结合计算机应用领域,可将计算机分为高性能计算机(俗称超级计算机,如神威2020)、微型计算机(如台式计算机和笔记本计算机)、工作站(一种高档的微型计算机,通常配有高分辨率的大屏幕显示器及容量很大的内存储器和外部存储器,主要面向专业应用领域,具备强大的数据运算与图形、图像处理能力)、服务器(在网络环境下为网上多个用户提供共享信息资源和各种服务的一种高性能计算机)和嵌入式计算机(指嵌入到对象体系中,实现对象体系智能化控制的专用计算机系统,如智能电饭煲)。

4. 按计算机所使用的操作系统进行分类

若按计算机所使用的操作系统分类，可将其分为使用单用户操作系统（如 MS-DOS）的计算机、使用多用户操作系统（如 Windows 或 Linux）的计算机、使用网络操作系统（如 Ubuntu Server 或 Windows Server）的计算机和使用实时操作系统（如 uCOS）的计算机。

1.2 计算机的组成

一台完整的计算机应该包括硬件和软件两部分，它们协同工作才能使计算机正常运行并发挥出作用。因此，对计算机的认识不能只关注硬件部件，如 CPU、硬盘、内存和主板等，而还应该考虑到计算机软件部分，包括操作系统和上层应用软件。若将整个计算机的软硬件看作是一个系统，从程序设计的角度可将其分为 7 个层次，如图 1-1 所示。

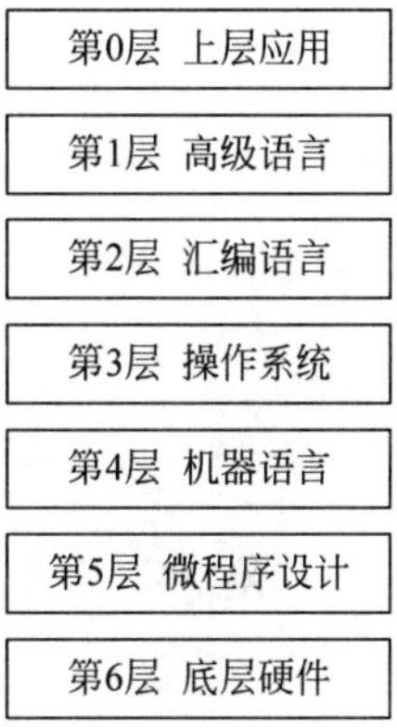

| 第0层 上层应用 |
| 第1层 高级语言 |
| 第2层 汇编语言 |
| 第3层 操作系统 |
| 第4层 机器语言 |
| 第5层 微程序设计 |
| 第6层 底层硬件 |

图 1-1 计算机组成的层次结构

第 0 层为上层应用，主要包括日常使用的一些办公软件、图像处理软件、视频编辑和处理软件等。如 WPS Office、美图秀秀和绘声绘影等应用软件；这一层可以用软件提供的接口进行可视化编程完成批量操作（如在 WPS Office 中就可以启用宏来编写代码处理相应的事务）。

第 1 层为高级语言，包括与计算机的硬件结构及指令系统无关，独立于机器的各种面向过程或对象的编程语言。如面向对象语言 Java 和 Python 等，这一层可由应用程序开发人员使用高级语言进行编程实现各种功能（如开发一个在线考试系统）。

第 2 层为汇编语言，它也被称为符号语言，包括用于电子计算机、微处理器、微控制器或其他可编程器件的低级语言。如 8086 系列汇编语言和 ARM 系列汇编语言等，这一层可由程序员使用汇编语言进行编程实现相应的功能（如底层硬件驱动）。

第 3 层为操作系统，它是管理计算机硬件与软件资源的计算机程序。如常用的桌面操作系统 Windows 和 Linux，这一层可由操作系统的开发人员实现相应的功能（如实现文件查找）。

第 4 层为机器语言，该语言是机器能直接识别的程序语言或指令代码，无需经过翻译，每一操作码在计算机内部都有相应的电路来完成它，也可以指不经翻译即可被机器直接理解和接受的程序语言或指令代码，这一层可由程序员使用机器语言进行编程实现相应的功能。

第 5 层为微程序设计，包括静态微程序设计和动态微程序设计两大类。该技术通过使用规整的存储逻辑代替不规则的组合（硬布线）逻辑来实现计算机控制器功能。每一条指令启动一串微指令，这串微指令称为微程序，它们存放在控制存储器中，通过修改控制存储器内容可以改变计算机的指令，这一层可由计算机的设计人员实现。

第 6 层为底层硬件，主要包括 CPU、内存、主板、硬盘驱动器、光盘驱动器、各种扩展卡、连接线、电源、鼠标、键盘等，这一层可由硬件设计人员实现。

1.2.1 计算机硬件

计算机硬件（Computer Hardware）是指计算机系统中由电子、机械和光电元器件等组成的各种物理装置的总称。这些物理装置按系统结构的要求构成一个有机整体为计算机软件运行提供基础。简而言之,计算机硬件的功能是输入并存储程序和数据,以及执行程序把数据加工成可以利用的形式。

从计算机之父冯·诺依曼提出的计算机运行原理和体系架构来看,计算机的硬件分成5大组成部件:运算器、控制器、存储器、输入设备和输出设备,如图1-2所示。该计算机以运算器为中心,输入输出设备与存储器间的数据传送通过运算器完成,指令和数据存放于存储器中(指令在存储器内按顺序存放),均以二进制数表示,并可以按地址访问,其中指令由操作码(用于表示操作的性质)和地址码(用于表示操作数在存储器中的位置)组成。

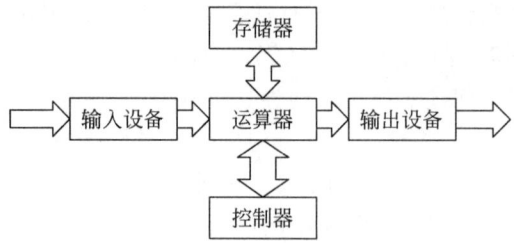

图 1-2 以运算器为中心的计算机

在图1-2中,计算机的五大部分功能分别为:运算器用来完成算术运算和逻辑运算,并将运算的中间结果暂存在运算器内;控制器用来控制数据的输入、程序的运行以及运算结果的处理;存储器用来存放数据和程序;输入设备用来帮助人们将信息转换为计算机能识别的形式;输出设备则将计算机的运算结果展示给人们。

现代计算机已经转换为如图1-3所示的结构,与冯·诺依曼提出的计算机不同,它以存储器为中心。

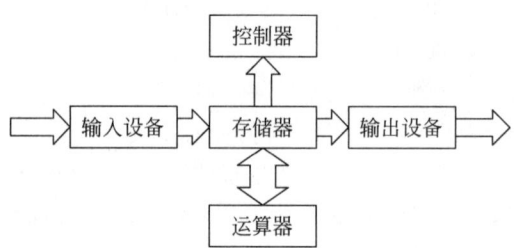

图 1-3 以存储器为中心的计算机结构

在大规模集成电路技术被广泛使用后,运算器和控制器通常被集成在同一芯片上,作为计算机的两大核心部件,它们通常被统称为中央处理单元(Central Processing Unit,CPU,也称中央处理器,简称处理器),此时的运算器通常包括寄存器(如累加器 Accumulator,Acc)和算术逻辑单元(Arithmetic and Logic Unit,ALU),它用来完成算术逻辑运算。控制器是计算机的指挥中心,它负责决定执行程序的顺序,给出执行指令时机器各部件需要的操作控制命令。相应的就被称为控制单元(Control Unit,CU),它用来解释存储器中的指令,并发出各种操作命令来执行指令。在 CPU 的内部还有一些被称为寄存器的高速存储单元,它们用于为处理器提供操作所需要的数据。

通常在实际应用中,把 CPU 和主存储器(简称主存,也称内存)称为主机,而把输入设备和输出设备统称为外部设备,简称外设或 I/O(Input/Output)设备,如图1-4所示。

主存储器包括存储体、各种逻辑部件和控制电路等,其中存储体由许多存储单元组成,

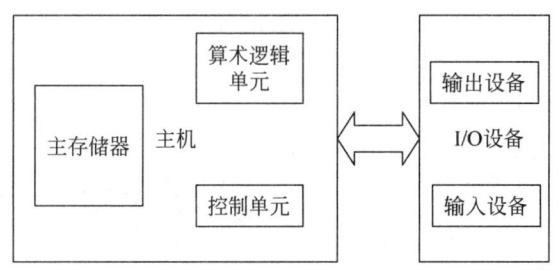

图 1-4 实际应用中的计算机结构

每个存储单元又包括若干个存储元件,它们能存储一位二进制数据(0 或 1)。这也就是说,一个存储单元可以存储若干位二进制数据(即存储字长)。通常按存储单元的地址号来实现对存储字各位的存取,这被称为按地址存取方式。这种存取方式的好处之一是:若需要反复使用某个数据或某条指令,只要指出其地址号即可,这大大提高了存储空间的利用效率。主存储器可分为内部存储器和外部存储器。内部存储器用于存放正在执行的程序和使用的数据,其成本高、容量小,但速度快。外部存储器可用于长期保存大量程序和数据,其成本低、容量大,但速度较慢。

为了实现按地址访问,主存中需要配置存储器地址寄存器(Memory Address Register,MAR)和存储器数据寄存器(Memory Data Register,MDR)。其中,MAR 用来存放待访问的存储单元地址,MAR 的位数将决定存储单元的个数(例如:MAR 的位数为 8,则有 $2^8=256$ 个存储单元),MDR 用来存放从存储体某单元取出的代码或者准备往某存储单元存入的代码,其位数与存储字长相等。

I/O 设备用于接收控制单元发出的控制命令,并完成相应的操作。如常用的输入设备鼠标,它就是通过鼠标接口电路与主机联系,常用的输出设备显示器,它就是通过显示接口电路与主机联系。

1.2.2 计算机软件

计算机之所以能发挥出强大的功能,除了需要硬件系统的支撑外,还与软件系统有着密切的关系。现代的计算机系统都是由若干层软件支撑的,软件是计算机系统设计的重要依据,用户主要是通过软件与计算机进行交流。作为用户与硬件之间的接口界面,软件是管理和使用计算机的技术,它起着充分发挥硬件功能的作用。我们通常把没有任何软件支持的计算机称为"裸机"(Bare-Computer)。

在计算机技术刚刚兴起时,人们只能直接使用机器语言来编写程序,计算机可以直接识别并执行这些程序。然而直接使用机器语言编写程序是一件非常困难的事情,原因如下:首先,机器语言是二进制代码,人脑想要记住很多不同的二进制代码所对应的含义是一件极具挑战的事情;其次,不同的计算机使用的机器语言是不一样的,作为计算机使用者,费了千辛万苦学会了使用一种机器语言编写程序,但不幸的是因为各种原因要面对一台使用不同机器语言的新的计算机,非常有可能是在 A 计算机中 00 代表加,01 代表减,而 B 计算机中 0101 代表减,1011 代表加,这是非常令人恐惧的事情;再次,花费了很多时间和精力编写的程序非常容易出错,原本想有一台计算机可以帮助自己快点完成工作,结果每天总共花在找程序错误上的时间很有可能比不用计算机而是亲自完成这一工作的时间还要多;最后,计算机的价格异常昂贵,普通人无法接受,只能望而却步。

为了编写程序方便,实现计算机为人类服务并造福人类的目标而不是相反,使用计算机的人们用更加容易记忆和理解的汇编语言来编写程序,尽管这种语言无法直接被计算识别和运行,但人们通过使用汇编语言编写的编译器对使用该语言编写的程序进行处理,从而能产生被计算机识别和运行的机器语言程序。通过这种方式来使用计算机,其难度远远小于直接使用机器语言来编写程序,因此使得更多的人开始使用计算机来帮助自己完成各种工作或是利用计算机娱乐。

为了使用某一系列机的汇编语言编写程序,还是需要花很多时间来学习和熟悉这一系列机上使用的汇编语言的,不幸的是不同系列机器的汇编语言很可能是互不相同的,因此人们觉得使用汇编语言编写程序还是不够方便。经过很多人的不懈努力,终于逐渐开发出了简单易懂的高级语言,尽管该语言同汇编语言一样,无法被机器直接识别和运行,而是需要由编译程序来将其翻译成可以直接在机器上运行的程序,但这一语言对于普通人而言,只要稍加学习就能熟练使用,并且可以不用考虑机器本身的差异,这使得越来越多的人都开始使用计算机。

随着处理的数据越来越多,仅仅使用文件来保存数据会造成有时处理这些数据很不方便(如数据的快速检索),通过将这些数据按指定的格式存入数据库中能够解决上述问题,从而实现更加高效地管理数据。从微型机到大中型机,各种各样的数据库管理软件都被开发出来,用于各个行业里的大量数据管理。

为了更加有效地管理计算机的硬件(如处理器、内存和外设)和软件(如编译程序、数据库和各种应用程序),调度不同用户使用计算机的硬件资源,使多个用户能够共同使用一台计算机,出现了操作系统。它使得绝大部分计算机用户进一步从不同类型的计算机硬件中脱身出来,而只需专注于自己领域的软件,大大降低了计算机使用的门槛。尤其是具有良好人机交互功能、拥有图形界面的操作系统的普及,使计算机更加容易使用,而强大的多媒体处理能力,则使计算机日益成为人们娱乐而不只是办公的家用产品。

计算机软件(Computer Software)是指计算机系统中的程序及其文档。其中,程序是计算任务的处理对象和处理规则的描述,文档是为了便于了解程序所需的阐明性资料。程序必须装入机器内部才能工作,文档一般是给人看的,不一定装入机器。一般来说,计算机软件可分为系统软件和应用软件两大类。

1. 系统软件

系统软件是由计算机厂家或第三方厂家提供的,一般包括操作系统、语言处理程序、计算机语言和数据库系统等。

操作系统是用于管理计算机软硬件资源的一个软件,它能够被硬件读懂,并能使计算机变成具有"思维"能力、能和人类沟通的机器。操作系统是应用程序和硬件沟通的桥梁,它位于各种软件的最底层,是与计算机硬件关系最为密切的系统软件。目前计算机中常见的操作系统为 Windows、UNIX 和 Linux 等。

语言处理程序通常用于将汇编语言或高级语言编写的程序转换为可被机器直接识别或执行的程序,或反之。对于不同的系统,机器语言并不一致,所以任何语言编制的程序,最后都需要转换成机器语言,才能被计算机执行。语言处理程序的任务,就是将各种高级语言的源程序翻译成机器语言表示的目标程序。语言处理程序按对源程序处理方式的不同,可分为解释型程序与编译型程序两大类。前者对源程序的处理采用边解释边执行的方法,并不形成目标程序,这一方式被称作对源程序的解释执行;后者必须先将源程序翻译成目标程序才能执行,这一方式被称作对源程序的编译执行。

计算机语言是面向计算机的人工语言,它是进行程序设计的工具,又被称为程序设计语言。程序设计语言一般可以粗略分为机器语言、汇编语言和高级语言。机器语言是最初级且依赖于硬件的计算机语言,它是用二进制代码表示的。机器语言是计算机唯一可以直接识别和执行的语言;汇编语言则是为了克服机器语言难读、难编、难记和易出错的缺点,人们用与二进制代码指令含义相近的英文缩写词、字母和数字等符号来取代指令代码(如用 ADD 表示运算符号"+"的机器代码)而产生的计算机语言;高级语言是人工设计的语言,因为是对具体的算法进行描述,所以又称算法语言。它是面向问题的程序设计语言,且独立于计算机的硬件,其表达方式接近于被描述的问题,易被人们理解和掌握。用高级语言编写程序,可简化程序编制和测试,其通用性和可移植性好。在计算机上,高级语言程序不能被直接执行,必须将它们翻译成具体的机器语言程序才能执行。

数据库系统主要用于数据处理,如对数据进行存储、分析、综合、排序、归并、检索和传递等操作,用户还可以根据自己对数据的分析、处理的特殊要求编制程序。它由数据库(Data Base,DB)和数据库管理系统(Data Base Management System,DBMS)组成。数据处理在计算机应用中占有很大比例,对于大量的数据如何存储、利用和管理,如何使多个用户共享同一数据资源,是数据处理中必须解决的问题。为此,20 世纪 60 年代末开发出了数据库系统,使数据处理成为计算机应用的一个重要领域。数据系统通常提供与多种高级语言接口,这使得用户在使用高级语言编制的程序时,可以方便地调用数据库中的数据。常用的数据系统有 Oracle、MySQL、SQL Server 等。

2. 应用软件

为解决计算机各类问题而编写的程序称为应用软件,它用于计算机的各个领域,包括各种科学计算的软件和软件包、各种管理软件、各种辅助软件和过程控制软件等。由于计算机的应用日益普及,应用软件的种类和数量在不断增加,功能不断齐全,使用更加方便,通用性越来越强,因此人们只要简单掌握一些基本操作方法就可以利用这些软件进行日常工作的处理。常见的应用软件可以分为以下几种。

办公处理软件:包括文字处理软件和表格处理软件。其中,文字处理软件主要用于编辑各类文件,对文字进行排版、存储、传送及打印等,它可以方便地起草文件、通知、信函等,在办公自动化方面有着重要的作用;表格处理软件主要用于对文字和数据的表格进行编辑、计算、存储和打印等,并具有数据分析、统计和绘图等功能。

图像处理软件:是用于处理图像信息的各种应用软件的总称,如操作系统自带的画图程序、美图秀秀和 Adobe Photoshop 等。

音频播放及处理软件:包括音频编辑软件和声音播放软件等,其中,音频编辑软件用于对声音数据进行记录、整理与再加工;声音播放软件则用于播放各种音乐文件,它涵盖了各种音乐格式的播放工具。它们不仅界面美观,而且操作简单,给用户带来完美的音乐享受。如 Windows Media Player、网易云音乐、Adobe Audition 和酷我音乐等。

视频播放及处理软件:包括视频剪辑和播放软件等,其中,视频剪辑用于对视频源进行非线性编辑;播放软件用于播放以数字信号形式存储的视频。如暴风影音、Adobe

Premiere 和会声会影等。

专家系统：专家系统是利用某个领域的专家知识来解决某些问题的计算机系统。专家系统由知识库、推理求解以及人机接口三大部分组成。用户通过人机接口进行咨询，求解系统利用知识库中的推理求解后做出答复。目前，在教学、医疗、气象、石油、地质等多种教学系统投入了使用。

1.3 计算机发展历程

整个计算机发展的历程大致可分为以下几个阶段：第一代计算机的标志是电子管；第二代计算机的标志是晶体管；第三代计算机的标志是中小规模集成电路；第四代计算机则是以大规模和超大规模集成电路为基础。很多书籍和文献都有提到第五代计算机甚至是第六代计算机，但学术界和工业界对此提法并没有达成一致。

事实上，就算对于第四代计算机，也尚未被本领域内所有人接受，因为有不少专家学者认为，集成电路是第三代计算机的标志，而对于小规模、中规模、大规模和超大规模的集成电路，仅有量的差别，并无质的不同，这不同于电子管、晶体管和集成电路之间里程碑式的差别，所以强行将其分别划分为第三代和第四代有点牵强，本书作者也认可这一观点，但之所以接下来仍按四代来划分，是因为作者认为第四代计算机中的个人计算机极大地改变了我们普通大众生活的方方面面，直接进入并融合到我们的衣食住行当中，而前面三代计算机似乎距离我们的生活还比较遥远。

1. 第一代计算机

20 世纪 40 年代中期，第二次世界大战进入后期，因战争需要，美国宾夕法尼亚大学电工系由莫利奇和艾克特领导，为美国陆军军械部阿伯丁弹道研究实验室研制了一台用于炮弹弹道轨迹计算的"电子数值积分机和计算机"(Electronic Numerical Integrator and Calculator/Computer，ENIAC)。经过科学家和工程人员的不懈努力，这台叫做"埃尼阿克"的计算机于 1946 年 2 月 15 日在美国举行了揭幕典礼，它占地面积达 $170m^2$，总重量 30 吨，使用了 18000 只电子管，6000 个开关，7000 只电阻，10000 只电容，50 万条线，耗电量 140 千瓦，每秒可进行 5000 次十进制加法运算。尽管这个庞然大物在使用时还需要手动拔插电缆和拨动开关，但在当时仍是算得最快的机器设备。这台计算机的问世，标志着计算工具进入了一个崭新的时代，从现在来看，ENIAC 的出现具有划时代的意义，它使人类从工业社会迈入到信息社会（日常生活中无处不在），是人类文明史的里程碑事件。

20 世纪 50 年代是计算机研制的第一个高潮时期，那时的计算机中的主要元器件都是用电子管制成的。人们通常将用电子管制作的计算机称为第一代计算机，这个时期的计算机发展有 3 个特点，即由军用扩展至民用，由实验室开发转入工业化生产，同时由科学计算扩展到数据和事务处理。以"埃尼阿克"为代表，一批计算机迅速推向市场，形成了第一代计算机族。国际商业机器公司(International Business Machines Corporation，IBM)就是在这一阶段奠定了其在计算机行业的领先地位。

1945 年美籍匈牙利科学家冯·诺依曼以"关于 EDVAC 的报告草案"为题完成了一份报告，在该报告中首次提出了"程序存储"的概念，其基本思想是把一些常用的基本操作都制成电路，每一个这样的操作都用一个数代表，于是这个数就可以让计算机执行某项操作。程序员根据解题的要求,用这些数来编制程序,并把程序同数据一起放在计算机的内存储器里。当计算机运行时,它可以依次以很高的速度从存储器中取出程序里的一条一条指令,逐一予以执行,以完成全部计算的各项操作,它自动从一个程序指令运行到下一个程序指令,其作业顺序可以通过一种称为"条件转移"的指令而自动完成。

由于"程序存储"使全部的计算成为真正的自动过程,因此冯·诺依曼的这份报告被认为是计算机发展史上最伟大的一份文献,它向世界郑重宣告电子计算机的时代正式开始。冯·诺依曼在这份报告中把新机器分为五个部分组成,包括运算器、逻辑控制装置、存储器、输入和输出设备,并描述了这五部分的职能和相互关系,他还建议在电子计算机中采用二进制。通常这种类型的计算机被人们称为"冯·诺依曼机"。

第一代计算机是以电子管为主要电路元件的电子计算机。从 1946 年至 1957 年生产的"电子管计算机"都是第一代计算机。第一代计算机的主要特点是体积较大(10 年以后,在美国生产的同一型号的导弹中,由于改用集成电路元器件,重量只有原来的 1/100,体积与功耗减少到原来的 1/300),运算速度较低,存储容量不大,而且价格昂贵,使用也不方便,为了解决一个问题,所编制的程序的复杂程度难以用语言或文字进行描述。这一代计算机主要用于科学计算,并且只在重要的军事部门或科学研究部门使用。

2. 第二代计算机

美国贝尔实验室于 1954 年研制成功了第一台使用晶体管线路的计算机,取名"催迪克"(TRADIC),它装有 800 个晶体管。1955 年,美国在阿塔拉斯洲际导弹上装备了以晶体管为主要元器件的小型计算机。1958 年,美国的 IBM 公司制成了第一台全部使用晶体管的计算机 RCA501 型。由于第二代计算机采用晶体管逻辑元器件代替了电子管,大量采用磁芯做内存储器,采用磁盘、磁带等做外存储器,使计算机的体积进一步缩小、功耗进一步降低,运算速度从每秒几千次提高到几十万次,主存储器的存储量从几千字提高到几十万字。

1959 年,IBM 公司又生产出全部晶体管化的电子计算机 IBM7090。1961 年,世界上最大的晶体管电子计算机 ATLAS 安装完毕。1964 年,中国制成了第一台全晶体管电子计算机 441-B 型。第二代计算机的主要特点是采用晶体管作为电子器件,生产时间大约从 1958 年到 1964 年,这一段时间晶体管电子计算机经历了从印刷电路板到单元电路和随机存储器,从运算理论到程序设计语言的发展过程,工程技术方面持续的革新使晶体管电子计算机日臻完善。

总的来说,第二代计算机的运算速度比第一代计算机的运算速度提高了近百倍,而体积仅为原来的几十分之一,在软件方面开始使用计算机算法语言。这一代计算机不仅用于科学计算,还用于数据处理和事务处理及工业控制。

3. 第三代计算机

1958 年,德州仪器的工程师 Jack Kilby 通过将 3 种电子元器件结合到一个小小的硅片上,发明了集成电路(Integrated Circuit,IC)。这一事件揭开了第三代计算机的序幕,之后通过将更多的元器件集成到单一的半导体芯片上,计算机变得更小,功耗更低,速度更快,此时集成电路通常指把多个电子元器件集中在几平方毫米的基片上形成的逻辑电路。第三代计算机的基本电子元器件是每个基片上集成几个到十几个电子元器件(逻辑门)的小规模集成电路和每片上几十个元器件的中规模集成电路,并以小规模集成电路(每片上集成几百到几千个逻辑门)、大规模集成电路(Large-Scale Integration,LSI)来构成计算机的主要功能部件。

第三代计算机中软件技术的进一步发展,尤其是操作系统的逐步成熟是其显著特点。多处理机、虚拟存储器系统以及面向用户的应用软件的发展,大大地丰富了计算机软件资源。计算机语言发展到第三代时,就进入了"面向人类"的语言阶段。第三代语言也被人们称为"高级语言",它是一种接近于人们使用习惯的程序设计语言。高级语言允许人们使用英文编写解题的计算机程序,程序中所使用的运算符号和运算式子都和我们日常用的数学式子差不多。高级语言容易学习,通用性强,书写出的程序比较短,便于推广和交流,是很理想的一种程序设计语言。

高级语言发展于20世纪50年代中叶到70年代,有些流行的高级语言已经被大多数计算机厂家采用,固化在计算机的内存里,如BASIC语言(已有不少于128种不同的BASIC语言在流行,当然其基本特征是相同的)。除了BASIC语言外,还有FORTRAN(公式翻译)语言、COBOL(通用商业语言)、C语言、DL/I语言、PASCAL语言和ADA语言等250多种高级语言。这一时期的发展还包括使用了操作系统,使得计算机在中心程序的控制协调下可以同时运行许多不同的程序。

为了充分利用已有的软件,解决软件兼容问题,出现了系列化的计算机。最有影响的是IBM公司研制的IBM-360计算机系列。这个时期的另一个特点是小型计算机的应用。DEC公司研制的PDP-8机、PDP-11系列机以及后来的VAX-11系列机等,都曾对计算机的推广起了极大的作用。

总的来说,第三代计算机的主要特征是以中小规模集成电路为电子元器件,并且出现操作系统,使计算机的功能越来越强,应用范围越来越广,时间大概从1965年到1971年。它们不仅用于科学计算,还用于文字处理、企业管理、自动控制等领域,出现了计算机技术与通信技术相结合的信息管理系统,可用于生产管理、交通管理、情报检索等领域。

4. 第四代计算机

第四代计算机是指从1971年以后采用大规模集成电路和超大规模集成电路(Very Large-Scale Integration,VLSI)为主要电子元器件制成的计算机。通过将CPU浓缩在一块芯片上的微型机的出现与发展,掀起了计算机大普及的浪潮,例如,80386微处理器,在面积约为10mm×10mm的单个芯片上,可以集成大约32万个晶体管。

1969年,英特尔(Intel)公司受托设计一种计算器所用的整套电路,公司的一名年轻工程师费金(Federico Fagin)成功地在4.2mm×3.2mm的硅片上,集成了2250个晶体管。这就是世界上第一个微处理器Intel 4004,它是4位的。在它之后,1972年初又诞生了8位微处理器Intel 8008。1973年出现了第二代微处理器(8位),如Intel 8080(1973年)、M6800(1975年,M代表摩托罗拉公司)和Z80(1976年,Z代表齐洛格公司)等。1978年出现了第三代微处理器(16位),如Intel 8086、Z8000和M68000等。1981年出现了第四代微处理器(32位),如iAPX432、i80386、MAC-32、NS-16032、Z80000和HP-32等,它们的性能与20世纪70年代大中型计算机大致相匹敌。微处理器平均两三年就换一代的速度,这种升级的速度是任何技术也不能比拟的,可谓日新月异。

第四代计算机的一个异常重要的特点是以大规模和超大规模集成电路(VLSI)为基础发展起来的微处理器和微型计算机。在这一阶段,软件行业一日千里,出现了数据库管理系统、网络管理系统和面向对象程序设计语言,这些产品使信息技术(Information Technology,IT)产业成为全球经济的亮点之一。

上述四代计算机的特点可以总结如表 1-1 所示。

表 1-1　四代计算机的特点

分　　类	特　　点	起 止 时 间
第一代计算机	电子管	1946—1957 年
第二代计算机	晶体管	1958—1964 年
第三代计算机	中小规模集成电路	1965—1971 年
第四代计算机	大规模和超大规模集成电路	1972 年至今

需要指出的是，作者查了很多关于四代计算机的起止时间的书籍和资料，结果发现每一代计算机的起止时间并不一致，如第一代计算机有的资料就认为终止时间是 1958 年，即以美国的 IBM 公司制成了第一台全部使用晶体管的计算机 RCA501 为标志。又如第三代计算机的结束时间，有些资料认为是 1971 年，但有些资料认为是 1970 年，笔者认为其标志该是 1969 年英特尔(Intel)公司设计了一个集成电路。

5．最新发展情况

计算机网络是计算机技术和通信技术紧密结合的产物，它涉及通信与计算机两个领域。它的诞生使计算机体系结构发生了巨大变化，在当今社会经济中起着非常重要的作用，它对人类社会的进步做出了巨大贡献。从某种意义上讲，计算机网络的发展水平不仅反映了一个国家的计算机科学和通信技术水平，而且已经成为衡量其国力及现代化程度的重要标志之一。

从 20 世纪 50 年代开始，各种组织或机构使用计算机来管理信息的速度迅速增长。早期由于资金和技术条件的限制，使得当时的计算机都非常庞大和非常昂贵，任何组织或机构都不可能为每一位雇员独立完整地提供一台计算机，而是与很多人共享一台计算机(通常称为服务器)，它被用来存储和组织数据、集中控制和管理整个系统。所有用户都有连接系统的终端设备(通常称为客户机)，通过将数据库录入到服务器中处理，或者是将服务器中的处理结果通过集中控制的输出设备取出来。它最典型的特征是通过服务器形成大部分的通信流程，构成系统的所有通信协议都是系统专有的，大型服务器在系统中占据着绝对的支配作用，所有控制和管理功能都是由服务器来完成的。

专家们认为，在 21 世纪超级计算机将是决定谁能在经济和科学技术上居于领先地位的关键因素。美国国防部曾声称"超级计算机是计算技术的顶峰。如果超级计算机的研究与开发落后于外国，国家安全将受到威胁"。美、日以及欧洲各国围绕超级计算机，即万亿次量级的超级巨型计算机，已开展激烈的争夺战，都想捷足先登，先发制人。为此，他们各施高招组织人力、物力、财力，制订了发展超级计算机的 5 年或 10 年计划。

美国政府制订了"超级计算机与通信"(High-Performance Computer & Communication，HPC＆C)的发展计划。美国国防部也把超级计算列为"21 世纪科研关键技术"之一，投资就达 17 亿美元。为了保证在 1995～2000 年分别研制成功万亿次和百万亿次量级的高性能超级巨型计算机，美国国防部还拨款 21 亿美元以支持此项研究任务的按期完成。

日本也不甘落后，他们对美国发展万亿次量级的巨型机极为关注，计算机业界反应十分强烈，积极主张动用三倍于美国的巨额投资，集中人力、物力、财力，开展高技术基础设施的建设(包括 10 个巨型机中心)。日本政府依据知识阶层与计算机业界的强烈呼声，于 1992 年制订了国家直接领导、统一指挥，组织政府相关部门、计算机界厂商、高等学府联合研究、成果共享、全面开发的国策,并把大规模并行计算机列为国家 20 世纪 90 年代的重点发展项目。日本政府依据此国策制订了为期 10 年的"真实世界计算机计划"(Real World ComputingProgram, RWC 计划),其中有两项是发展万亿次量级超级巨型计算机的计划。日本计算机业界则雄心勃勃,企图从美国人的手中抢占巨型机霸主的世界领导权。

欧洲对于并行处理技术的研究以及并行机产品的研制也已有良好的基础,特别是德、英、法对发展并行机系统十分重视,并于 1991 年制订了"Tera-Flop 计划"(即研制万亿次量级的大规模并行计算机),旨在 5 年内推出万亿次量级的超级巨型计算机。

近五年来的实践表明,要实现万亿次量级超级巨型机非并行机型莫属,即唯有大规模并行处理机才能胜任。传统向量多处理系统是不行的,这是因为单个 CPU 的速度总会受到物理极限的制约,其性能总是有极限的,即使采用多处理机结构形式,因其紧耦合势必制约了微处理器的数量,最终导致系统性能有限而无法攻克万亿、百万亿次量级的难关。因此,只有并行机才能担负攀登万亿次量级的大关,挑起计算机业界的历史使命。

有人会问,如此高性能的计算机与普通老百姓生活有什么关系呢?从应用的角度看,计算机的应用既是潮流,更是财富。以日本和韩国的造船业为例,由于采用先进的计算机技术,这两个国家的造船工人数量从十几万下降到两万多,年造船排水量近千万吨,而我国有 30 万造船工人,年造船 300 万吨排水量,效率相差数十倍。因此,在当今时代,制造业只靠拼人力是远远不够的,一定要依靠计算机技术的提高来带动产业水平的进步。

从现在来看,计算机已经成为人类工作和生活不可或缺的一部分,然而,想要进一步提高硅芯片的微处理器的速度,却发现存在诸多困难,如硅芯片的集成度受物理极限的制约,随着集成度的提高,芯片的成本也不断提高。因此,科学家正在努力探索除硅芯片技术以外的计算机,如光计算机(利用光子取代电子进行运算和存储,用不同波长的光代表不同数据)、生物计算机(通过控制生物分子间的生化反应完成运算)和量子计算机等。接下来重点介绍量子计算机。

量子计算机是一种可以实现量子计算的机器,它通过量子力学规律以实现数学和逻辑运算,处理和储存信息能力的系统。量子计算机以量子态为记忆单元和信息储存形式,以量子动力学演化为信息传递与加工基础的量子通讯与量子计算,在量子计算机中其硬件的各种元件的尺寸达到原子或分子的量级。1900 年,德国物理学家普朗克(Max Planck)提出量子概念,量子论就此宣告诞生。1981 年,理查德·费曼在模拟物理现象时提出了量子计算和量子计算机的概念。因为他在模拟量子现象时,发现庞大的希尔伯特空间使资料量也变得庞大,一个完好的模拟所需的运算时间变得相当可观,甚至是不切实际的天文数字。理查德·费曼当时就想到,如果用量子系统构成的计算机来模拟量子现象,则运算时间可大幅度减少,量子计算机的概念从此诞生。

量子计算机在 20 世纪 80 年代仍处于理论推导阶段。直到 1994 年彼得·秀尔(Peter Shor)提出量子质因子分解算法(因其可能破解广泛应用于银行及网络通信中的 RSA 加密算法)后,量子计算机变成了热门的话题。除了理论之外,也有不少学者着力于利用各种量子系统来实现量子计算机。

2007 年 2 月,加拿大 D-Wave 系统公司宣布研制成功 16 位量子比特的超导量子计算机(尚未经科学检验),2010 年 3 月 31 日,德国于利希研究中心发表公报:德国超级计算机成功模拟 42 位量子计算机,该中心的超级计算机 JUGENE 成功模拟了 42 位的量子计算机,在此基础上研究人员首次能够仔细地研究高位数量子计算机系统的特性。2009年11月15日，美国国家标准技术研究院的科学家们已经研制出一台可处理2量子比特数据的量子计算机。

在传统计算机中，采用的是二进制0和1比特物理逻辑门技术来处理信息，而在量子计算机中，采用的则是量子逻辑门技术来处理数据。由于量子比特比传统计算机中的0和1比特可以存储更多的信息，因此量子计算机的运行效率和功能也将大大突破传统计算机。对于这种技术，美国国家标准技术研究院科学家解释说，"例如，一个简单的单一量子比特门，可以从0转换成1，也可以从1转换成为0"。这种转换就使得计算机存储能力不仅仅是以倍数级增加。与传统计算机的物理逻辑门不同的是，美国国家标准技术研究院所研制的这台可编程量子计算机中的量子逻辑门均已编码成为一个激光脉冲。这台实验量子计算机使用铍离子来存储量子比特。当激光脉冲量子逻辑门对量子比特进行简单逻辑操作时，铍离子就开始旋转运行。制造一个量子逻辑门的方法首先要设计一系列激光脉冲来操纵铍离子进行数据处理，然后再利用另一个激光脉冲来读取计算结果。据科学家介绍，这种量子计算机可用作各种大信息量数据的处理，如密码分析和密码破译等。

这台可编程量子计算机的核心部件是一个标有金黄图案的铝晶片，其中包含了一个直径大约$200\mu m$的微型电磁圈。在这个电磁圈中，科学家放置了四个离子，其中两个是镁离子，两个是铍离子。镁离子的作用是"稳定剂"，它可以消除离子链的意外振动，以保持计算机的稳定性。由于量子比特可能产生多种操作可能，因此科学家们在实验中随机选取了160次可能操作，进行演示来验证处理器的通用性。每次操作都用31个不同的量子逻辑门去将2个量子比特编码至一个激光脉冲中。

科学家们将这160种程序每一种都运行了900次。通过对测试数据对比和理论预测，科学家们发现，这个芯片基本可以按既定程序工作。不过，科学家们也承认，它的准确率目前只有79%，造成这种误差主要是因为每次激光脉冲的强度不同。科学家们相信，随着更多的测试和改进，这种误差将会越来越小。通过改进激光的稳定性和减少光学硬件设备的误差，可以提高芯片运行的准确率，直到芯片的准确率提升到99.99%，它才可以作为量子计算机的主要部件使用，这台可编程量子计算机才可真正地投入实际应用。

目前，包括IBM、Google与Intel等科技巨头都在努力打造通用量子计算机（即能够解决任何计算问题的量子计算机），而D-Wave则采用另外一种称为退火的方法（它被限制在更小范围的问题上而非任何计算问题），中国则发射了量子科学实验卫星墨子号上太空。

2015年6月22日，D-Wave宣布其突破了1000量子位的障碍，开发出了一种新的处理器，2020年2月，D-Wave宣布将推出Leap 2的量子计算云服务。

2017年3月6日，IBM宣布将于年内推出全球首个商业"通用"量子计算服务。2019国际消费电子展上，IBM向世人展示了目前全球唯一一台脱离实验室环境运行的量子计算机。

Google目前研发出72量子进制数芯片，成为现今量子进制数最高的纪录保持者，而IBM与Intel则分别以50个与49个量子进制紧随其后。

1.4 计算机的性能指标

计算机实际上是一个软件和硬件的综合体，因此其性能包括软件和硬件两方面。本节介绍的计算机性能指标主要是指硬件层面的，通常由机器字长、存储容量和运算速度这三方面来决定,实际衡量时可用性价比这一指标。

1. 机器字长

机器字长是指计算机进行一次整数运算所能处理的二进制数据的位数(整数运算即定点数运算)。机器字长也就是运算器进行定点数运算的字长,通常也是 CPU 内部数据通路的宽度。由于字长越长,数的表示范围也越大,其精度也就越高。

机器的字长也会影响机器的运算速度,倘若 CPU 字长较短,却要对位数较多的数据进行运算,那么就需要经过两次或多次的运算才能完成,这样势必会影响整机的运行速度。微型计算机的机器字长从 4 位、8 位、16 位发展到 32 位,目前已进入 64 位的时代。

机器字长与主存储器字长通常是相同的,但也可以不同。不同的情况下,一般是主存储器字长小于机器字长,如机器字长是 32 位,主存储器字长可以是 32 位,也可以是 16 位,当然,两者都会影响 CPU 的工作效率。

机器字长对硬件的造价也有较大的影响。它将直接影响加法器(或 ALU)、数据总线以及存储字长的位数。所以机器字长确实不能仅从其精度和表示范围来考虑。

2. 存储容量

存储容量是指存储器可以容纳的二进制信息量,它可以用存储器中存储地址寄存器的编址数与存储字位数的乘积表示。主存容量可以是以字为单位计算,也可以是以字节为单位计算。在以字节为单位时,约定以 8 位(bit)二进制代码为一个字节(Byte,缩写为 B)。主存容量变化范围是较大的,同一台机器能配置的容量大小也有一个允许的变化范围。

如表 1-2 所示,习惯上将 1024B 表示为 1KB,1024KB 为 1MB,1024MB 为 1GB,1024GB 为 1TB,以此类推。

表 1-2 存储容量的单位

单　　位	进　　制	字　　节
KB	1KB=1024B	2^{10}
MB	1MB=1024KB	2^{20}
GB	1GB=1024MB	2^{30}
TB	1TB=1024GB	2^{40}
PB	1PB=1024TB	2^{50}
EB	1EB=1024PB	2^{60}
ZB	1ZB=1024EB	2^{70}
YB	1YB=1024ZB	2^{80}
DB	1DB=1024YB	2^{90}
NB	1NB=1024DB	2^{100}

3. 运算速度

运算速度是衡量计算机性能的一项重要指标。通常所说的计算机运算速度(平均运算速度),是指单位时间内所能执行的指令条数,一般用"百万条指令/秒"(Million Instructions Per Second,MIPS)来描述,或者用浮点运算次数每秒(Floating Point Operation Per Second,FLOPS)来衡量。微机一般采用主频来描述运算速度,主频越高,运算速度就越快。

1946 年诞生的 ENIAC,每秒只能进行 300 次各种运算或 5000 次加法,是名副其实的计算用的机器。此后的 50 多年间,计算机技术水平和运算能力日新月异,运算速度越来越快,每秒运算已经跨越了亿次和万亿次级。2002 年,日本电气(Nippon Electronic Company,

NEC)公司为日本地球模拟中心建造的一台"地球模拟器",每秒能进行的浮点运算次数接近 36 万亿次,堪称超级运算的冠军。

运算速度是评价计算机性能的重要指标,其单位应该是每秒执行多少条指令,而计算机内各类指令的执行时间是不同的,各类指令的使用频度也各不相同。计算机的运算速度与许多因素有关,对运算速度的衡量有不同的方法。

为了确切地描述计算机的运算速度,一般采用等效指令速度描述法。根据不同类型的指令在使用过程中出现的频繁程度,乘以不同的系数,求得统计平均值,这时所指的运算速度是平均运算速度。

4. 性价比

性能价格比(Performance/Cost)简称性价比,是性能与价格的比值(比值越大,即性价比越高),它反映了单位付出所购得的商品性能。需要说明的是,性能和价格都是广义的。性能包括产品使用、审美和服务;价格则包括购买价格和使用过程发生的维修费用,即整个产品生命周期的费用。性价比是用来权衡商品在客观的可买性上所做的量化,性价比高,则物超所值,买家可考虑出手。

性价比的变化可能分为 3 种。性价比增加,可能由于性能增加的速率大于价格增加的速率,也可能由于性能减少的速率低于价格降低的速率,或因为性能增长而同时价格下调;性价比减少,则与上述关系相反;性价比不变,说明性能和价格的变化率相同。性价比增加的一个典型例子是当今电子商品和信息产品,随着科技的进步,电子商品的性能上升飞速,但由于制造水平的提高及成本的下跌,同型号产品的价格不断下跌,造成了性价比的提高。在买家购买商品时,将性价比作为一个指标来考虑对挑选商品是十分有帮助的。相反,只关注价格的低廉往往会造成对性能不足的忽视。

在其他语言中也有类似性价比的概念,但经常将性能和价格倒置,即其度量与汉语的性价比成反比。如英语中的 price/performance ratio 一词。

1.5 计算机的应用

计算机的诞生及其飞速的发展,正在影响着人们的生活。自 1946 年世界上第一台计算机在美国问世至今不过半个多世纪,可现在人们很难设想没有计算机的生活会怎样,因为计算机已经完全融入了我们的日常生活。计算机应用分为数值计算和非数值应用两大领域。非数值应用又包括工厂自动化、办公室自动化、家庭自动化和人工智能等领域。从基础科学到近代尖端科学技术,从宇宙宏观世界到原子微观世界,计算机帮助人们发现新的科学规律,使实验性科学成为更严密的科学,现在已经出现了像计算化学、计算生物学、计算天文学等一些新的分支学科。以下为计算机的一些应用领域。

1. 科学计算

科学计算也称为数值计算,早期的计算机主要用于科学计算。目前,科学计算仍然是计算机应用的一个重要领域。如高能物理和核物理学、天文学、量子化学、工程设计、地震预测、航天技术、气象预报等。接下来以我们几乎每天都要用的天气预报为例来简要介绍计算机是如何进行天气预报的。

简单地说,就是天气预报员用计算机解出描述天气演变的方程组,再通过分析天气图和气象卫星资料,结合积累的经验,来做出天气预报。但是,要把数值天气预报需要的数学方程组求解出来,是一件十分费劲的事。英国数学家写作了《利用数值方法做天气预报》一书,详细介绍了计算的过程。他在1916年至1918年组织了大量的人力进行了第一次数值预报尝试。在这一次的预报计算中,许多人用手摇计算机进行了12个月的艰苦计算才得到了未来24小时(注意不是12个月后的未来24小时)的预报,如果一个人日夜不停地进行计算,则需要算6.4万天,也就是175年(不考虑其他情况,简单换算一下就是需要一个6.4万人一块工作的计算工厂,才能把24小时的天气预报计算出来)。

好在这一实验后的第20个年头,世界上第一台电子计算机问世。1950年,美国科学家第一次成功做出了500百帕天气形势的36小时预报。从那以后,数值天气预报逐步发展成为天气预报的主要方法,伴随着计算机运算速度的提高,数值天气预报有效预报时效每10年增加1天,在这个过程中,数值天气预报逐渐超过了预报员预报的能力,并在20世纪末逐渐成为各时段气象预报的主要依据,而现在每天通过查看天气预报来决定出行或穿衣的情况已经成为主流。

此外,计算机还被用于大企业、大公司和大银行的财务、人事或其他方面数据的处理,如可以用于公司对新兴技术产品的市场情况预测或用于辅助决策在经营时遇到的关键性的发展战略或方向的选择等。

2. 工业控制

利用计算机对工业生产过程中的某些信号自动进行检测,并把检测到的数据存入计算机,再根据需要对这些数据进行处理,这样的系统称为计算机检测系统。特别是仪器仪表引进计算机技术后所构成的智能化仪器仪表,将工业自动化推向了一个更高的水平。引入计算机后的工业控制水平获得了极大的提高,通过使用这些包含标准的计算机软件和硬件的工业控制集成平台,可以更好地为工业服务。这些平台具有更强的适应性、更好的开放性和更易于扩展等特点。

通常将这些平台分为控制层、监控层和管理层。控制层是通过各种传感器来获得各种有效信号,监控层用于对现场进行实时监测与控制,管理层则用于对控制层和监控层的设备和数据进行管理,并向用户反馈。

3. 信息管理

信息管理是指利用计算机来加工、管理与操作任何形式的数据资料,如企业管理、物资管理、报表统计、账目计算、信息情报检索等。近年来,国内许多公司或企业纷纷建设自己的管理信息系统(Management Information System,MIS),例如,有一部分企业会在内部建立Intranet(用于实现生产调度、物资采购和质量监控等内部信息管理方面),对外连接Internet(用于获取外部市场需求、人才招聘及产品销售等信息)。

生产企业也开始采用制造资源规划软件(Material Requirement Planning,MRP),商业流通领域则逐步使用电子信息交换系统(Electronic Data Interchange,EDI),即所谓无纸贸易,办公领域则流行办公自动化(Office Automation,OA)系统,它利用计算机及自动化办公所需的硬件和软件来逐步形成OA系统,进一步提高了办公的效率。例如,利用计算机来安排公务活动(包括网上购票、视频会议和酒店预订等);利用电子邮件代替传统邮件来实现信息的传递和分享;利用电子发票系统完成部分财务工作。随着办公自动化系统的进一步发展,现在几乎覆盖了包括文秘、账务、人事和后勤等传统办公领域的方方面面。

信息技术的飞速发展使得大企业(尤其是跨国公司)更加容易地在全球范围内配置资源,通过使用各种管理信息系统,可以帮助企业完成独占性产品的研发、生产和销售,并不断完善相应的采购和供应链,从而向用户提供质优价廉的产品。世界各国的企业都充分利用信息技术来帮助自身实现研发模式、生产模式、管理模式和销售模式等一系列涉及企业自身经营和发展的各个环节优化,以努力使企业在竞争中处于领先地位。

4. 人工智能

人工智能重点研究如何让计算机开发一些具有人类某些智能的应用系统,简单地说就是要让计算机变更像人一样(至少在某一方面像)智能,即通过用计算机来模拟人的思维判断、推理等智能活动,使计算机具有自学习适应和逻辑推理的功能,如计算机推理、智能学习系统、专家系统和机器人等,这样可以帮助人们更好地学习和完成某些推理工作。尽管经过科学家们多年的努力,现在的人工智能计算机还是无法全面和人类的大脑相比拟,但在某些特定领域,计算机已经能胜出了。例如,1997年5月11日,由IBM研发的超级电脑深蓝在正常时限的比赛中首次击败了等级分排名世界第一的俄罗斯棋手卡斯帕罗夫,这一天被载入计算机与人之间挑战赛的史册中。无独有偶,2017年5月,在中国乌镇举行的围棋峰会上,谷歌 DeepMind 公司的阿尔法围棋(代号 AlphaGo)与排名世界第一的世界围棋冠军柯洁对战,以 3∶0 的总比分获胜。2017 年 10 月 18 日,DeepMind 团队公布了最强版阿尔法围棋(代号 AlphaGo Zero),经过 3 天的自我训练,AlphaGo Zero 就强势打败了此前战胜李世石的旧版 AlphaGo(战绩是 100∶0);经过 40 天的自我训练,AlphaGo Zero 又打败了 AlphaGo Master(曾击败过世界顶尖的围棋选手,包括世界排名第一的柯洁)。事实上,近年来在人工智能的重要的技术领域,如模式识别(包括文字识别和语音识别等)、专家系统和机器人都有了很大的进步。

在模式识别技术中,计算机用数学技术方法来研究模式的自动处理和判读,把环境与客体统称为"模式"。随着计算机技术的发展,人类有可能研究复杂的信息处理过程,其过程的一个重要形式是生命体对环境及客体的识别。早期的模式识别研究着重在数学方法上。20 世纪 50 年代末,科学家提出了一种简化的模拟人脑进行识别的数学模型感知器,初步实现了通过给定类别的各个样本对识别系统进行训练,使系统在学习完毕后具有对其他未知类别的模式进行正确分类的能力。

模式识别研究主要集中在两方面,一是研究生物体(包括人)是如何感知对象的,属于认识科学的范畴,二是在给定的任务下,如何用计算机实现模式识别的理论和方法。前者是生理学家、心理学家、生物学家和神经生理学家的研究内容,后者通过数学家、信息学专家和计算机科学工作者近几十年来的努力,已经取得了系统性的研究成果。

文字识别是模式识别应用的一个重要领域,它基于计算机自动识别字符的技术。研究人员从 20 世纪 50 年代开始探讨一般文字识别方法,并研制出光学字符识别器,60 年代出现了采用磁性墨水和特殊字体的实用机器,60 年代后期,出现了多种字体和手写体文字识别机,其识别精度和机器性能都基本上能满足要求。

文字识别一般包括文字信息的采集、信息的分析与处理、信息的分类判别等几个部分。信息采集是指将纸面上的文字灰度变换成电信号,输入到计算机中,它由文字识别机中的送纸机构和光电变换装置来实现,有飞点扫描、摄像机、光敏元件和激光扫描等光电变换装置;信息分析和处理是对变换后的电信号消除各种由于印刷质量、纸质(均匀性、污点等)或书写工具等因素所造成的噪声和干扰,进行大小、偏转、浓淡、粗细等各种正规化处理;信息的分类判别是对去掉噪声并正规化后的文字信息进行分类判别,以输出识别结果。文字识别方法基本上分为统计、逻辑判断和句法三大类。常用的方法有模板匹配法和几何特征抽取法。

语音识别是一门交叉学科,它主要包括特征提取技术、模式匹配准则及模型训练技术三个方面。近20年来,语音识别技术取得显著进步,开始从实验室走向市场。语音识别技术根据识别对象不同,语音识别任务大体可分为3类,即孤立词识别(isolated word recognition)、关键词识别(或称关键词检出,keyword spotting)和连续语音识别;根据所识别的语音中发音人的情况,可以把语音识别技术分为特定人语音识别(即只能识别一个或几个人的语音)和非特定人语音识别(可以被任何人使用);根据语音设备的不同,可以分为桌面语音识别、电话语音识别和嵌入式设备(如手机和PDA等)语音识别,而由于不同的采集通道会使人的发音的声学特性发生变形,因此需要构造各自的识别系统。

5. 电子商务

电子商务通常是指在因特网开放的网络环境下的全球各地广泛的商业贸易活动,基于客户端/服务端应用方式,买卖双方不谋面地进行各种商贸活动,实现消费者的网上购物、商户之间的网上交易和在线电子支付以及各种商务活动、交易活动、金融活动和相关的综合服务活动的一种新型的商业运营模式。电子商务涵盖的范围很广,一般可分为代理商、商家和消费者(Agent、Business、Consumer,ABC)模式和企业对企业(Business-to-Business,B2B)模式,企业对消费者(Business-to-Consumer,B2C)模式,个人对消费者(Consumer-to-Consumer,C2C)模式,消费者对政府(Consumer-to-Government,C2G)或称为消费者对行政机构(Consumer-to-Administration,C2A)模式,企业对政府(Business-to-Government,B2G)或称为企业对行政机构(Business to Administration,B2A)模式,线上对线下(Online To Offline,O2O)模式,商业机构对家庭(Business To Family,B2F)模式,供给方对需求方(Provide to Demand,P2D)模式,门店在线(Online to Partner,O2P)模式,生产厂家对消费者(Manufacturers to Consumer,M2C)模式,团体采购(Business To Team,B2T)模式等,其中最主要的有B2B模式和B2C模式。消费者对企业(Consumer-to-Business,C2B)也开始兴起,并被认为是电子商务的未来。

(1) ABC。ABC模式是新型电子商务模式的一种,它被誉为继阿里巴巴B2B模式、京东商城B2C模式以及淘宝C2C模式之后电子商务界的第四大模式。它是由代理商、商家和消费者共同搭建的集生产、经营和消费为一体的电子商务平台。

(2) B2B。B2B是商家(泛指企业)对商家的电子商务模式(即企业与企业之间通过互联网进行产品、服务及信息的交换)。通俗的说法是指进行电子商务交易的供需双方都是商家(如企业或公司),他们使用Internet技术或各种商务网络平台完成商务交易的过程。这些过程包括:发布供求信息,订货及确认订货,支付过程,票据的签发、传送和接收,确定配送方案并监控配送过程等。

(3) B2C。B2C模式是中国最早产生的电子商务模式,如今的B2C电子商务网站非常多(如天猫商城和京东商城等)。

(4) C2C。C2C模式通过为买卖双方提供一个在线交易平台,使卖方可以主动提供商品上网拍卖,而买方可以自行选择商品进行竞价。

(5) B2M。B2M(Business-to-Manager)是一种全新的电子商务模式,它所针对的客户群是该企业或者该产品的销售者或者为其工作者,而不是最终消费者。

(6) M2C。M2C 是生产厂家直接对消费者提供自己生产的产品或服务的一种电子商务模式,特点是流通环节减少至一对一,从而降低了销售成本,保障了产品品质和售后服务质量。

(7) B2A(即 B2G)。B2G 是企业与政府管理部门之间的电子商务模式,例如海关报税的平台、国税局和地税局报税平台等。

(8) C2A(即 C2G)。C2A 是指消费者对行政机构间的电子商务模式,这类的电子商务活动目前还没有真正形成。然而在个别发达国家,政府的税务机构已经通过指定私营税务,或财务会计事务所用电子方式来为个人报税。这类活动虽然还没有达到真正的报税电子化,但是它已经具备了消费者对行政机构电子商务的雏形。

(9) O2O。O2O 是新兴起的一种电子商务新商业模式,即将线下商务的机会与互联网结合在了一起,让互联网成为线下交易的前台。这样线下服务就可以通过线上来揽客,消费者可以通过线上来筛选服务,而成交则可以在线结算,很快达到规模。该模式最重要的特点是推广效果可查,每笔交易可跟踪。

(10) C2B。C2B 是指消费者对企业的电子商务模式,它最先是由美国流行起来的,通过聚合分散分布但数量庞大的用户形成一个强大的采购集团,使之享受到以大批发商的价格买单件商品的利益。

(11) P2D。P2D 是一种全新的、涵盖范围更广泛的电子商务模式,强调的是供应方和需求方的多重身份,即在特定的电子商务平台中,每个参与个体的供应面和需求面都能得到充分满足,充分体现特定环境下的供给端报酬递增和需求端报酬递增。

(12) B2T。B2T 是一种电子商务模式,即为一个团队向商家采购(团购),就是互不认识的消费者,借助互联网的"网聚人的力量"来聚集资金,加大与商家的谈判能力,以求得最优的价格。

6. 网络教育

网络教学是在一定教学理论和思想指导下,应用多媒体和网络技术,通过师生和媒体等多边、多向互动和对多种媒体教学信息的收集、传输和处理等来实现教学目标的一种教学模式。自由开放的网络、四通八达的站点,意味着教师不再只是知识的传授者,学生也不再是被动的接受者,他们将有更多的自主选择的机会。在传统教学中,面对面的教学活动是教学的主要方式,师生的教学活动局限在特定的时空内(教室、实验室等),教师的课堂教学的内容、时间是有限的,同时其知识面也是有限的,网络教学则摆脱了这种局限性。把教学资源及其相关的内容放在能长期动态存储信息的服务器上,学习者可以随机通过互联网浏览,或者根据网上提供的辅导老师的电话,和老师沟通交流,这样学习者就可以自由地更加合理地安排其学习。教师可以随时添加和更新网络学习服务器中的内容,不断扩充知识信息,同时师生可以进行广泛的讨论交流,从而拓宽师生的知识面。在网络教学中,学习自测管理、作业提交与评分主要借助网络完成,借助于互联网的公开性和信息的共享性,使学业评价过程更加透明公正。

通过网络教育,学生和老师可能不受时间、空间和地域的限制,而是通过网络获取全球可用的学习资源,如可以在网络上查找很多高校或研究机构免费共享的教学资源。无论是学生还是老师,都可以在任意时间和地点通过网络自由学习,可以向全世界一流的专家学者请教,并与之交流,从而使终身学习成为可能。

7. 多媒体技术

多媒体技术是指通过计算机对文字、数据、图形、图像、动画和声音等多种媒体信息进行综合处理和管理,使用户可以通过多种感官与计算机进行实时信息交互的技术,又称为计算机多媒体技术。随着计算机应用的逐步深入,普通用户更多地被计算机的娱乐应用(包括综合使用声音、图像、动画和视频多种媒体,而不只是早期的文本)深深吸引住了。越来越多的用户除了使用计算机做计算和文字工作外,还会用来看电影、听歌和玩游戏等。

通过把文字、图形、影像、动画、声音及视频等媒体信息都数字化,并将其整合在一定的交互式界面上,使计算机具有交互展示不同媒体形态的能力。它极大地改变了人们获取信息的传统方法,符合人们在信息时代的阅读方式。多媒体技术的发展改变了计算机的使用领域,使计算机由办公室、实验室中的专用品变成了信息社会的普通工具,广泛应用于工业生产管理、学校教育、公共信息咨询、商业广告、军事指挥与训练,甚至家庭生活与娱乐等领域。

多媒体技术应用开创了计算机应用的新纪元,可以处理人类生活中最直接、最普遍的信息,从而使得计算机应用领域及功能得到了极大的扩展,它使计算机系统的人机交互界面和手段更加友好和方便,非专业人员可以方便地使用和操作计算机。多媒体技术使音像技术、计算机技术和通信技术三大信息处理技术紧密地结合起来,为信息处理技术发展奠定了新的基石,它使得计算机具有数字化全动态、全视频的播放、编辑和创作多媒体信息功能,具有控制和传输多媒体电子邮件、电视会议等视频传输功能。

现在的新趋势是智能手机的广泛应用,这一设备不能简单地认为是普通的通话工具,而该被认为是计算机微型化的结果。

8. 计算机辅助系统

计算机辅助系统(computer-aided system)是利用计算机辅助完成不同类别任务的系统的总称,如计算机辅助设计(Computer Aided Design,CAD)、计算机辅助制造(Computer Aided Manufacturing,CAM)、计算机辅助工程(Computer Aided Engineering,CAE)、计算机辅助测试(Computer Aided Test,CAT)、计算机辅助翻译(Computer Aided Translation,CAT)、计算机集成制造(Computer Integrated Manufacturing System,CIMS)和计算机辅助教学(Computer Aided Instruction,CAI)等。接下来重点介绍CAD和CAM。

CAD是指利用计算机来帮助设计人员进行设计工作。用辅助设计软件对产品进行设计,如飞机、汽车、船舶、机械、电子、土木建筑以及大规模集成电路等机械、电子类产品的设计。在工程和产品设计中,计算机可以帮助设计人员担负计算、信息存储和制图等项工作。例如设计人员通常用草图开始设计,而将草图变为工作图的繁重工作交给计算机完成,并将各种设计信息(数字的、文字的或图形的)都存放在计算机的内存或外存中,利用计算机进行与图形的编辑、放大、缩小、平移和旋转等有关的图形数据加工工作,还使用计算机对不同方案进行快速检索、计算、分析和比较,以决定最优方案。

CAM是指在机械制造业中,利用电子数字计算机通过各种数值控制机床和设备,自动完成离散产品的加工、装配、检测和包装等制造过程。国际计算机辅助制造组织对计算机辅助制造有一个广义的定义:即通过直接的或间接的计算机与企业的物质资源或人力资源的联接界面,将计算机技术有效地应用于企业的管理、控制和加工操作。按照这一定义,计算机辅助制造包括企业生产信息管理、计算机辅助设计和计算机辅助生产制造三部分。计算机辅助生产制造又包括连续生产过程控制和离散零件自动制造两种计算机控制方式。这种广义的计算机辅助制造系统又称为整体制造系统。

采用计算机辅助制造零件、部件，可改善对产品设计和品种多变的适应能力，提高加工速度和生产自动化水平，缩短加工准备时间，降低生产成本，提高产品质量和批量生产的劳动生产率。

在谈到计算机的应用时，我们总会提到普及率，这与计算机对社会的影响和贡献有什么必然的联系吗？当然有。简单理解，计算机普及率低说明应用水平落后。计算机在我国的普及率不到10%，而美国是50%以上。从统计上来说，任何一项技术普及率到50%时，才可以说对社会经济生活产生巨大效益。在美国波音公司，飞机从设计到制造，全部是计算机来完成的，整个过程看不到一张图纸。日本的造船也是如此，从船的设计到制造完全是无纸化的。

现代计算机的外形也不再是我们过去熟悉的样子，且对我们生活的影响无处不在。未来计算机不仅具有非凡的记忆功能，而且具有判断能力，真正成为人脑的延伸。

1.6 小结

本章主要介绍了计算机的由来和分类、组成、发展历程、性能指标和应用。计算机的发展是随着微电子技术、半导体制造技术的发展而发展的，它包括硬件和软件两大部分。

对普通人而言，微型计算机的出现极大地改变了生产和生活方式，它是计算机发展到第四代才出现的一个非常重要的分支，它的发展是以相应的微处理器的足够小为基础的。智能手机可以被认为是微型计算机的拓展和延长，简单地讲就是先把台式机缩小成了可携带的笔记本电脑，然后再把笔记本电脑进一步缩小成了智能手机，当然这中间有非常多的硬件和软件技术的进步，但整体的演化路线大致如此。

计算机性能的评价主要还是看机器字长、存储容量和运算速度，尽管其他的指标也很重要，如性价比、可靠性、续航时间和便携性等。

计算机与我们的日常生活已经密不可分了，所以无论如何强调其应用的重要性都不为过。随着计算机应用的普及，科学家和工程师们又在研制未来可用的计算机，作为计算机专业人员，我们必须密切关注计算机的发展情况。

第 2 章 计算机运算方法

对于计算机专业人士而言,学习、理解并掌握计算机内部运算的理论和原理是一件极为重要的事情,这样做一方面可以让我们对其进一步完善,另一方面可以在条件允许的情况下对其进行优化。从某种意义上来讲,为了实现这一目标,首先就要搞清楚在计算机内部如何使用 0 和 1 来表示信息,并且还要熟知对这些信息进行基本运算所采用的方法。本章将上述内容分为计算机内部的信息表示及其运算方法两部分进行详细介绍,具体包括数制与编码、数据的表示方法、定点数加法和减法运算、乘法和除法运算、浮点数运算等。

2.1 数制与编码

在开始计算机及其相关专业的学习之前,可能在日常生活中接触最多的就是十进制数(简称十进制),而在计算机中则使用 0 和 1 来表示信息,这是一种不同于十进制数的表示方法。此外,我们还需要一些编码方法来更为有效地表示信息,同时也方便计算机处理信息。本节将介绍数制与编码方面的知识,包括数制及其转换、真值和机器数、BCD 码、字符和字符串以及校验码。

2.1.1 数制及其转换

1. 进位计数制

尽管在日常生活中十进制数的计数方法极为常用,但也存在其他进制数的计数方法。例如,我们日常使用的时钟就不是基于十进制数的计数方法。

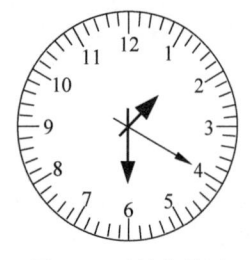

图 2-1 时钟简易图

在如图 2-1 所示的时钟简易图中,假定时针最开始指向数字 12,当时针沿顺时针方向转过一圈(即依次指向 1,2,3,4,5,6,7,8,9,10,11,12 这 12 个数字),此时若时针继续沿顺时针方向转动,则再次重复上述过程。从上述过程中时针指向数字变化的情况可以知道,它在指向数字 12 之后就指向数字 1,而不是像在十进制数中那样(数字 12 之后为数字 13)。即便是使用 24 小时制,时针沿顺时针方向转过第二圈时,数字 1 可被认为是 13(13=12+1),数字 2 可被认为是 14(14=12+2),……,以此类推,数字 12 可被认为是 24(24=12+12),但是当时针沿顺时针方向开始转第三圈并指向数字 1 时,则不能认为此时的数字 1 为 25(25=24+1),这也说明它和十进制数是不一样的。

数制(也称计数制)是指用一组固定的符号和统一的规则来表示数值的方法,使用某一计数制并按进位(例如,在加法运算中,**进位**是指每一数位上的数等于基数时就向前一位数进一)的方法进行计数,称为进位计数制。

注意:通常也将固定的符号称为**数码**。

【例 2-1】 试给出十进制数的描述。

解:日常生活中使用的十进制数是用 0~9 十个数码,并使用"逢十进一,借一当十"的规则来表示数值。

注意:对于某一种进位计数制中用到的不同数码的个数称为**基数**。

【例 2-2】 试给出十进制数的基数。

解:十进制数的基数为 10,即包括 0,1,2,3,4,5,6,7,8,9 这 10 个数码。

注意:每个数码所表示的相应数值的大小等于该数码本身乘以一个与它所在数位有关的常数,我们将这个常数称为**权值**。

【例 2-3】 试给出十进制数 123.456 的权值。

解:十进制数 123.456,从左至右各位的权值分别是 $10^2,10^1,10^0,10^{-1},10^{-2},10^{-3}$。

任何一个进制数的数值大小就等于它的每一位数码乘以对应的权值所得的数相加之后的和。

接下来首先介绍最为常用的十进制,然后再依次介绍二进制、八进制和十六进制。

1)十进制

十进制是日常生活中使用最为广泛的一种数制,它的数码用 0~9 表示。

【例 2-4】 给出十进制数 1234567890 的表示形式。

解:十进制数 1234567890 的表示形式有:$(1234567890)_{10}$、1234567890D。

2)二进制

二进制是计算机中使用最为广泛的一种数制,使用 0 和 1 两个数码来表示。

【例 2-5】 给出二进制数 10100100 的表示形式。

解:二进制数 10100100 的表示形式有:$(10100100)_2$、10100100B。

3)八进制

八进制在计算机中也有应用,比如在某些比较古老的操作系统和一些程序设计语言中,它的数码用 0~7 表示。

【例 2-6】 给出八进制数 12345670 的表示形式。

解:八进制数 12345670 的表示形式有:$(12345670)_8$、12345670Q。

注意:此处用"Q"而不用 O(Octal)是为了和数字 0 加以区分。

4)十六进制

十六进制是计算机中一种常用的数据表示方法,它的数码用 0~9 和 A~F(a~f)表示,其中 A~F(a~f)分别对应数字 10~15。

【例 2-7】 给出十六进制数 1234567890ABCDEF 的表示形式。

解:十六进制数 1234567890ABCDEF 的表示形式有:$(1234567890ABCDEF)_{16}$、0x1234567890ABCDEF(编程中常使用的,如一些内存地址都是用这种方式表示的)和 1234567890ABCDEFH。

上述四种进制对应的数码、规则和权值如表 2-1 所示。

表 2-1 四种进制的数码、规则和权值

数制		十进制	二进制	八进制	十六进制
数码		0~9	0 和 1	0~7	0~9 和 A~F(a~f)
规则	进位规则	逢十进一	逢二进一	逢八进一	逢十六进一
	借位规则	借一当十	借一当二	借一当八	借一当十六
权值		$\cdots 10^1, 10^0, 10^{-1} \cdots$	$\cdots 2^1, 2^0, 2^{-1} \cdots$	$\cdots 8^1, 8^0, 8^{-1} \cdots$	$\cdots 16^1, 16^0, 16^{-1} \cdots$

2. 数制转换

尽管在理论上有各种各样的计数方法,如十进制、二进制、八进制和十六进制等,但目前在通用计算机中,最终都是以电平的高低状态来表示信息,这与二进制的数码 1 和 0 刚好一致(通常用高电平代表 1,低电平代表 0)。因此在各种数制之间常常需要相互转换(即数制转换)。接下来,将介绍几种常用的数制转换。

1) 十进制数转换为二进制数

欲将一个十进制数转换为二进制数,通常要对十进制数的整数部分和小数部分单独进行处理。对于整数部分除 2 取余,最先取得的余数为二进制数的最低位,最后取得的余数为二进制数的最高位,商为 0 时结束,此时完成整数部分对应的二进制数转换;对于小数部分乘 2 取整,最先取得的整数为二进制数的最高位,最后取得的整数为二进制数的最低位,乘积为 0(或满足精度要求)时结束,此时完成小数部分对应的二进制数转换,最后将整数部分转换成的二进制数与小数部分转换成的二进制数拼接起来,至此,十进制数转换为二进制数转换完毕。

【例 2-8】 将十进制数 123.6875 转换成二进制数。

解:十进制数 123.6875 的整数部分为 123,小数部分为 0.6875,其处理过程如下。

整数部分(图 2-2):

故整数部分 $(123)_{10} = (1111011)_2$。

小数部分(图 2-3):

故小数部分 $(0.6875)_{10} = (0.1011)_2$。

图 2-2 除 2 取余

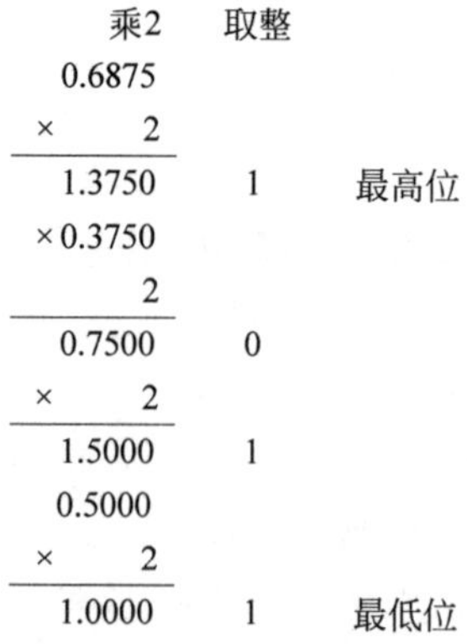

图 2-3 乘 2 取整

将十进制数 123.6875 的整数部分和小数部分对应的二进制数拼接起来,即 $(123.6875)_{10} = (1111011.1011)_2$。

借鉴上述处理思路,可将十进制数转换为任意进制数。即对十进制数的整数部分和小数部分单独进行处理,其中对于整数部分采用除基取余法,而对于小数部分则用乘基取整法,最后将整数部分与小数部分的转换结果拼接起来。这一过程通常称为**基数乘除法**,其中除基取余法和乘基取整法具体如下。

除基取余法(整数部分的转换):整数部分除基取余,最先取得的余数为数的最低位,最后取得的余数为数的最高位(即除基取余,先余为低,后余为高),商为 0 时结束。

乘基取整法(小数部分的转换):小数部分乘基取整,最先取得的整数为数的最高位,最后取得的整数为数的最低位(即乘基取整,先整为高,后整为低),乘积为 0(或满足精度要求)时结束。

2) 二进制数转换为十进制数

将二进制数的各位数码与它们的权值相乘,再把乘积相加,就得到了一个十进制数。

【例 2-9】 将二进制数 11011.1 转换为十进制数。

解:
$$(11011.1)_2 = 1\times 2^4 + 1\times 2^3 + 0\times 2^2 + 1\times 2^1 + 1\times 2^0 + 1\times 2^{-1} = (27.5)_{10}$$

将二进制数转换为十进制数的思路一般化,可以得到任意进制数转换为十进制数的方法。即将任意进制数的各位数码与它们的权值相乘,再把乘积相加,就得到了一个十进制数,这种方法称为**按权展开相加法**。

【例 2-10】 r 进制数转换为十进制数。

解: 对于一个 r 进制数 $K(K_n K_{n-1}\cdots K_0 K_{-1}\cdots K_{-m})$,其对应的十进制数大小可表示为

$$(K)_r = K_n r^n + K_{n-1} r^{n-1} + \cdots + K_0 r^0 + K_{-1} r^{-1} + \cdots + K_{-m} r^{-m}$$

对于上述按权展开式,可对其进一步化简,将其记为以下形式

$$(K)_r = \sum_{i=n}^{-m} K_i r^i$$

3) 二进制数转换为八进制数

假定要将一个二进制混合数(既包含整数部分,又包含小数部分)转化为八进制数,可对其整数部分和小数部分做如下处理。

转换时以小数点为界,对于整数部分,从小数点开始(不含小数点)往左数,将其分为 3 位(八进制)一组,在数的最左边若不足 3 位,可添加一个或两个 0 以凑足 3 位;对于小数部分,从小数点开始(不含小数点)往右数,也将其分为 3 位一组,在数的最右边若不足 3 位,也可添加一个或两个 0 以凑足 3 位。每组对应一个八进制数,最终可将该二进制数转换为八进制数。

注意: 当二进制数只有整数部分(二进制纯整数)时,分组时从其最低位开始往左数,每 3 位为一组,不足 3 位的部分可添加一个或两个 0 以凑足 3 位;而当二进制数只有小数部分(二进制纯小数)时,分组时则从小数点开始(不含小数点)往右数,每 3 位为一组,不足 3 位的部分可添加一个或两个 0 以凑足 3 位。

【例 2-11】 将二进制数混合数 110000111010.001011 和 11010011.10011011、二进制纯整数 1101000101 以及二进制纯小数 0.10011101 分别转换为八进制数(图 2-4)。

解：

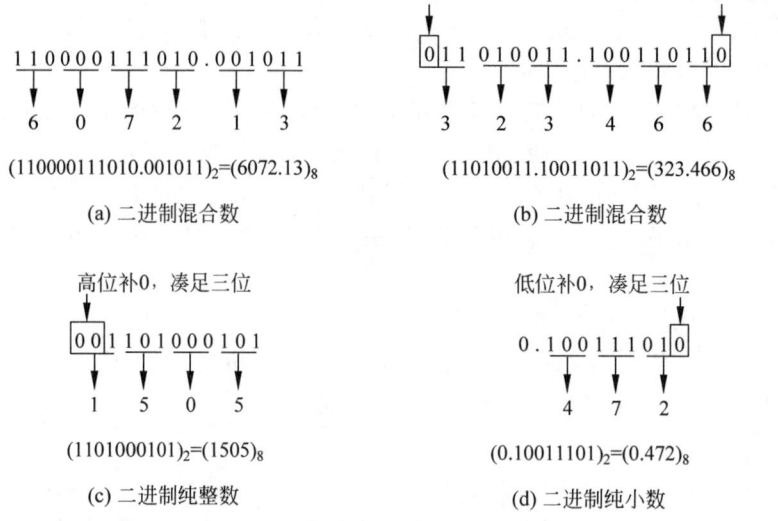

图 2-4 二进制数转八进制数

4) 八进制数转换为二进制数

由八进制数转换成二进制数,只需将每一位八进制数替换为其对应的 3 位二进制数即可(必要时可去掉整数部分最左侧一个或多个连续的 0,也可去掉小数部分最右侧一个或多个连续的 0)。

【例 2-12】 将八进制数 2706.14 转换为二进制数(图 2-5)。

解：

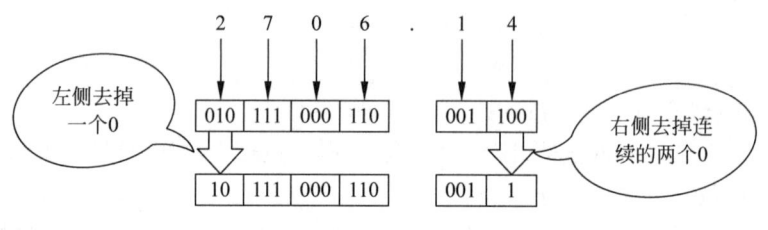

图 2-5 八进制数转二进制数

5) 二进制数转换为十六进制数

同样,假定要将一个二进制混合数(既包含整数部分,又包含小数部分)转化为十六进制数,也可对其整数部分和小数部分做如下处理。

转换时以小数点为界,对于整数部分,从小数点开始(不含小数点)往左数,将其分为 4 位(十六进制)一组,在数的最左边若不足 4 位,可添加若干个 0 以凑足 4 位;对于小数部分,从小数点开始(不含小数点)往右数,也将其分为 4 位一组,在数的最右边若不足 4 位,也可添加若干个 0 以凑足 4 位。每组对应一个十六进制数,最终可将该二进制数转换为十六进制数。

注意：当二进制数只有整数部分时，分组时从其最低位开始往左数，每4位为一组，不足4位的部分可添加若干个0以凑足4位；而当二进制数只有小数部分时，分组时则从小数点开始（不含小数点）往右数，每4位为一组，不足4位的部分可添加若干个0以凑足4位。

【例 2-13】 将二进制数 110000111010.00101101 和 111010011.1001101101 分别转换为十六进制数（图 2-6）。

解：

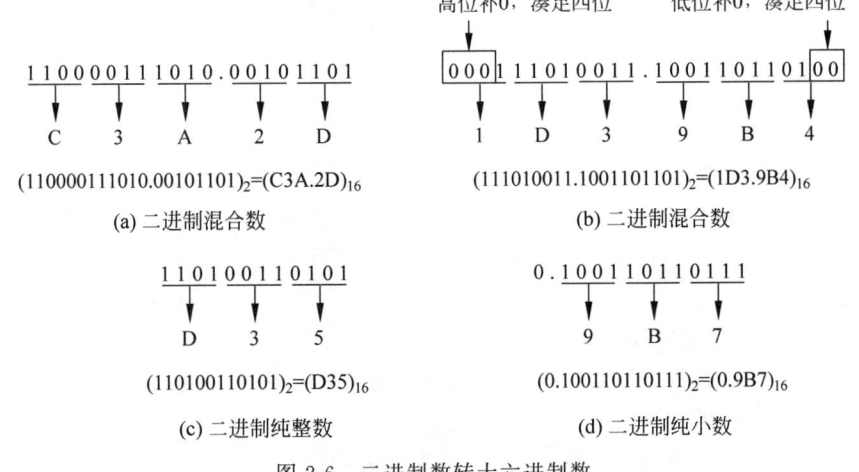

图 2-6 二进制数转十六进制数

6）十六进制数转换为二进制数

同样，由十六进制数转换成二进制数时，只需将每一位十六进制数替换为其对应的 4 位二进制数即可（必要时可去掉整数部分最左侧一个或多个连续的 0，也可去掉小数部分最右侧一个或多个连续的 0）。

【例 2-14】 将十六进制数 3D01.2A 转换为二进制数（图 2-7）。

解：

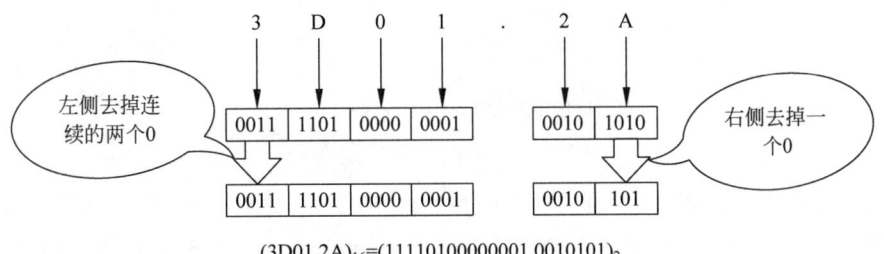

图 2-7 十六进制数转二进制数

7）八进制数转换为十六进制数

八进制数转换为十六进制数较为容易的办法是先将八进制数转换为二进制数，然后由二进制数转换为十六进制数。

【例 2-15】 将八进制数 5164.15 转换为十六进制数（图 2-8）。

解：

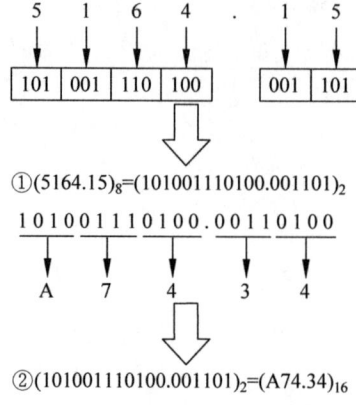

① $(5164.15)_8 = (101001110100.001101)_2$

② $(101001110100.001101)_2 = (A74.34)_{16}$

图 2-8　八进制数转十六进制数

注意：八进制数转换为十六进制数也可以先将八进制数转换为十进制数，然后由十进制数转换为十六进制数。若对八进制数和十六进制数的对应关系十分熟悉，还可以对其进行直接转换。

8）十六进制数转换为八进制数

十六进制数转换为八进制数较为容易的办法是先将十六进制数转换为二进制数，然后由二进制数转换为八进制数。

【例 2-16】　将十六进制数 BD02.27 转换为八进制数（图 2-9）。

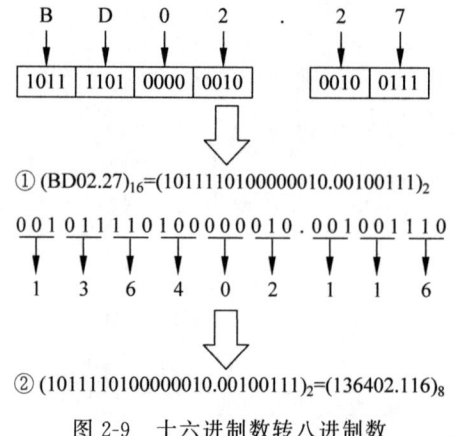

① $(BD02.27)_{16} = (101111010000010.00100111)_2$

② $(101111010000010.00100111)_2 = (136402.116)_8$

图 2-9　十六进制数转八进制数

注意：十六进制数转换为八进制数也可以先将十六进制数转换为十进制数，然后由十进制数转换为八进制数。若对十六进制数和八进制数的对应关系十分熟悉，还可以对其进行直接转换。

表 2-2 为 20 以内自然数的不同进制数（十进制数、二进制数、八进制数和十六进制数）的对应关系。

表 2-2　不同进制数的对应关系

序号	十进制数	二进制数	八进制数	十六进制数
1	0	00000	00	00
2	1	00001	01	01

续表

序号	十进制数	二进制数	八进制数	十六进制数
3	2	00010	02	02
4	3	00011	03	03
5	4	00100	04	04
6	5	00101	05	05
7	6	00110	06	06
8	7	00111	07	07
9	8	01000	10	08
10	9	01001	11	09
11	10	01010	12	0A
12	11	01011	13	0B
13	12	01100	14	0C
14	13	01101	15	0D
15	14	01110	16	0E
16	15	01111	17	0F
17	16	10000	20	10
18	17	10001	21	11
19	18	10010	22	12
20	19	10011	23	13

2.1.2 真值和机器数

在计算机中参与运算的二进制数可按有无符号(正号和负号)分为两大类：无符号二进制数(无符号数)和有符号二进制数(有符号数)。

1. 无符号数

无符号数是指二进制数的所有位均为数值位，没有符号位，相当于二进制数的绝对值。

【例2-17】 给出无符号数10100100在计算机中的表示，并将其转换为十进制数。

解：

该数的表示如图2-10所示。

所以$(10100100)_2=(164)_{10}$。

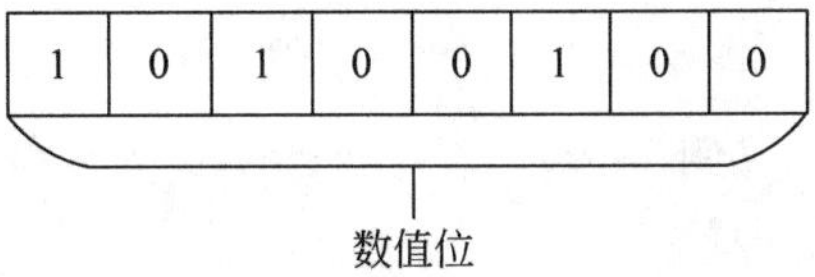

2. 有符号数

在之前的例子中，所有的二进制数都是无符号

图2-10 无符号数在计算机中的表示

的(默认为正数)。严格来说，这些二进制数在使用时是需要添加正号("+")的，就像负数需要添加负号("−")一样，因此可以认为有符号的二进制数是由符号(正号和负号)和数值两部分组成的，称为有符号数的**真值**。

当使用计算机处理这些数时，由于计算机不能直接识别正负号，因此需要对其进行数字化。在计算机中可以用一位二进制数来表示数的正负(0表示正号，1表示负号)，通常把这种被计算机使用的、符号由0或1表示的二进制数(约定二进制数的最高位为符号位，其余部分为数值位)称为**机器数**。

注意：机器数的第一位是由0或1表示的符号位，和数值位的0或1意义不同。

【例2-18】 给出无符号数10100100和有符号数−0100100在计算机中的表示，并将它们分别转换为十进制数(如图2-11所示)。

解：

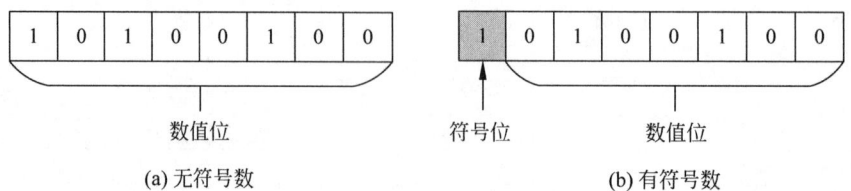

(a) 无符号数　　　　　　　(b) 有符号数

图 2-11　有符号数和无符号数在计算机中的表示

无符号数 $(10100100)_2 = (164)_{10}$，有符号数 $(-0100100)_2 = (-36)_{10}$。

从这个例子可以看出，对于二进制数形式一样的无符号数和有符号数，其对应的十进制数不一定相同。

注意：计算机中的数在运算时均存放在寄存器中，通常把寄存器的位数称为机器字长。最为常用的机器字长有 8 位、16 位和 32 位。在机器字长相同时，可表示的无符号数和有符号数的范围是不一样的，如表 2-3 所示是部分机器字长下无符号数和有符号数的范围。

表 2-3　不同机器字长下有无符号数的范围

机器字长	8 位	16 位	32 位	64 位
无符号数	$0 \sim 2^8 - 1$	$0 \sim 2^{16} - 1$	$0 \sim 2^{32} - 1$	$0 \sim 2^{64} - 1$
有符号数	$-2^7 \sim 2^7$	$-2^{15} \sim 2^{15}$	$-2^{31} \sim 2^{31}$	$-2^{63} \sim 2^{63}$

接下来介绍机器数的四种常用表示形式：原码、反码、补码和移码。

1) 原码

原码由符号和数值两部分组成，是最容易理解的一种数据表示法。在机器数的原码表示形式中，第一位表示符号位，对于正数，符号位记为 0，对于负数，符号位记为 1，其余各位表示数值部分。根据小数点约定的位置不同，计算机中的数据可以分为定点小数和定点整数（统称定点数），接下来分别给出它们的原码定义。

(1) 假定 n 位字长的纯小数 $X = X_0.X_1X_2 \cdots X_{n-1}$，其中 X_0 为符号位，则

$$[X]_原 = \begin{cases} X & 0 \leqslant X < 1 \\ 1 - X = 1 + |X| & -1 < X \leqslant 0 \end{cases}$$

【例 2-19】 假定机器字长为 8 位，给出 $X = +0.1011$ 和 $Y = -0.1011$ 的原码。

解：

$[X]_原 = 0.1011000$

$[Y]_原 = 1 + 0.1011000 = 1.1011000$

其中，最高位是符号位，在机器中小数点为隐含值。

对于纯小数，若字长为 n，则其原码表示范围为 $-(1 - 2^{-(n-1)}) \leqslant X \leqslant 1 - 2^{-(n-1)}$（关于原点对称）。

(2) 假定 n 位字长的整数 $X = X_0X_1X_2 \cdots X_{n-1}$，其中 X_0 为符号位，则

$$[X]_原 = \begin{cases} X & 0 \leqslant X < 2^{n-1} \\ 2^{n-1} - X = 2^{n-1} + |X| & -2^{n-1} < X \leqslant 0 \end{cases}$$

【例 2-20】 假定机器字长为 8 位，给出 $X = +1011$ 和 $Y = -1011$ 的原码。

解：

$[X]_原 = 00001011$

$[Y]_原 = 2^7 + 0001011 = 10000000 + 0001011 = 10001011$

其中,最高位是符号位。

对于纯整数,若字长为 n,其原码表示范围为 $-(2^{n-1}-1) \leq X \leq 2^{n-1}-1$(关于原点对称)。

注意:在计算机中,对于一个字长为 n 的定点数 X,从定点数的原码定义中可以看出:

① 当 X 为正数时,$[X]_原$ 用 0 代替了 X 的正号,数值部分不变。
② 当 X 为负数时,$[X]_原$ 用 1 代替了 X 的负号,数值部分不变。
③ 对于真值零,其原码有两种形式。

$$[+0]_原 = 0.00\cdots00$$
$$[-0]_原 = 1.00\cdots00$$

2) 反码

同原码一样,反码也是由符号和数值两部分组成的,左边第一位也为符号位,符号位为 0 代表正数,符号位为 1 代表负数。

对于负数,反码的数值部分是将原码的数值部分按位求反,即原码的某位为 1,反码的相应位就为 0;或者原码的某位为 0,反码的相应位就为 1。因此,反码又称为"对 1 的补数"。

对于正数,反码和原码相同。接下来分别给出定点小数和定点整数的反码定义。

(1) 假定 n 位字长的纯小数 $X = X_0.X_1X_2\cdots X_{n-1}$,其中,$X_0$ 为符号位,则

$$[X]_反 = \begin{cases} X & 0 \leq X < 1 \\ (2 - 2^{-(n-1)}) + X & -1 < X \leq 0 \end{cases} \pmod{2 - 2^{-(n-1)}}$$

【例 2-21】 假定机器字长为 8 位,给出 $X = +0.1011$ 和 $Y = -0.1011$ 的反码。

解:

$[X]_反 = 0.1011000$

$[Y]_反 = 2 - 2^{-7} - 0.1011 = 1.1111111 - 0.1011000 = 1.0100111$

其中,最高位是符号位,在机器中小数点为隐含值。

对于纯小数,若字长为 n,其反码表示范围为

$$-(1-2^{-(n-1)}) \leq X \leq 1-2^{-(n-1)} \text{(关于原点对称)}$$

(2) 假定 n 位字长的整数 $X = X_0X_1X_2\cdots X_{n-1}$,其中,$X_0$ 为符号位,则

$$[X]_反 = \begin{cases} X & 0 \leq X < 2^{n-1} \\ (2^n - 1) + X & -2^{n-1} \leq X \leq 0 \end{cases} \pmod{2^n - 1}$$

【例 2-22】 假定机器字长为 8 位,给出 $X = +1011$ 和 $Y = -1011$ 的反码。

解:

$[X]_反 = 00001011$

$[Y]_反 = (2^8 - 1) + 0001011 = 11111111 - 0001011 = 11110100$

其中,最高位是符号位。

对于纯整数,若字长为 n,其反码表示范围为

$$-(2^{n-1}-1) \leq X \leq 2^{n-1}-1 \text{(关于原点对称)}$$

注意:在计算机中,对于一个字长为 n 的定点数 X,从定点数的反码定义中可以看出:

① 当 X 为正数时,$[X]_反$ 与 $[X]_原$ 相同。
② 当 X 为负数时,$[X]_反$ 用 1 代替了 X 的负号,数值部分是将原码数值各位取反。

③ 对于真值零,其反码有两种形式。

$$[+0]_反 = 0.00\cdots00$$
$$[-0]_反 = 1.11\cdots11$$

若使用原码和反码表示的机器数进行加减运算时,会存在一些问题。以两个符号不同的机器数做加法运算为例,首先不考虑符号位,仅对两机器数的数值部分(可理解为带符号数的绝对值)比较大小,然后用值大的机器数减去值小的机器数,最终结果的符号以值大的机器数的符号为准。上述过程把加法运算变成了减法运算,使原本仅用加法器可以完成的运算,还需要减法器才能完成,这将导致实现电路过于复杂,并且会增加硬件的造价。若采用补码来表示机器数,则可以解决这一问题。接下来介绍补码这一表示机器数的形式。

3) 补码

在介绍补码之前,我们先对模数和补数的概念进行介绍。

(1) 模数。模(也称模数)通常用于计量器具的容量。对于一个 n 位的整数(包括一位符号位),它的模数为 2^n;而如果是一个 n 位的小数(包括一位符号位),则它的模数总是为 2。

如图 2-12(a)所示,若在计算机中用 n 位表示一个数,则可以表示 2^n 个不同的数,分别从 n 位全为 0 变化到 n 位全为 1。

如图 2-12(b)所示,对于每一位的值全为 1 的数,在其最低位加 1,结果变成一个 $n+1$ 位的数。由于长度只有 n 位,所以第 $n+1$ 位(即此图中左边的第一个数)只能被计算机直接丢弃掉,剩下的 n 位又为全 0,这说明 n 位只能表示 2^n 个数。

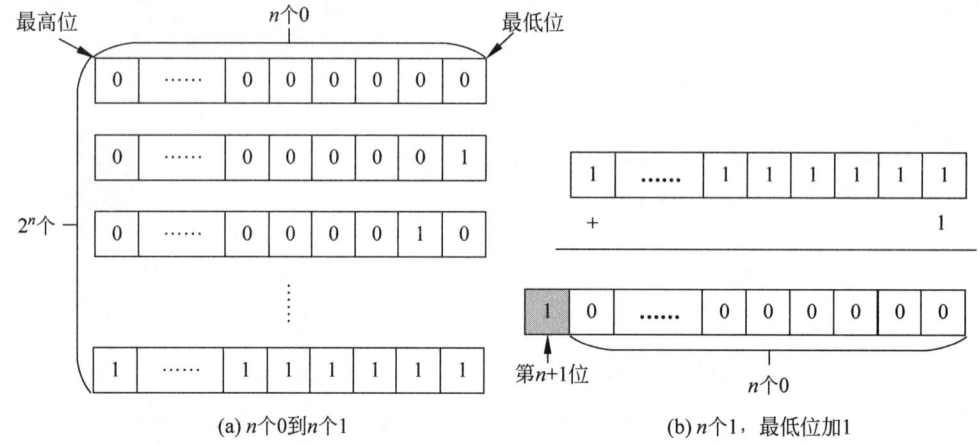

图 2-12 n 位能表示的数个数

注意:若运算结果大于等于模数,则说明该值已经超出了机器所能表示的范围,超出的位将被丢弃掉。

【例 2-23】 假定某一台计算机的字长为 8 位,试求其模。

解:字长为 8 位,即 $n=8$,其模为 2^8,它所能表示的二进制数范围为 00000000~11111111,一共 $2^8 (=256)$ 个数。

(2) 补数。如图 2-13 所示,假设一个时钟的时针当前指向 6 点,现需要将其改为指向 12 点。以下两种方法均可实现:①将分针沿顺时针方向旋转 6(12-6)圈;②将分针沿逆时针方向旋转 6 圈。

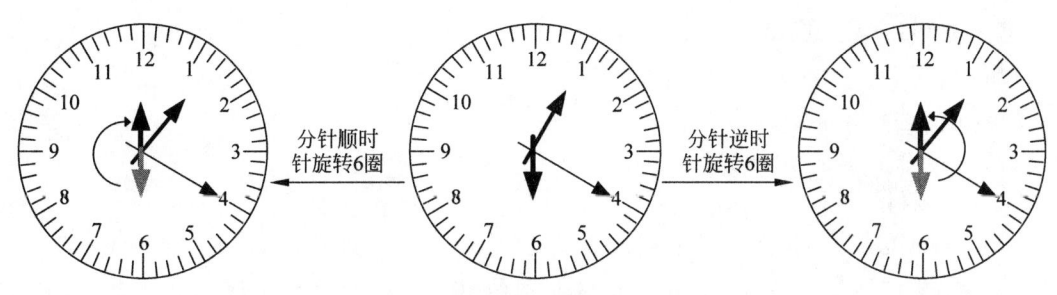

图 2-13 分针顺、逆时针旋转 6 圈

若将顺时针方向旋转记为正,逆时针方向旋转记为负,则方法①可用 6+6=12 表示,方法②可用 6-6=0 表示,但在本例中分针顺时针旋转 6 圈和逆时针旋转 6 圈的效果是一样的,即均使时针指向了 12 点。由于时钟表盘上的数字为 1~12,共 12(即为上文中所介绍的模,写作 mod 12)个数,因此 +6 是 -6 以 12 为模的补数,-6 也是 +6 以 12 为模的补数,记作

$$-6 \equiv +6 \pmod{12}$$

经过以上分析可以得出如下结论:
① 一个正数相对于模的补数就是正数本身。
② 一个正数和一个负数互为补数时,它们的绝对值之和就为模。
③ 一个负数可以用它的正补数来代替,而这个正补数等于模加上负数本身。

将补数的概念引入计算机,从而得到补码这一表示机器数的形式,接下来分别给出定点小数和定点整数的补码定义。

(1) 假定 n 位字长的纯小数 $X = X_0.X_1X_2 \cdots X_{n-1}$,其中,$X_0$ 为符号位,则

$$[X]_\text{补} = \begin{cases} X & 0 \leq X < 1 \\ 2+X = 2-|X| & -1 \leq X < 0 \end{cases} \pmod{2}$$

【例 2-24】 假定机器字长为 8 位,给出 $X = +0.1011$ 和 $Y = -0.1011$ 的补码。

解:

$[X]_\text{补} = 0.1011000$

$[Y]_\text{补} = 2 - 0.1011000 = 10.0000000 - 0.1011000 = 1.0101000$

其中,最高位是符号位,在机器中小数点为隐含值。

对于纯小数,若字长为 n,则补码的表示范围为 $-1 \leq X \leq 1 - 2^{-(n-1)}$。

注意:
① 当机器字长为 n 时,补码可以表示的数比原码可以表示的数多一个,该数为 -1。
② 当纯小数的补码的符号位用两位二进制数来表示(即采用双符号位),其余部分不变时,称为变形补码,又称模 4 补码,其定义为:

$$[X]_\text{补} = \begin{cases} X & 0 \leq X < 1 \\ 4+X = 4-|X| & -1 \leq X < 0 \end{cases} \pmod{4}$$

模 4 补码中双符号位 00 表示正,11 表示负,可用于阶码运算和溢出判断等。

(2) 假定 n 位字长的纯整数 $X = X_0X_1X_2 \cdots X_{n-1}$,其中,$X_0$ 为符号位,则

$$[X]_\text{补} = \begin{cases} X & 0 \leq X < 2^{n-1} \\ 2^n + X = 2^n - |X| & -2^{n-1} \leq X \leq 0 \end{cases} \pmod{2^n}$$

【例 2-25】 假定机器字长为 8 位,给出 $X=+1011$ 和 $Y=-1011$ 的补码。

解:

$[X]_\text{补}=00001011$

$[Y]_\text{补}=2^8-0001011=100000000-0001011=11110101$

其中,最高位是符号位。

对于纯整数,若字长为 n,则补码的表示范围为 $-2^{n-1} \leqslant X \leqslant 2^{n-1}-1$。

注意:当机器字长为 n 时,补码可以表示的数比原码可以表示的数多一个,该数为 -2^{n-1}。

注意:在计算机中,对于一个字长为 n 的定点数 X,从定点数的补码定义中可以看出:

① 当 X 为正数时,$[X]_\text{补}$ 与 $[X]_\text{原}$ 相同。

② 当 X 为负数时,$[X]_\text{补}$ 的符号部分与 $[X]_\text{原}$ 相同,$[X]_\text{补}$ 的数值部分为 $[X]_\text{原}$ 的数值部分按位取反(即为反码的数值部分)后末位加 1(即"取反加 1")。$[X]_\text{补}$ 也可以这样转换为 $[X]_\text{原}$。

③ 与原码和反码不同的是,对于真值零,其补码只有一种形式,即 $[+0]_\text{补}=[-0]_\text{补}=0.000\cdots0$。

4) 移码

移码就是在真值 X 上加上一个常数(偏移值),即相当于 X 在数轴上向正方向偏移了若干单位,一般该常数为 2^{n-1}($n-1$ 为真值数值部分的位数)。移码通常用于表示浮点数的阶码(默认为整数),其定义如下。

假定 n 位字长的纯整数 $X=X_0X_1X_2\cdots X_{n-1}$,其中,$X_0$ 为符号位,则

移码在数轴上的表示如图 2-14 所示。

$$[X]_\text{移}=2^{n-1}+X\,(-2^{n-1} \leqslant X < 2^{n-1})$$

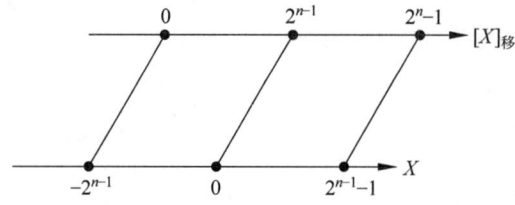

图 2-14 移码在数轴上的表示

注意:

① 由移码和补码的定义可知,对于同一个整数的移码与补码,两者数值位完全相同,而符号位刚好相反。

② 与补码一样,对于真值零,其移码也只有一种形式,即 $[+0]_\text{移}=[-0]_\text{移}$。

③ 由于移码是对真值 X 加上同一个偏移值得到的,故其相对大小不变(这使得移码用于表示浮点数的阶码时可以被方便的比较大小)。

【例 2-26】 假定机器字长为 8 位,试表示十进制数 X 的原码、反码、补码和移码,其中,X 分别为 $-127,-1,0,+1,+127$。

解:十进制数 X 的原码、反码、补码和移码如表 2-4 所示。

表 2-4　十进制数 X 的原码、反码、补码和移码

序号	十进制数	原码	反码	补码	移码
1	−127	11111111	10000000	10000001	00000001
2	−1	10000001	11111110	11111111	01111111
3	−0	10000000	11111111	00000000	10000000
4	+0	00000000	00000000	00000000	10000000
5	+1	00000001	00000001	00000001	10000001
6	+127	01111111	01111111	01111111	11111111

现将机器数的四种表示形式(原码、反码、补码和移码)小结如下。

① 对于正数,原码、反码、补码的符号位均为 0,数值部分均与真值相同;对于负数,原码、反码、补码的符号位均为 1,反码的数值部分为原码的各位(除符号位)取反,补码的数值部分为反码的末位加 1。

对于移码,符号位与补码相反,数值位与补码相同。

② 原码适用于乘除运算,反码适用于原码和补码相互转换的中间过渡,补码适用于加减运算,移码主要用于表示浮点数的阶码。

2.1.3　BCD 码

二进制编码的十进制数(Binary Coded Decimal,BCD)通常采用 4 位二进制数代码来表示 1 位十进制数。这种编码方式的优点是能快速实现二进制和十进制之间的转换。由于 4 位二进制数可以表示 $2^4=16$ 种编码,而十进制数只有 10 个数码,所以有 6 种状态为冗余状态。本小节将介绍几种目前常用的 BCD 码,包括 8421 码、2421 码和余 3 码。

1. 8421 码

8421 码是一种最为常用的有权码,这种编码是用四位二进制数($b_3b_2b_1b_0$)来表示一位十进制数(d)。二进制数各位的数值为 b_3、b_2、b_1、b_0,对应的权值依次为 8、4、2、1,它表示的十进制数 $d=8b_3+4b_2+2b_1+1b_0$。

【例 2-27】　求十进制数 8 和 9 的 8421 码。

解:

十进制数 8 的 8421 码为 1000,十进制数 9 的 8421 码为 1001。

注意:使用 8421 码来表示十进制数时,应遵循"逢十进一"的原则。

【例 2-28】　试求 $(0001)_{8421}+(1000)_{8421}$、$(0100)_{8421}+(1001)_{8421}$ 和 $(1001)_{8421}+(0001)_{8421}$。

下面以两个数的 8421 码相加为例,给出运算规则(如图 2-15 所示):

① 如果两个数的 8421 码相加之和小于等于 1001 则不需要修正;

② 如果两个数的 8421 码相加之和大于等于 1010 而小于等于 1111,则需要加 6 修正,此时会向高位进位(低四位向高四位的进位);

③ 如果两个数的 8421 码相加之和大于等于 00010000(相加时低四位产生了向高四位的进位),则需要加 6 修正。

解：

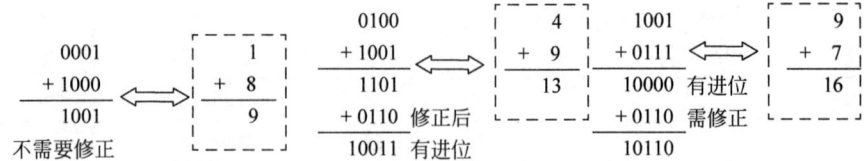

图 2-15 两个数的 8421 码相加及修正

注意：修正时若低四位产生了向高四位的进位无需再加 6 修正。

2. 2421 码

与 8421 码相似，2421 码也是一种有权码，也用四位二进制数（$b_3b_2b_1b_0$）来表示一位十进制数（d）。二进制数各位的数值为 b_3、b_2、b_1、b_0，对应的权值依次为 2、4、2、1，它表示的十进制数 $d=2b_3+4b_2+2b_1+1b_0$。

2421 码的特点是：当十进制数大于等于 5 时，对应的 4 位二进制数中最高位为 1；当十进制数小于 5 时，对应的 4 位二进制数中最高位为 0。

【例 2-29】 求十进制数 3 和 5 的 2421 码。

解：

十进制数 3 的 2421 码是 0011 而不是 1001；

十进制数 5 的 2421 码是 1011 而不是 0101。

注意：

① 2421 码的编码方案不止一种，上面介绍的只是其中一种。

② 2421 码是一种"对 9 的自补"二进制编码，将某数的 2421 码的各位均取反，即为该数对 9 的补数的 2421 码，如表 2-5 所示。

表 2-5 十进制数 X 及其 2421 码的几种形式

序号	十进制数 X	X 的 2421 码	对 X 的 2421 码取反	十进制数 X 对 9 的补数
1	0	0000	1111	9
2	1	0001	1110	8
3	2	0010	1101	7
4	3	0011	1100	6
5	4	0100	1011	5
6	5	1011	0100	4
7	6	1100	0011	3
8	7	1101	0010	2
9	8	1110	0001	1
10	9	1111	0000	0

3. 余 3 码

余 3 码是一种特殊的 8421 码，它是在 8421 码的基础上加上 $3=(0011)_{8421}$ 形成的，也用四位二进制数（$b_3b_2b_1b_0$）来表示一位十进制数（d）。二进制数各位的数值为 b_3、b_2、b_1、b_0，对应的权值不固定。

【例 2-30】 求十进制数 8 和 9 的余 3 码。

解:

十进制数 8 的 8421 码为 1000,对应的余 3 码为 1011;

十进制数 9 的 8421 码为 1001,对应的余 3 码为 1100。

注意:

① 与 2421 码一样,余 3 码也是一种"对 9 的自补"代码,即将某数的余 3 码的各位均取反就可以直接得到其对 9 的补数的余 3 码。

② 若两个数的余 3 码相加,由于每个余 3 码都多余 3,所以和就会多余 6。若想要得到正确的余 3 码结果,就必须对结果进行修正。修正的方法为:若相加后的和没有进位,则和需要减 3 才能保持余 3 码的性质;而若有进位,则和需要加 3 才能保持余 3 码的性质。

表 2-6 为十进制数码(0~9)对应的三种 BCD 码,其中,8421 码和 2421 码均为有权码且为恒权码(每一位的权值固定),而余 3 码为无权码。

表 2-6 十进制数码对应的三种 BCD 码

十进制数码	8421 码	2421 码	余 3 码
0	0000	0000	0011
1	0001	0001	0100
2	0010	0010	0101
3	0011	0011	0110
4	0100	0100	0111
5	0101	1011	1000
6	0110	1100	1001
7	0111	1101	1010
8	1000	1110	1011
9	1001	1111	1100

2.1.4 字符与字符串

由于计算机内部只能识别和处理二进制代码,所以字符也必须按照一定的规则使用一组二进制编码来表示。

1. 字符编码 ASCII 码

国际上普遍采用的一种字符系统是 7 位二进制编码的 ASCII 码(American Standard Code for Information Interchange,美国国家信息交换标准字符码),它是美国在研究使用计算机处理信息时,由美国国家标准协会制定的常用字符的二进制数表示方案,该方案在 1967 年成为美国标准。国际标准化组织(International Organization for Standardization, ISO)于 1972 年对该标准做了相应地补充,并制定为国际标准(ISO 646)。

ASCII 码共 128 个字符,包括 96 个图形字符和 32 个控制字符。在图形字符中,分别为 10 个十进制数码、52 个英文大写字母和小写字母(A~Z,a~z)以及 34 个专用符号(如 $、%、=等)。32 个控制字符的编码值为 0~31,它们被用作控制码,通常用于通信控制或设备的功能控制。

编码值为 0~31(控制字符)和 127(DEL)的 33 个字符无法显示或打印,而剩下的 95 个编码对应的字符能在计算机终端显示和打印。

在计算机中,用一个字节表示一个 ASCII 码,其最高位(b_7)填 0,余下的 7 位

($b_6b_5b_4b_3b_2b_1b_0$)共 128 个编码,用于表示 128 个不同的字符和控制码。在进行奇偶校验时,可以用最高位(b_7)作为校验位。表 2-7 所示的是七位的 ASCII 码表。

表 2-7 ASCII 码表

$b_3b_2b_1b_0$	$b_6b_5b_4$							
	000	001	010	011	100	101	110	111
0000	NUL 空白	DLE 数据链转义	间隔	0	@	P	`	p
0001	SOH 标题开始	DC1 设备控制 1	!	1	A	Q	a	q
0010	STX 正文开始	DC2 设备控制 2	"	2	B	R	b	r
0011	ETX 正文结束	DC3 设备控制 3	#	3	C	S	c	s
0100	EOT 传输结束	DC4 设备控制 4	$	4	D	T	d	t
0101	ENQ 询问	NAK 否认	%	5	E	U	e	u
0110	ACK 承认	SYN 同步空转	&	6	F	V	f	v
0111	BEL 告警	ETB 组传输结束	'	7	G	W	g	w
1000	BS 退格	CAN 作废	(	8	H	X	h	x
1001	HT 横向制表	EM 媒体结束	)	9	I	Y	i	y
1010	LF 换行	SUB 取代	*	:	J	Z	j	z
1011	VT 纵向制表	ESC 转义	+	;	K	[	k	{
1100	FF 换页	FS 文卷分隔	,	<	L	\	l	|
1101	CR 回车	GS 组分隔	-	=	M	]	m	}
1110	SO 移出	RS 记录分隔	.	>	N	^	n	~
1111	SI 移入	US 单元分隔	/	?	O	_	o	DEL

在微机中使用的是扩展的 ASCII 码,它可以表示 256 个编码。

1980 年,我国研究并制定的标准 GB/T1988(即 GB1988—80《信息交换用的七位编码字符集》)第一次发布,1989 年对其修订后发布了第二个版本 GB/T1988—1989,现在的最新版本 GB/T1988—1998 是 1998 年发布的第三个版本,它与国际标准 ISO/IEC646《信息交换用 ISO 七位编码字符集》等效。在这一标准中,规定了由 128 个字符(控制字符和图形字符)组成的字符集以及它们的编码表示。

2. 汉字的表示和编码

从文字学的角度讲,现在世界上流行的文字大致可分为语素文字和拼音文字两大类。汉字是唯一的语素文字,这使其无法直接使用国际标准。为了满足计算机处理中文信息的需求,1981 年国家标准局公布了 GB2312—80《信息交换用汉字编码字符集——基本集》,收集了常用汉字 6763 个,并给这些汉字采用双字节编码方案。

1995 年发布的 GBK 是对 GB2312 编码的扩展,它完全兼容 GB2312—80 标准。GBK 编码依然采用双字节编码方案,其编码范围 8140～FEFE(共 24066 个码位),但不包括 817F～FE7F(共 126 个码位),因此 GBK 编码共有 23940(=24066-126)个码位。该编码方案共收录汉字和图形符号 21886 个,其中汉字(包括部首和构件)21003 个,图形符号 883 个。中文版的 Windows 95、Windows 98、Windows NT 以及 Windows 2000、Windows XP、Windows 7 和 Windows 10 等都支持 GBK 编码方案。

要想使用计算机进行汉字信息处理,首先必须将汉字代码化,即对汉字进行编码,称为汉字输入码。汉字输入码送入计算机后还必须转换成汉字内部码,才能进行信息处理。处理完毕之后,再把汉字内部码转换成汉字字形码,才能在显示器或打印机输出。因此汉字的编码有输入码、内码和字形码三种,简要介绍如下。

1) 汉字的输入码

目前,为了在计算机中能直接使用西文标准键盘输入汉字,必须为汉字设计相应的输入编码。常用的编码方案主要分为三类:数字编码、拼音编码和字形编码。

国标区位码是常用的数字编码,它将国家标准局公布的 6763 个两级汉字分为 94 个区(区码),每个区分 94 位(位码),这样由区码和位码(简称区位码)构成了一个 94×94 的二维数组,每个汉字在数组中的下标就是该汉字对应的区位码(假定数组下标从 1 开始),这也意味着每个汉字都有唯一的区位码与之对应。区码和位码分别为两位十进制数字,因此输入一个汉字需按键四次。例如,"中"字位于第 54 区 48 位,即区位码为 5448。数字编码的优点是无重码,输入码与内部编码的转换比较方便,缺点是代码难以记忆。

拼音编码是以汉语拼音为基础的输入编码。只要掌握了汉语拼音,无需任何训练和记忆,即可使用,但由于在汉字中同音字太多,导致重码率很高,因此使用拼音输入时若遇到同音字还可能需要进行选择,这影响了输入速度。

字形编码是基于汉字的形状来进行编码。汉字总数虽多,但都是由一笔一画组成,全部汉字的笔画部件其实是有限的。因此,把汉字的笔画部件用字母或数字进行编码,按笔画的顺序依次输入,就能表示一个汉字了。例如,五笔字型编码就是极有影响的一种字形编码方法。

2) 汉字的内码

同一个汉字以不同输入方式进入计算机时,编码长度以及 0、1 组合顺序差别很大,使汉字信息进一步存取、使用、交流十分不方便,必须转换成长度一致、且与汉字唯一对应的、并能在各种计算机系统内通用的编码。通常把满足这种规则的编码叫汉字内码。

汉字内码是用于汉字信息的存储、交换和检索等操作的机内代码,一般采用两个字节表示。为了能够与英文字符(英文字符的机内代码是七位的 ASCII 码,用一个字节表示时,其最高位为 0)相区别,汉字机内码中两个字节的最高位均规定为 1。

有些系统中字节的最高位为奇偶校验位或采用扩展 ASCII 码,这种情况下用三个字节表示汉字内码。

3) 汉字的字形码

存储在计算机内的汉字需要在屏幕上显示或在打印机上输出时,需要知道汉字的字形信息,汉字内码并不能直接反映汉字的字形,而要采用专门的字形码。

目前的汉字处理系统中,字形信息的表示大体上有两类形式:一类是用活字或文字版的母体字形,另一类是点阵表示法、矢量表示法等。通常汉字以点阵的形式存储其字形编码。

点阵字形是将字符的字形分解成若干个"点"组成的点阵,将此点阵置于网格上,每一小方格是点阵中的一个"点",点阵中的每一个点可以有黑白两种颜色,有字形笔画的点用黑色,反之用白色,这样就能描写出汉字字形了。图 2-16 显示的是汉字"次"的点阵,如果用十进制的 1 表示黑色点,用 0 表示没有笔画的白色点,每一行 16 个点用两字节表示,共 16 行,因此共需 32(=16×2)字节表示一个汉字的字形,即一个字形码占 32 字节。

一个计算机汉字处理系统常配有宋体、仿宋、黑体、楷体等多种字体(不同字体下同一个汉字的字形编码是不相同的)。

根据汉字输出的要求不同,点阵的多少也不同。简易型汉字为 16×16 点阵,提高型汉字为 24×24 点阵、32×32 点阵,甚至更高。点阵越大,描述的字形越细致美观,质量越高,所占存

	7	6	5	4	3	2	1	0	7	6	5	4	3	2	1	0	
	\multicolumn{8}{c}{高字节}	\multicolumn{8}{c}{低字节}	
0										●							00, 80
										●							00, 80
				●						●							20, 80
3				●						●							10, 80
				●				●	●	●	●	●	●	●	●		11, FE
						●				●						●	05, 02
					●					●			●				09, 24
7					●					●			●				0A, 28
				●						●							10, 20
				●						●							10, 20
		●	●							●							60, 50
11			●							●							20, 50
			●										●				20, 88
			●										●				20, 88
			●					●							●		21, 04
15						●	●							●	●		06, 03

图 2-16 汉字的字形点阵及编码

储空间也越大。汉字点阵的信息量是很大的,以 16×16 点阵为例,每个汉字要占用 32 字节,国标两级汉字要占用 256K 字节。因此汉字点阵字模(也称字形库,它集中了全部汉字的字形信息)只能用来构成汉字库,而不能用于机内存储。

通常将所有汉字的字形码集合起来组成汉字库(或称为字模库)存放在计算机里,当汉字输出时由专门的字形检索程序根据这个汉字的内码从汉字库里检索出对应的字形码,再由字形码控制输出设备输出汉字。汉字点阵字形的汉字库结构简单,但是当需要对汉字进行放大、缩小、平移、倾斜、旋转、投影等变换时,汉字的字形效果不是很好,若使用矢量汉字库、曲线字库的汉字,其字形用直线或曲线表示,能产生高质量的输出字形。

综上所述,汉字从输入计算机到输出显示,汉字信息编码形式不尽相同。汉字的输入编码、汉字内码和字形码是计算机中用于输入、内部处理和输出三种不同用途的编码,不能混为一谈。

3. 字符串的存放

字符串是连续的一串字符,通常它们占用主存中连续的多个字节,每字节存储一个字符。当主存字由 2 或 4 字节组成时,在同一个主存字中,既可按先存储低位字节、后存储高位字节的顺序(又称小端模式)存放字符串的内容,也可按先存储高位字节、后存储低位字节的顺序(又称大端模式)存放字符串的内容。这两种存放方式都是常用的,不同计算机可以选用其中任何一种(也可以同时采用)。

例如,如图 2-17 所示为字符串"IF A>B THEN WRITE(C)"以大端模式存放在主存中,其中主存单元长度(字长)由 4 个字节组成。每个字节中存放相应字符的 ASCII 值,空格也占用 1 字节的空间。因此,每字节分别存放值的十进制形式为 73、70、32、65、62、66、32、84、72、69、78、32、87、82、73、84、69、40、67、41。

I	F	空	A
>	B	空	T
H	E	N	空
W	R	I	T
E	(	C	)

图 2-17 字符串存放(大端)

2.1.5 校验码

校验码是指通过增加一些冗余码来发现或纠正错误的数据编码,也称为检错或纠错编码。通常把发现错误称为检错,具有检错功能的编码称为检错码;纠正错误称为纠错,具有纠错功能的编码称为纠错码。纠错码通常具有检错功能,而检错码则不一定能纠错。

通常某种编码都由许多码字构成,两个合法码字之间变化的二进制位数称为码距(也称海明距离),其中最少变化的二进制位数称为最小码距。对于某一编码体制而言,其所有合法码字的最小距离称为该编码体制的码距。

【例 2-31】 试求二进制数 $X=1111$ 与表 2-8 中格雷码的 10 个码字的码距。

表 2-8 格雷码的 10 个码字

0000	0001	0011	0010	0110	0111	0101	0100	1100	1101

解:二进制数 X 与表 2-8 中格雷码的码距如表 2-9 所示。

表 2-9 X 与格雷码的码距

序　号	X	格 雷 码	码　距
1	1111	0000	4
2	1111	0001	3
3	1111	0011	2
4	1111	0010	3
5	1111	0110	2
6	1111	0111	1
7	1111	0101	2
8	1111	0100	3
9	1111	1100	2
10	1111	1101	1

从结果中可以看出,相邻的码距仅相差 1,这是由格雷码的特点决定的。

注意:格雷码又称循环码,其特点为任意两个相邻的码字之间仅有一位不同,即码距为 1。格雷码有多种形式,表 2-8 的 10 个码字为其中一种。

通常认为码距不小于 2 的数据校验码才具有检错的能力。某一编码体制的码距越大,其检错和纠错能力就越强(检错能力总是大于或等于纠错能力),但数据冗余也越大(即编码效率越低)。下面介绍 3 种常用的校验码。

1. 奇偶校验码

奇偶校验码是指在原编码的基础上再增加一校验位(一般位于原编码的最左边或最右边,称为奇偶校验位),它的码距等于 2,可以检测出奇数位错误,但是不能确定出错的位置。

奇偶校验码不能检测出偶数位错误，常用的形式有垂直奇偶校验、水平奇偶校验和水平垂直奇偶校验。

奇偶校验实现方法：由若干位有效信息（如一个字节），再加上一个二进制位（校验位）组成校验码。校验位的取值为 0 或 1，使得整个校验码中 1 的个数为奇数或偶数，所以有两种供选择的校验规律。

奇校验：整个校验码（包含有效信息位和校验位）中 1 的个数为奇数。

偶校验：整个校验码（包含有效信息位和校验位）中 1 的个数为偶数。

奇偶校验码只能发现数据代码中奇数位出错的情况，但不能纠正错误，因此属于检错码。它常用于对存储器数据的检查或者传输数据的检查。

【例 2-32】 给出两个编码 1001101 和 1010111 的奇校验码和偶校验码。

解：设最高位为校验位，余 7 位是信息位，则对应的奇偶校验码如表 2-10 所示。

表 2-10 奇校验码和偶校验码

校验类型	编码	
	1001101	1010111
奇校验	11001101	01010111
偶校验	01001101	11010111

2．海明校验码

奇偶校验法将整个有效信息作为一组进行校验，每次只能提供一位检错信息，且不能确定出错的位置。如果将有效信息按某种规律分成若干组，每组安排一个校验位进行校验，则不仅能发现多位错误，还能确定出错的位置，从而将其纠正，这便是海明码的基本思想。

海明码是在计算机及通信领域被广泛采用的一种有效的校验码，它实际上是一种多重奇偶校验码，既能检错，又能纠错，因此可以认为它既是检错码又是纠错码。发送方首先在有效信息位中加入若干个校验位，并把每一个二进制位分配到奇偶校验组中形成海明码，再将有效信息对应的海明码发送给接收方，若该信息在传输过程中某一位出错，则会引起相关校验位的值发生变化，这样接收方通过检测就可以发现该位错误，并能指出错误的位置，为自动纠错提供了依据。

海明码的产生及应用过程大致分为：①确定海明码的位数；②确定校验位的分布；③确定有效信息的分组；④确定校验位的值；⑤检错与纠错。

下面以具有检测和校正一位错误的海明码为例，介绍其产生及应用的过程。

1) 确定海明码的位数

研究结果表明，校验位的位数与有效信息的长度有关。假设海明码为 N 位，其中有效信息位为 n 位，校验位为 k 位，分成 k 组作奇偶校验，这样能产生 k 位检错信息。这 k 位信息可指出 2^k 种状态，其中的一种状态表示无错，其余的组合状态就能指出 2^k-1 位中某位出错。

如果要求海明码能指出并纠正一位错误，则它应满足如下关系式：

$$N = n + k \leqslant 2^k - 1$$

根据上述关系式，可以算出不同长度有效信息编成海明码所需要的最少校验位数。

【例 2-33】 假定有效信息位 $n=4$，要求使用海明码能够检测并纠正一位错误，试计算海明码的位数。

解：因为 $n=4$，代入关系式得 $N=4+k \leqslant 2^k-1$，所以 $k \geqslant 3$。即 4 位有效信息应至少配上 3 位校验位，从而产生 7 位的海明码，即海明码的位数为 7 位。

2）确定校验位的分布

在海明码中，位号 $(1,2,3,i,\cdots,n)$ 为 2 的权值 $(2^0, 2^1, 2^2, \cdots, 2^{r-1})$ 的那些位作为奇偶校验位，即位号为 $1, 2, 4, \cdots, 2^{r-1}$，记作 $P_1, P_2, P_3, \cdots, P_r$，余下各位则为有效信息位。

【例 2-34】 假定有效信息为 $b_6 b_5 b_4 b_3 b_2 b_1 b_0$（$n=7$），校验位 $k=4$，试确定校验位的分布。

解：有效信息 $b_6 b_5 b_4 b_3 b_2 b_1 b_0$ 校验位的分布如表 2-11 所示。

表 2-11 校验位的分布

位号 i	1	2	3	4	5	6	7	8	9	10	11
校验位 P_r	P_1	P_2		P_3				P_4			

3）确定有效信息的分组

海明码中的每一位被 $P_1, P_2, P_3, \cdots, P_r$ 中的 1 至若干位所校验，每一个校验位，可以校验该位以后的一些确定位置上的有效信息，即位号为 i 的有效信息由校验位位号之和等于 i 的那些校验位所校验。

表 2-12 给出了一个海明码为 11 位的有效信息分组的示例，其中有效信息与校验位的校验关系如下：

(1) H_3 即海明码中第 3 位被 P_1 和 P_2 所校验。

(2) H_5 即海明码中第 5 位被 P_1 和 P_3 所校验。

(3) H_6 即海明码中第 6 位被 P_2 和 P_3 所校验。

(4) H_7 即海明码中第 7 位被 P_1、P_2 和 P_3 所校验。

(5) H_9 即海明码中第 9 位被 P_1 和 P_4 所校验。

(6) H_{10} 即海明码中第 10 位被 P_2 和 P_4 所校验。

(7) H_{11} 即海明码中第 11 位被 P_1、P_2 和 P_4 所校验。

表 2-12 有效信息的分组

位号 i	海明码	校验位 P_r	位号 i=校验位位号之和
1	H_1	P_1	
2	H_2	P_2	
3	H_3		$3=1+2(H_3=P_1+P_2)$
4	H_4	P_3	
5	H_5		$5=1+4(H_5=P_1+P_3)$
6	H_6		$6=2+4(H_6=P_2+P_3)$
7	H_7		$7=1+2+4(H_7=P_1+P_2+P_3)$
8	H_8	P_4	
9	H_9		$9=1+8(H_9=P_1+P_4)$
10	H_{10}		$10=2+8(H_{10}=P_2+P_4)$
11	H_{11}		$11=1+2+8(H_{11}=P_1+P_2+P_4)$

校验位与有效信息的对应关系如下：

(1) P_1 可校验其本身以及海明码中第 3 位(H_3)、第 5 位(H_5)、第 7 位(H_7)、第 9 位(H_9)和第 11 位(H_{11})；

(2) P_2 可校验其本身以及第 3 位(H_3)、第 6 位(H_6)、第 7 位(H_7)、第 10 位(H_{10})和第 11 位(H_{11})；

(3) P_3 可校验其本身以及第 5 位(H_5)、第 6 位(H_6)和第 7 位(H_7)；

(4) P_4 可校验其本身以及第 9 位(H_9)、第 10 位(H_{10})和第 11 位(H_{11})。

这也就是说，每个校验位与其校验的所有位形成一个组，即：

(1) P_1 与其校验的 H_3、H_5、H_7、H_9 和 H_{11} 为一组，即 $P_1 H_3 H_5 H_7 H_9$；

(2) P_2 与其校验的 H_3、H_6、H_7、H_{10} 和 H_{11} 为一组，即 $P_2 H_3 H_6 H_7 H_{10} H_{11}$；

(3) P_3 与其校验的 H_5、H_6 和 H_7 为一组，即 $P_3 H_5 H_6 H_7$；

(4) P_4 与其校验的 H_9、H_{10} 和 H_{11} 为一组，即 $P_4 H_9 H_{10} H_{11}$。

【例 2-35】 假定有效信息 $b_4 b_3 b_2 b_1$ 的校验位为 P_1、P_2、P_3，试确定有效信息的分组。

解： 由题设可知，有效信息位 $n=4$，校验位 $k=3$，其分组如表 2-13 所示。

表 2-13 有效信息 $b_4 b_3 b_2 b_1$ 的分组

海明码	H_1	H_2	H_3	H_4	H_5	H_6	H_7
含义	P_1	P_2	b_1	P_3	b_2	b_3	b_4
第 3 组				4	5	6	7
第 2 组		2	3			6	7
第 1 组	1		3		5		7

由表 2-13 可知，校验位 P_1、P_2 和 P_3 与有效信息 $b_4 b_3 b_2 b_1$ 的对应关系，每个校验位与其校验的所有位形成的分组如下。

P_1 校验其本身以及第 3 位(b_1)、第 5 位(b_2)和第 7 位(b_4)，构成第 1 组 $P_1 b_1 b_2 b_4$。

P_2 校验其本身以及第 3 位(b_1)、第 6 位(b_3)和第 7 位(b_4)，构成第 2 组 $P_2 b_1 b_3 b_4$。

P_3 校验其本身以及第 5 位(b_2)、第 6 位(b_3)和第 7 位(b_4)，构成第 3 组 $P_3 b_2 b_3 b_4$。

4) 确定校验位的值

校验位的值依赖于采用何种校验方式(如奇校验或偶校验)。

【例 2-36】 假定有效信息 $b_4 b_3 b_2 b_1 = 1101$ 的校验位为 P_1、P_2 和 P_3，分组为 $P_1 b_1 b_2 b_4$、$P_2 b_1 b_3 b_4$ 和 $P_3 b_2 b_3 b_4$。试采用偶校验的方式确定各校验位的取值。

解：

第 1 组为 $P_1 b_1 b_2 b_4$，因为 $b_1 b_2 b_4 = 101$ 含偶数个 1，所以 $P_1 = 0$；

第 2 组为 $P_2 b_1 b_3 b_4$，因为 $b_1 b_3 b_4 = 111$ 含奇数个 1，所以 $P_2 = 1$；

第 3 组为 $P_3 b_2 b_3 b_4$，因为 $b_2 b_3 b_4 = 011$ 含偶数个 1，所以 $P_3 = 0$。

5) 检错与纠错

检错：通过分组校验发现错误，并给出错误所在的准确位置。

在检错时，每个分组根据校验方式可以产生一个检错信息，所有分组的检错信息构成一个指误字，因为在分组时，就确定了每一位参加校验的组别，所以指误字能准确地指出错误所在位置。

纠错：将错误位的信息取反，将其还原为正确的信息。

【例 2-37】 假定海明码为 0110011(偶校验)，发送方 S 将其发送给接收方 R，若接收方 R 收到以下两种海明码：①0110011；②0100011。试给出接收方 R 的检错和纠错过程。

解：

(1) 接收方 R 收到海明码 0110011，如图 2-18 所示。

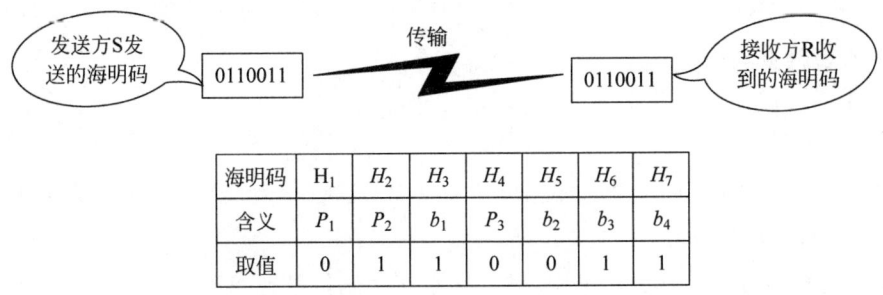

图 2-18 接收方 R 收到海明码 0110011

该海明码对应的分组为 $P_1 b_1 b_2 b_4 = 0101$、$P_2 b_1 b_3 b_4 = 1111$ 和 $P_3 b_2 b_3 b_4 = 0011$。在检错时，每个分组可以产生一个检错信息，具体如下：

$$G_1 = P_1 \oplus b_1 \oplus b_2 \oplus b_4 = 0$$
$$G_2 = P_2 \oplus b_1 \oplus b_3 \oplus b_4 = 0$$
$$G_3 = P_3 \oplus b_2 \oplus b_3 \oplus b_4 = 0$$

三个分组产生的检错信息构成的指误字 $G_3 G_2 G_1 = 000$，这说明海明码在传输过程中没有出错，故无需纠错。

(2) 接收方 R 收到的海明码 0100011，如图 2-19 所示。

图 2-19 接收方 R 收到的海明码为 0100011

该海明码对应的分组为 $P_1 b_1 b_2 b_4 = 0001$、$P_2 b_1 b_3 b_4 = 1011$ 和 $P_3 b_2 b_3 b_4 = 0011$。在检错时，每个分组可以产生一个检错信息，具体如下：

$$G_1 = P_1 \oplus b_1 \oplus b_2 \oplus b_4 = 1$$
$$G_2 = P_2 \oplus b_1 \oplus b_3 \oplus b_4 = 1$$
$$G_3 = P_3 \oplus b_2 \oplus b_3 \oplus b_4 = 0$$

三个分组产生的检错信息构成的指误字 $G_3 G_2 G_1 = 011$，这说明海明码在传输过程中出错，故需要纠错。

由于 011 对应的十进制数为 3，即海明码在传输过程中第 3 位出错。纠错时将海明码的第 3 位值取反，即得正确的海明码 0110011。

【例 2-38】 试求有效信息 $b_4b_3b_2b_1=1010$ 的海明码，并对其进行应用。

解：

(1) 确定海明码的位数。设 n 为有效信息位的位数，k 为校验位的位数，则信息位 n 和校验位 k 应满足：

$$n+k \leqslant 2^k-1$$

由于有效信息的位数 $n=4$，代入上式得

$$4+k \leqslant 2^k-1$$
$$k \geqslant 3$$

这表明至少需要使用 3 位校验位 P_3、P_2 和 P_1，这些校验位和有效信息位组成海明码为 $H_7H_6H_5H_4H_3H_2H_1$。

(2) 确定校验位的分布。由于校验位 P_i 在海明码位号为 $2^{i-1}(i \geqslant 1)$ 的位置上，其余各位为信息位，因此：

P_1 的海明码位号为 $2^{1-1}=2^0=1$，即 H_1 为 P_1；

P_2 的海明码位号为 $2^{2-1}=2^1=2$，即 H_2 为 P_2；

P_3 的海明码位号为 $2^{3-1}=2^2=4$，即 H_4 为 P_3。

由校验位和有效信息位组成的海明码如表 2-14 所示。

表 2-14 海明码的分布

H_7	H_6	H_5	H_4	H_3	H_2	H_1
b_4	b_3	b_2	P_3	b_1	P_2	P_1

(3) 确定有效信息分组。有效信息与校验位的校验关系如下：

① $3=1+2$，所以 b_1 由 P_1P_2 校验。

② $5=1+4$，所以 b_2 由 P_1P_3 校验。

③ $6=2+4$，所以 b_3 由 P_2P_3 校验。

④ $7=1+2+4$，所以 b_4 由 $P_1P_2P_3$ 校验。

P_1 校验的位数有 $H_3(b_1)$、$H_5(b_2)$、$H_7(b_4)$，所以 $P_1b_1b_2b_4$ 为一组，同理，P_2 校验的位数 $P_2b_1b_3b_4$ 和 P_3 校验的位数 $P_3b_2b_3b_4$ 也各为一组。

(4) 确定校验位的值。假定采用偶校验，则得校验位 $P_1=0,P_2=1,P_3=0$，所以有效信息 $b_4b_3b_2b_1=1010$ 对应的海明码为 1010010（斜体为校验位，其余位为信息位）。发送方将该海明码发送给接收方。

(5) 检错与纠错。每组分别对校验位及其校验的信息位采用偶校验，从而构成了 3 个校验方程：

$$G_1=P_1 \oplus b_1 \oplus b_2 \oplus b_4$$
$$G_2=P_2 \oplus b_1 \oplus b_3 \oplus b_4$$
$$G_3=P_3 \oplus b_2 \oplus b_3 \oplus b_4$$

若接收方收到的海明码为 1010010，则 $G_3G_2G_1=000$，说明无错，无需校正。

若接收方收到的海明码为 1010011，则 $G_3G_2G_1=001$，这说明第 1 位出错，即 H_1 出错，纠错时直接将该位取反即可。

3. 循环冗余校验码

循环冗余校验码(Cyclic Redundancy Check,CRC)是一种基于模 2 运算建立编码规律的校验码,该编码被广泛应用于通信领域。如计算机网络中就经常用其检查从发送方到接收方传输的信息是否有错。

CRC 码通过模 2 运算来建立有效信息和校验位之间的约定关系,即要求 $N=K+R$ 位的某数能被某一约定的数除尽,其中 K 是待编码的有效信息,R 是校验位,N 是 CRC 码。

模 2 运算:与四则运算相同,模 2 运算也包括模 2 加、模 2 减、模 2 乘、模 2 除四种二进制运算。与四则运算不同的是模 2 运算不考虑进位和借位,即模 2 加法是不带进位的二进制加法运算,模 2 减法是不带借位的二进制减法运算(简记为"加法不进位,减法不借位")。模 2 加法和模 2 减法的结果相同,都是做异或运算,模 2 乘法和算术乘法类似,每一位乘(加)的结果不影响其他位(即不进位)。模 2 除法和算术除法类似,每一位除(减)的结果不影响其他位(即不借位)。

模 2 除法的具体步骤如下。

(1) 用除数对被除数做模 2 减(异或),商的首位为 1。

(2) 若余数最高位为 1,则商为 1,除数右移一位,并用余数对除数做模 2 减;若余数最高位为 0,则商为 0,除数右移一位。

(3) 重复(2),直到余数位数小于除数时,该余数为最终余数。

执行模 2 除法时需注意:

① 除数和被除数对应的二进制数首位默认为 1。

② 模 2 减法不借位。

CRC 码的产生及应用过程大致分为:①有效信息移位;②模 2 除法运算;③检错和纠错。

1) 有效信息移位

① 将约定的生成多项式 $G(x)$ 转换成对应的二进制数 B(假定 $G(x)$ 最高幂次为 R,则 B 为 $R+1$ 位),并将其作为除数;

② 将 K 位的有效信息左移 R 位,得到一个 $N(=K+R)$ 位的二进制数,该二进制数作为被除数。

接下来给出一个生成多项式 $G(x)$ 与二进制数 B 之间转换的例子。

【例 2-39】 生成多项式 $G(x)$ 与二进制数 B 的转换。

(1) 将生成多项式 $G(x)=x^3+x^2+1$ 转换为对应的二进制数 B;

(2) 将二进制数 $B=1011$ 转换为对应的生成多项式 $G(x)$。

解:

(1) 生成多项式 $G(x)=x^3+x^2+1$ 对应的二进制数 B 为 1101;

(2) 二进制数 $B=1011$ 对应的生成多项式 $G(x)$ 为 x^3+x^1+1。

2) 模 2 除法运算

将被除数与除数做模 2 除法运算,得到一个 R 位的余数,将其拼接在 K 位的有效信息后,构成一组新的二进制数,该二进制数即为 $K+R$ 位的 CRC 码。

3) 检错和纠错

假设待编码的有效信息以多项式 $M(x)$ 表示,用约定的生成多项式 $G(x)$ 去除,一般情

况下得到一个商 $Q(x)$ 和余数 $R(x)$，即
$$M(x)=Q(x)G(x)+R(x)$$
若将 $M(x)$ 减去余数 $R(x)$ 肯定能被 $G(x)$ 除尽，即
$$(M(x)-R(x))/G(x)=Q(x)$$
这也就是说以 $M(x)-R(x)$ 的值作为校验码时，用约定的生成多项式 $G(x)$ 去除，若余数为 0，则表明该校验码正确；若余数不为 0，则表明有错，再进一步由余数值确定哪一位出错，从而加以纠正。

【例 2-40】 假定发送方 S 将 CRC 码 1100010 发送给接收方 R，若接收方 R 收到以下两种 CRC 码：①1100010；②0100010。试给出接收方 R 的检错和纠错过程（约定的生成多项式为 $G(x)=x^3+x^1+1$）。

解：
约定的生成多项式为 $G(x)=x^3+x^1+1$ 对应的二进制数为 1011。
(1) 接收方 R 收到 CRC 码 1100010，如图 2-20 所示。

图 2-20 接收方 R 收到 CRC 码 1100010

将接收方收到的 CRC 码 1100010，与 1011 做模 2 除法，余数为 000，这说明 CRC 码在传输过程中没有出错，故无需纠错。

(2) 接收方 R 收到 CRC 码 0100010，如图 2-21 所示。

图 2-21 接收方 R 收到 CRC 码 0100010

将接收方收到的 CRC 码 0100010，与 1011 做模 2 除法，余数为 001，这说明 CRC 码在传输过程中出错，故需要纠错。

由于 001 对应的十进制数为 1，即 CRC 码在传输过程中第 1 位出错。纠错时将 CRC 码的第 1 位值取反，即得正确的 CRC 码 1100010。

【例 2-41】 假定生成多项式为 $G(x)=x^3+x^1+1$，试求有效信息为 1100 的 CRC 码，并给出其应用过程。

解：
(1) 有效信息移位。
① 生成多项式最高幂次 $R=3$，生成多项式 $G(x)=x^3+x^1+1$ 对应的二进制数为 1011 作为除数。
② 将有效信息 1100 左移 3 位，低位补 0，得到 1100000 作为被除数。
(2) 模 2 除法运算。对被除数 1100000 和除数 1011 执行模 2 除法运算，具体过程如图 2-22 所示。发送方将得到的余数 010 作为校验位，和有效信息编码后形成的 CRC 码为 1100010（斜体为校验位），它将被发送给接收方。

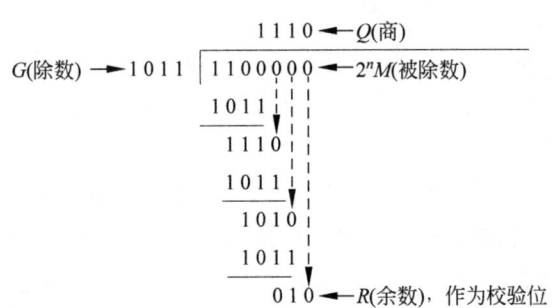

图 2-22 模 2 除法

(3) 检错和纠错。对于收到的 CRC 码,接收方用生成多项式 $G(x)$ 做模 2 除法进行检错,若余数为 0 说明码字无错,此时无需纠错;否则需进行纠错。

2.2 定点数与浮点数的表示方法

在计算机中,根据小数点的位置是否固定,可将数据分为定点数和浮点数,本节将介绍它们的表示方法并对其进行比较。

2.2.1 定点数表示方法

在计算机中,小数点并不是用我们熟悉的符号".﹒"来表示的,而是一个约定的位置。
若约定小数点的位置固定不变,则称为定点数。它有两种形式:定点小数和定点整数。

1. 定点小数

定点小数也叫纯小数,其小数点位置约定在符号位和最高有效数值位之间。

【例 2-42】 假设用一个 $n+1$ 位的字来存储定点小数 X,试给出其在计算机中的表示形式。

解:假设 $X=X_0.X_1X_2\cdots X_n$,如图 2-23 所示为其在计算机中的表示形式。X_0 为符号位,$X_1 \sim X_n$ 是数值部分(也称为尾数),其中,X_1 为最高有效数值位。

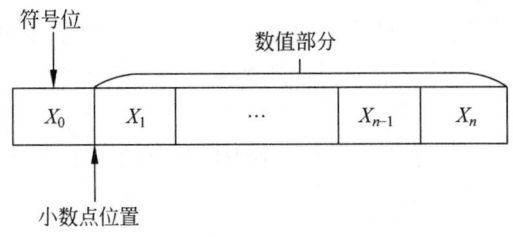

图 2-23 定点小数的表示形式

一般来说,如果最末位 $X_n=1$,前面各位都为 0,则数的绝对值最小,即 $|X|_{\min}=2^{-n}$;如果各位均为 1,则数的绝对值最大,即 $|X|_{\max}=1-2^{-n}$,所以定点小数的表示范围是:

$$2^{-n} \leqslant |X| \leqslant 1-2^{-n}$$

注意:有些书上认为定点小数 X 的尾数 $X_1X_2\cdots X_n$ 各位均为 0 时,数 X 的绝对值最小,即 $|X|_{\min}=0$,此时 X 的表示范围是 $0 \leqslant |X| \leqslant 1-2^{-n}$。

2. 定点整数

定点整数也叫纯整数,其小数点位置约定在最低有效数值位之后。

【例 2-43】 假设用一个 $n+1$ 位的字来存储定点整数 X,试给出其在计算机中的表示形式。

解:假设定点整数 $X=X_0X_1X_2\cdots X_n$,如图 2-24 所示为其在计算机中的表示形式。X_0 为符号位,$X_1\sim X_n$ 是数值部分(也称为尾数),其中,X_1 为最高有效数值位,X_n 为最低有效数值位,该位后为约定的小数点位置。

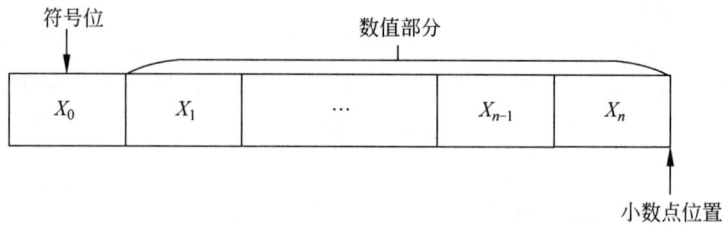

图 2-24 定点整数的表示形式

一般来说,如果各位均为 0,则数的绝对值最小,即 $|X|_{\min}=0$;如果各位均为 1,则数的绝对值最大,即 $|X|_{\max}=2^n-1$,所以定点整数的表示范围是:

$$0\leqslant |X| \leqslant 2^n-1$$

若数据小于定点数能表示的最小值,称为下溢;若数据大于定点数能表示的最大值,称为上溢;上溢和下溢统称为溢出。当某一数据发生溢出,则计算机将无法正确表示该数据。

计算机采用定点数表示数据时(采用定点数的计算机被称为定点机),对于既有整数部分又有小数部分的原始数据,需要设定一个比例因子,数据按其缩小成定点小数或扩大成定点整数再参与运算,运算结果根据比例因子还原成实际数值。如果比例因子选择不当,往往会使运算结果产生溢出或降低数据的有效精度。

【例 2-44】 假定机器字长为 16 位,若用于表示定点数(1 位表示符号位,尾数 15 位),试回答以下问题:

(1) 定点整数若用原码表示,最大正数是多少? 最小负数是多少?

(2) 定点小数若用原码表示,最大正数是多少? 最小负数是多少?

解:

① 定点整数用原码表示,其最大正数和最小负数分别为

最大正数 $=(2^{15}-1)_{10}=(+32767)_{10}$

最小负数 $=-(2^{15}-1)_{10}=(-32767)_{10}$

② 定点小数用原码表示,其最大正数和最小负数分别为

最大正数 $=(1-2^{-15})_{10}=(+0.111\cdots 11)_2$

最小负数 $=-(1-2^{-15})_{10}=(-0.111\cdots 11)_2$

【例 2-45】 假定机器字长为 16 位,若用于表示定点数(1 位表示符号位,尾数 15 位),试将十进制数 $+\dfrac{5}{32}$ 改写成二进制定点数。

解：

令 $X = +\dfrac{5}{32}$

X 的二进制形式为 0.000101，所以 X 的定点数表示为 0.000101000000000。

2.2.2 浮点数表示方法

1. 浮点数的表示形式

浮点数是指小数点位置不固定的数（或者说是小数点位置浮动的数），对于任一浮点数 F，通常可以表示为：

$$F = S \times r^J$$

其中，S 表示尾数，J 表示阶码，r 为基数。尾数用定点数的形式表示，它给出了有效数字的位数，从而决定了浮点数的表示精度；阶码用整数形式表示，它指明了小数点在数据中的位置，因而决定了浮点数的表示范围。

采用浮点数表示数据的计算机被称为浮点机。由于浮点数的基数是一个常数（在计算机中该基数通常为 2），所以无需存储，而是隐含表示的。因此，在计算机中表示一个浮点数时，仅需要存储其尾数和阶码部分，如图 2-25 所示。其中，J_f 表示阶码的符号（也称阶符），占一位，$J_1 \sim J_m$ 为阶码值，占 m 位；S_f 表示尾数的符号（也称数符），占一位，$S_1 \sim S_n$ 为尾数值，占 n 位。

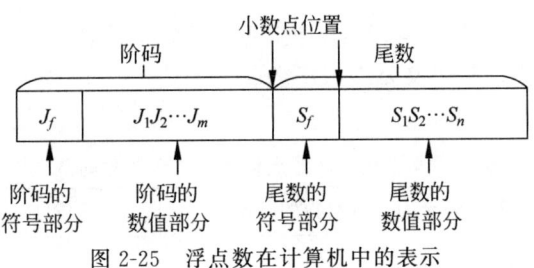

图 2-25 浮点数在计算机中的表示

【**例 2-46**】 假定基数为 2，浮点数 $F = 10.01101$，试通过改变阶码的大小，给出浮点数 F 的不同形式的浮点数表示。

解：

$F = 10.01101$

$\quad = 1.001101 \times 2^1$

$\quad = 0.1001101 \times 2^{10}$

$\quad = 0.01001101 \times 2^{11}$

$\quad \cdots\cdots$

$\quad = 100.1101 \times 2^{-1}$

$\quad = 1001.101 \times 2^{-10}$

$\quad \cdots\cdots$

注意：对于同一个浮点数 F，其表示形式不是唯一的。

2. 浮点数的表示范围

设浮点数 $F = S \times r^J$ 的阶码有 m 位，尾数有 n 位，其在数轴上的表示范围如图 2-26 所示。

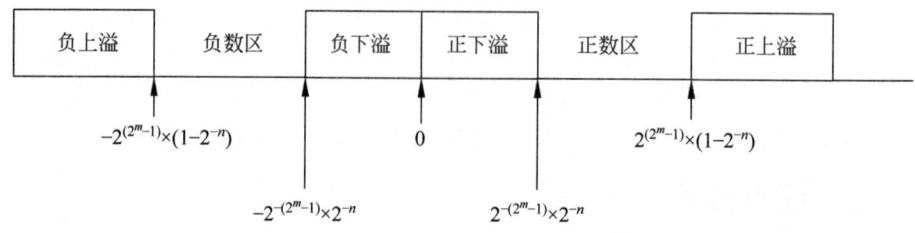

图 2-26 浮点数 F 在数轴上的表示范围

在图 2-26 中,"负数区"、0 及"正数区"是机器可表示的数据区域。当运算结果大于最大正数时称为正上溢,小于最小负数时称为负上溢,正上溢和负上溢统称为上溢。若运算结果上溢,则产生了溢出错误,使得结果不能被正确表示,要停止机器运行,进行溢出处理。当运算结果在 0 和最小正数之间时称为正下溢,在 0 和最大负数之间时称为负下溢,正下溢和负下溢统称为下溢。若运算结果下溢,则结果也不能被正确表示,此时将结果当作 0 处理(称为机器零),机器仍可以正常运行。

【例 2-47】 假设机器字长为 8 位,试在下述条件下比较定点机和浮点机所能表示的数的范围。

(1) 只考虑正数值。
(2) 在定点机中仅考虑纯小数(因为浮点数的尾数用纯小数表示)。
(3) 在浮点机中,设阶码占 3 位,尾数占 5 位。

解:对于 8 位的机器字长而言,它在定点机中可全部用来表示有效的数字(包括符号);而在浮点机中,它既要表示阶码又要表示尾数。在上述条件下,定点机和浮点机所能表示的数的范围如表 2-15 所示。

表 2-15 定点机和浮点机所能表示的数的范围

	所能表示的二进制数的范围	对应的十进制数的范围
定点机	$0.0000000 \sim 0.1111111$	$0 \sim \dfrac{127}{128}$
浮点机	$2^{-11} \times 0.0001 \sim 2^{11} \times 0.1111$	$\dfrac{1}{128} \sim 7.5$

从表 2-15 中可以看出,浮点机所能表示的数的范围比定点机大得多,但浮点机在运算过程中,仍会出现溢出现象。如图 2-27 所示为浮点数(阶码占 3 位,尾数占 5 位)在数轴上的表示范围。

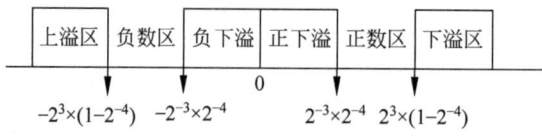

图 2-27 浮点数在数轴上的表示范围

3. 浮点数的规格化

在之前的学习中,我们知道了对于同一个浮点数 F,其表示形式并不唯一,若某一表示形式满足:尾数 S 的数值部分的值不为 0,且最高位为有效值,则称这一形式为该浮点数 F 的规格化形式。

注意：

(1) 对一个浮点数 F 进行规格化后，其尾数的绝对值必然满足 $1/r \leqslant |S| < 1$，其中 r 为浮点数 F 的基数。

(2) 当一个浮点数 F 的尾数为 0 时，无论其阶码为何值；或者当阶码的值比它能表示的最小值还小时，无论其尾数为何值，计算机都把该浮点数 F 看成 0。

为了提高数据的精度以及便于浮点数的比较，在计算机中规定浮点数的尾数用纯小数的形式表示。因此，对于一个浮点数，必须对其进行规格化，此时可能需要通过修改阶码使小数点的位置左右移动，从而使尾数符合浮点数的规格化形式，这种将非规格化浮点数转换为规格化浮点数的过程称为浮点数的规格化。

基数为 2 的浮点数在规格化时，要其使尾数的最高数值位为 1，需将尾数不断左移（小数点每次向右移动一位）至尾数的最高数值位为 1，每左移一次阶码就减 1（这种规格化称为向左规格化，简称左规）；或者需将尾数不断右移（小数点每次向左移动一位）至尾数的最高数值位为 1，每右移一次阶码就加 1（这种规格化称为向右规格化，简称右规）。

【例 2-48】 当基数为 2 时，试将浮点数 $F_1 = 0.001001101 \times 2^{11}$ 和 $F_2 = 100.1001101 \times 2^{11}$ 规格化。

解：经分析可知，在进行规格化时，对 F_1 的尾数需要进行左规，而对 F_2 的尾数则需要进行右规，具体过程如下。

将 F_1 的尾数 0.001001101 左移两次得 0.1001101，此时阶码值为

$$(11)_2 - (2)_{10} = (11)_2 - (10)_2 = (1)_2$$

因此，F_1 的规格化形式为 0.1001101×2^1。

将 F_2 的尾数 100.1001101 右移三次得 0.1001001101，此时阶码值为

$$(11)_2 + (3)_{10} = (11)_2 + (11)_2 = (110)_2$$

因此，F_2 的规格化形式为 $0.1001001101 \times 2^{110}$。

【例 2-49】 当基数 r 为 2 时，试分析规格化浮点数的尾数 S（假定尾数用 $n+1$ 位表示）分别用原码、补码和反码表示时具有的特点以及其所能表示的范围。

解：由浮点数的定义可知，尾数 S 的数值部分最高位应为 1。

(1) 尾数 S 用原码表示。

① 当尾数 S 为正数时，考虑到尾数 S 的数值部分最高位为 1，并且正数用原码表示时符号位为 0，因此，尾数 S 用原码表示时总符合 $0.1 \times \times \cdots \times$ 的形式。其中，$0.11\cdots1$ 为尾数 S 用原码表示时的最大值，$0.100\cdots0$ 为尾数 S 用原码表示时的最小值，尾数 S 的表示范围为 $\frac{1}{2} \leqslant S \leqslant (1 - 2^{-n})$。

② 当尾数 S 为负数时，考虑到尾数 S 的数值部分最高位为 1，并且负数用原码表示时符号位为 1，因此，尾数 S 用原码表示时总符合 $1.1 \times \times \cdots \times$ 的形式。其中，$1.10\cdots0$ 为尾数 S 用原码表示时的最大值；$1.11\cdots1$ 为尾数 S 用原码表示时的最小值，尾数 S 的表示范围为 $-(1 - 2^{-n}) \leqslant S \leqslant -\frac{1}{2}$。

(2) 尾数 S 用反码表示。

① 当尾数 S 为正数时，考虑到尾数 S 的数值部分最高位为 1，并且正数用反码表示时

符号位为 0，因此，尾数 S 用反码表示时总符合 $0.1\times\times\cdots\times$ 的形式。其中，$0.11\cdots1$ 为尾数 S 用反码表示时的最大值，$0.100\cdots0$ 为尾数 S 用反码表示时的最小值，尾数 S 的表示范围为 $\frac{1}{2} \leqslant S \leqslant (1-2^{-n})$。

② 当尾数 S 为负数时，考虑到尾数 S 的数值部分最高位为 1，并且负数用反码表示时符号位为 1，因此，尾数 S 用反码表示时总符合 $1.0\times\times\cdots\times$ 的形式。其中，$1.01\cdots1$ 为尾数 S 用反码表示时的最大值；$1.00\cdots0$ 为尾数 S 用反码表示时的最小值，尾数 S 的表示范围为 $-(1-2^{-n}) \leqslant S \leqslant -\frac{1}{2}$。

(3) 尾数 S 用补码表示。

① 当尾数 S 为正数时，考虑到尾数 S 的数值部分最高位为 1，并且正数用补码表示时符号位为 0，因此，尾数 S 用补码表示时总符合 $0.1\times\times\cdots\times$ 的形式，其中，$0.11\cdots1$ 为尾数 S 用补码表示时的最大值，$0.100\cdots0$ 为尾数 S 用补码表示时的最小值，尾数 S 的表示范围为 $\frac{1}{2} \leqslant S \leqslant (1-2^{-n})$。

② 当尾数 S 为负数时，考虑到尾数 S 的数值部分最高位为 1，并且负数用补码表示时符号位为 1，因此，尾数 S 用补码表示时总符合 $1.0\times\times\cdots\times$ 的形式。其中，$1.01\cdots1$ 为尾数 S 用补码表示时的最大值；$1.00\cdots0$ 为尾数 S 用补码表示时的最小值，尾数 S 的表示范围为 $-1 \leqslant S \leqslant -\left(\frac{1}{2}+2^{-n}\right)$。

注意：

(1) 对于负数而言，因为 $(-0.100\cdots0)_{补}=1.100\cdots0$ 不符合 $1.0\times\times\cdots\times$ 的形式，所以补码表示时最大值不是 $1.100\cdots0$，而是 $(-(0.100\cdots0+0.0\cdots01))_{补}=1.01\cdots1$。

(2) 对于负数而言，因为补码可以比原码和反码多表示一个 -1，所以 $1.00\cdots0$ 为尾数 S 用补码表示时的最小值。

从这个例子我们可以知道，当浮点数的基数为 2 时，其尾数的原码规格化形式的最高数值位一定是 1，而其尾数的补码和反码规格化形式的最高数值位一定与尾数符号位相反。

前面已经介绍过，在计算机中浮点数的基数是隐含的（即基数不需要存储），因此，对于基数不同的浮点数，它们的存储形式是一致的。但是，浮点数的表示形式 $(F=S\times r^J)$ 中包含了基数 r，故浮点数的规格化形式会因基数的不同而变化。

当基数为 4 时，尾数的数值位的最高两位不全为 0 的数为规格化数。由于基数为 4，故规格化时尾数在同一方向上每移动两位 $(4=2^2)$，阶码变化 1。

【例 2-50】 假设机器字长为 8 位，对于浮点数 F，其尾数占 5 位，值为 $(0.1011)_2$，阶码占 3 位，值为 $(10)_2$。当基数分别为 2 和 4 时，试讨论 F 的尾数如何移动，能够使 F 的阶码变化 1。

解：浮点数 F 的存储如图 2-28(a)所示，当基数为 2 时，F 的阶码减 1，尾数的移动情况如图 2-28(b)所示，F 的阶码加 1，尾数的移动情况如图 2-28(c)所示；当基数为 4 时，F 的阶码减 1，尾数的移动情况如图 2-28(d)所示，F 的阶码加 1，尾数的移动情况如图 2-28(e)所示。

当基数为 8 时，尾数的数值位的最高三位不全为 0 的数为规格化数，由于基数为 8，故规格化时尾数在同一方向上每移动三位 $(8=2^3)$，阶码变化 1。

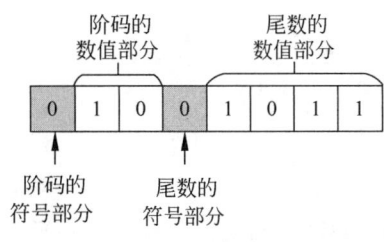

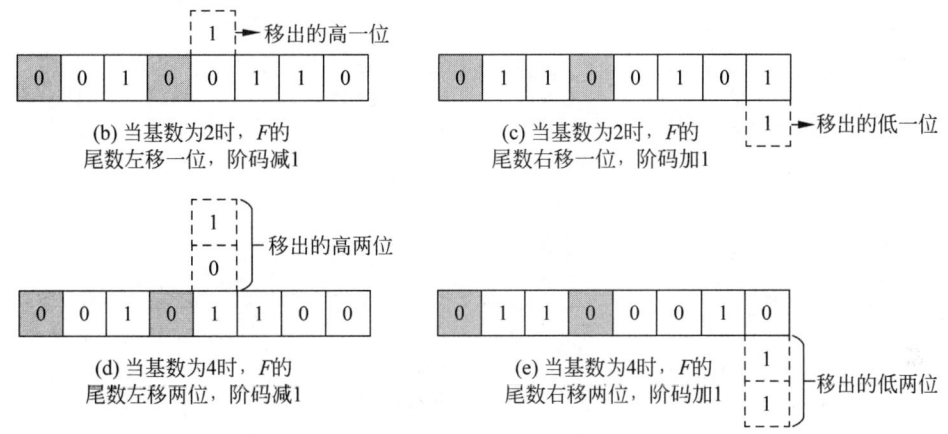

图 2-28 浮点数基数分别为 2 和 4 时阶码变化 1

【例 2-51】 假设机器字长为 8 位,对于浮点数 F,其尾数占 5 位,值为 $(0.1011)_2$,阶码占 3 位,值为 $(10)_2$,当基数分别为 2 和 8 时,试讨论 F 的尾数如何移动,能够使 F 的阶码变化 1。

解:浮点数 F 的存储如图 2-29(a)所示,当基数为 2 时,F 的阶码减 1,尾数的移动情况如图 2-29(b)所示,F 的阶码加 1,尾数的移动情况如图 2-29(c)所示;当基数为 8 时,F 的阶码减 1,尾数的移动情况如图 2-29(d)所示,F 的阶码加 1,尾数的移动情况如图 2-29(e)所示。

以此类推,当基数为 2^n 时,尾数的数值位的最高 n 位不全为 0 的数为规格化数,规格化时,由于基数为 2^n,所以尾数在同一方向上每移动 n 位,阶码变化 1。对于阶码占 $p+1$ 位,尾数占 $q+1$ 位的浮点数 F 来说,其存储示意图如图 2-30(a)所示,其阶码减 1,尾数的移动情况如图 2-30(b)所示,其阶码加 1,尾数的移动情况如图 2-30(c)所示。

注意:

(1) $J'_f J'_1 J'_2 \cdots J'_p$ 等于 $J_f J_1 J_2 \cdots J_p$ 减 1,

(2) $J''_f J''_1 J''_2 \cdots J''_p$ 等于 $J_f J_1 J_2 \cdots J_p$ 加 1。

一般来说,基数 r 越大,可以表示的浮点数的范围就越大,即可以表示的数据个数就越多。但并不是 r 越大越好,因为随着 r 的增大,浮点数的精度在下降。例如,当 $r=8$ 时(尾数的最高三位不全为 0 的数为规格化数),其规格化数的最高两位可能均为 0;而当 $r=2$ 时,尾数的最高位为 1 的数为规格化数。在尾数的位数相同时,两者相比,后者可能比前者多两位精度。

【例 2-52】 设浮点数字长 16 位,其中,阶符 1 位,阶码 4 位,尾符 1 位,尾数 10 位,写出十进制数 $+\dfrac{5}{32}$ 对应的浮点规格化数的原码、补码和反码的表示形式。

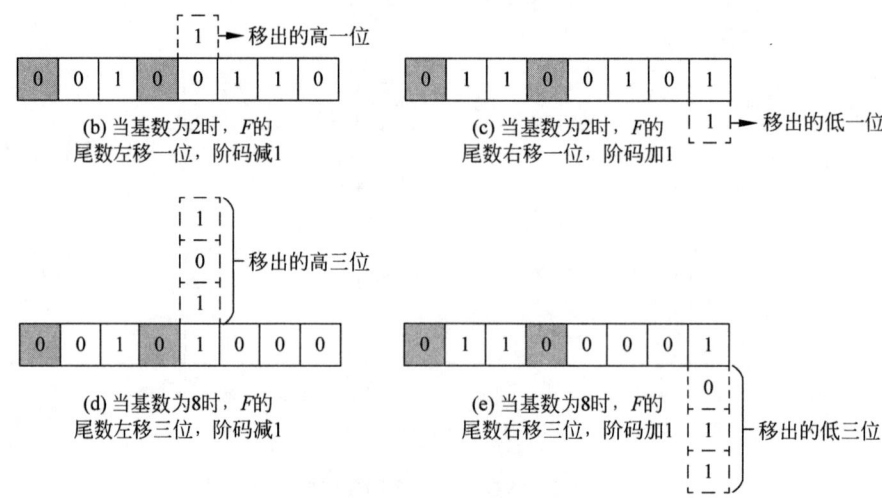

图 2-29 浮点数基数分别为 2 和 8 时阶码变化 1

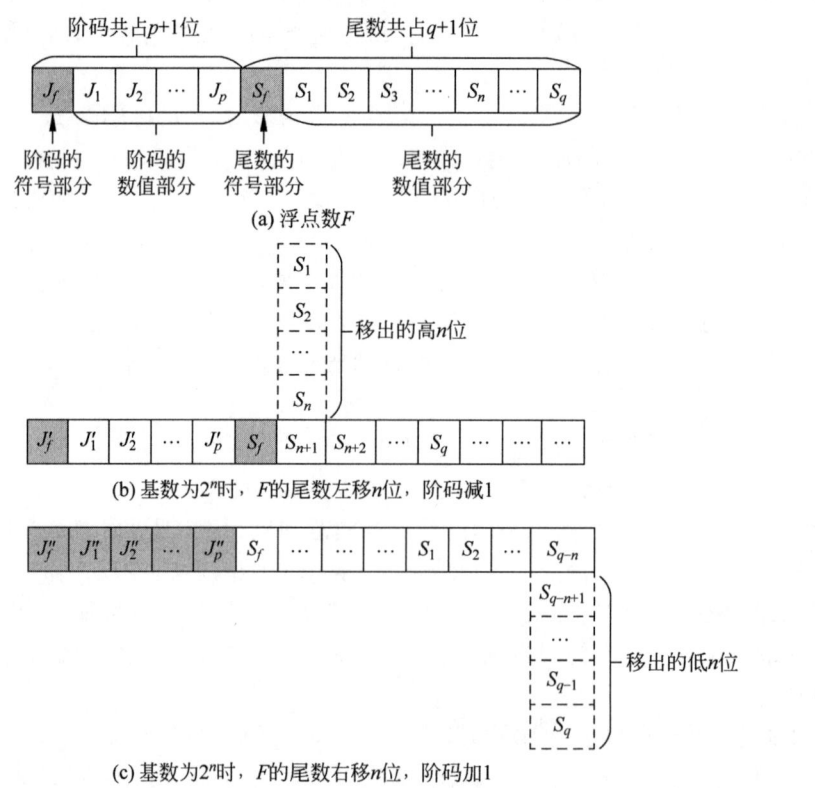

图 2-30 浮点数基数为 2^n 时阶码变化 1

解:

令 $X = +\dfrac{5}{32}$

X 的二进制形式为 0.0001010000

X 的浮点数规格化表示为 $0.1010000000 \times 2^{-11}$

X 规格化后的原码表示：1,0011；0.1010000000

X 规格化后的补码表示：1,1101；0.1010000000

X 规格化后的反码表示：1,1100；0.1010000000

4. IEEE 754 标准

根据 IEEE 754 标准，常用的浮点数有短浮点数（单精度，float 型）、长浮点数（双精度，double 型）和临时浮点数，其格式如图 2-31 所示。

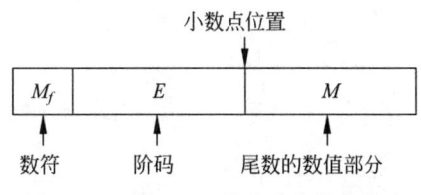

图 2-31　IEEE 754 标准浮点数的格式

图 2-31 中，M_f 为数符，它表示浮点数的正负；E 为阶码，它用移码表示，即阶码的真值都被加上一个常数（也称偏置值或偏移量）；M 为尾数的数值部分，它通常是规格化表示的，即当基数为 2 时，尾数的最高数值位为 1（即 $\times.1\times\times\cdots\times$），但在 IEEE 754 标准中，浮点数的尾数表示形式如下：

$$1.\times\times\cdots\times\times$$

其中的小数点并不真实存在，只是一个约定的位置，并且为了能使尾数的有效位多一位，对于短浮点数和长浮点数，上述表示形式中的整数位 1 是省略的（称为隐藏位），对于临时浮点数则不采用隐藏位。IEEE 754 标准常用浮点数的格式如表 2-16 所示。

表 2-16　IEEE 754 标准常用浮点数的格式

类型	数符	阶码	尾数数值	总位数	偏置值	
					十六进制	十进制
短浮点数	1 位	8 位	23 位	32 位	7FH	127
长浮点数	1 位	11 位	52 位	64 位	3FFH	1023
临时浮点数	1 位	15 位	64 位	80 位	3FFFH	16383

【例 2-53】 对于十进制数 164.125，试给出其短浮点数的表示形式。

解： 如表 2-17 所示，首先由十进制数 164.125 求出对应的二进制数，然后给出该二进制数的浮点数表示（尾数按照 IEEE 754 标准表示），最后给出其短浮点数的表示形式。

表 2-17　求解十进制数 164.125 的短浮点数的表示形式

类型	表示形式		
十进制数	164.125		
二进制数	10100000.001		
浮点数表示	$1.0100000001 \times 2^{111}$		
短浮点数	符号	偏移的阶码（8 位）	尾数的数值（23 位）
	0	00000111+01111111=10000110	01000000010000000000000（整数位的 1 隐藏）
	最终形式：01000011001000000010000000000000		

【例 2-54】 对于短浮点数 $F=01000011001000000010000000000000$，试给出其对应的十进制数。

解：首先由短浮点数 01000011001000000100000000000000 求出对应的二进制数的浮点数表示(恢复隐藏的整数位1)，再通过该浮点表示得出对应的二进制数，最后给出其对应的十进制数，如表 2-18 所示。

表 2-18　求解短浮点数 F 对应的十进制数

类型	表示形式		
短浮点数	01000011001000000100000000000000		
	符号	实际阶码	尾数数值位
	0	10000110－01111111＝00000111	01000000010000000000000
浮点数表示	$1.0100000001 \times 2^{111}$（恢复隐藏的整数位1）		
二进制数	10100000.001		
十进制数	164.125		

2.2.3　定点数与浮点数的比较

通过上面的介绍，接下来我们从如下几个方面对定点数和浮点数进行比较。

1. 表示范围

由于定点数由数符和数值部分组成，浮点数由阶码和尾数部分组成。因此，当机器字长超过一定位数时，浮点数所能表示的数的范围远大于定点数。

【**例 2-55**】　当机器字长分别为 4 位和 8 位时，试讨论其所能表示的定点数和浮点数的范围(假设只考虑正数值和定点小数)。

解：假设机器字长为 4 位时，浮点数的阶码占 2 位，尾数占 2 位；假设机器字长为 8 位时，浮点数的阶码占 3 位，尾数占 5 位。此时，定点数和浮点数的范围如表 2-19 所示。

表 2-19　定点数和浮点数的范围

机器字长	数据	所能表示的二进制数的范围	对应的十进制数的范围
机器字长为 4 位	定点数	0.000～0.111	$0 \sim \frac{7}{8}$
	浮点数	$2^{-1} \times 0.1 \sim 2^1 \times 0.1$	$\frac{1}{4} \sim 1$
机器字长为 8 位	定点数	0.0000000～0.1111111	$0 \sim \frac{127}{128}$
	浮点数	$2^{-11} \times 0.0001 \sim 2^{11} \times 0.1111$	$\frac{1}{128} \sim 7.5$

从表 2-19 中可以看出，当机器字长为 4 位时，定点数的范围大于浮点数；而当机器字长为 8 位时，浮点数的范围大于定点数。显然，当机器字长超过一定位数时，通过合理分配阶码和尾数所占的位数，浮点数的范围将远大于定点数的范围。

2. 精度

由于可通过对浮点数进行规格化来提高数据的精度，因此，对于字长相同的定点数和浮点数来说，浮点数在合理分配阶码和尾数的位数时，其精度要比定点数高得多。

3. 溢出判断

在溢出的判断方法上，浮点数是对规格化数的阶码进行判断，而定点数是对数值本身进行判断。对于定点小数，其绝对值必须小于1，否则就会溢出，为了防止溢出，必须谨慎选择比例因子,这个工作比较麻烦,给编程带来了不便。而对于浮点数,当机器字长超过一定位数时,它的表示范围远比定点数大,因此,比例因子的选择变得较为简单。

4. 运算的复杂性

由于浮点数要分阶码部分和尾数部分进行运算,且运算结果要求规格化,因此,浮点运算比定点运算步骤多,也更为复杂。

5. 硬件成本

由于浮点数的运算较为复杂,这直接导致了运算的线路设计也更为复杂,即提高了浮点数运算的硬件成本。

虽然浮点数在表示范围、精度和溢出的判断方法上均比定点数有优势,但在运算的复杂性及硬件成本方面又不及定点运算。因此,究竟选用定点数还是浮点数,应结合具体应用来考虑。一般来说,通用的大型计算机大多采用浮点数,也可以二者同时采用;小型、微型及某些专用机、控制机则大多采用定点数,当需要作浮点运算时,可通过软件实现,也可通过外加浮点扩展硬件(如浮点协处理器)来实现。

2.3 定点数移位运算

移位运算在计算机中的应用十分广泛,它分为算术移位和逻辑移位两种方式,本节先介绍算术移位的规则,接着给出具体的实例,然后简单介绍逻辑移位,再将其与算术移位进行比较。

2.3.1 算术移位的规则

移位运算是一种特殊的运算方式,它只需要一个操作数就可以进行。这种运算在日常生活中也十分常见,比如 1.8 千克的水果,也可以说是 1800 克的水果。单就数字而言,数 1800 相当于数 1.8 相对于小数点左移了三位(即小数点不动,数字向左移动三位,低位的空位补 0);而数 1.8 相当于数 1800(小数点默认在最低位后)相对于小数点右移了三位(即小数点不动,数字向右移动三位,低位两个连续的 0 被删去)。由此可见,一个十进制数相对于小数点左移 n 位相当于该数乘以 10^n;而右移 n 位则相当于该数除以 10^n。

在计算机中,若某二进制数相对于小数点左移或右移 n 位,则等价于该数乘以或除以 2^n;反之,若某二进制数乘以或除以 2^n,则等价于该数相对于小数点左移或右移 n 位。因此,当计算机中没有实现乘(除)法运算的部件时,就可以用移位和加法运算相结合的方法来实现乘(除)运算。

由于计算机中机器数的字长通常是固定的,所以当 n 位机器数左移或右移时,可能会使其低位或高位出现空位,那么对于这些空位应该补 0 还是 1 呢?这一问题与计算机中参与运算的数是有符号数还是无符号数有关。对于有符号数的移位称为算术移位;而对于无符号数的移位称为逻辑移位。

有符号数即真值,它分为正数和负数,对于正数,其原码、反码和补码均相同,所以移位后出现的空位均补 0;而对于负数,由于其原码、反码和补码均不相同,因此,移位后空位的处理规则如下。

(1) 负数的原码移位后空位的处理规则。由于负数的原码的数值部分与真值相同,所以在移位时只要使原码的符号位不变,在空位上补 0 即可。

(2) 负数的反码移位后空位的处理规则。由于负数的反码除符号位外其余各位均与该负数的原码相反,所以其反码移位后空位处理规则应与原码的相反,即在空位上补 1。

(3) 负数的补码移位后空位的处理规则。由于负数的补码可以由其原码除符号位外其余各位取反后加 1 求得,因此,在不考虑符号位时,当我们由负数补码的最低位向最高位方向上找到第一个 1 时,在此 1 左边的各位均与其原码的相应部分相反,而在此 1 右边的各位(包括此 1)均与其原码的相应部分相同。故负数的补码左移时,由于其空位出现在低位,所以处理规则应与(1)相同,即补 0;右移时,由于空位出现在高位,所以处理规则应与(1)相反,即补 1。

综上所述,算术移位的空位处理规则可归纳如表 2-20 所示。

表 2-20 算术移位的空位处理规则

真 值	码 制	空位处理规则
正数	原码、补码、反码	均补 0
负数	原码	均补 0
	补码	左移补 0
		右移补 1
	反码	均补 1

注意:对于算术移位,不论是正数还是负数,移位后其符号位均不变。

2.3.2 算术移位的实例

【例 2-56】 假设机器字长为 8 位(含一位符号位),令 $X=(18)_{10}$,写出其原码、补码和反码分别左移一位、两位和三位,右移一位、两位和三位后的表示形式及对应的真值,并对结果进行分析。

解: $X=(18)_{10}=(10010)_2$,$[X]_原=[X]_补=[X]_反=00010010$。$X$ 的原码、补码和反码分别左移一位、两位和三位,右移一位、两位和三位的结果如表 2-21 所示。

表 2-21 X 的原码、补码和反码移位的结果

移 位	机 器 数 $[X]_原=[X]_补=[X]_反$	真 值
移位前	00010010	18
左移一位	00100100	36
左移两位	01001000	72
左移三位	00010000	16
右移一位	00001001	9
右移两位	00000100	4
右移三位	00000010	2

观察上述移位后的结果会发现该例中左移三位和右移两位的结果出错。若不考虑符号位,左移三位相当于该数乘以 2^3 真值应该为 144,但结果却为 16,而右移两位相当于该数除以 2^2,精确的结果应该为 4.5,但结果却为 4。经仔细分析会发现,在左移三位时丢失了最高位的 1,而在右移两位时丢失了最低位的 1,这是导致真值出错的原因。

由上述分析,对于正数的三种机器数,我们可以推出以下结论:

(1) 左移时,若最高位丢失 1,则结果出错。
(2) 右移时,若最低位丢失 1,则影响精度。
(3) 不论左移还是右移,丢失 0 对结果都没有影响。

【例 2-57】 假设机器字长为 8 位(包括一位符号位),令 $X=(-18)_{10}$,写出其原码、补码和反码左移一位、两位和三位,右移一位、两位和三位后的表示形式及对应的真值,并对结果进行分析。

解:$X=(-18)_{10}=(-10010)_2$,$[X]_原=10010010$,$[X]_补=11101110$,$[X]_反=11101101$。X 的原码、补码和反码分别左移一位、两位和三位,右移一位、两位和三位的结果如表 2-22 所示。

表 2-22 X 的原码、补码和反码移位的结果

移位		机器数	真值
移位前	原码	10010010	−18
左移一位		10100100	−36
左移两位		11001000	−72
左移三位		10010000	−16
右移一位		10001001	−9
右移两位		10000100	−4
右移三位		10000010	−2
移位前	补码	11101110	−18
左移一位		11011100	−36
左移两位		10111000	−72
左移三位		11110000	−16
右移一位		11110111	−9
右移两位		11111011	−5
右移三位		11111101	−3
移位前	反码	11101101	−18
左移一位		11011011	−36
左移两位		10110111	−72
左移三位		11101111	−16
右移一位		11110110	−9
右移两位		11111011	−4
右移三位		11111101	−2

观察上述移位后的结果会发现:

(1) 本例中原码出错的地方及原因与例 2-56 一致。

(2) 本例中补码在左移三位、右移两位和右移三位时均出错。仔细分析会发现:若不考虑符号位,补码在左移三位时丢失了最高位的 0,在右移两位和右移三位均丢失最低位的 1。而我们知道对于负数的补码,当由其最低位向最高位方向上找到第一个 1 时,在此 1 左边的各位均与其原码的相应部分相反,而在此 1 右边的各位(包括此 1)均与其原码的相应部分相同。因此,补码在左移时丢失最高位的 0,相当于该数的原码在左移时最高位丢失 1,所以结果出错。而补码在右移时丢失最高位的 1,相当于该数的原码在右移时丢失最低位的 1,所以影响精度。

(3) 本例中反码在左移三位和右移两位时出错。仔细分析会发现：若不考虑符号位，反码在左移三位时丢失了最高位的0，而在右移两位时丢失了最低位的0由于反码的各位均与原码的相反，所以反码最高位丢失0相当于原码最高位丢失1，结果出错；最低位丢失0相当于原码最低位丢失1，影响精度。

对于负数的三种机器数，由上述分析我们可以推出如表2-23所示的结论。

表 2-23 负数的三种机器数丢失数据对结果的影响

机器数	左移时最高位丢失	右移时最低位丢失
原码	丢失1结果出错	丢失1影响精度
	丢失0没有影响	丢失0没有影响
补码	丢失0结果出错	丢失1影响精度
	丢失1没有影响	丢失0没有影响
反码	丢失0结果出错	丢失0影响精度
	丢失1没有影响	丢失1没有影响

2.3.3 算术移位和逻辑移位的差别

接下来将先介绍逻辑移位，然后再将算术移位和逻辑移位进行比较。

由于无符号数相当于有符号数的绝对值，因此，逻辑移位的规则与之前介绍的有符号数中正数的移位规则一致，即左移时，高位丢失，在低位补0；右移时，低位丢失，在高位补0。

【例 2-58】 假定机器字长为8位，试给出无符号数 $X=01001100$ 分别左移一位和右移一位的结果。

解：无符号数 X 的存储如图2-32(a)所示，其左移一位后的结果如图2-32(b)所示，右移一位后的结果如图2-32(c)所示。

若将无符号数 $X=01001100$ 视作有符号数（由于最高位为0，所以视作正数），则左移一位的结果为10011000；右移一位的结果为00100110。

【例 2-59】 假定机器字长为8位，试给出无符号数 $Y=10011000$ 分别左移一位和右移一位的结果。

解：无符号数 Y 的存储如图2-33(a)所示，其左移一位后的结果如图2-33(b)所示，右移一位后的结果如图2-33(c)所示。

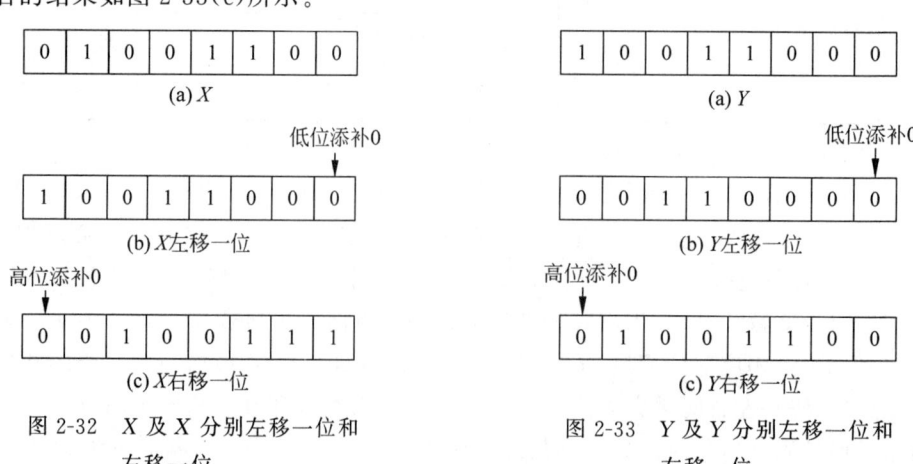

图 2-32 X 及 X 分别左移一位和右移一位

图 2-33 Y 及 Y 分别左移一位和右移一位

若将无符号数 $Y=10011000$ 视作有符号数的补码(由于最高位为 1,所以视作负数),则左移一位的结果为 10110000;右移一位的结果为 11001100。

2.4 定点数加法和减法运算

本节主要介绍在计算机内定点数加法和减法的运算规则、运算实例、溢出的定义及如何判断溢出。

2.4.1 运算规则

使用计算机对数据进行运算,需要先将数据以其机器数的形式存入计算机中,而机器数分为原码、反码和补码三种形式,接下分别讨论使用这三种形式进行加减运算的情况。

(1) 采用原码的形式。由于原码的符号部分用 0 和 1 表示数的正负,数值部分表示该数绝对值的大小,因此,用两个数的原码进行加减运算时,按以下规则进行:

① 符号位相同,绝对值直接相加,结果的符号保持不变。

② 符号位相异,用绝对值大的减去绝对值小的,且结果的符号与绝对值大的相同。

综上,若用数的原码进行加减运算需要解决以下问题:

① 对两个数符号的判断,即设置符号位处理线路。

② 既要有实现加法运算的电路,又要有实现减法运算的电路。

③ 解决 0 的不可逆性,因为 0 的原码有两种形式。

(2) 采用反码的形式。由于用反码表示数时,其符号位与原码类似,数值部分的各位与原码相反。因此,用两个数的反码进行加减运算时与原码存在同样的问题。

(3) 采用补码的形式。对于采用原码和反码进行加减运算存在的问题,可使用补码来解决,原因如下:

① 由之前对补码的介绍可知,一个负数可以用它的正补数来代替,因此,采用补码运算可以将减法运算转换为加法运算,这样在计算机中就可以只设置加法器。

② 符号位可以与数值部分一起参与运算,这样就不需要对符号位进行单独判断。

③ 0 的补码表示形式是唯一的。

因此,在计算机中通常采用补码来表示数据并进行加减运算,接下来详细介绍其运算的规则。

1. 补码加法

两个定点数 X 和 Y 相加时,符号位参与运算,且两个定点数的补码之和等于两个定点数之和的补码,再结合补码的定义,可得补码加法的基本公式如下:

(1) 对于定点整数有 $[X]_{补}+[Y]_{补}=[X+Y]_{补} (\mod 2^n)$。

(2) 对于定点小数有 $[X]_{补}+[Y]_{补}=[X+Y]_{补} (\mod 2)$。

其中,n 为定点数的位数(含符号位),接下来,按照 X 和 Y 的四种正负组合情况对上述公式进行证明。

(1) $X>0, Y>0$。由于参加运算的数都为正数,故运算结果也一定为正数。又由于正数的补码与真值有相同的表示形式,因此,根据补码定义可得:

① 对于定点整数有 $[X]_{补}+[Y]_{补}=X+Y=[X+Y]_{补}=[X+Y]_{补} (\mod 2^n)$

② 对于定点小数有$[X]_补+[Y]_补=X+Y=[X+Y]_补=[X+Y]_补(\mod 2)$

(2) $X>0, Y<0$。由于参加运算的两个数一个为正、一个为负，则相加结果有正、负两种可能。根据补码定义可得：

① 对于定点整数有
$$[X]_补=X, [Y]_补=Y+2^n$$
$$[X]_补+[Y]_补=X+Y+2^n=[X+Y]_补(\mod 2^n)$$

② 对于定点小数有
$$[X]_补=X, [Y]_补=Y+2$$
$$[X]_补+[Y]_补=X+Y+2=[X+Y]_补(\mod 2)$$

(3) $X<0, Y>0$。这种情况和(2)一致，把 X 和 Y 的位置互换即可得证。

(4) $X<0, Y<0$。由于参与运算的数都为负数，故运算结果也一定为负数。根据补码定义可得：

① 对于定点整数有
$$[X]_补=X+2^n, [Y]_补=Y+2^n$$
$$[X]_补+[Y]_补=X+2^n+Y+2^n=[X+Y]_补(\mod 2^n)$$

② 对于定点小数有
$$[X]_补=X+2, [Y]_补=Y+2$$
$$[X]_补+[Y]_补=X+2+Y+2=[X+Y]_补(\mod 2)$$

综上，补码加法的基本公式得证。

2. 补码减法

假设两个定点数 X 和 Y 相减，由于使用补码可以将减法运算转换为加法运算，因此，由补码加法的基本公式可以推出补码减法的基本公式，具体如下：

(1) 对于定点整数有 $[X-Y]_补=[X+(-Y)]_补=[X]_补+[-Y]_补(\mod 2^n)$。

(2) 对于定点小数有 $[X-Y]_补=[X+(-Y)]_补=[X]_补+[-Y]_补(\mod 2)$。

上述公式并不能直接应用于补码的减法运算，因为在计算机中存储的是$[Y]_补$，而不是$[-Y]_补$。为了计算$[-Y]_补$，可对$[Y]_补$连同符号位在内，按位取反，末位加1，其分析过程如下。

由$[Y]_补$计算$[-Y]_补$时，$[-Y]_补$的符号位可直接由$[Y]_补$的符号位取反求得，而对于$[-Y]_补$的数值部分，则需要分以下两种情况进行讨论：

(1) 若 Y 为正数，则$-Y$ 为负数，$[Y]_补=[Y]_原$，因此，将$[Y]_补$的数值部分按位取反，末位加1(若最高数值位产生了进位，则丢弃)，可得$[-Y]_补$的数值部分。

(2) 若 Y 为负数，则$-Y$ 为正数，由补码定义可知，$[Y]_补$的数值部分等于$[Y]_原$的数值部分按位取反，末位加1(若最高数值位产生了进位，则丢弃)。因此，由$[Y]_补$的数值部分计算$[-Y]_补$的数值部分时，可将$[Y]_补$的数值部分进行逆运算(即末位减1，数值部分按位取反)得到$[Y]_原$的数值部分。由于$-Y$ 为正数，所以$[-Y]_补$的数值部分与$[Y]_原$的数值部分一致，这样就可以由$[Y]_补$的数值部分求得$[-Y]_补$的数值部分。

事实上，由$[Y]_补$的数值部分计算$[-Y]_补$的数值部分时，根据"末位减1，按位取反"或"按位取反，末位加1"来计算，结果是一样的，证明如下：

对于二进制数 $X=X_0X_1X_2\cdots X_n$（其中 X_0 为符号位，其余为数值部分），假设对其数值部分按位取反所得结果为 $\overline{X}=\overline{X}_0\overline{X}_1\overline{X}_2\cdots\overline{X}_n$，同时将 X 和 $\overline{X}$ 分别转换为十进制数 $(X)_{10}$ 和 $(\overline{X})_{10}$，则满足下式

$$(X)_{10}+(\overline{X})_{10}=1\times 2^0+1\times 2^1+\cdots+1\times 2^{n-2}+1\times 2^{n-1}=2^n-1$$

对于二进制数 $B=B_0B_1B_2\cdots B_n$（其中 B_0 为符号位，其余为数值部分），设其对应的十进制数为 M，则

$$M=B_n\times 2^0+B_{n-1}\times 2^1+\cdots+B_2\times 2^{n-2}+B_1\times 2^{n-1}$$

令

$$S=1\times 2^0+1\times 2^1+\cdots+1\times 2^{n-2}+1\times 2^{n-1}=2^n-1$$

设对 B 的数值部分按位取反后得 $\overline{B}$，设其对应的十进制数为 N，则 $M+N=S=2^n-1$，即 $N=S-M$，则对 $\overline{B}$ 的末位加 1 后对应的十进制数为 $S-M+1$。

设对 B 的末位减 1 后，得二进制数 $B'=B'_0B'_1B'_2\cdots B'_n$（仍为 $n+1$ 位），令其对应的十进制数为 M'，则

$$M'=M-1$$

再对 B' 的数值部分按位取反，设其对应的十进制数为 N'，此时仍满足

$$M'+N'=S=2^n-1，即 N'=S-M'=S-(M-1)=S-M+1$$

综上，末位减 1，按位取反与按位取反，末位加 1 的结果是一样的，这也就是说为了计算 $[-Y]_\text{补}$，可对 $[Y]_\text{补}$ 连同符号位在内，按位取反，末位加 1。

由于对二进制数 X，根据"末位减 1，按位取反"与"按位取反，末位加 1"分别对其进行处理，最终结果是一样的，所以计算 $[-Y]_\text{补}$ 时，均可对 $[Y]_\text{补}$ 连同符号位在内根据"按位取反，末位加一"的规则进行处理。

2.4.2 运算实例

1. 补码加法实例

【例 2-60】 $X=+0.1010, Y=+0.0101$，求 $[X+Y]_\text{补}=?$

解：$[X]_\text{补}=0.1010, [Y]_\text{补}=0.0101$，如图 2-34 所示。

所以 $[X+Y]_\text{补}=[X]_\text{补}+[Y]_\text{补}=0.1111$。

【例 2-61】 $X=+0.1011, Y=-0.0101$，求 $[X+Y]_\text{补}=?$

解：$[X]_\text{补}=0.1011, [Y]_\text{补}=1.1011$，如图 2-35 所示。

所以 $[X+Y]_\text{补}=[X]_\text{补}+[Y]_\text{补}=0.0110$。

```
     [X]补  0.1010              [X]补   0.1011
  +  [Y]补  0.0101           +  [Y]补   1.1011
     ─────────                  ──────────────
     [X+Y]补 0.1111              [X+Y]补 10.0110
                                        ↑1丢掉
```

图 2-34　正数和正数的补码相加　　　图 2-35　正数和负数的补码相加

【例 2-62】 $X=-0.1010, Y=-0.0101$，求 $[X+Y]_\text{补}=?$

解：$[X]_\text{补}=1.0110, [Y]_\text{补}=1.1011$，如图 2-36 所示。

所以 $[X+Y]_\text{补}=[X]_\text{补}+[Y]_\text{补}=1.0001$。

【例 2-63】 $X=0.0100$,求$[X+X]_{补}=?$

解:$[X]_{补}=0.0100$,如图 2-37 所示。

所以$[X+X]_{补}=[X]_{补}+[X]_{补}=0.1000$。由于$X+X=2X$,因此,我们也可以用之前介绍的移位运算实现之,$[X]_{补}=0.0100$ 左移一位,低位空位补 0 得 0.1000。

```
    [X]补   1.0110
  + [Y]补   1.1011
   ─────────────
   [X+Y]补  11.0001
            ↑1丢掉
```

图 2-36 负数和负数的补码相加

```
    [X]补   0.0100
  + [Y]补   0.0100
   ─────────────
   [X+Y]补  0.1000
```

图 2-37 加法和移位操作的联系

2. 补码减法实例

【例 2-64】 $X=0.1100,Y=0.0100$,求$[X-Y]_{补}=?$

解:$[X]_{补}=0.1100,[-Y]_{补}=1.1100$,如图 2-38 所示。

所以$[X-Y]_{补}=[X]_{补}+[-Y]_{补}=0.1000$。

【例 2-65】 $X=-0.1100,Y=-0.0110$,求$[X-Y]_{补}=?$

解:$[X]_{补}=1.0100,[-Y]_{补}=0.0110$,如图 2-39 所示。

所以$[X-Y]_{补}=[X]_{补}+[-Y]_{补}=1.1010$。

```
    [X]补    0.1100
  + [-Y]补   1.1100
   ─────────────
   [X-Y]补  10.1000
            ↑1丢掉
```

图 2-38 补码减法转补码加法

```
    [X]补    1.0100
  + [-Y]补   0.0110
   ─────────────
   [X-Y]补   1.1010
```

图 2-39 补码减法转补码加法

在上述实例中,补码减法是转换为加法运算进行的,现将补码运算的特点总结如下:

(1) 符号位要作为数的一部分一起参加运算。

(2) 在模 2 的意义下相加,即超过 2 的进位要丢掉。

3. 补码加法溢出实例

【例 2-66】 假设机器字长为 4 位(含 1 位符号位),令 $X=6,Y=4$,求$[X+Y]_{补}=?$

解:$[X]_{补}=0110,[Y]_{补}=0100$,如图 2-40 所示。

所以$[X+Y]_{补}=[X]_{补}+[Y]_{补}=1010$。

【例 2-67】 假设机器字长为 4 位(含 1 位符号位),令 $X=-0.110,Y=-0.101$,求$[X+Y]_{补}=?$

解:$[X]_{补}=1.010,[Y]_{补}=1.011$,如图 2-41 所示。

```
    [X]补    0110
  + [Y]补    0100
   ─────────────
   [X+Y]补   1010
```

图 2-40 正数加正数得负数溢出

```
    [X]补    1.010
  + [Y]补    1.011
   ─────────────
   [X+Y]补  10.101
            ↑1丢掉
```

图 2-41 负数加负数得正数溢出

所以$[X+Y]_{补}=[X]_{补}+[Y]_{补}=0.101$。

注意：在例2-66中，$[X]_{补}+[Y]_{补}=1010$，结果为负，而X与Y均为正数，显然结果出错；在例2-67中，按模2的意义，最左边的1丢掉，得$[X]_{补}+[Y]_{补}=0.101$，结果为正，而X与Y均为负数，显然结果也出错。这是因为机器字长一定时，$[X]_{补}+[Y]_{补}$超出了机器字长所能表示的范围，在计算机中，这种超出机器字长所能表示范围的现象叫作溢出。因此，由补码加减法公式进行运算所得的结果不一定是正确的，还需要对结果是否溢出做出判断。

当机器字长一定，产生溢出时，可能是运算结果大于所能表示的最大正数（称为上溢或正溢出），也可能是运算结果小于所能表示的最小负数（称为下溢或负溢出）。因为数据是采用补码表示的，因此，当机器字长为n位时，所能表示的数据范围如图2-42所示。

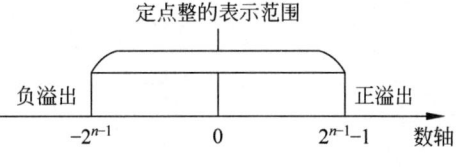

图2-42 机器字长为n时所表示数据的范围

2.4.3 溢出判断

为了判断是否产生溢出，通常可采用两种方法：一种是使用一位符号位进行判断，另一种是使用两位符号位进行判断。接下来详细介绍这两种方式。

为了判断是否产生溢出，通常可采用两种方法：一种是使用一位符号位进行判断，这种方式的硬件成本比较低；另一种是使用两位符号位进行判断，这种方式比较直观。接下来详细介绍这两种方式。

1. 用一位符号位判断溢出

在加法运算中，当两个符号相同的数相加（正数加正数或负数加负数）时，结果有可能产生溢出。

在减法运算中，当两个符号相异的数相减（正数减负数或负数减正数）时，结果有可能产生溢出。

【例2-68】 假定机器字长为4位（包括一位符号位，此时，补码所对应的真值的范围为$-8\sim+7$），试用补码加减法计算：

(1) $X=3,Y=6,[X+Y]_{补}=?$

(2) $X=-3,Y=-6,[X+Y]_{补}=?$

(3) $X=3,Y=-6,[X-Y]_{补}=?$

(4) $X=-3,Y=6,[X-Y]_{补}=?$

解：

(1) $[X]_{补}=0011,[Y]_{补}=0110,[X]_{补}+[Y]_{补}=[X+Y]_{补}$，计算过程如图2-43(a)所示。

(2) $[X]_{补}=1101,[Y]_{补}=1010,[X]_{补}+[Y]_{补}=[X+Y]_{补}$，计算过程如图2-43(b)所示。

(3) $[X]_{补}=0011,[Y]_{补}=1010,[-Y]_{补}=0110,[X]_{补}-[Y]_{补}=[X]_{补}+[-Y]_{补}=[X-Y]_{补}$，计算过程如图2-43(c)所示。

(4) $[X]_{补}=1101,[Y]_{补}=0110,[-Y]_{补}=1010,[X]_{补}-[Y]_{补}=[X]_{补}+[-Y]_{补}=[X-Y]_{补}$，计算过程如图2-43(d)所示。

$$\begin{array}{r} [X]_{补} = 0011 \\ +\ [Y]_{补} = 0110 \\ \hline [X+Y]_{补} = 1001 \end{array} \Longrightarrow \begin{array}{r} X=3 \\ +\ Y=6 \\ \hline X+Y=9>7 \end{array}$$

(a) 两正数相加，产生溢出

$$\begin{array}{r} [X]_{补} = 1101 \\ +\ [Y]_{补} = 1010 \\ \hline [X+Y]_{补} = 10111 \end{array} \Longrightarrow \begin{array}{r} X=-3 \\ +\ Y=-6 \\ \hline X+Y=-9<-8 \end{array}$$

(b) 两负数相加，产生溢出

$$\begin{array}{r} [X]_{补} = 0011 \\ +\ [-Y]_{补} = 0110 \\ \hline [X-Y]_{补} = 1001 \end{array} \Longrightarrow \begin{array}{r} X=3 \\ -\ Y=-6 \\ \hline X-Y=9>7 \end{array}$$

(c) 正数减负数，产生溢出

$$\begin{array}{r} [X]_{补} = 1101 \\ +\ [-Y]_{补} = 1010 \\ \hline [X-Y]_{补} = 10111 \end{array} \Longrightarrow \begin{array}{r} X=-3 \\ -\ Y=6 \\ \hline X+Y=-9<-8 \end{array}$$

(d) 负数减正数，产生溢出

图 2-43　机器字长为 4 位时的四种溢出情况

由于补码减法是转换为补码加法进行运算的，因此，无论是补码加法还是减法运算，只要参与运算的两个数符号相同，其运算结果又与原操作数符号不同，即产生溢出。

用一位符号位判断溢出时，为了节省时间，通常对符号位产生的进位和最高数值位产生的进位进行异或操作，若结果为 1，则产生溢出（若最高数值位产生了进位而符号位无进位，则产生的是正溢出；若最高数值位无进位而符号位产生了进位，则产生的是负溢出）；否则无溢出。

【例 2-69】 假设机器字长为 4 位，如下两组数在进行补码加法运算时，试用其符号位产生的进位（S）和最高数值位产生的进位（D）判断运算结果是否溢出。

（1）$X=-0.011, Y=-0.111, [X+Y]_{补}=?$

（2）$X=0.110, Y=0.100, [X+Y]_{补}=?$

解：

（1）$[X]_{补}=1.101, [Y]_{补}=1.001, [X]_{补}+[Y]_{补}=[X+Y]_{补}$，计算过程如图 2-44(a)所示。

（2）$[X]_{补}=0.110, [Y]_{补}=0.100, [X]_{补}+[Y]_{补}=[X+Y]_{补}$，计算过程如图 2-44(b)所示。

$$\begin{array}{r} [X]_{补} = 1.101 \\ +\ [Y]_{补} = 1.001 \\ \hline [X+Y]_{补} = 10.110 \end{array}$$

(a) $D=0$，$S=1$，$D\oplus S=1$，产生了负溢出

$$\begin{array}{r} [X]_{补} = 0.110 \\ +\ [Y]_{补} = 0.100 \\ \hline [X+Y]_{补} = 1.010 \end{array}$$

(b) $D=1$，$S=0$，$D\oplus S=1$，产生了正溢出

图 2-44　利用符号位和最高数值位的进位判断溢出

2. 用两位符号位判断溢出

采用两位符号位（也称双符号位）判断溢出的原则如下：

（1）若两位符号位不同，则产生溢出；否则无溢出。

（2）不论是否产生溢出，最高符号位永远代表正确的符号，即其值为 0 时代表正数，为 1 时代表负数，因此，当两位符号位不同时（即产生溢出），若最高位为 0，则为正溢出；否则为负溢出。

【例 2-70】 $X=0.1001, Y=0.0101$，试用双符号位计算$[X+Y]_{补}$。

解：$[X]_{补}=00.1001$，$[Y]_{补}=00.0101$，$[X]_{补}+[Y]_{补}=[X+Y]_{补}$，如图 2-45 所示。

因为两个符号位相同，所以运算结果无溢出，$[X+Y]_{补}=00.1110$。

【例 2-71】 $X=0.1101$，$Y=0.0111$，试用双符号位计算$[X+Y]_{补}$。

解：$[X]_{补}=00.1101$，$[Y]_{补}=00.0111$，如图 2-46 所示。

因为两个符号位不同，所以运算结果溢出，且最高符号位为 0，即表示正溢出。

【例 2-72】 $X=-0.1101$，$Y=-0.0111$，试用双符号位计算$[X+Y]_{补}$。

解：$[X]_{补}=11.0011$，$[Y]_{补}=11.1001$，如图 2-47 所示。

因为两个符号位不同，所以运算结果溢出，且最高符号位为 1，即表示负溢出。

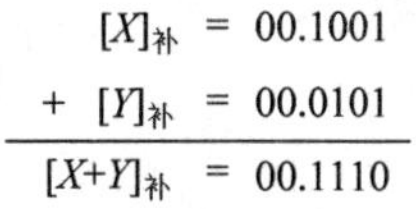

```
  [X]补 = 00.1001
+ [Y]补 = 00.0101
─────────────────
[X+Y]补 = 00.1110
```

图 2-45　采用双符号位
　　　　　相加未溢出

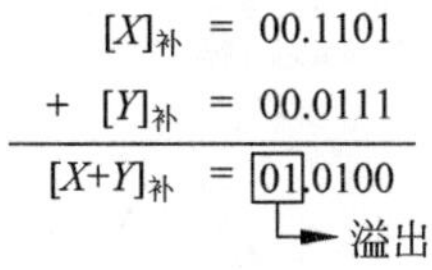

```
  [X]补 = 00.1101
+ [Y]补 = 00.0111
─────────────────
[X+Y]补 = 01.0100
              └→溢出
```

图 2-46　采用双符号位
　　　　　相加正溢出

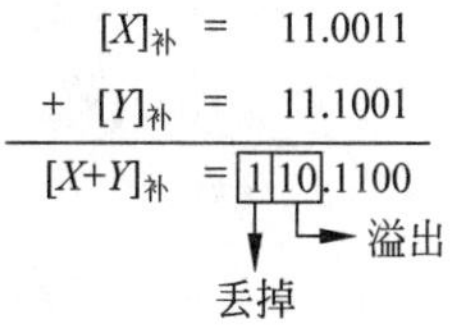

```
  [X]补 = 11.0011
+ [Y]补 = 11.1001
─────────────────
[X+Y]补 = 1|10.1100
          ↑      ↑
         丢掉   溢出
```

图 2-47　采用双符号位
　　　　　相加负溢出

注意：在采用两位符号位判断溢出时，由于任何正确的数，包括参与运算的数（加数、被加数等）和运算的结果（和或差等），其两个符号位都是相同的（即为 00 或 11），而当两个符号位不同时，即产生溢出，结果出错，进行相应地溢出处理。因此，操作数在寄存器或主存中只需要保存一位符号位，在进行运算时，被保存的一位符号位要同时送到加法器的两位符号位的输入端。

2.5　定点数乘法运算

本节主要介绍计算机内定点数的乘法运算，包括原码形式的一位和二位乘法，补码形式的一位和二位乘法。

2.5.1　乘法运算

乘法运算在计算机中有两种实现方式，一种方式是按照乘法运算的规则，设计硬件乘法器实现，另一种方式是参照乘法运算的规则，用软件编程实现。接下来，先通过笔算乘法来分析乘法运算的规则。

【例 2-73】 设 $X=+0.1101$，$Y=+0.1011$，试给出笔算 $Z=X\times Y$ 的过程。

解：乘积的符号直接口算：由于被乘数和乘数都为正数，所以乘积也为正数，即其符号位为正；乘积的数值部分由被乘数和乘数的绝对值相乘得到，具体笔算过程如图 2-48 所示。

所以乘积 $Z=+0.10001111$，分析上述运算过程，可将乘法运算的规则总结如下。

(1) 令乘数的最低位为判断位，记 $i=0$。

(2) 若当前判断位的值为 1，则将被乘数向左移动 i 个单位后作为当前判断位的乘积（简称位积）写下；否则以 0 作为位积写下。

(3) 令与当前判断位左相邻的一位为新判断位，$i=i+1$。

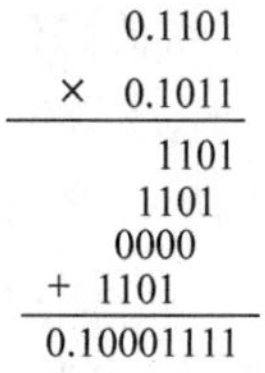

```
      0.1101
  ×   0.1011
  ──────────
        1101
       1101
      0000
  +  1101
  ──────────
   0.10001111
```

图 2-48　笔算 $X\times Y$

(4) 重复(2)~(3),直至判断完乘数的数值部分。

若让计算机也按照上述规则来实现乘法运算,虽然乘积的符号位通过异或运算很容易求得,但对乘积数值部分的求解,则存在以下问题。

(1) 计算机难以实现将多个位积一次相加。

(2) 最终乘积的位数会增长一倍(乘数和被乘数在计算机中等长存储),而机器字长一般是固定的,因此,为了能够存储完整的乘积,必须增大机器字长,这意味着乘数和被乘数也要按此机器字长存储,这将会造成存储空间的浪费以及运算时间的增加。

基于以上分析,我们对笔算 $X \times Y$ 作如下改进。

$$
\begin{aligned}
Z = X \times Y &= X \times 0.1011 \\
&= 0.1 \times 1 \times X + 0.01 \times 0 \times X + 0.001 \times 1 \times X + 0.0001 \times 1 \times X \\
&= 0.1X + 0.00X + 0.001(X + 0.1X) \\
&= 0.1X + 0.01[0X + 0.01(X + 0.1X)] \\
&= 0.1\{X + 0.1[0X + 0.1(X + 0.1X)]\} \\
&= 0.1\{X + 0.1[0X + 0.1(X + 0.1(X + 0))]\} \\
&= 2^{-1}\{X + 2^{-1}[0X + 2^{-1}(X + 2^{-1}(X + 0))]\}
\end{aligned}
$$

观察 $Z = 2^{-1}\{X + 2^{-1}[0X + 2^{-1}(X + 2^{-1}(X + 0))]\}$,简单来说,式中只包括加法运算和移位运算(乘以 2^{-1} 相当于右移一位),将 Z 划分为如图 2-49 所示的形式。

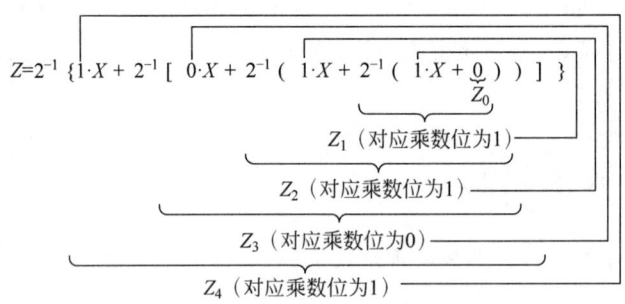

图 2-49 乘积 Z 的划分

其中,Z_i 为第 i 次的部分积,执行以下步骤。

(1) $Z_0 = 0$。

(2) 乘数末位值为 1,乘数右移一位,Z_0 加上 X 后再右移一位(移出的低位存到乘数右移后空出的高位上)得 Z_1。

(3) 乘数末位值为 1,乘数右移一位,Z_1 加上 X 后再右移一位(移出的低位存到乘数右移后空出的高位上)得 Z_2。

(4) 乘数末位值为 0,乘数右移一位,Z_2 加上 0 后再右移一位(移出的低位存到乘数右移后空出的高位上)得 Z_3。

(5) 乘数末位值为 1,乘数右移一位,Z_3 加上 X 后再右移一位(移出的低位存到乘数右移后空出的高位上)得 Z_4。

此时,Z_4 即为所要求的乘积 Z 的高位部分,而 Z 的低位部分存放在乘数中。

经上述改进后,乘法的运算规则可归纳如下。

(1) 乘积的符号由被乘数和乘数的符号异或得到。

(2) 令部分积的初值为 0,取被乘数和乘数的绝对值进行运算。

(3) 若乘数绝对值的末位值为 1,则原部分积加上被乘数的绝对值;否则加上 0,然后将乘数的绝对值和部分积均右移一位,部分积移出的低位存放到乘数空出的高位中。

(4) 重复执行(3),直至操作完乘数的数值部分。

对于上述改进后的乘法运算规则,在计算机中实现乘法器时,只需要用一个寄存器存放被乘数,一个寄存器存放乘积的高位,再用一个寄存器存放乘数以及乘积的低位,然后配上加法器和相应地电路就能够实现乘法运算。

2.5.2 原码一位乘法

由于用原码表示时,其数值部分与真值一致,仅符号位不同,而在进行乘法运算时,乘积的符号位是通过乘数和被乘数的符号位异或单独求得的,因此,之前讨论的乘法运算规则可直接运用于原码一位乘法(参与乘法运算的数用原码表示,且每次只考虑乘数的一位)。

假设 $n+1$ 位的被乘数 X 和乘数 Y 用定点小数(定点整数也同样适用)表示为:

$$被乘数[X]_原 = X_0.X_1X_2X_3\cdots X_n$$

$$乘数[Y]_原 = Y_0.Y_1Y_2Y_3\cdots Y_n$$

其中,X_0 为被乘数符号,Y_0 为乘数符号,记 $|X|=0.X_1X_2X_3\cdots X_n$,$|Y|=0.Y_1Y_2Y_3\cdots Y_n$,则原码一位乘法的规则如下:

(1) 乘积的符号位由两数原码的符号位异或求得($X_0 \oplus Y_0$)。

(2) 乘积的数值部分由两数的绝对值相乘,其通式参照改进的笔算乘法,可表示为

$$|X| \cdot |Y| = (0.X_1X_2X_3\cdots X_n)(0.Y_1Y_2Y_3\cdots Y_n)$$
$$= |X|(0.Y_1Y_2Y_3\cdots Y_n)$$
$$= 2^{-1}(Y_1|X|+2^{-1}(Y_2|X|+$$
$$2^{-1}(\cdots+2^{-1}(Y_{n-1}|X|+2^{-1}(Y_n|X|+0))\cdots)))$$

图 2-50 中的 Z_i 表示第 i 次的部分积,其中

$$Z_0 = 0$$
$$Z_1 = 2^{-1}(Y_n|X|+Z_0)$$
$$Z_2 = 2^{-1}(Y_{n-1}|X|+Z_1)$$
$$\cdots$$
$$Z_i = 2^{-1}(Y_{n-i+1}|X|+Z_{i-1})$$
$$\cdots$$
$$Z_n = 2^{-1}(Y_1|X|+Z_{n-1})$$

$$2^{-1}(Y_1|X|+2^{-1}(Y_2|X|+2^{-1}(\cdots+2^{-1}(Y_{n-1}|X|+2^{-1}(Y_n|X|+0))\cdots)))$$

$$\underbrace{}_{Z_n}$$
$$\underbrace{}_{Z_{n-1}}$$
$$\underbrace{}_{\cdots\quad Z_2}$$
$$\underbrace{}_{Z_1}$$
$$\underbrace{}_{Z_0}$$

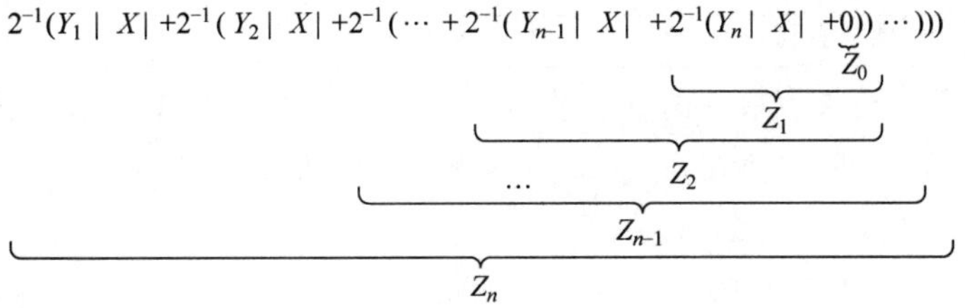

图 2-50 乘积的划分

原码一位乘法所需的硬件配置如图 2-51 所示。

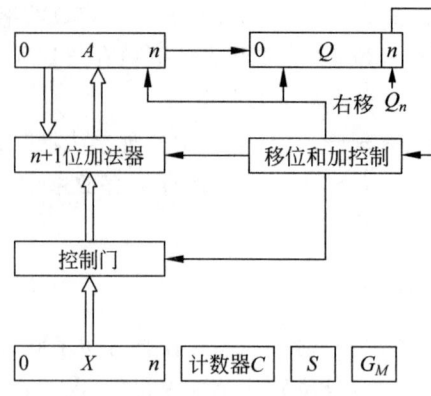

图 2-51 原码一位乘法的硬件配置

图 2-51 中 A、X 和 Q 均为 $n+1$ 位的寄存器，其中，A 存放部分积的原码，X 存放被乘数的原码，Q 存放乘数的原码。移位和加控制电路受 Q 的末位乘数 Q_n 控制（Q_n 为 1 时，A 和 X 的内容相加后，A 和 Q 均右移一位；Q_n 为 0 时，A 的内容加上 0 后，A 和 Q 均右移一位）。计数器 C 用来控制逐位相乘的次数（即乘数尾数的位数），S 存放乘积的符号，G_M 为乘法标记。

【例 2-74】 已知 $X=-0.1110$，$Y=0.1101$，试用原码一位乘法求 $[X\times Y]_原$。

解：将乘法运算分为数值部分和符号位部分，具体如下。

(1) $|X|=0.1110$，乘积的数值部分的求解过程如表 2-24 所示。

表 2-24 原码一位乘法的运算过程

部分积	操作说明	部分积移出的低位	乘数的数值部分
0.0000	置部分积初值 $Z_0=0$		1101
+0.1110	乘数末位为 1，加 $|X|$		
0.1110	求 $Z_0+|X|$		
0.0111	乘数右移一位，部分积右移一位得 Z_1	0	0110
+0.0000	乘数末位为 0，加 0		
0.0111	求 Z_1+0		
0.0011	乘数右移一位，部分积右移一位得 Z_2	1	1011
+0.1110	乘数末位为 1，加 $|X|$		
1.0001	求 $Z_2+|X|$		
0.1000	乘数右移一位，部分积右移一位得 Z_3	1	1101
+0.1110	乘数末位为 1，加 $|X|$		
1.0110	求 $Z_3+|X|$		
0.1011	乘数右移一位，部分积右移一位得 Z_4	0	0110

数值部分相乘的结果由最终的部分积 0.1011（对应乘积的高位部分）和乘数中存放的 0110（对应乘积的低位部分）拼接而成，即 $[X\times Y]_原$ 的数值部分为 0.10110110。

(2) 乘积的符号位为 $1\oplus 0=1$。

因此，$[X\times Y]_原=1.10110110$。

基于以上运算过程，对原码一位乘法运算的特点作如下总结。

(1) 取绝对值运算,乘积的符号位直接由两数原码的符号位异或可得,而数值部分由两数的绝对值相乘得到。

(2) 当对乘数的数值部分的每一位均操作完成时,原码一位乘法运算结束。

(3) 移位运算均是逻辑移位。由于是取两个数的绝对值进行乘法运算的,所以每次的移位操作均是逻辑移位,即移位后的空位均补 0。

2.5.3 原码二位乘法

为了提高乘法的执行速度,可以考虑每次对乘数的两位进行判断以确定相应的操作,这就是原码二位乘法。

原码二位乘法与原码一位乘法一样,符号位由两数的符号位异或得到,数值部分由两数的绝对值相乘得到。而在相乘时,最重要的是新部分积的确定,接下来我们根据原码一位乘法确定新部分积的规则来推出原码二位乘法确定新部分积的规则。

在原码一位乘法中,我们每次仅对乘数的一位进行判断,所以只有两种情况,对应的确定新部分积的规则如表 2-25 所示。

表 2-25 原码一位乘法确定新部分积的规则

Y_n(乘数的末位)	操 作 说 明
0	原部分积加上 0 后右移一位得新部分积
1	原部分积加上被乘数后右移一位得新部分积

对于原码二位乘法,一次需要对乘数的末两位($Y_{n-1}Y_n$)进行判断,所以有 $2^2=4$ 种情况,对应的确定新部分积的规则如表 2-26 所示。

表 2-26 原码二位乘法确定新部分积的规则

$Y_{n-1}Y_n$	操 作 说 明
00	原部分积加上 0,再右移两位得新部分积
01	原部分积加上被乘数,再右移两位得新部分积
10	原部分积加上 2 倍的被乘数,再右移两位得新部分积
11	原部分积加上 3 倍的被乘数,再右移两位得新部分积

结合原码一位乘法确定新部分积的规则,可对原码二位乘法确定新部分积的规则理解如下:

(1) $Y_{n-1}Y_n=00$,对于这种情况,若在原码一位乘法中,可以分两步执行,第一步执行 $Y_n=0$ 时的操作,第二步的操作与第一步相同。因此在原码二位乘法中执行"原部分积加上 0,再右移两位得新部分积"的操作。

(2) $Y_{n-1}Y_n=01$,对于这种情况,若在原码一位乘法中,可以分两步执行,第一步执行 $Y_n=1$ 时的操作,第二步执行 Y_n(原 Y_{n-1})=0 时的操作。因此在原码二位乘法中执行"原部分积加上被乘数,再右移两位得新部分积"的操作。

(3) $Y_{n-1}Y_n=10$,对于这种情况,若在原码一位乘法中,可以分两步执行,第一步执行 $Y_n=0$ 时的操作,第二步执行 Y_n(原 Y_{n-1})=1 时的操作。由于在乘数中前一位的权值是后一位的 2 倍,因此在原码二位乘法中执行"原部分积加上 2 倍的被乘数,再右移两位得新部分积"的操作。

(4) $Y_{n-1}Y_n=11$,对于这种情况,若在原码一位乘法中,可以分两步执行,第一步执行

$Y_n=1$ 时的操作,第二步的操作与第一步相同。同样由于在乘数中前面一位的权值是后一位的 2 倍,因此在原码二位乘法中执行"原部分积加上 3 倍的被乘数,再右移两位得新部分积"的操作。

对于 2 倍的被乘数可以通过将被乘数左移一位实现,而 3 倍的被乘数就不可以仅通过移位实现了,但由于 4 倍的被乘数可以通过移位实现(被乘数左移两位),而 $3=4-1$,因此要实现加 3 倍的被乘数就可以分两步进行:第一步完成加 4 倍的被乘数的操作,第二步完成减 1 倍的被乘数的操作;或者第一步完成减 1 倍的被乘数的操作,第二步完成加 4 倍的被乘数的操作。

【例 2-75】 假设 $X=0.0010,Y=0.0011$,试计算 Z。

(1) Z 为 X 加上 $4Y$ 后再右移两位。

(2) Z 为 X 右移两位后再加上 Y。

解:

(1) 将 X 加上 $4Y$,即 $X+4Y=0.0010+2^2 \times 0.0011=0.0010+0.1100=0.1110$,再将 0.1110 右移两位得 Z,即 $Z=0.1110 \times 2^{-2}=0.0011$。

(2) 将 X 右移两位,即 $X \times 2^{-2}=0.0010 \times 2^{-2}=0.0000$,再加上 Y 得 Z,即 $Z=0.0000+Y=0.0000+0.0011=0.0011$。

虽然在本例(1)和(2)中执行的两种运算是不同的,但最终的结果是一样的。通过分析发现:(1)中的 $4Y$ 相当于将 $Y=0.0011$ 左移两位得 0.1100,将其加到 X 上后得 0.1110,又将 0.1110 右移两位后得 $Z=0.0011$,此时 Z 的低两位是与 Y 的低两位对应的,所以(2)中先将 X 右移两位,再加上 Y 的结果与(1)一致。

(1)中计算的实质是将 Y 的低两位移至高两位并与 X 的高两位相加,最后将相加的结果右移到其低两位;(2)中计算的实质是将 X 的高两位移至低两位与 Y 的低两位相加,并将相加的结果存入其低两位。

从上述例子可以得到启发,"部分积加 4 倍的被乘数,再右移两位"的操作与"部分积右移两位,再加上被乘数"的操作等价,这也就是说,可以对部分积先不执行"加 4 倍的被乘数"的操作,而是先对其"右移两位",这样最终只需再执行"加上被乘数",即可实现对部分积加 4 倍的被乘数。

接下来我们继续考虑如何实现"加 3 倍的被乘数"的操作,可将计算过程分为两轮(本轮和下一轮,本轮为执行 $Y_{n-1}Y_n$ 时,下一轮为执行 $Y_{n-3}Y_{n-2}$ 时),即在本轮先实现"减 1 倍的被乘数"的操作,而将"加 4 倍的被乘数"的操作延迟到下一轮去执行。但是当本轮结束了,下一轮如何知道它的上一轮是否需要执行加 4 倍的被乘数的操作呢?我们使用触发器 C 来记录这一状态,需要执行则将 C 置 1。结合触发器 C 的值可将原码二位乘法的运算规则归纳如表 2-27 所示。

表 2-27 原码两位乘法的运算规则

C	$Y_{n-1}Y_n$	操作	说明
0	00	因为 $C=0$,即上一轮不需要加 $4\|X\|$,延迟到本轮执行需要加 0;又因为 $Y_{n-1}Y_n=00$,即本轮需要加 0	① 共需加 0 ② 置 C 为 0 ③ 部分积及乘数均右移两位

续表

C	$Y_{n-1}Y_n$	操作	说明
1	00	因为$C=1$,即上一轮需要加$4\|X\|$,延迟到本轮执行需要加$\|X\|$;又因为$Y_{n-1}Y_n=00$,即本轮需要加0	① 共需加$\|X\|$ ② 置C为0 ③ 部分积及乘数均右移两位
0	01	因为$C=0$,即上一轮不需要加$4\|X\|$,延迟到本轮执行需要加0;又因为$Y_{n-1}Y_n=01$,即本轮需要加$\|X\|$	① 共需加$\|X\|$ ② 置C为0 ③ 部分积及乘数均右移两位
1	01	因为$C=1$,即上一轮需要加$4\|X\|$,延迟到本轮执行需要加$\|X\|$;又因为$Y_{n-1}Y_n=01$,即本轮需要加$\|X\|$	① 共需加$2\|X\|$ ② 置C为0 ③ 部分积及乘数均右移两位
0	10	因为$C=0$,即上一轮不需要加$4\|X\|$,延迟到本轮执行需要加0;又因为$Y_{n-1}Y_n=10$,即本轮需要加$2\|X\|$	① 共需加$2\|X\|$ ② 置C为0 ③ 部分积及乘数均右移两位
1	10	因为$C=1$,即上一轮需要加$4\|X\|$,延迟到本轮执行需要加$\|X\|$;又因为$Y_{n-1}Y_n=10$,即本轮需要加$2\|X\|$	① 共需加$3\|X\|$,本轮先减$\|X\|$,加$4\|X\|$延迟到下一轮执行 ② 置C为1 ③ 部分积及乘数均右移两位
0	11	因为$C=0$,上一轮不需要加$4\|X\|$,延迟到本轮执行需要加0;又因为$Y_{n-1}Y_n=11$,即本轮需要加$3\|X\|$	① 共需加$3\|X\|$,本轮先减$\|X\|$,加$4\|X\|$延迟到下一轮执行 ② 置C为1 ③ 部分积及乘数均右移两位
1	11	因为$C=1$,即上一轮需要加$4\|X\|$,延迟到本轮执行需要加$\|X\|$;又因为$Y_{n-1}Y_n=11$,即本轮需要加$3\|X\|$	① 共需加$4\|X\|$,本轮先加0,加$4\|X\|$延迟到下一轮执行 ② 置C为1 ③ 部分积及乘数均右移两位

注意:

① 表中有减$\|X\|$运算,在计算机中要转化为加$[-\|X\|]_\text{补}$,这样参与原码两位乘法运算的操作数就需要用其补码表示,因此,运算中的所有右移操作必须按补码的右移规则来进行。

② 前面在介绍溢出判断时提到,使用两位符号位时最高符号位才是真正的符号位,但在这里,由于表中有加$2\|X\|$的操作,这可能会使部分积的绝对值大于2,此时如果仍使用两位符号位,则最高数值位的进位就会影响到符号位,导致结果出错,所以对$\|X\|$及部分积的符号位使用三位来表示。

③ 当乘数的数值部分的位数n为偶数时,因为每次取乘数的两位进行判断,所以刚好够$\dfrac{n}{2}(n\%2=0)$组。但乘数的最高两位数值位可能为11,或为10且此时的$C=1$,则需将C置1,若不做任何其他处理,则置1的C将丢失,因此,在乘数的最高数值位前增加两个0,这两个0与C结合以完成可能需要的加$\|X\|$的操作(由于这两个0是添加的,所以最后一步不需要进行移位操作)。

乘数的数值部分的位数n为奇数时,处理完$\dfrac{n}{2}(n\%2=1)$组后,还剩乘数的最高数值位没有处理,此时为了统一操作,需要在乘数的最高数值位(Y_n)前增加一个0(Y_{n-1}),从而对

$Y_{n-1}Y_n$ 执行相应的操作(由于这一步添加了一个 0,所以只需要右移一位)。

【例 2-76】 $X=-0.1101, Y=0.1110$,试用原码两位乘法求$[X \times Y]_原=?$

解：$|X|=000.1101, 2|X|=001.1010, [-|X|]_补=111.0011, |Y|=0.1110, |Y|$ 的数值部分为 1110,位数为偶数,因此,在其最高数值位前需增加两个 0 得 0.(00)1110。具体运算过程如表 2-28 所示。

表 2-28 原码两位乘法的运算过程

部分积	乘数各位	$Y_{n-1}Y_n$	C	说 明
000.0000	(00)1110	10	0	初始时,部分积为 0,$C=0$
+001.1010				$Y_{n-1}Y_nC=100$,加 $2|X|$
001.1010			0	置 C 为 0
000.0110	**10**(00)11	11		部分积及乘数均右移两位
+111.0011				$Y_{n-1}Y_nC=110$,加 $[-|X|]_补$
111.1001			1	置 C 为 1
111.1110	**0110**(00)	(00)		部分积及乘数均右移两位
+000.1101			0	$Y_{n-1}Y_nC=001$,加 $|X|$ 置 C 为 0
000.1011	**0110**(00)			最后一步不移位

注意：每次移出的部分积的低位被保存至乘数空出的高位中(即加粗部分)。

最终的部分积的数值部分 1011 为乘积数值的高位部分,与保存在乘数中的部分积低位 0110 拼接成乘积的数值部分 10110110,符号位由 $1 \oplus 0=1$,故$[X \times Y]_原=1.10110110$。

【例 2-77】 $X=-0.1101, Y=0.011$,试用原码两位乘法求$[X \times Y]_原=?$

解：$|X|=000.1101, 2|X|=001.1010, [-|X|]_补=1.0011, |Y|=0.011, |Y|$ 的数值部分 011,位数为奇数,因此,在其最高数值位前增加一个 0 得 0.(0)011。具体运算过程如表 2-29 所示。

表 2-29 原码两位乘法的运算过程

部分积	乘数各位	$Y_{n-1}Y_n$	C	说 明
000.0000	(0)011	11	0	初始时,部分积为 0,$C=0$
+111.0011				$Y_{n-1}Y_nC=110$,加 $[-|X|]_补$
111.0011			1	置 C 为 1
111.1100	**11**(0)0	(0)0		部分积及乘数均右移两位
+000.1101				$Y_{n-1}Y_nC=001$,加 $|X|$
000.1001			0	置 C 为 0
000.0100	**111**(0)			部分积及乘数均右移一位

最终的部分积的数值部分 0100 为乘积数值的高位部分,与保存在乘数中的部分积低位 111 拼接为乘积的数值部分 0100111,符号位由 $1 \oplus 0=1$,故$[X \times Y]_原=1.0100111$。

2.5.4 补码一位乘法

基于原码实现的乘法比较容易,但符号位不能参与运算,需要单独用一个异或门产生。此外,由于在计算机中,数据通常以补码的形式存储,这样为了实现原码乘法,需将补码转换为原码,最后还需将原码表示的乘积再转换为补码存入计算机,这显然很不方便。

因此,一些计算机直接采用补码进行乘法运算,这样既解决了原码实现的乘法中符号位不能参与运算的问题,又省去了运算时先将补码转换为原码,又将原码转换为补码的麻烦。

由于原码乘法的实现思路比较简单,因此实现补码乘法时借鉴之,这就是接下来将要介绍的校正法。

1. 校正法

设被乘数为$[X]_{补}=X_0.X_1X_2\cdots X_n$,乘数为$[Y]_{补}=Y_0.Y_1Y_2\cdots Y_n$

(1) 假定被乘数 X 的符号任意,乘数 Y 的符号为正,则

$$[X]_{补}=X_0.X_1X_2\cdots X_n=2+X=2^{n+1}+X \quad (\mathrm{mod}\ 2)$$

$$[Y]_{补}=Y_0.Y_1Y_2\cdots Y_n=0.Y_1Y_2\cdots Y_n=Y$$

因此 $[X]_{补} \cdot [Y]_{补}=[X]_{补} \cdot Y$

$$=(2^{n+1}+X) \cdot Y \quad (\mathrm{mod}\ 2)$$

$$=2^{n+1} \cdot Y+X \cdot Y \quad (\mathrm{mod}\ 2)$$

因为 $Y=0.Y_1Y_2\cdots Y_n=\sum_{i=1}^{n}Y_i 2^{-i}$

所以 $2^{n+1} \cdot Y=2^{n+1} \cdot \sum_{i=1}^{n}Y_i 2^{-i}=2\sum_{i=1}^{n}Y_i 2^{n-i}$

而 $\sum_{i=1}^{n}Y_i 2^{n-i}=Y_1 \cdot 2^{n-1}+Y_2 \cdot 2^{n-2}+\cdots+Y_i \cdot 2^{n-i}+\cdots+Y_n \cdot 2^0$

由于各项 $Y_i(i=1,2,\cdots,n)$ 均为 0 或 1,

且各项 $2^{n-i}(i=1,2,\cdots,n)$ 均大于等于 1,

所以各项 $Y_i \cdot 2^{n-i}(i=1,2,\cdots,n)$ 均为大于等于 1 或等于零的整数。

因此,$\sum_{i=1}^{n}Y_i 2^{n-i}$ 为大于等于 1 的整数

所以 $2\sum_{i=1}^{n}Y_i 2^{n-i}$ 为大于等于 2 的偶数,即 $2^{n+1} \cdot Y$ 为大于等于 2 的偶数,则有 $2^{n+1} \cdot Y=2(\mathrm{mod}\ 2)$。

所以 $[X]_{补} \cdot [Y]_{补}=2^{n+1} \cdot Y+X \cdot Y \quad (\mathrm{mod}\ 2)$

$$=2+X \cdot Y \quad (\mathrm{mod}\ 2)$$

$$=[X \cdot Y]_{补} \quad (\mathrm{mod}\ 2)$$

即有 $[X]_{补} \cdot [Y]_{补}=[X \cdot Y]_{补}=[X]_{补} \cdot Y$

所以 $[X]_{补} \cdot [Y]_{补}=[X]_{补} \cdot 0.Y_1Y_2\cdots Y_n$

$$=[X]_{补} \cdot (Y_1 \cdot 2^{-1}+Y_2 \cdot 2^{-2}+\cdots+Y_n \cdot 2^{-n})$$

$$=2^{-1}(Y_1 \cdot [X]_{补}+2^{-1}(Y_2 \cdot [X]_{补}+2^{-1}(\cdots+2^{-1}(Y_{n-1} \cdot [X]_{补}+2^{-1}(Y_n \cdot [X]_{补}+0))\cdots)))=[X \cdot Y]_{补}$$

令 Z_i 表示第 i 次的部分积,则上式可写成如下递推公式:

$$[Z_0]_{补}=0$$

$$[Z_1]_{补}=2^{-1}([Z_0]_{补}+Y_n \cdot [X]_{补})$$

$$\vdots$$

$$[Z_i]_{\text{补}} = 2^{-1}([Z_{i-1}]_{\text{补}} + Y_{n-i+1} \cdot [X]_{\text{补}})$$
$$\vdots$$
$$[Z_n]_{\text{补}} = 2^{-1}([Z_{n-1}]_{\text{补}} + Y_1 \cdot [X]_{\text{补}}) = [X \cdot Y]_{\text{补}}$$

注意：上述补码乘法式与原码乘法式的原理是一样的，只是形式上采用的是补码，因此，在进行移位操作时需要按照补码的移位规则。

(2) 假定被乘数 X 的符号任意，乘数 Y 的符号为负，则

$$[X]_{\text{补}} = X_0.X_1X_2\cdots X_n$$
$$[Y]_{\text{补}} = Y_0.Y_1Y_2\cdots Y_n = 1.Y_1Y_2\cdots Y_n = 2 + Y \quad (\text{mod } 2)$$

移项得 $Y = [Y]_{\text{补}} - 2$
$$= 1.Y_1Y_2\cdots Y_n - 2 \quad (\text{mod } 2)$$
$$= 0.Y_1Y_2\cdots Y_n - 1 \quad (\text{mod } 2)$$

因此 $X \cdot Y = X \cdot (0.Y_1Y_2\cdots Y_n - 1) = X \cdot (0.Y_1Y_2\cdots Y_n) - X$

故 $[X \cdot Y]_{\text{补}} = [X \cdot (0.Y_1Y_2\cdots Y_n)]_{\text{补}} + [-X]_{\text{补}}$，将此处的 $0.Y_1Y_2\cdots Y_n$ 视作一个正数，则 $[X \cdot (0.Y_1Y_2\cdots Y_n)]_{\text{补}}$ 与乘数 Y 的符号为正时的结论 $[X \cdot Y]_{\text{补}} = [X]_{\text{补}} \cdot [Y]_{\text{补}}$ 一致，即有

$$[X \cdot 0.Y_1Y_2\cdots Y_n]_{\text{补}} = [X]_{\text{补}} \cdot (0.Y_1Y_2\cdots Y_n)$$

所以有 $[X \cdot Y]_{\text{补}} = [X \cdot (0.Y_1Y_2\cdots Y_n)]_{\text{补}} + [-X]_{\text{补}}$
$$= [X]_{\text{补}} \cdot (0.Y_1Y_2\cdots Y_n) + [-X]_{\text{补}}$$
$$= [X]_{\text{补}} \cdot (Y_1 \cdot 2^{-1} + Y_2 \cdot 2^{-2} + \cdots + Y_n \cdot 2^{-n}) + [-X]_{\text{补}}$$
$$= 2^{-1}(Y_1 \cdot [X]_{\text{补}} + 2^{-1}(Y_2 \cdot [X]_{\text{补}} + 2^{-1}(\cdots + 2^{-1}(Y_{n-1} \cdot [X]_{\text{补}} + 2^{-1}(Y_n \cdot [X]_{\text{补}} + 0))\cdots))) + [-X]_{\text{补}}$$

令 Z_i 表示第 i 次的部分积，则上式可写成如下递推公式：

$$[Z_0]_{\text{补}} = 0$$
$$[Z_1]_{\text{补}} = 2^{-1}([Z_0]_{\text{补}} + Y_n \cdot [X]_{\text{补}})$$
$$\vdots$$
$$[Z_i]_{\text{补}} = 2^{-1}([Z_{i-1}]_{\text{补}} + Y_{n-i+1} \cdot [X]_{\text{补}})$$
$$\vdots$$
$$[Z_n]_{\text{补}} = 2^{-1}([Z_{n-1}]_{\text{补}} + Y_1 \cdot [X]_{\text{补}})$$
$$[X \cdot Y]_{\text{补}} = [Z_n]_{\text{补}} + [-X]_{\text{补}}$$

由上述分析可知，当乘数 Y 为负数时，使用补码乘法可以把乘数的 $[Y]_{\text{补}}$ 的符号位去掉，当成一个正数 $0.Y_1Y_2\cdots Y_n$ 和 $[X]_{\text{补}}$ 相乘，并在最终的结果上加上 $[-X]_{\text{补}}$ 进行校正，这就是"校正法"的由来。

【例 2-78】 已知 $X = +0.1101$，$Y = +0.1010$，试用校正法求 $[X \times Y]_{\text{补}}$。

解：$[X]_{\text{补}} = 00.1101$，$[Y]_{\text{补}} = 0.1010$，且 Y 为正数，所以按照乘数为正数的讨论结果进行求解，考虑到运算时可能出现绝对值大于 1 的情况（但并不是溢出），因此对部分积和被乘数采用双符号位，具体过程如表 2-30 所示。

表 2-30　校正法的运算过程

部分积	乘数补码的数值部分	Y_n（乘数补码的末位）	说　明
00.0000	1010	0	初始部分积 $Z_0=0$
+00.0000			$Y_n=0$，加 0
00.0000			求 Z_0+0
00.0000	0101	1	乘数右移一位，部分积右移一位得 Z_1
+00.1101			$Y_n=1$，加 $[X]_补$
00.1101			求 $Z_1+[X]_补$
00.0110	1010	0	乘数右移一位，部分积右移一位得 Z_2
+00.0000			$Y_n=0$，加 0
00.0110			求 Z_2+0
00.0011	0101	1	乘数右移一位，部分积右移一位得 Z_3
+00.1101			$Y_n=1$，加 $[X]_补$
01.0000			求 $Z_3+[X]_补$
00.1000	0010		乘数右移一位，部分积右移一位得 Z_4

最终的部分积 Z_4(0.1000)为乘积补码的符号位和高位部分，乘数中保存的部分积低位部分(**0010**)是乘积补码的低位部分，因此$[X\times Y]_补=0.10000010$。

【例 2-79】 已知 $X=+0.1101$，$Y=-0.1010$，试用校正法求$[X\times Y]_补$。

解： $[X]_补=00.1101$，$[-X]_补=11.0011$，$[Y]_补=1.0110$，且 Y 为负数，所以按照乘数为负数的讨论结果进行求解，具体过程如表 2-31 所示。

表 2-31　校正法的运算过程

部分积	乘数补码的数值部分	Y_n（乘数补码的末位）	说　明
00.0000	0110	0	初始部分积 $Z_0=0$
+00.0000			$Y_n=0$，加 0
00.0000			求 Z_0+0
00.0000	0011	1	乘数右移一位，部分积右移一位得 Z_1
+00.1101			$Y_n=1$，加 $[X]_补$
00.1101			求 $Z_1+[X]_补$
00.0110	1001	1	乘数右移一位，部分积右移一位得 Z_2
+00.1101			$Y_n=1$，加 $[X]_补$
01.0011			求 $Z_2+[X]_补$
00.1001	1100	0	乘数右移一位，部分积右移一位得 Z_3
+00.0000			$Y_n=0$，加 0
00.1001			求 Z_3+0
00.0100	1110		乘数右移一位，部分积右移一位得 Z_4
+11.0011			加 $[-X]_补$ 修正
11.0111			求 $Z_4+[-X]_补$

最终的 $Z_4+[-X]_补$(11.0111)为乘积补码的符号位和高位部分，乘数中保存的部分积低位部分(**1110**)是乘积补码的低位部分，因此$[X\times Y]_补=11.01111110$。

校正法需要对乘数的符号进行判断，从而确定需不需要加$[-X]_补$，所以控制线路相对来说仍比较复杂。虽然在被乘数和乘数的符号相异时，可以通过调换被乘数和乘数位置的方式来避免校正，但是当两数均为负数时，仍必须校正。因此希望有一种方法可以使乘数的符号位在参与运算时与乘数的数值部分被同样对待,即无须额外考虑其正负,从而达到简化控制线路的目的。

2. 比较法

比较法就是这种无须单独考虑乘数符号位的方法,它是 Booth 夫妇首先提出来的,故又称 Booth 算法,其运算规则可由校正法导出,具体如下。

设被乘数为 $[X]_{补}=X_0.X_1X_2\cdots X_n$,乘数为 $[Y]_{补}=Y_0.Y_1Y_2\cdots Y_n$,

在校正法中,

当 $Y_0=0$ 时,$[X]_{补} \cdot [Y]_{补}=[X \cdot Y]_{补}=[X]_{补} \cdot 0.Y_1Y_2\cdots Y_n$

当 $Y_0=1$ 时,$[X]_{补} \cdot [Y]_{补}=[X \cdot Y]_{补}=[X]_{补} \cdot (0.Y_1Y_2\cdots Y_n)+[-X]_{补}$

在模 2 的前提下,有 $[-X]_{补}=-[X]_{补}$,证明如下:

若 $[X]_{补}=0.X_1X_2\cdots X_n$,则 $X=0.X_1X_2\cdots X_n$

所以 $-X=-0.X_1X_2\cdots X_n$

故 $[-X]_{补}=1.\overline{X}_1\overline{X}_2\cdots\overline{X}_n+2^{-n} \pmod 2$

又因为 $[X]_{补}=0.X_1X_2\cdots X_n$

所以 $-[X]_{补}=-0.X_1X_2\cdots X_n$

$\equiv 2-0.X_1X_2\cdots X_n \pmod 2$

$=1.\overline{X}_1\overline{X}_2\cdots\overline{X}_n+2^{-n}$

因此,$[-X]_{补}=-[X]_{补} \pmod 2$

若 $[X]_{补}=1.X_1X_2\cdots X_n$,则 $X=-(0.\overline{X}_1\overline{X}_2\cdots\overline{X}_n+2^{-n})$

所以 $-X=0.\overline{X}_1\overline{X}_2\cdots\overline{X}_n+2^{-n}$

故 $[-X]_{补}=0.\overline{X}_1\overline{X}_2\cdots\overline{X}_n+2^{-n} \pmod 2$

又因为 $[X]_{补}=1.X_1X_2\cdots X_n$

$\equiv -(0.\overline{X}_1\overline{X}_2\cdots\overline{X}_n+2^{-n}) \pmod 2$

所以 $-[X]_{补}=0.\overline{X}_1\overline{X}_2\cdots\overline{X}_n+2^{-n}$

因此,$[-X]_{补}=-[X]_{补} \pmod 2$

综上所述,在模 2 的前提下,有 $[-X]_{补}=-[X]_{补}$。

因此,校正法的两个公式可改写为

当 $Y_0=0$ 时,$[X]_{补} \cdot [Y]_{补}=[X \cdot Y]_{补}=[X]_{补} \cdot 0.Y_1Y_2\cdots Y_n-[X]_{补} \cdot 0$

当 $Y_0=1$ 时,$[X]_{补} \cdot [Y]_{补}=[X \cdot Y]_{补}=[X]_{补} \cdot (0.Y_1Y_2\cdots Y_n)-[X]_{补} \cdot 1$

可用统一的形式表示为

$[X]_{补} \cdot [Y]_{补}=[X \cdot Y]_{补}=[X]_{补} \cdot (0.Y_1Y_2\cdots Y_n)-[X]_{补} \cdot Y_0$($Y_0$ 为 0 或 1)

$=[X]_{补}(0.Y_1Y_2\cdots Y_n-Y_0)$

$=[X]_{补}(-Y_0+Y_1 2^{-1}+Y_2 2^{-2}+\cdots+Y_n 2^{-n})$

$=[X]_{补}[-Y_0+(Y_1-Y_1 2^{-1})+(Y_2 2^{-1}-Y_2 2^{-2})+\cdots+(Y_n 2^{-(n-1)}-Y_n 2^{-n})]$

$=[X]_{补}[(Y_1-Y_0)+(Y_2-Y_1)2^{-1}+\cdots+(0-Y_n)2^{-n}]$

$$
\begin{aligned}
&= [X]_{\text{补}}[(Y_1 - Y_0) + (Y_2 - Y_1)2^{-1} + \cdots + (Y_{n+1} - Y_n)2^{-n}] \\
&\quad (\text{附加位 } Y_{n+1} = 0) \\
&= [X]_{\text{补}}((Y_1 - Y_0) + 2^{-1}((Y_2 - Y_1) + 2^{-1}((Y_3 - Y_2) + \\
&\quad 2^{-1}(\cdots + 2^{-1}(Y_{n+1} - Y_n)\cdots))) \\
&= ((Y_1 - Y_0)[X]_{\text{补}} + 2^{-1}((Y_2 - Y_1)[X]_{\text{补}} + 2^{-1}((Y_3 - Y_2)[X]_{\text{补}} + \\
&\quad 2^{-1}(\cdots + 2^{-1}(Y_{n+1} - Y_n)[X]_{\text{补}}\cdots))) \\
&= ((Y_1 - Y_0)[X]_{\text{补}} + 2^{-1}((Y_2 - Y_1)[X]_{\text{补}} + 2^{-1}((Y_3 - Y_2)[X]_{\text{补}} + \\
&\quad 2^{-1}(\cdots + 2^{-1}((Y_{n+1} - Y_n)[X]_{\text{补}} + 0)\cdots)))
\end{aligned}
$$

令 Z_i 为第 i 次的部分积,则上式可写成如下递推公式:

$$
\begin{aligned}
&[Z_0]_{\text{补}} = 0 \\
&[Z_1]_{\text{补}} = 2^{-1}\{(Y_{n+1} - Y_n)[X]_{\text{补}} + [Z_0]_{\text{补}}\} \\
&\quad\vdots \\
&[Z_i]_{\text{补}} = 2^{-1}\{(Y_{n-i+2} - Y_{n-i+1})[X]_{\text{补}} + [Z_{i-1}]_{\text{补}}\} \\
&\quad\vdots \\
&[Z_n]_{\text{补}} = 2^{-1}\{(Y_2 - Y_1)[X]_{\text{补}} + [Z_{n-1}]_{\text{补}}\} \\
&[Z_{n+1}]_{\text{补}} = (Y_1 - Y_0)[X]_{\text{补}} + [Z_n]_{\text{补}} = [X \cdot Y]_{\text{补}}
\end{aligned}
$$

部分积的初值为 0,即 $[Z_0]_{\text{补}} = 0$。然后每一步都是在前一次部分积的基础上,由 $Y_{i+1} - Y_i (i = 0, 1, 2, \cdots, n)$ 的结果确定对 $[X]_{\text{补}}$ 的操作,再右移一位,得到新的部分积。如此重复 $n+1$ 步,但最后一步不移位,便得到 $[X \cdot Y]_{\text{补}}$。

实现这种补码乘法时,要在乘数的末位后面增加一位附加位 $Y_{n+1}(=0)$。开始时,由 $Y_n Y_{n+1}$ 判断第一步该怎么操作;然后再由 $Y_{n-1} Y_n$ 判断第二步该怎么操作。由于每一步都有右移一位的操作,故做完第一步后,$Y_{n-1} Y_n$ 正好移到原来 $Y_n Y_{n+1}$ 的位置上。以此类推,每步都使用新的 $Y_n Y_{n+1}$ 进行判断。

基于上述分析,比较法确定新部分积的规则可归纳如表 2-32 所示。

表 2-32 比较法确定新部分积的规则

$Y_i Y_{i+1}$	$Y_{i+1} - Y_i$	新 部 分 积
00	0	原部分积右移一位得新部分积
01	1	原部分积加 $[X]_{\text{补}}$,再右移一位得新部分积
10	-1	原部分积加 $[-X]_{\text{补}}$,再右移一位得新部分积
11	0	原部分积右移一位得新部分积

实现比较法的基本硬件配置与实现原码一位乘法的基本硬件配置是类似的,具体如图 2-52 所示。

图 2-52 中 A、X 和 Q 均为 $n+2$ 位的寄存器,其中 A 存放部分积的补码,X 存放被乘数的补码(含两位符号位),Q 存放乘数的补码(最高一位为符号位,最低一位为附加位)。移位和加控制电路受 Q 的末 2 位乘数控制(为 01 时,A 和 X 的内容相加后,A 和 Q 均右移一位;为 10 时,A 和 X 的内容相减后,A 和 Q 均右移一位;为 00 和 11 时,A 和 Q 均右移一位)。计数器 C 用来控制逐位相乘的次数(即乘数尾数的位数),G_M 为乘法标记。

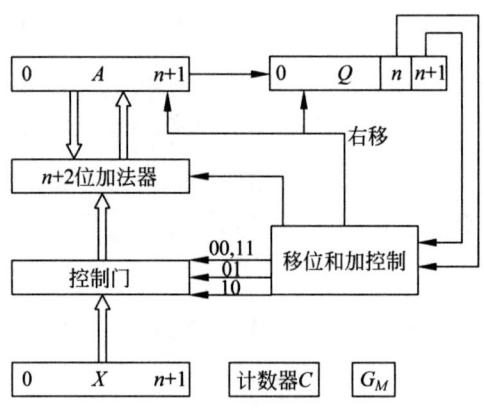

图 2-52 比较法的逻辑原理图

【例 2-80】 已知 $X=0.1101, Y=0.1010$,试用比较法求 $[X \times Y]_{补}$。

解:$[X]_{补}=00.1101$,$[-X]_{补}=11.0011$,求解过程如表 2-33 所示。

表 2-33 比较法的运算过程

部分积	乘数各位(附加位)	$Y_n Y_{n+1}$(乘数末位和附加位)	说 明
00.0000	01010(0)	00	初始部分积 $Z_0=0$
+00.0000			$Y_n Y_{n+1}=00$,加 0
00.0000			求 Z_0+0
00.0000	**0**0101(0)	10	乘数右移一位,部分积右移一位得 Z_1
+11.0011			$Y_n Y_{n+1}=10$,加$[-X]_{补}$
11.0011			求 $Z_1+[-X]_{补}$
11.1001	**10**010(1)	01	乘数右移一位,部分积右移一位得 Z_2
+00.1101			$Y_n Y_{n+1}=01$,加$[X]_{补}$
00.0110			求 $Z_2+[X]_{补}$
00.0011	**0**1001(0)	10	乘数右移一位,部分积右移一位得 Z_3
+11.0011			$Y_n Y_{n+1}=10$,加$[-X]_{补}$
11.0110			求 $Z_3+[-X]_{补}$
11.1011	**0010**0(1)	01	乘数右移一位,部分积右移一位得 Z_4
+00.1101			$Y_n Y_{n+1}=01$,加$[X]_{补}$
00.1000			求 $Z_4+[X]_{补}$

最终的部分积(0.1000)为乘积补码的符号位和高位部分,乘数中保存的部分积低位部分(即粗体部分的 0010)是乘积补码的低位部分,因此$[X \times Y]_{补}=0.10000010$。

2.5.5 补码二位乘法

为了提高用补码进行乘法运算的速度,可以采用补码两位乘法。

在补码一位乘法中是由乘数的两位 $Y_i Y_{i+1}$ 通过计算 $Y_{i+1}-Y_i$ 的值从而确定下一步操作的。若考虑将两步($Y_i Y_{i+1}$ 和 $Y_{i-1} Y_i$)并作一步,则可找出如下对应关系。

假定上一步的部分积为$[Z_i]_{补}$,则本步的部分积应为

$$[Z_{i+1}]_{补}=2^{-1}\{[Z_i]_{补}+(Y_{n+1-i}-Y_{n-i}) \cdot [X]_{补}\}$$

下一步的部分积应为

$$[Z_{i+2}]_{\text{补}} = 2^{-1}\{[Z_{i+1}]_{\text{补}} + (Y_{n-i} - Y_{n-1-i}) \cdot [X]_{\text{补}}\}$$

将 $[Z_{i+1}]_{\text{补}}$ 代入 $[Z_{i+2}]_{\text{补}}$ 得

$$\begin{aligned}[Z_{i+2}]_{\text{补}} &= 2^{-1}\{2^{-1}\{[Z_i]_{\text{补}} + (Y_{n+1-i} - Y_{n-i}) \cdot [X]_{\text{补}}\} + (Y_{n-i} - Y_{n-1-i}) \cdot [X]_{\text{补}}\} \\ &= 2^{-2}\{[Z_i]_{\text{补}} + ((Y_{n+1-i} - Y_{n-i}) + 2 \cdot (Y_{n-i} - Y_{n-1-i})) \cdot [X]_{\text{补}}\} \\ &= 2^{-2}\{[Z_i]_{\text{补}} + ((Y_{n+1-i} + Y_{n-i} - 2Y_{n-1-i})) \cdot [X]_{\text{补}}\}\end{aligned}$$

观察上式知,两步并作一步时,需同时考虑乘数的三位 $(Y_{i-1}Y_iY_{i+1})$,对应的组合共有 $2^3=8$ 种情况,每种情况应执行的操作如表 2-34 所示。

表 2-34 补码二位乘法的运算规则

Y_{i-1}	Y_i	Y_{i+1}	$Y_{i+1}+Y_i-2Y_{i-1}$	操作
0	0	0	0	加 0,右移两位
0	0	1	1	加 $[X]_{\text{补}}$,右移两位
0	1	0	1	加 $[X]_{\text{补}}$,右移两位
0	1	1	2	加 $2[X]_{\text{补}}$,右移两位
1	0	0	-2	加 $2[-X]_{\text{补}}$,右移两位
1	0	1	-1	加 $[-X]_{\text{补}}$,右移两位
1	1	0	-1	加 $[-X]_{\text{补}}$,右移两位
1	1	1	0	加 0,右移两位

注意:由于表中出现了加 $2[X]_{\text{补}}$ 和加 $2[-X]_{\text{补}}$ 的操作,同原码二位乘法一样结果有可能溢出,因此对部分积和被乘数应采用三位的符号位。

【例 2-81】 $X=0.0101, Y=-0.1011$,试用补码二位乘法求 $[X \times Y]_{\text{补}}=?$

解: 对被乘数使用三位的符号位,$[X]_{\text{补}} = 000.0101$,$[-X]_{\text{补}} = 111.1011$。为了便于硬件的实现,对乘数使用双符号位,即 $[Y]_{\text{补}} = 11.0101$,如表 2-35 所示。

表 2-35 补码二位乘法的运算过程

部分积	乘数各位 (附加位)	$Y_{n-1}Y_nY_{n+1}$ (乘数末两位和附加位)	说 明
000.0000	110101(0)	010	初始部分积 $Z_0=0$
+000.0101			$Y_{n+1}+Y_n-2Y_{n-1}=1$,加 $[X]_{\text{补}}$
000.0101			求 Z_0+0
000.0001	**01**1101(0)	010	乘数右移两位,部分积右移两位得 Z_1
+000.0101			$Y_{n+1}+Y_n-2Y_{n-1}=1$,加 $[X]_{\text{补}}$
000.0110			求 Z_1+0
000.0001	**1001**11(0)	110	乘数右移两位,部分积右移两位得 Z_2
+111.1011			$Y_{n+1}+Y_n-2Y_{n-1}=-1$,加 $[-X]_{\text{补}}$
111.1100			求 Z_2+0
111.1100			最后一步不移位

最终的部分积(1.1100)为乘积补码的符号位和高位部分,乘数中保存的部分积低位部分(即粗体部分的 **1001**)是乘积补码的低位部分,因此 $[X \times Y]_{\text{补}} = 1.11001001$。

由于采用补码进行乘法运算时,符号位是参与运算的,添加的一位附加位也参与运算,且每次用乘数的三位进行判断,然后右移两位。因此,当乘数的数值位 n 为偶数时,采用双符号位表示以便于硬件的实现,此时共需作 $\frac{n}{2}$ 次移位,作 $\frac{n}{2}+1$ 次加法,最后一步不移位;当 n 为奇数时,可以补 0 使其变为偶数位,也可以对乘数取一位符号位,此时共需作 $\frac{n}{2}+1$ 次移位和加法运算,最后一步移一位。

2.6 定点数除法运算

本节主要介绍计算机内定点数的除法运算,包括原码形式的一位除法,补码形式的一位除法。

2.6.1 除法运算

和介绍乘法运算一样,先通过笔算除法来分析除法运算的规则。

【例 2-82】 设 $X=+0.1001, Y=+0.1011$,试给出笔算 $X \div Y$ 的过程。

解:商的符号(简称商符)直接口算:由于被除数和除数都为正数,所以商也为正数;商的数值部分(商值)由被除数的绝对值除以除数的绝对值得到,具体的笔算过程如图 2-53 所示。

```
                0.1101        Q             说明
    0.1011 ) 0.10010          X(R₀)                                    ①
           -  0.01011          2⁻¹Y    除数右移一位,相减                ②
              0.001110         R₁
           -  0.001011         2⁻²Y    除数继续右移一位,相减            ③
              0.0000110        R₂
              0.0001011        2⁻³Y    除数继续右移一位,不减            ④
              0.00001100       R₃
           -  0.00001011       2⁻⁴Y    除数继续右移一位,相减            ⑤
              0.00000001       R=R₄
```

图 2-53 笔算 $X \div Y$

所以商 $Q=+0.1101$,余数 $R=0.00000001$,图 2-53 中的计算过程可叙述如下。

① 首先比较 X 和 Y 的大小,因为 $X<Y$,所以商 Q 为小数,给其整数位上 0(在之后加小数点),在 X 的末位后补 0,得余数 R_0。

② 将 Y 右移一位得 $2^{-1}Y$,比较 R_0 和 $2^{-1}Y$ 的大小,因为 $R_0>2^{-1}Y$,所以商 Q 的小数点后第一位商上 1,在 R_0 减 $2^{-1}Y$ 的结果末位后补 0 得 R_1。

③ 继续将 Y 右移一位得 $2^{-2}Y$,然后比较 R_1 和 $2^{-2}Y$ 的大小,因为 $R_1>2^{-2}Y$,所以商 Q 的小数点后第二位商上 1,在 R_1 减 $2^{-2}Y$ 的结果末位后补 0 得 R_2。

④ 继续将 Y 右移一位得 $2^{-3}Y$,然后比较 R_2 和 $2^{-3}Y$ 的大小,因为 $R_2<2^{-3}Y$,所以商 Q 的小数点后第三位商上 0,在 R_2 的末位后补 0 得 $R_3(=R_2)$。

⑤ 继续将 Y 右移一位得 $2^{-4}Y$,然后比较 R_3 和 $2^{-4}Y$ 的大小,因为 $R_3>2^{-4}Y$,所以商 Q 的小数点后第四位商上 1,在 R_3 减 $2^{-4}Y$ 的结果末位后补 0 得 R_4,至此,商的位数与被

除数一致,除法结束,R_4 即为最终的余数 R。

若让计算机也按照上述过程来实现除法运算,虽然商符通过异或运算很容易求得,但对商值以及余数的求解,则存在以下问题:

(1) 计算机不能像笔算那样,直接比较两个数的大小来确定商上 0 还是 1。

(2) 除数的不断右移要求加法器的位数必须为除数的两倍。

(3) 笔算求商时是从高位到低位逐位写下商的,而要求计算机把每位商写到寄存器的不同位置将增加操作的难度(要标记当前部分商已经存到的位置,然后下一位商存到其下一个位置)。

为了让计算机实现除法运算,需要对上述运算过程作以下改进:

(1) 计算余数(初始时为被除数)的绝对值减去除数的绝对值的结果,若结果大于等于 0,则商上 1;否则商上 0。

(2) 将除数的右移改为余数左移。由于余数每左移一次相当于乘 2,若除法运算结束时,余数共左移了 n 次,则相当于对它乘了 2^n,所以要将其乘以 2^{-n} 才能校正。

(3) 默认将每一位商固定的写到寄存器的最低位,然后将其左移一位以空出最低位(最后一步不移位)。在硬件实现时,这里的左移上商可以与(2)中的余数左移的左移操作统一起来。

经过上述改进,便得到了在计算机中实现除法运算的规则。而根据除法运算的特点,对参与运算的被除数和除数有以下约束条件:

(1) 避免除数为 0,因为其结果为无限大,不能用机器的有限位数表示;同时避免被除数为 0,因为其结果总是为 0,再进行除法操作没有意义,会降低机器的处理效率。

(2) 对于定点小数的除法,由于商应该为小数,所以要求 0<|被除数|<|除数|,否则商的结果会超出定点小数的表示范围。对于定点整数的除法,由于商应该为整数,所以要求 0<|除数|≤|被除数|。

注意:在定点小数的除法中,要求 0<|被除数|<|除数|(|被除数|和|除数|不能相等)。若|被除数|和|除数|相等,则意味着商等于 1 或 −1。假设采用的是原码除法,显然定点小数的原码是不能表示 1 和 −1 的;假设采用的是补码除法,定点小数的补码能表示 −1,但不能表示 1,即被除数和除数异号时等号可以取到,但同号时等号取不到,所以|被除数|和|除数|不能相等。

2.6.2 原码一位除法

与原码乘法一样,原码除法的符号位也是由两数的符号位异或得到,数值部分由两数的绝对值相除得到,下面以定点小数为例,对原码除法运算进行介绍。

设 $[X]_原 = X_0.X_1X_2\cdots X_n$,$[Y]_原 = Y_0.Y_1Y_2\cdots Y_n$,

则 $[X \div Y]_原 = (X_0 \oplus Y_0).(0.X_1X_2\cdots X_n \div 0.Y_1Y_2\cdots Y_n)$

其中,X_0 和 Y_0 为符号位,$0.X_1X_2\cdots X_n = |X|$,$0.Y_1Y_2\cdots Y_n = |Y|$。

之前介绍的除法运算的规则可直接应用于原码除法,而根据对余数的不同处理方式,可将原码除法运算分为恢复余数法和不恢复余数法(也称加减交替法)。

1. 恢复余数法

在计算机中,商上 0 还是 1 由余数(初始时为被除数)的绝对值减去除数的绝对值的结果确定。当结果大于 0 时,商上 1,继续进行除法运算;当结果小于 0 时,商上 0,此时结果需要加上除数的绝对值恢复成原来的余数才能继续进行除法运算,因此,该方法称为恢复余数法。

注意:运算过程中出现的减法运算需转换为补码加法运算。

【例 2-83】 已知被除数 $X=+0.1001$,除数 $Y=+0.1011$,试用恢复余数法求 $[X\div Y]_{原}$。

解:$[X]_{原}=0.1001$,$|X|=0.1001$;$[Y]_{原}=0.1011$,$|Y|=0.1011$,$[|Y|]_{补}=0.1011$,$[-|Y|]_{补}=1.0101$。具体运算过程如表 2-36 所示。

表 2-36 恢复余数法的运算过程

被除数(余数)	商	说　明
0.1001 +1.0101		$+[-|Y|]_{补}$(减去除数)
1.1110 +0.1011	0	余数为负,商上 0 恢复余数 $+[|Y|]_{补}$
0.1001 1.0010 +1.0101	0	被恢复的被除数 余数和商均左移一位 $+[-|Y|]_{补}$(减去除数)
0.0111 0.1110 +1.0101	01 01	余数为正,商上 1 余数和商均左移一位 $+[-|Y|]_{补}$(减去除数)
0.0011 0.0110 +1.0101	011 011	余数为正,商上 1 余数和商均左移一位 $+[-|Y|]_{补}$(减去除数)
1.1011 +0.1011	0110	余数为负,商上 0 恢复余数 $+[|Y|]_{补}$
0.0110 0.1100 +1.0101	0110	被恢复的余数 余数和商均左移一位 $+[-|Y|]_{补}$(减去除数)
0.0001	01101	余数为正,商上 1

所以商的数值部分为 0.1101,符号位为 $0\oplus 0=0$,即 $[X\div Y]_{原}=0.1101$。表中最终的余数为 0.0001,但因计算时总共进行了 4 次移位,所以校正后的余数为 $0.0001\times 2^{-4}=0.00000001$。

在恢复余数法中,当余数为负时,需要先执行恢复余数的操作才能继续除法运算,即机器既做了减去除数绝对值的操作,又要做加回除数绝对值的操作,降低了除法运算的效率;而余数为正时,则可以直接继续除法运算,即余数为负或为正时的操作不统一,这也意味着除法运算线路结构的复杂性。因此,对恢复余数法存在的问题需要作进一步改进。

2. 不恢复余数法

进一步对恢复余数法的运算规则改进如下:

(1) 若余数 $R_i>0$,则商上 1,余数和商均左移 1 位,再减去除数的绝对值得新余数 R_{i+1},即

$$R_{i+1}=2R_i-|Y|$$

(2) 若余数 $R_i<0$,则商上 0,加上除数的绝对值恢复余数后,将余数和商均左移 1 位,

再减去除数的绝对值得新余数 R_{i+1},即
$$R_{i+1}=2(R_i+|Y|)-|Y|=2R_i+|Y|$$

注意:R_i 表示第 i 次运算所得的余数,R_{i+1} 表示第 $i+1$ 次运算所得的余数。当 $i=0$ 时,运算尚未开始,此时 R_i(即 R_0)表示被除数。

因此,改进后的恢复余数法的运算规则如下:

(1) 若余数 $R_i>0$,则商上 1,做 $2R_i-|Y|$ 的运算。

(2) 若余数 $R_i<0$,则商上 0,做 $2R_i+|Y|$ 的运算。

上述规则已经看不出余数的恢复问题了,只是当余数大于 0 和小于 0 时分别减去和加上除数绝对值,因此,称改进后的恢复余数法为不恢复余数法,也称加减交替法。

加减交替法运算的基本硬件配置如图 2-54 所示。

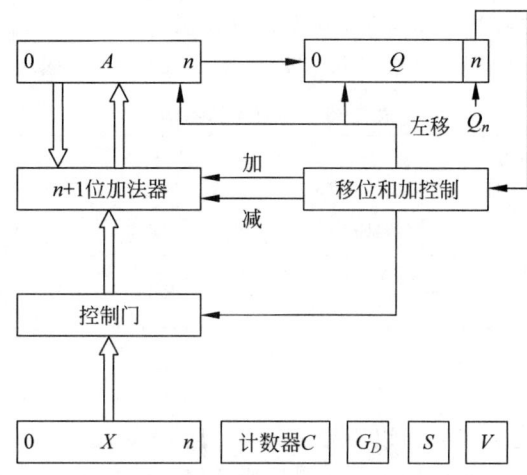

图 2-54 加减交替法运算的基本硬件配置

图 2-54 中 A、X、Q 均为 $n+1$ 位的寄存器,其中 A 存放被除数的原码,X 存放除数的原码,Q 存放商。移位和加控制电路受 Q 的末位乘数 Q_n 控制(Q_n 为 1 时,作减法;Q_n 为 0 时,作加法)。计数器 C 用来控制逐位相除的次数,G_D 为除法标记,S 存放商符,V 为溢出标记。

【例 2-84】 已知被除数 $X=-0.1001$,除数 $Y=-0.1011$,试用加减交替法求 $[X \div Y]_原$。

解:$[X]_原=1.1001$,$|X|=0.1001$;$[Y]_原=1.1011$,$|Y|=0.1011$;$[|Y|]_补=0.1011$,$[-|Y|]_补=1.0101$。则加减交替法的运算过程如表 2-37 所示。

表 2-37 加减交替法的运算过程

被除数(余数)	商	说明
0.1001		
+1.0101		加 $[-|Y|]_补$(减去除数)
1.1110	0	余数为负,商上 0
1.1100	0	余数和商均左移一位
+0.1011		余数为负,加 $[|Y|]_补$
0.0111	01	余数为正,商上 1
0.1110	01	余数和商均左移一位
+1.0101		余数为正,加 $[-|Y|]_补$

续表

被除数(余数)	商	说　明
0.0011	011	余数为正,商上 1
0.0110	011	余数和商均左移一位
+1.0101		余数为正,加$[-|Y|]_{补}$
1.1011	0110	余数为负,商上 0
1.0110	0110	余数和商均左移一位
+0.1011		余数为负,加$[|Y|]_{补}$
0.0001	01101	余数为正,商上 1

所以商的数值部分为 0.1101,符号位为 1⊕1=0,即$[X\div Y]_原$=0.1101。表中最终的余数为 0.0001,但因在计算机中总共进行了 4 次移位,所以校正后的余数为 0.0001×2^{-4}=0.00000001。

注意：此处的余数容易与取模运算中余数的概念混淆,但两者是有差别的。假设 A mod $B=C$,结果 C 即为此取模运算的"余数",它的符号与 A 一致,具体如表 2-38 所示。

表 2-38　取模运算示例

序号	取模运算(A mod $B=C$)	运算过程	C 与 A 符号是否一致
1	(-7) mod $2=-1$	$-7-(-7/2)\times 2=-1$	一致
2	(-7) mod $(-2)=-1$	$-7-(-7/-2)\times(-2)=-1$	一致
3	7 mod $(-2)=1$	$7-(7/-2)\times(-2)=1$	一致
4	7 mod $2=1$	$7-(7/2)\times 2=1$	一致

2.6.3　补码一位除法

与补码乘法类似,除法运算也可以用补码实现。且补码除法同原码除法一样,也分为恢复余数法和加减交替法,由于后者更为常用,因此本小节仅对补码除法中的加减交替法进行介绍。

补码除法的符号位和数值位是一起参与运算的,因此在运算时不像原码除法那样直观。对于补码除法而言,需要解决以下 3 个问题:①如何确定商值;②如何确定商符;③如何获得新余数。对于这三个问题,具体介绍如下。

1. 如何确定商值

在原码除法中,商值由余数(初始时为被除数)的绝对值减去除数的绝对值的结果决定。而在补码除法中,由于数据都是用补码表示的,因此商值无法直接通过上述方式确定,而是要对余数$[R_i]_补$(初始时为被除数$[X]_补$)和除数$[Y]_补$进行以下运算:

(1) 当$[R_i]_补$和$[Y]_补$同号时,将$[R_i]_补$与$[Y]_补$相减,若所得结果$[R_{i+1}]_补$与$[R_i]_补$同号(即也与$[Y]_补$同号),表示"够减";否则表示"不够减"。

(2) 当$[R_i]_补$和$[Y]_补$异号时,将$[R_i]_补$与$[Y]_补$相加,若所得结果$[R_{i+1}]_补$与$[R_i]_补$异号(即也与$[Y]_补$同号),表示"够减";否则表示"不够减"。

上述补码除法的运算规则可总结如表 2-39 所示。

表 2-39　运算规则

比较$[R_i]_补$和$[Y]_补$的符号	求余数$[R_{i+1}]_补$	比较$[R_{i+1}]_补$和$[Y]_补$的符号
同号	$[R_i]_补-[Y]_补=[R_{i+1}]_补$	同号,表示"够减"
异号	$[R_i]_补+[Y]_补=[R_{i+1}]_补$	异号,表示"够减"

注意：R_i 表示第 i 次运算所得的余数，R_{i+1} 表示第 $i+1$ 次运算所得的余数。当 $i=0$ 时，运算尚未开始，此时 R_i（即 R_0）表示被除数 $[X]_\text{补}$。

在原码除法中，"够减"说明商应上 1，"不够减"说明商应上 0。但在补码除法中并不是这样的，因为补码除法的商也是用补码表示的。当商为正数时，其补码和原码是相同的，所以上商规则和原码除法一致；而当商为负数时，其补码和原码是不同的，所以上商规则也就不同。接下来讨论补码除法中商为负数时的上商规则。

在讨论之前，先约定：如果对商的精度没有要求，则采用商的末位恒置 1（即不通过任何运算而直接将商的末位上 1）的策略。此时，由于商为负数，所以其补码的数值部分任何一位均与商的原码刚好相反（除末位外），因此商为负数时，补码除法的上商规则也应与原码除法的上商规则相反。

综上所述，可将补码除法的上商规则归纳如下：

(1) 若 $[X]_\text{补}$ 和 $[Y]_\text{补}$ 同号，则商为正，"够减"（即 $[R_i]_\text{补}$ 和 $[Y]_\text{补}$ 同号）时商上 1，"不够减"即（$[R_i]_\text{补}$ 和 $[Y]_\text{补}$ 异号）时商上 0，即与原码除法的上商规则一致。

(2) 若 $[X]_\text{补}$ 和 $[Y]_\text{补}$ 异号，则商为负，"够减"时商上 0，"不够减"时商上 1，即与原码除法的上商规则相反。

结合前面补码除法的运算规则与上商规则，便可以确定补码除法的商值，具体如表 2-40 所示。

表 2-40 补码除法的商值确定

$[X]_\text{补}$ 和 $[Y]_\text{补}$	商	$[R]_\text{补}$ 和 $[Y]_\text{补}$	商 值
同号	正	同号，表示"够减"	1
		异号，表示"不够减"	0
异号	负	异号，表示"够减"	0
		同号，表示"不够减"	1

由于被除数也可以看作余数，因此可以不用考虑 $[X]_\text{补}$ 和 $[Y]_\text{补}$ 的关系，而仅需考虑 $[R]_\text{补}$ 和 $[Y]_\text{补}$ 的关系。仔细观察表中 $[R]_\text{补}$ 和 $[Y]_\text{补}$ 的关系可以发现：只要两者同号，商值就为 1；反之，商值就为 0。因此，可对补码除法的商值确定进一步简化，具体如表 2-41 所示。

表 2-41 商值确定的简化

$[R]_\text{补}$ 和 $[Y]_\text{补}$	商 值
同号	1
异号	0

2. 如何确定商符

对于定点小数除法，要求 0<|被除数|<|除数|，故当 $[X]_\text{补}$ 和 $[Y]_\text{补}$ 同号时，$[X]_\text{补}-[Y]_\text{补}$ 的结果必与 $[Y]_\text{补}$ 异号，所以商上 0，这刚好和商的符号（正号）一致；而若当 $[X]_\text{补}$ 和 $[Y]_\text{补}$ 异号时，$[X]_\text{补}+[Y]_\text{补}$ 的结果必与 $[Y]_\text{补}$ 同号，所以商上 1，这刚好和商的符号（负号）一致。因此，商符可在求商值的过程中自动形成。

3. 如何获得新余数

补码除法获得新余数的方法与原码除法获得新余数的方法基本一致（见表 2-42），只是原码除法仅需通过余数的符号就可以确定对余数执行何种操作以获得新余数，而补码除法需要通过余数和除数的符号一起来确定对余数执行何种操作以获得新余数。

表 2-42 补码除法获得新余数

$[R_i]_补$ 和 $[Y]_补$	商	新余数 $[R_{i+1}]_补$
同号	1	$[R_{i+1}]_补 = 2[R_i]_补 - [Y]_补 = 2[R_i]_补 + [-Y]_补$
异号	0	$[R_{i+1}]_补 = 2[R_i]_补 + [Y]_补$

【例 2-85】 已知被除数 $X = -0.1001$,除数 $Y = -0.1011$,试用补码加减交替法求 $[X \div Y]_补$,如表 2-43。

表 2-43 补码加减交替法的运算

被除数(余数)	商	说明
1.0111		
+0.1011		$[X]_补$ 和 $[Y]_补$ 同号,$[X]_补 + [-Y]_补$ 得 $[R_1]_补$
0.0010	0	$[R_1]_补$ 和 $[Y]_补$ 异号,商上 0
0.0100	0	商和余数均左移一位
+1.0101		$[R_1]_补$ 和 $[Y]_补$ 异号,$[R_1]_补 + [Y]_补$ 得 $[R_2]_补$
1.1001	01	$[R_2]_补$ 和 $[Y]_补$ 同号,商上 1
1.0010	01	商和余数均左移一位
+0.1011		$[R_2]_补$ 和 $[Y]_补$ 同号,$[R_2]_补 + [-Y]_补$ 得 $[R_3]_补$
1.1101	011	$[R_3]_补$ 和 $[Y]_补$ 同号,商上 1
1.1010	011	商和余数均左移一位
+0.1011		$[R_3]_补$ 和 $[Y]_补$ 同号,$[R_3]_补 + [-Y]_补$ 得 $[R_4]_补$
0.0101	0110	$[R_4]_补$ 和 $[Y]_补$ 异号,商上 0
0.1010	0110	商和余数均左移一位
0.1010	01101	商的末位置 1

解: $[X]_补 = 1.0111$,$[Y]_补 = 1.0101$,$[-Y]_补 = 0.1011$。

所以 $[X \div Y]_补 = 0.1101$。表中最终的余数为 0.1010,但因在计算机中总共进行了 4 次移位,所以校正后的余数为 $0.1010 \times 2^{-4} = 0.00001010$。

2.7 浮点数算术运算

本节主要介绍计算机内部浮点数的算术运算,包括加减运算和乘除运算,并对运算所需的硬件配置简单加以介绍。

2.7.1 浮点数加减运算

由之前对浮点数的介绍可知,对于任一浮点数 F,通常可以表示为:

$$F = S \times r^J$$

其中,S 为尾数,一般为规格化数(多用原码或补码表示),J 为阶码,通常为整数(多用移码或补码表示),它指明了小数点在数据中的位置,r 为基数,在计算机中通常为 2。

设有两个基数均为 2 的浮点数 X 和 Y,它们分别为

$$X = S_X \times 2^{J_X}$$

$$Y = S_Y \times 2^{J_Y}$$

其中，S_X 和 S_Y 分别为 X 和 Y 的尾数，J_X 和 J_Y 分别为 X 和 Y 的阶码。当对 X 和 Y 进行加减运算时，因为尾数 S_X 和 S_Y 都为定点小数，所以尾数的运算可以按照定点数的加减运算规则进行，但是由于阶码 J_X 和 J_Y 指明了小数点在数据中的实际位置，故当阶码 J_X 和 J_Y 不同时，尾数 S_X 和 S_Y 无法直接进行加减运算。为此，浮点数加减运算需要按照以下步骤进行：①零操作数检查；②对阶；③尾数求和或差；④规格化；⑤舍入处理；⑥溢出判断。

接下来给出每一步骤的具体过程。

1．零操作数检查

由于浮点数加减运算的过程比较复杂，而当参与运算的两个操作数中有一个或两个为 0 时，可以直接得出运算结果，无需执行后续繁杂的操作。因此，为了简化运算，在进行浮点数加减运算前，需要先进行零操作数检查。

2．对阶

对阶的目的是使两个操作数的小数点位置对齐，即使两数的阶码相等。在对阶时，首先需要将两数的阶码相减得到阶差 Δ_J，若 $\Delta_J = 0$，则说明两数的阶码相等；否则就需要通过尾数的移动来改变 J_X 或 J_Y 以使两数的阶码相等。

原则上，既可以通过尾数 S_X 的移动将 J_X 改变为 J'_X，使 $J'_X == J_Y$，也可以通过尾数 S_Y 的移动将 J_Y 改变为 J'_Y，使 $J'_Y == J_X$。但由于浮点表示的数多为规格化数，所以尾数左移会导致最高有效位的丢失，造成很大的误差，虽然尾数右移时也会导致最低有效位的丢失，但造成的误差相对左移来说则非常小，因此，对阶操作规定尾数右移。

当尾数右移时，阶码在增大（小阶逐步变为大阶），即移位时是按照小阶向大阶看齐的原则的，且小阶的尾数需要向右移动 $|\Delta_J|$ 位才能使其阶码和大阶相等。

3．尾数求和或差

对阶后，便可将两个浮点数的尾数按照定点数加减法的运算规则进行运算。

4．规格化

由前面的介绍可知，当基数 $r = 2$ 时，规格化浮点数 F 的尾数 S 应满足 $\frac{1}{2} \leqslant |S| < 1$，若采用双符号位的补码表示尾数 S，则

当 $S > 0$ 时，其补码规格化形式应满足 $[S]_{补} = 00.1 \times \times \cdots \times$。

当 $S < 0$ 时，其补码规格化形式应满足 $[S]_{补} = 11.0 \times \times \cdots \times$。

注意：

(1) $\left[-\frac{1}{2}\right]_{补} = 11.100\cdots0$ 不满足补码规格化形式，所以规定 $-\frac{1}{2}$ 不是规格化数（对补码而言）。

(2) $[-1]_{补} = 11.00\cdots0$，因定点小数用补码表示时可以表示 -1，且 $[-1]_{补}$ 满足补码规格化形式，所以规定 -1 是规格化数（对补码而言）。

由于两个规格化浮点数的尾数（以补码表示）按照定点数的加减运算规则进行运算后，其结果的尾数可能不满足补码规格化的形式，此时需要对其进行规格化，具体分为以下两种情况。

(1) 当尾数形如 00.0××…× 或 11.1××…× 时,需要对其进行左规,使其符合补码规格化的形式。

(2) 当尾数形如 01.××…× 或 10.××…× 时,需要对其进行右规,使其符合补码规格化的形式。

5. 舍入处理

在对阶和右规时,都需要将尾数向右移动,这会导致其低位丢失。此时,若不进行任何处理,可能会造成一定的误差,因此需要进行舍入处理,常用的舍入处理方法如下。

(1) "0 舍 1 入"法。"0 舍 1 入"法类似于十进制中的"四舍五入"法。具体规则为:尾数每右移一位便使最低位丢失,若丢失的最后一位为 0,则直接舍去;若丢失的最后一位为 1,则对右移后的尾数末位加 1,这可能会使尾数溢出,此时需要再做一次右规。

(2) "恒置 1"法。"恒置 1"法,即在尾数右移时,丢失的最后一位不论是 0 还是 1,都使右移后的尾数末位恒置 1。

6. 溢出判断

由于浮点数的阶码确定了小数点的实际位置,因此,可以通过阶码来判断浮点数是否溢出。

以双符号位补码(即阶码用补码表示,且采用双符号位)为例,当阶码的符号位为 01 时,即阶码大于最大阶码,表示上溢,此时需要进行相应地溢出处理;当阶码的符号位为 10 时,即阶码小于最小阶码,表示下溢,此时按机器零处理。

【例 2-86】 已知浮点数 $X=0.110110\times 2^{010}$,$Y=-0.101011\times 2^{100}$,试用补码表示浮点数 X 和 Y 的尾数和阶码,计算 $X+Y$。其中,尾数的符号位占 2 位(双符号位),尾数的数值部分占 6 位,阶码的符号位占 2 位(双符号位),阶码的数值部分占 3 位,舍入处理时采用"0 舍 1 入"法。

解:

X 的尾数 $S_X=0.110110$,$[S_X]_补=00.110110$,

X 的阶码 $J_X=010$,$[J_X]_补=00010$。

Y 的尾数 $S_Y=-0.101011$,$[S_Y]_补=11.010101$,

Y 的阶码 $J_Y=100$,$[J_Y]_补=00100$,$[-J_Y]_补=11100$。

计算 $X+Y$ 的步骤如下:

(1) 零操作数检查。X 和 Y 均不为 0,继续计算。

(2) 对阶。$[\Delta_J]_补=[J_X]_补-[J_Y]_补=[J_X]_补+[-J_Y]_补=00010+11100=11110$,$\Delta_J=-010$,结果为负,说明 J_X 比 J_Y 小,因此,需将 $[S_X]_补$ 右移 $(|\Delta_J|)_2=(010)_2=(2)_{10}$ 位,阶码 J_X 加 2 后与 J_Y 相等。$[S_X]_补=00.110110$ 右移一位得 00.011011,最低位 0 丢失,直接舍去,00.011011 再右移一位得 00.001101,最低位 1 丢失,在 00.001101 的最低位加 1 得 $[S'_X]_补=00.001110$。

(3) 尾数求和。$[S'_X]_补+[S_Y]_补=00.001110+11.010101=11.100011$。

(4) 规格化。由于 11.100011 不符合补码规格化的形式,因此需要将其进行左规。将 11.100011 左移一次得 11.000110,阶码 100(二进制)减 1(十进制)得 011(二进制),即 $(100)_2$ 减 $(1)_{10}$ 得 $(011)_2$。

注意: 十进制的 1 等于二进制的 001,即 $(1)_{10}=(001)_2$。

(5) 舍入处理。在(2)中,尾数右移时丢失的最后一位为 1,因此将右移后所得尾数的最低位加 1。

(6) 溢出判断。在(4)中规格化后，两浮点数的阶码都为 00011，因此，没有溢出。

综上，$X+Y=-0.111010\times 2^{011}$。

2.7.2 浮点数乘除运算

设有两个浮点数 X 和 Y，它们分别为

$$X=S_X\times r^{J_X}$$

$$Y=S_Y\times r^{J_Y}$$

当这两个浮点数相乘时，由于两数的基数均为 r，因此乘积的尾数应为两数的尾数相乘的结果，乘积的阶码应为两数的阶码相加的结果，乘积的基数仍为 r，即 $X\times Y=(S_X\times S_Y)\times r^{J_X+J_Y}$。

当这两个浮点数相除时，由于两数的基数均为 r，因此商的尾数应为两数的尾数相除的结果，商的阶码应为两数的阶码相减的结果，商的基数仍为 r，即 $X\div Y=(S_X\div S_Y)\times r^{J_X-J_Y}$。

因此，浮点数的乘除运算，可分为阶码的运算和尾数的运算。

1. 阶码的运算

(1) 若阶码用补码表示，则乘积的阶码为 $[J_X]_补+[J_Y]_补$，商的阶码为 $[J_X]_补-[J_Y]_补$。由于两个同号的阶码相加或异号的阶码相减时，可能产生溢出，因此需要对阶码进行溢出判断。

(2) 若阶码用移码表示，$[J_X]_移=2^n+J_X$，$[J_Y]_移=2^n+J_Y$，其中 n 为阶码数值部分的位数，且 $-2^n\leqslant J_X,J_Y<2^n$。

① 乘积的阶码为 $[J_X]_移+[J_Y]_移=2^n+J_X+2^n+J_Y$

$$=2^n+[2^n+(J_X+J_Y)]$$

$$=2^n+[J_X+J_Y]_移$$

因此，当阶码用移码表示时，乘积的阶码需要减去 2^n 才能够得到其移码的形式。

② 商的阶码为 $[J_X]_移-[J_Y]_移=2^n+J_X-2^n-J_Y$

$$=J_X-J_Y$$

$$=[2^n+(J_X-J_Y)]-2^n$$

$$=[J_X-J_Y]_移-2^n$$

因此，当阶码用移码表示时，商的阶码需要加上 2^n 才能够得到其移码的形式。

上述减去 2^n 或加上 2^n 的运算比较复杂，考虑将其进行简化。

由之前的介绍可知，对于真值 $X(n$ 位$)$，其移码和补码的数值部分完全相同，而符号位刚好相反，即

$$[X]_移=2^n+X$$

$$[X]_补=2^{n+1}+X\quad(\bmod\ 2^{n+1})$$

故 $[J_X]_移+[J_Y]_补=2^n+J_X+2^{n+1}+J_Y$

$$= 2^{n+1} + [2^n + (J_X + J_Y)]$$
$$= 2^{n+1} + [J_X + J_Y]_{移}$$
$$= [J_X + J_Y]_{移} \quad (\bmod \ 2^{n+1})$$

因此由$[J_X]_{移} + [J_Y]_{补}$可直接得到乘积的阶码的移码表示,而$[J_Y]_{补}$可由$[J_Y]_{移}$的符号位取反得到。

而 $[J_X]_{移} - [J_Y]_{补} = [J_X]_{移} + [-J_Y]_{补}$
$$= 2^n + J_X + 2^{n+1} - J_Y$$
$$= 2^{n+1} + [2^n + (J_X - J_Y)]$$
$$= 2^{n+1} + [J_X - J_Y]_{移}$$
$$= [J_X - J_Y]_{移} \quad (\bmod \ 2^{n+1})$$

因此由$[J_X]_{移} - [J_Y]_{补}$可直接得到商的阶码的移码表示。在$[J_Y]_{补}$可由$[J_Y]_{移}$的符号位取反得到的前提下,$-[J_Y]_{补}$等于$[-J_Y]_{补}$,$[-J_Y]_{补}$可由$[J_Y]_{补}$连同符号位在内按位取反,末位加1得到。

阶码用移码表示时,浮点数的溢出判断需要在阶码的符号位前再增加一位符号位,并规定该位的值恒为0,此时,移码本身的符号位称为低位符号位,增加的符号位称为高位符号位。进行浮点数加减运算后,若最高符号位变为1,则表明产生了溢出。

2. 尾数的运算

1) 浮点数尾数的乘法运算

浮点数尾数的乘法运算,即将两个浮点数的尾数相乘,可按如下步骤执行: ①零操作数检查; ②尾数相乘; ③规格化; ④舍入处理; ⑤溢出判断。

接下来给出每一步骤的具体过程。

(1) 零操作数检查。在进行浮点数尾数的乘法运算前,首先需要对参与运算的两个操作数进行零操作数检查,若其中有任一个为0,则乘积为0,运算结束;否则继续运算。

(2) 尾数相乘。由于浮点数的尾数是用定点小数表示的,因此两个浮点数的尾数相乘可用之前介绍的任何一种定点数乘法的运算来完成。

(3) 规格化。尾数相乘的结果可能不符合规格化形式,需对其进行规格化。由于两个定点小数相乘的结果仍为定点小数,因此规格化时应执行左规的操作。

(4) 舍入处理。两个浮点数的尾数相乘,得到的乘积为双倍字长,如果限定乘积只能取1倍字长,则需要对乘积1倍字长的低位进行舍入处理,可按以下方法进行。

① 无条件丢弃乘积1倍字长的低位,该方法被称为截断处理。

② 按照在浮点数加减运算中讨论的两种舍入处理方法进行处理,即"0舍1入"法和"恒置1"法。

(5) 溢出判断。因为规格化时执行的是左规的操作,此时阶码在不断减小。若阶码原先为正数,则在不断减小时有可能小于其所能表示的最小正数,导致阶码下溢,此时该浮点数作机器零处理;若阶码原先为负数,则在不断减小时有可能小于其所能表示的最小负数,导致阶码上溢,此时需要进行相应的溢出处理。

【**例 2-87**】 已知浮点数 $X = 0.110110 \times 2^{010}$,$Y = -0.101011 \times 2^{100}$,试计算 $X \times Y$。其中,尾数的符号位占2位(双符号位),尾数的数值部分占6位,尾数相乘时采用补码一位乘

法(比较法),乘积的尾数保留 1 倍字长,即与 X 或 Y 等长。阶码的符号位占 2 位(双符号位),阶码的数值部分占 3 位,阶码用移码表示。

解:

X 的尾数 $S_X=0.110110,[S_X]_{补}=00.110110$,

X 的阶码 $J_X=010,[J_X]_{移}=01010$;

Y 的尾数 $S_Y=-0.101011,[S_Y]_{补}=11.010101$,

Y 的阶码 $J_Y=100,[J_Y]_{移}=01100$。

两浮点数 X 和 Y 相乘的运算过程如下。

(1) 零操作数检查。X 和 Y 均不为 0,继续运算。

(2) 阶码相加。$[J_X]_{移}=01010,[J_Y]_{移}=01100,[J_Y]_{移}$ 的低位符号位取反得 $[J_Y]_{补}=00100$,故 $[J_X+J_Y]_{移}=[J_X]_{移}+[J_Y]_{补}=01010+00100=01110$,阶码的符号位为 01,故未溢出。

(3) 尾数相乘。采用补码一位乘法(比较法)将被乘数 S_X 和乘数 S_Y 相乘的过程如表 2-44 所示。

表 2-44 采用比较法求 S_X 和 S_Y 的乘积

部分积	乘数各位(附加位)	Y_nY_{n+1}(乘数末位和附加位)	说 明
00.000000	1010101(0)	10	初始部分积 $Z_0=0$
+11.001010			$Y_nY_{n+1}=10$,加 $[-S_X]_{补}$
11.001010			求 $Z_0+[-S_X]_{补}$
11.100101	**0**101010(1)	01	乘数右移一位,部分积右移一位得 Z_1
+00.110110			$Y_nY_{n+1}=01$,加 $[S_X]_{补}$
00.011011			求 $Z_1+[S_X]_{补}$
00.001101	**1**010101(0)	10	乘数右移一位,部分积右移一位得 Z_2
+11.001010			$Y_nY_{n+1}=10$,加 $[-S_X]_{补}$
11.010111			求 $Z_2+[-S_X]_{补}$
11.101011	**11**01010(1)	01	乘数右移一位,部分积右移一位得 Z_3
+00.110110			$Y_nY_{n+1}=01$,加 $[S_X]_{补}$
00.100001			求 $Z_3+[S_X]_{补}$
00.010000	**111**0101(0)	10	乘数右移一位,部分积右移一位得 Z_4
+11.001010			$Y_nY_{n+1}=10$,加 $[-S_X]_{补}$
11.011010			求 $Z_4+[-S_X]_{补}$
11.101101	**0**111010(1)	01	乘数右移一位,部分积右移一位得 Z_5
+00.110110			$Y_nY_{n+1}=01$,加 $[S_X]_{补}$
00.100011			求 $Z_5+[S_X]_{补}$
00.010001	**10**11101(0)	10	乘数右移一位,部分积右移一位得 Z_6
+11.001010			$Y_nY_{n+1}=10$,加 $[-S_X]_{补}$
11.011011			求 $Z_6+[-S_X]_{补}$

最终的部分积(11.011011)为乘积补码的符号位和高位部分,乘数中保存的部分积低位部分(即粗体部分的 101110)是乘积补码的低位部分,因此 $[S_X \times S_Y]_{补}=11.011011101110$。

(4) 规格化。因为 $[S_X \times S_Y]_{补}=11.011011101110$ 满足补码规格化形式,所以无需进行规格化。

(5) 舍入处理。采用截断法进行舍入处理后,即保留 1 倍字长的乘积尾数,因此 $[S_X \times S_Y]_{补}=11.011011$。

(6) 溢出判断。因为未进行规格化,即未执行左规操作,所以阶码没有溢出。

综上 $[S_X \times S_Y]_{补} = 11.011011 = -0.100101$,$[J_X + J_Y]_{移} = 01110 = +110$,所以 $X \times Y = -0.100101 \times 2^{110}$。

2) 浮点数尾数的除法运算

浮点数尾数的除法运算,即将两个浮点数的尾数相除,可按如下步骤执行:①零操作数检查;②溢出判断;③尾数相除。

接下来给出每一步骤的具体过程。

(1) 零操作数检查。在进行浮点数尾数的除法运算前,首先需要对参与运算的两个操作数进行零操作数检查,若被除数或除数为 0,则商为 0 或无穷大,运算结束;若被除数和除数均不为 0,则继续运算。

(2) 溢出判断。与浮点数乘法不同的是,浮点数除法的溢出判断是在进行除法运算前执行的。因为根据除法运算的特点:若被除数大于除数,则商将溢出。因此,在进行除法运算前,先比较被除数和除数的绝对值,若被除数的绝对值大于除数的绝对值,则将被除数右移一位(阶码加 1)后,再进行除法运算;若被除数的绝对值小于除数的绝对值,则直接进行除法运算。上述两种情况所得的商均为规格化数。

(3) 尾数相除。由于浮点数的尾数是用定点小数表示的,因此两个浮点数的尾数相除同样可用之前介绍的任何一种定点数除法的运算来完成。

【例 2-88】 已知浮点数 $X = 0.110110 \times 2^{010}$,$Y = -0.101011 \times 2^{100}$,试计算 $X \div Y$。其中,尾数的符号位占 2 位,尾数的数值部分占 6 位,尾数相除时采用补码除法(加减交替法),阶码的符号位占 2 位,阶码的数值部分占 3 位,阶码用补码表示。

解:

X 的尾数 $S_X = 0.110110$,$[S_X]_{补} = 00.110110$,

X 的阶码 $J_X = 010$,$[J_X]_{补} = 00010$;

Y 的尾数 $S_Y = -0.101011$,$[S_Y]_{补} = 11.010101$,$[-S_Y]_{补} = 00.101011$,

Y 的阶码 $J_Y = 100$,$[J_Y]_{补} = 00100$。

两浮点数 X 和 Y 相除的运算过程如下。

(1) 零操作数检查。X 和 Y 均不为 0,继续运算。

(2) 溢出判断。$|S_X| = 0.110110$,$|S_Y| = 0.101011$,$|S_X| > |S_Y|$,即被除数的绝对值大于除数的绝对值。X 的尾数 S_X 右移一位得 $S'_X = 0.011011$,$[J_X]_{补} = 00010$ 加 1 得 $[J'_X]_{补} = 00011$。

(3) 阶码相减。$[J'_X]_{补} = 00011$,$[J_Y]_{补} = 00100$,$[-J_Y]_{补} = 11100$,

$[J'_X - J_Y]_{补} = [J'_X]_{补} - [J_Y]_{补} = [J'_X]_{补} + [-J_Y]_{补} = 00011 + 11100 = 11111$。

(4) 尾数相除。$[S'_X]_{补} = 00.011011$,$[S_Y]_{补} = 11.010101$,$[-S_Y]_{补} = 00.101011$,采用补码除法(加减交替法)将被除数 S'_X 和除数 S_Y 相除的过程如表 2-45 所示。

表 2-45 采用补码除法(加减交替法)求 S'_X 和 S_Y 的商

被除数(余数)	商	说 明
00.011011		
+11.010101		$[S_X]_{补}$ 和 $[S_Y]_{补}$ 异号,$[S_X]_{补} + [S_Y]_{补}$ 得 $[R_1]_{补}$
11.110000	1	$[R_1]_{补}$ 和 $[S_Y]_{补}$ 同号,商上 1
11.100000	1	商和余数均左移一位

续表

被除数(余数)	商	说明
+00.101011		$[R_1]_补$和$[S_Y]_补$同号,$[R_1]_补+[-S_Y]_补$得$[R_2]_补$
00.001011	10	$[R_2]_补$和$[S_Y]_补$异号,商上0
00.010110	10	商和余数均左移一位
+11.010101		$[R_2]_补$和$[S_Y]_补$异号,$[R_2]_补+[S_Y]_补$得$[R_3]_补$
11.101011	101	$[R_3]_补$和$[S_Y]_补$同号,商上1
11.010110	101	商和余数均左移一位
+00.101011		$[R_3]_补$和$[S_Y]_补$同号,$[R_3]_补+[-S_Y]_补$得$[R_4]_补$
00.000001	1010	$[R_4]_补$和$[S_Y]_补$异号,商上0
00.000010	1010	商和余数均左移一位
+11.010101		$[R_4]_补$和$[S_Y]_补$异号,$[R_4]_补+[S_Y]_补$得$[R_5]_补$
11.010111	10101	$[R_5]_补$和$[S_Y]_补$同号,商上1
11.101110	10101	商和余数均左移一位
+00.101011		$[R_5]_补$和$[S_Y]_补$同号,$[R_5]_补+[-S_Y]_补$得$[R_6]_补$
00.011001	101010	$[R_6]_补$和$[S_Y]_补$异号,商上0
00.110010	101010	商和余数均左移一位
00.110010	1010101	商的末位置1

所以$[S'_X \div S_Y]_补 = 1.010101$。表2-45中最终的余数为0.110010,但因在计算机中总共进行了6次的移位运算,所以校正后的余数为$0.110010 \times 2^{-6} = 0.0000000110010$。

综上$[S'_X \div S_Y]_补 = 1.010101 = -0.101011$,$[J'_X - J_Y]_补 = 11111 = -001$,所以$X \div Y = -0.101011 \times 2^{-001}$。

2.7.3 浮点运算器

1. 浮点运算器的一般结构

浮点运算器是计算机内专门用于处理浮点数的部件。浮点数主要由阶码和尾数两部分组成,由于对这两部分执行的操作并不相同,因此,计算机中的浮点运算器总是分为处理阶码和处理尾数的两部分,可分别用两个松散连接的定点运算部件来实现,即阶码部件和尾数部件,具体如图2-55所示。

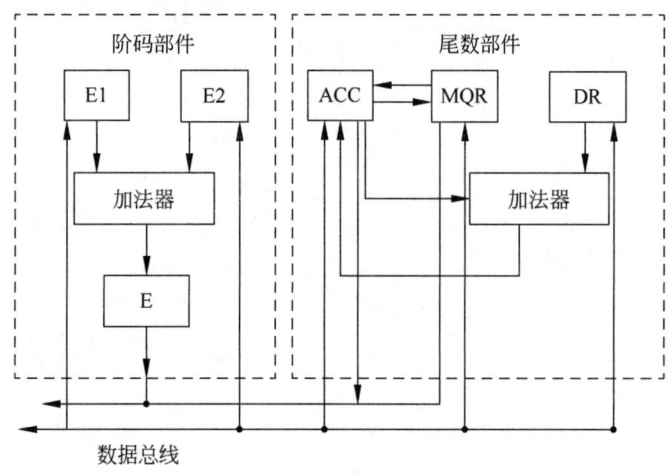

图2-55 浮点运算器的一般结构

1) 尾数部件

尾数部件实质上就是一个通用的定点运算器,要求该运算器能实现加、减、乘和除四则基本算术运算。其中三个单字长寄存器 ACC(累加器,Accumulator)、MQR(乘商寄存器,Multiplier Quotient Register)和 DR(数据寄存器,Data Register)用来存放操作数。ACC 和 MQR 连起来还可以组成左右移位的双字长寄存器 ACC-MQR。并行加法器用来完成数据的加工处理,其输入来自 ACC 和 DR,而加工处理的结果则回送到 ACC。MQR 寄存器在进行乘法运算时存放乘数,而在进行除法运算时则存放商,所以称其为乘商寄存器。DR 用来存放被乘数或除数,而结果(乘积或商与余数)则存放在 ACC-MQR 中。在四则运算中,使用这些寄存器的典型方法如表 2-46 所示。

表 2-46　ACC、DR 和 MQR 寄存器用于四则运算的典型方法

运 算 类 别	寄存器关系
加法	ACC+DR→ACC
减法	ACC−DR→ACC
乘法	DR×MQR→ACC-MQR
除法	ACC÷DR→ACC-MQR

2) 阶码部件

对阶码部件来说,只需要其能进行阶码相加(用于浮点数乘法运算)、相减(用于除法运算)和比较(用于浮点数加减)运算即可。计算时,两个操作数的阶码分别放在寄存器 E1 和 E2 中,并将这两个寄存器与加法器相连以便计算。

在进行浮点数加减运算时,阶码的比较是通过将 E1 和 E2 相减来实现的,相减的结果存入计数器 E 中,然后由 E 的符号确定哪一个浮点数的阶码较小,再由 E 的数值部分确定该较小阶码对应浮点数的尾数右移的次数。尾数每右移 1 位,E 对应十进制数的绝对值就减小 1,当其减小到 0 时,表示尾数调整完毕,此时,就可以将两个浮点数的尾数按照定点数的加减运算规则来进行处理,运算结果的阶码仍存放在计数器 E 中。

此外,浮点运算器还包括判断运算结果是否溢出的电路等。

2. CPU 外的浮点运算器

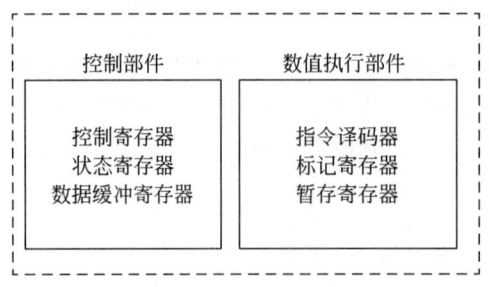

图 2-56　80X87 的内部结构

80X87 是 Intel 公司为处理浮点数而设计生产的专用算术运算处理器,它用于配合80X86CPU 进行算术运算,被称为协处理器。如图 2-56 所示,它可分为两个主要部分:控制部件(Control Unit,CU)和数值执行部件(Numeric Execution Unit,NEU)。

80X87 浮点运算器具有如下特点。

(1) 它可与配套的 CPU 芯片异步并行工作。80X87 相当于 386 的一个输入输出部件,它有自己的指令,但不能单独使用,只能作为386 主 CPU 的协处理器进行运算(真正的读写主存的工作并不是由 80X87 完成的,而是由 386 完成的),具体如下。

① 386 首先从主存读取指令,若该指令是 80X87 浮点运算指令,且 80X87 未给出"忙"的标志信号,则 386 以输出的方式把该指令送到 80X87,并转②。

② 80X87接收该指令后对其进行译码并执行相应的浮点运算,同时80X87给出"忙"的标志信号以拒绝386向80X87发送命令,待80X87完成当前的浮点运算则取消"忙"的标志信号。

③ 386取下一条其他指令予以执行。

注意:在运算期间,②和③可并行执行。

(2)它能处理包括二进制浮点数、二进制整数和压缩十进制数串三大类共7种数据,如表2-47所示。其中浮点数的格式,完全符合IEEE 754制定的国际标准。

表2-47 7种数据类型在寄存器中的表示

短整数(32位整数)	S	31位	
长整数(64位整数)	S	63位	
短实数(32位浮点数)	S	指数	尾数(23位)
长实数(64位浮点数)	S	指数	尾数(52位)
临时实数(80位浮点数)	S	指数	尾数(64位)
十进制数串(十进制18位)	S	—	$d_{17}d_{16}\cdots d_1 d_0$

此处S为一位符号位(0表示正数,1表示负数),三种浮点数的基数均为2,阶码用移码表示,尾数用原码表示。80X87浮点运算器从存储器取数以及向存储器写数时,均用80位的临时实数和其他6种数据类型执行自动转换。在80X87中数据均以80位临时实数的形式表示,因此80X87具有80位的内部结构。此外,80X87浮点运算器有8个80位字长的寄存器堆栈相连,它们既可以按"先进后出"的方式工作(栈顶被用作累加器);也可以按寄存器的编号被直接访问。

(3)内部的出错管理功能。为了保证操作的正确执行,80X87还内置了三个均为16位字长的寄存器,分别为特征寄存器、控制字寄存器和状态寄存器。

① 特征寄存器。特征寄存器的每两位特征值表示寄存器堆栈中相应的寄存器的状态,特征值为00、01、10和11四种组合时分别表示相应的寄存器有正确数据、数据为0、数据非法、无数据四种状态。

② 控制字寄存器。用于控制80X87的内部操作,其中PC(Precision Control field)为精度控制位域(2位):00为24位,01为备用,10为53位,11为64位。RC(Rounding Control field)为舍入控制位域(2位):00为就近舍入,01朝一方向舍入,10朝+方向舍入,11朝0舍入。IC(Infinity Control bit)为无穷大控制域(1位):该位为0时+与-作同值处理,该位为1时+与-不作同值处理。控制字寄存器的低6位作异常中断屏蔽位:IM(Invalid operation Mask)为非法处理,DM(Denormal operand Mask)为非法操作数,ZM(Zero divide Mask)为0作除数,OM(Overflow Mask)为上溢,UM(Underflow Mask)为下溢,PM(Precision Mask)为精度下降。

③ 状态寄存器。用于表示80X87的结果处理情况,如当"忙"标志为1时,表示80X87正在执行一条浮点运算指令,为0时,则表示80X87空闲。状态寄存器的低6位指出异常错误的6种类型(与控制字寄存器低6位对应):IE(Invalid operation Exception)为非法处理,DE(Denormal operand Exception)为非法操作数,ZE(Zero divide Exception)为0作除数,OE(Overflow Exception)为上溢,UE(Underflow Exception)为下溢,PE(Precision

Exception)为精度下降。当控制字寄存器位为0(未屏蔽),而状态寄存器位为1时,因发生某种异常错误而产生中断请求。

3. CPU内的浮点运算器

奔腾 CPU 将浮点运算器包含在芯片内,浮点运算部件采用流水线设计,将指令的执行分为8段流水,前4段为指令预取(DF)、指令译码(D1)、地址生成(D2)、取操作数(EX);后4段为执行1(X1)、执行2(X2)、结果写回寄存器堆(WF)、错误报告(ER)。

浮点运算部件内有专用的加法器、乘法器和除法器,以及8个80位寄存器组成的寄存器堆,内部的数据总线为80位宽。因此可以支持 IEEE 754 标准的单精度和双精度格式的浮点数。另外还使用一种称为临时实数的80位浮点数。对于浮点数的取数、加法、乘法等操作,采用了新的算法并用硬件来实现,其执行速度是80486的10倍多。

什么是流水线?

关于流水线,通常认为其来源于乔赛亚·韦奇伍德的制陶流程。1769年,英国人乔赛亚·韦奇伍德开办埃特鲁利亚陶瓷工厂,在场内实行精细的劳动分工,他把原来由一个人从头到尾完成的制陶流程分成几十道专门工序,分别由专人完成。这样一来,原来意义上的"制陶工"就不复存在了,存在的只是挖泥工、运泥工、扮土工、制坯工等,他们必须按固定的工作节奏劳动,服从统一的劳动管理。这里可以明确看出韦奇伍德的这种工作方法已经完全可以定义成为"流水线"。

1913年,亨利·福特在汽车组装时引入了上述流水线的思想并将其改造成流水线装配工艺。福特应用创新理念和反向思维逻辑提出在汽车组装中,汽车底盘在传送带上以一定的速度从一端向另一端前行(类似于流水)。在传送带前行的过程中,不同的工人逐步为其装上发动机、操控系统、车厢、方向盘、仪表、车灯、车窗玻璃、车轮等,最终一辆完整的车就组装成了。

计算机中的流水处理与此类似,即把一项任务分割为一系列的子任务,这些子任务相对独立、能够被并行地执行。通过把任务不断输送到流水线中,并行地执行上述子任务,从而大幅度提升计算机的整体性能。

2.8 算术逻辑单元

算术逻辑单元(Arithmetic Logic Unit, ALU)是中央处理器(CPU)的执行单元,是所有中央处理器的核心组成部分。

2.8.1 算术逻辑单元简介

在计算机中,ALU 是专门执行算术和逻辑运算的数字电路,它是中央处理器最重要的组成部分。ALU 如此重要,以至于在现代 CPU 和 GPU(Graphics Processing Unit,图形处理器)中均包含结构复杂和功能强大的 ALU,一个单一的元件也可能含有 ALU,甚至连最小的微处理器也包含 ALU。

早在1945年,数学家冯·诺依曼就在一篇介绍离散变量自动电子计算机(Electronic Discrete Variable Automatic Computer, EDVAC)的报告中提出了 ALU 的概念,他相信"计算机"(之所以打引号,是因为那时大家还不知道这个世界上有一个东西叫计算机)中所需的部件中包括ALU,并认为ALU是"计算机"的必备组成部分。因为已经确定"计算机"一定要完成基本的数学运算(包括加减乘除),于是据此提出"计算机"应该含有专门完成此类运算的部件,即ALU。

冯·诺依曼随后与同事合作,为普林斯顿高等学习学院(Institute for Advanced Study, IAS)设计该"计算机",它成为后来计算机的原型。

早期的计算机曾使用过多种数字系统,包括反码、符号数值码,甚至是十进制码(每一位用十个管子)。由于ALU必须与数字电路其他部分使用同样的格式进行数字处理,因此以上每一种数字系统所对应的ALU都有不同的设计,但由于二进制补码能简化ALU加法和减法的运算,因此现代处理器几乎全都使用二进制补码的表示方式。

大部分ALU都可以完成以下运算:整数算术运算(加、减,有时还包括乘和除,但成本较高)、位逻辑运算(与、或、非、异或)和移位运算。通常ALU所需完成的运算越复杂,相应的电路结构就越复杂,在处理器中占用的空间就越大,消耗的电能也就越多,同时这也意味着ALU成本会越高。因此,在设计ALU时,经常采用一个折中的方案,提供给处理器(或其他电路)一个能使其运算高速的ALU,但同时又避免把ALU设计得太复杂而价格昂贵。

假设需要完成不同的运算,有以下方案可供选择:

方案一:设计一个极度复杂的ALU,它能够一步完成运算,这被称为单时钟脉冲计算。

方案二:设计一个非常复杂的ALU,它能够分几步完成运算。实现时中间结果经过一连串电路,就像是工厂里的流水线,这能够让ALU在完成前一次运算前就接受新的数字。通过这种流水线设计,使得该ALU能够以方案一中的单时钟脉冲一样的速度产生数字,虽然从ALU输出的结果有一个初始延迟。

方案三:设计一个复杂的ALU,它能够分几步完成运算,但经常依赖于带有嵌入式微码的复杂控制单元。

实际使用的处理器,如Intel酷睿和AMD64系列对一些简单的运算采用方案一,对最常见的复杂运算采用方案二,对极为复杂的运算采用方案三,但这需要事先设计好非常复杂ALU。

2.8.2 串行加法器和并行加法器

ALU实现每一种运算的核心部件是加法器和寄存器。加法器是由全加器再配以其他必要的逻辑电路组成的,根据组成加法器的全加器个数是单个还是多个,加法器有串行和并行之分。

1. 全加器

全加器(Full-Adder,FA)是最基本的加法单元,而一个加法单元由三个输入端和两个输出端组成,其逻辑符号如图2-57所示。

其中,A_i和B_i分别代表本位的被加数和加数,C_{i-1}和C_i分别代表低位传来的进位和本位向高位的进位,S_i代表本位的和。该全加器的逻辑功能可用真值表2-48描述。

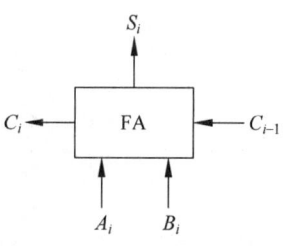

图2-57 全加器的逻辑符号

表 2-48 全加器的真值表

序 号	A_i	B_i	C_{i-1}	S_i	C_i
1	0	0	0	0	0
2	0	0	1	1	0
3	0	1	0	1	0
4	0	1	1	0	1
5	1	0	0	1	0
6	1	0	1	0	1
7	1	1	0	0	1
8	1	1	1	1	1

因此，S_i 与 C_i 有如下逻辑表达式：

(1) S_i 的逻辑表达式。由表 2-48 可知，当 $A_iB_iC_{i-1}$ 的组合为 100、010、001 或 111 时，$S_i=1$，因此，S_i 的逻辑表达式为

$$S_i = A_i\overline{B_i}\overline{C_{i-1}} + \overline{A_i}B_i\overline{C_{i-1}} + \overline{A_i}\overline{B_i}C_{i-1} + A_iB_iC_{i-1}$$

化简可得

$S_i = A_i \oplus B_i \oplus C_{i-1}$。

(2) C_i 的逻辑表达式。由表 2-48 可知，当 $A_iB_iC_{i-1}$ 的组合为 110、101、011 或 111 时，$C_i=1$，因此，C_i 的逻辑表达式为

$$C_i = A_iB_i\overline{C_{i-1}} + A_i\overline{B_i}C_{i-1} + \overline{A_i}B_iC_{i-1} + A_iB_iC_{i-1}$$

化简可得

$C_i = A_iB_i + (A_i \oplus B_i)C_{i-1}$。

2. 串行加法器

只设置一个全加器的加法器称为串行加法器。运算时，数据逐位串行送入加法器中，若操作数长 n 位，则加法需分 n 次进行，每次结束时再将产生的一位的和串行地送入结果寄存器中，而产生的进位则寄存在一位的进位触发器中，每次用新的进位覆盖旧的进位。

串行加法器的实现十分简单，使用的器件较少，因此成本较低，但运算的速度较慢，多用于某些低速的专用运算器。

3. 并行加法器

为了加快运算的速度，可用若干个（通常数目与机器字长相同）全加器来构成加法器，让操作数的各位可以同时运算，这就是并行加法器，其结构如图 2-58 所示，其中 C_0 为初始进位，值为 0，n 为机器字长。

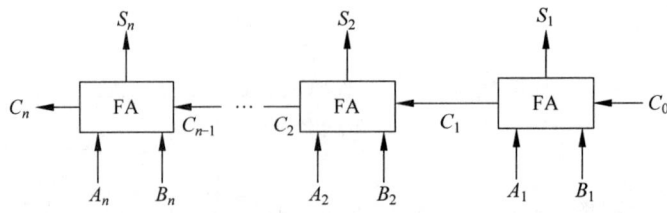

图 2-58 并行加法器的结构

虽然并行加法器可以将操作数的各位数据同时相加，但仍存在着一个最长运算时间的问题。因为虽然操作数的各位可以同时相加，但由于低位运算产生的进位会影响高位的运

算结果,而高位运算产生的进位又会影响更高位的运算结果,由于每个全加器本身求和的延迟时间是一定的,而进位信号的产生时间和传递时间影响着最长运算时间。因此,如果想要缩短并行加法器的最长运算时间,就需要缩短进位信号的产生时间和传递时间。

并行加法器的进位分为串行进位和并行进位。

1) 串行进位

由之前的介绍可知,进位的逻辑表达式为

$$C_i = A_i B_i + (A_i \oplus B_i) C_{i-1}$$

因此,C_i 的值为 1 时有两种情况:

(1) $A_i B_i = 1$。即 $A_i = 1$ 且 $B_i = 1$,这意味着本位(第 i 位)将产生向高位(第 $i+1$ 位)的进位,因此称 $A_i B_i$ 为本位的进位产生函数,记作

$$G_i = A_i B_i$$

(2) $A_i \oplus B_i = 1$ 且 $C_{i-1} = 1$。即 $A_i = 1$ 且 $B_i = 0$,或 $A_i = 0$ 且 $B_i = 1$,同时 $C_{i-1} = 1$。C_{i-1} 为低位的进位,该低位产生的进位能否向更高位传递完全取决于 $A_i \oplus B_i$,因此称 $A_i \oplus B_i$ 为进位传递函数,记作

$$P_i = A_i \oplus B_i$$

综上所述,进位的逻辑表达式抽象为

$$C_i = G_i + P_i C_{i-1}$$

由该表达式可得到串行进位时每一位的逻辑表达式,如图 2-59 所示。

由此可见,每一级的进位都直接依赖于前一级的进位,即串行进位,通常把这种一级一级串行传递进位的过程称为串行进位链。想要缩短进位信号的产生时间和传递时间,就需要让每一级的进位不直接依赖于前一级的进位。

$C_1 = G_1 + P_1 C_0$

$C_2 = G_2 + P_2 C_1$

$C_3 = G_3 + P_3 C_2$

……

图 2-59 串行进位时每一位的逻辑表达式

2) 并行进位

通过如图 2-60 所示的方式对串行进位链的逻辑表达式进行处理,可以让每一级的进位不直接依赖于前一级的进位。即将各级低位产生的本级 G 和 P 信号依次同时送到高位各全加器的输入,以使它们同时形成进位信号。

$C_1 = G_1 + P_1 C_0 \iff C_1 = G_1 + P_1 C_0$

$C_2 = G_2 + P_2 C_1 \iff C_2 = G_2 + P_2(G_1 + P_1 C_0) = G_2 + P_2 G_1 + P_2 P_1 C_0$

$C_3 = G_3 + P_3 C_2 \iff C_3 = G_3 + P_3(G_2 + P_2 G_1 + P_2 P_1 C_0) = G_3 + P_3 G_2 + P_3 P_2 G_1 + P_3 P_2 P_1 C_0$

……   ……

图 2-60 串行进位链的逻辑表达式的改进

可以看到上述各式的进位仅由本位(第 i 位)的进位产生函数 G_i、进位传递函数 P_i 以及初始进位 C_0 决定,而不依赖于其低位的进位输入 C_{i-1},因此各级进位可以同时产生,这就是并行进位。

显然,采用这种并行进位方式加快了运算的速度,但随着全加器数目的增加,可以看到进位的逻辑表达式变得越来越复杂,这会导致电路结构也会变得越来越复杂,进而造成硬件

成本的增加,因此完全采用并行进位的方式是不现实的。

通常可以考虑将 n 位的全加器分为若干组,组内的各位之间用并行进位的方式实现,组间既可以采用串行进位的方式,也可以采用并行进位的方式,具体情况如下。

(1) 组内并行组间串行进位方式。组内并行组间串行进位方式又称单级先行进位方式。现以单级先行进位的方式设计一个 16 位加法器,具体如下。

首先将 16 位分为 4 组,每组 4 位。组内采用并行进位方式,即第 $i(i=1、2、3$ 或 $4)$ 组内的进位信号 $C_{4(i-1)+1}$、$C_{4(i-1)+2}$、$C_{4(i-1)+3}$ 和 $C_{4(i-1)+4}$ 是同时产生的,实现该组进位信号的电路称为 4 位先行进位电路(也称超前进位加法器,Carry-Lookahead Adder,CLA)。利用 4 位的 CLA 电路、进位产生或传递电路以及求和电路可以构成 4 位的 CLA 加法器。用 4 个这样的 CLA 加法器串联,就可以构成 16 位的单级先行进位加法器,具体如图 2-61 所示。

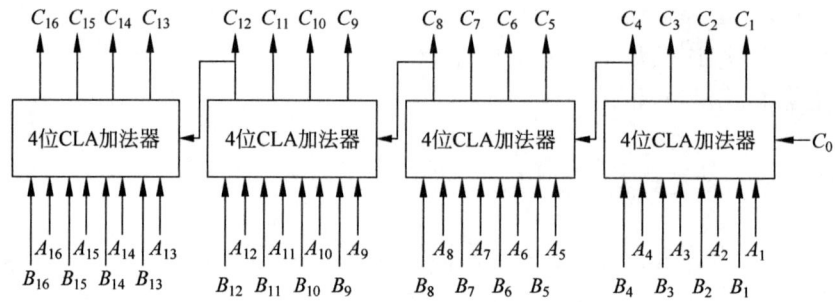

图 2-61 16 位的单级先行进位加法器

(2) 组内并行组间并行进位方式。组内并行组间并行进位方式又称多级先行进位方式。现以多级先行进位的方式设计一个 16 位加法器(沿用单级先行进位方式中的分组),具体如下。

将第 1 组的最高进位信号 C_4 写为

$$C_4 = G_4 + P_4 G_3 + P_4 P_3 G_2 + P_4 P_3 P_2 G_1 + P_4 P_3 P_2 P_1 C_0 = G_1^* + P_1^* C_0$$

其中,$G_1^* = G_4 + P_4 G_3 + P_4 P_3 G_2 + P_4 P_3 P_2 G_1$,称为组进位产生函数,$P_1^* = P_4 P_3 P_2 P_1$,称为组进位传递函数,这两个函数仅与 P_i 和 G_i 有关。以此类推,可以得到:

$$C_8 = G_2^* + P_2^* C_4 = G_2^* + P_2^* (G_1^* + P_1^* C_0) = G_2^* + P_2^* G_1^* + P_2^* P_1^* C_0$$

$$C_{12} = G_3^* + P_3^* C_8 = G_3^* + P_3^* (G_2^* + P_2^* G_1^* + P_2^* P_1^* C_0)$$
$$= G_3^* + P_3^* G_2^* + P_3^* P_2^* G_1^* + P_3^* P_2^* P_1^* C_0$$

$$C_{16} = G_4^* + P_4^* C_{12} = G_4^* + P_4^* (G_3^* + P_3^* G_2^* + P_3^* P_2^* G_1^* + P_3^* P_2^* P_1^* C_0)$$
$$= G_4^* + P_4^* G_3^* + P_4^* P_3^* G_2^* + P_4^* P_3^* P_2^* G_1^* + P_4^* P_3^* P_2^* P_1^* C_0$$

为了产生组进位函数,需要对原来的 CLA 电路加以修改:

第 1 组内产生:G_1^*、P_1^*、C_3、C_2、C_1,不产生 C_4;

第 2 组内产生:G_2^*、P_2^*、C_7、C_6、C_5,不产生 C_8;

第 3 组内产生:G_3^*、P_3^*、C_{11}、C_{10}、C_9,不产生 C_{12};

第 4 组内产生：G_4^*、P_4^*、C_{15}、C_{14}、C_{13}，不产生 C_{16}。

修改后的电路称为成组先行进位电路(Block Carry Look Ahead,BCLA)，利用这种 4 位的 BCLA 电路、进位产生或传递电路以及求和电路可以构成 4 位的 BCLA 加法器。用 4 个这样的 CLA 加法器和 1 个 CLA 电路(实现组间并行)，就可以构成 16 位的两级先行进位加法器，如图 2-62 所示。

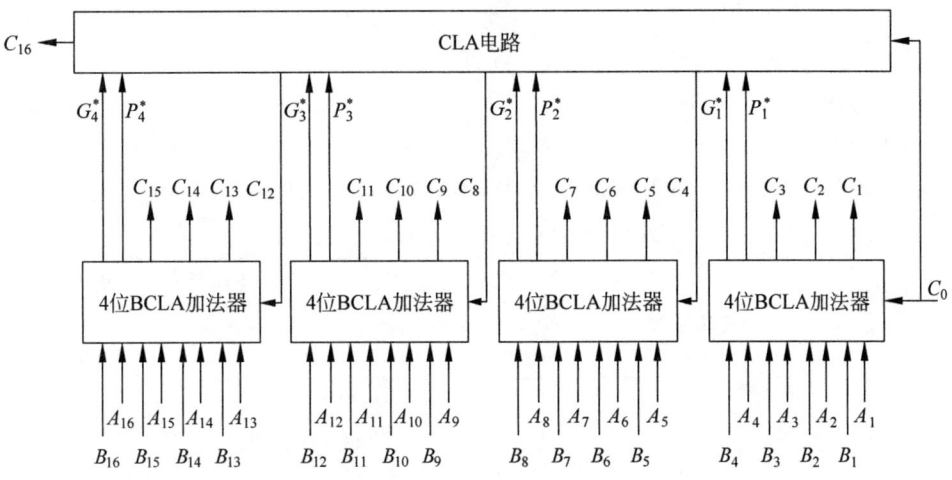

图 2-62　16 位的两级先行进位加法器

用同样的方法可以扩展到多于两级的先行加法器，如用三级先行进位结构设计 64 位加法器。

2.8.3　算术逻辑运算的实现

前面介绍了 ALU 的核心部件，接下来将详细介绍 ALU，其基本电路框架如图 2-63 所示。

其中，A_i 和 B_i 为输入变量，K_i 为控制信号，它的不同取值可以决定该电路进行哪一种算术运算或逻辑运算，对应 F_i 有不同的输出。

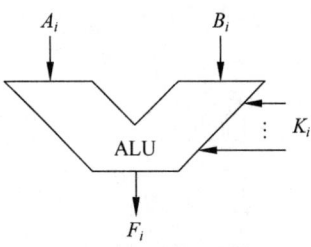

图 2-63　ALU 的基本电路框架

随着集成电路技术的发展，如今 ALU 电路通常为集成电路芯片。一种典型的能够并行完成 4 位二进制代码运算的集成电路芯片 74181 ALU 有两种工作方式，分别为正逻辑和负逻辑，对应的示意图如图 2-64 所示。

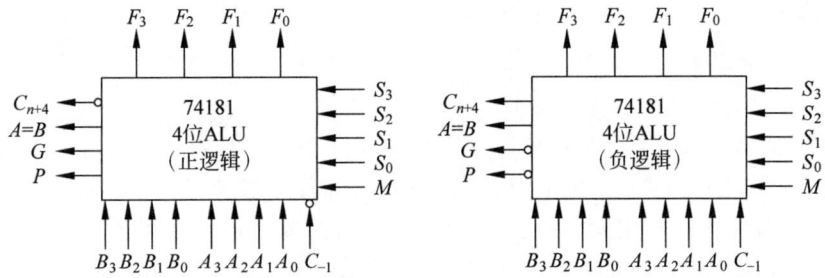

图 2-64　74181 ALU 两种工作方式的示意图

其中，$A_3 \sim A_0$ 和 $B_3 \sim B_0$ 是两个操作数，$F_3 \sim F_0$ 为输出结果。C_{-1} 为最低位的外来进位，C_{n+4} 是 74181 向高位的进位，P 和 G 可供并行进位使用，$S_3 \sim S_0$ 的不同取值可以实现不同的运算，M 用于区别是算术运算还是逻辑运算。

当 $M=0$ 时，对进位信号没有影响。此时 F_i 不仅与本位的操作数 A_i 和 B_i 有关，而且与向本位的进位有关，因此当 $M=0$ 时，进行的运算是算术运算。

当 $M=1$ 时，封锁了各位的进位输出，此时各位的运算结果 F_i 仅与本位的操作数 A_i 和 B_i 有关，因此当 $M=1$ 时，进行的运算是逻辑运算。

表 2-49 列出了 74181 ALU 的算术逻辑运算功能。由于 $S_3 \sim S_0$ 共四位对应有 $16(=2^4)$ 种组合状态，因此对正逻辑输入与输出而言，有 16 种算术运算功能和 16 种逻辑运算功能。同样，对负逻辑输入与输出而言，也有 16 种算术运算功能和 16 种逻辑运算功能。

表 2-49 74181 ALU 的算术逻辑运算功能

工作方式选择输入 $S_3 S_2 S_1 S_0$	负逻辑输入与输出		正逻辑输入与输出	
	逻辑运算 ($M=1$)	算术运算 ($M=0$)($C_{-1}=0$)	逻辑运算 ($M=1$)	算术运算 ($M=0$)($C_{-1}=1$)
0 0 0 0	$\overline{A}$	A 减 1	$\overline{A}$	A
0 0 0 1	$\overline{AB}$	AB 减 1	$\overline{A+B}$	A+B
0 0 1 0	$\overline{A}+B$	$A\overline{B}$ 减 1	$\overline{A}B$	$A+\overline{B}$
0 0 1 1	逻辑 1	减 1	逻辑 0	减 1
0 1 0 0	$\overline{A+B}$	A 加 $(A+\overline{B})$	$\overline{AB}$	A 加 $A\overline{B}$
0 1 0 1	$\overline{B}$	AB 加 $(A+\overline{B})$	$\overline{B}$	$(A+B)$ 加 $A\overline{B}$
0 1 1 0	$A \oplus B$	A 减 B 减 1	$A \oplus B$	A 减 B 减 1
0 1 1 1	$A+\overline{B}$	$A+\overline{B}$	$A\overline{B}$	$A\overline{B}$ 减 1
1 0 0 0	$\overline{A}B$	A 加 $(A+B)$	$\overline{A}+B$	A 加 AB
1 0 0 1	$\overline{A \oplus B}$	A 加 B	$A \oplus B$	A 加 B
1 0 1 0	B	$A\overline{B}$ 加 $(A+B)$	B	$(A+\overline{B})$ 加 AB
1 0 1 1	$A+B$	$A+B$	AB	AB 减 1
1 1 0 0	逻辑 0	A 加 A *	逻辑 1	A 加 A *
1 1 0 1	$A\overline{B}$	AB 加 A	$A+\overline{B}$	$(A+B)$ 加 A
1 1 1 0	AB	$A\overline{B}$ 加 A	$A+B$	$(A+\overline{B})$ 加 A
1 1 1 1	A	A	A	A 减 1

注意：

(1)"加"是指算术加，运算时要考虑进位；而符号"＋"是指"逻辑加"。

(2)减法是用补码加法运算进行的。对于算术运算"A 减 B 减 1"结果须在最末位产生一个强迫进位(加 1)，以便产生"A 减 B"的结果。

(3) $A=B$ 输出端可表示两个数相等，因此它与其他 ALU 的 $A=B$ 输出端按"与"逻辑连接后，可以检测若干部件的全 1 条件。

为了加快运算的速度，可以增加 74181 ALU 的个数。例如，可以用 4 片 74181 ALU 组成 16 位的 ALU，其片内进位信号的产生是同时的，而片间进位信号的产生是逐片传递的，即组内(74181 片内)并行、组间(74181 片间)串行，因此总的运算时间还是比较长。当需要进一步提高运算速度时(即组间也要并行)，可以借助 74182 ALU，其作用就是将 74181 芯片间的进位变成并行进位。

2.8.4 定点运算器

在计算机中，定点运算器通常用于定点数的运算，它包括多个逻辑部件。如 ALU、寄存器、缓冲器和总线等。在设计和实现定点运算器时，一方面要考虑如何在 ALU 和寄存器及总线之间传送操作数和运算结果，另一方面要考虑数据传送的方便性和操作速度及制作工艺。接下来简要介绍三种不同结构的定点运算器。

1. 单总线结构的定点运算器

单总线结构的定点运算器如图 2-65 所示。

在单总线结构的定点运算器中，所有部件都被接到同一根总线上。单总线结构中的数据可以借助于这一根总线在不同的部件间传送。例如：在任意两个寄存器之间，或者在任一个寄存器和 ALU 之间通过总线传送。这种结构虽然控制电路比较简单（只需要控制一根总线），但运算的速度比较慢。

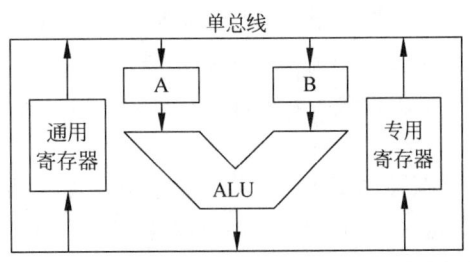

图 2-65 单总线结构的定点运算器

对于单总线结构的定点运算器，在某段时间内，只能有一个操作数在总线上传送，通过设置两个缓冲寄存器 A 和 B 可以实现把两个操作数同时输入到 ALU 中并进行运算。

现以执行加法运算为例来说明单总线结构的定点运算器的运算过程。首先在总线上传送加法运算的第一个操作数，并将其存入缓冲寄存器 A 中，然后在总线上传送加法运算的第二个操作数，同时将其存入缓冲寄存器 B 中，最后将缓冲寄存器 A 和 B 中存放的操作数同时分别送往 ALU 的两个输入端，当两个操作数同时出现在 ALU 的两个输入端时，ALU 立即执行加法运算。

在单总线结构中输入数据和运算结果需要三次串行的传送操作，其执行时间依赖于操作数的存放位置。两个操作数都存放在寄存器中和两个操作数都存放在存储器中，或是两个操作数分别存放在寄存器和存储器中，上述传送操作的执行时间是不一样的。

2. 双总线结构的定点运算器

双总线结构的定点运算器如图 2-66 所示。

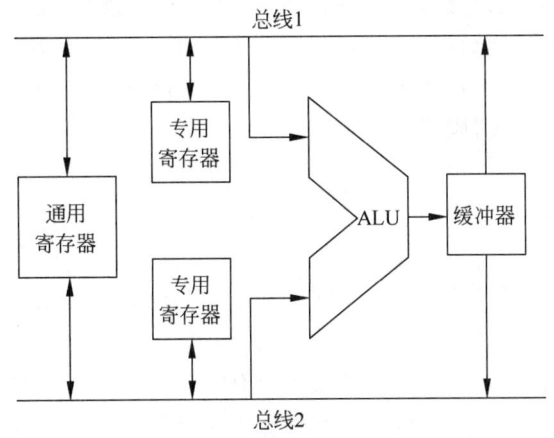

图 2-66 双总线结构的定点运算器

在双总线结构的定点运算器中，由于两根总线都可以传送数据，因此当需要进行加法运算时，只需要一次操作控制，两根总线就可以把两个操作数传送至 ALU 的输入端进行运算并得到结果，但该结果不能立即在总线上进行传送。因为此时两根总线都在传送操作数，因而必须在 ALU 输出端设置缓冲寄存器。

此操作可分为两步：

(1) 在 ALU 的两个输入端输入操作数，运算得到的结果送入 ALU 输出端的缓冲寄存器中；

(2) 把结果送入目的寄存器。也可以像单总线结构的运算器那样，在总线 1、2 和 ALU 输入端之间再各加一个输入缓冲寄存器，把两个操作数先存放至这两个缓冲寄存器中，再送往 ALU 的输入端进行运算，那么 ALU 输出端就可以直接把运算结果送至总线 1 或总线 2 上去。

双总线结构的运算器将专用寄存器分成两组，它们分别与一条总线相连以交换数据，这样，通用寄存器中的数就可以进入到任一组专用寄存器中去，使数据的传送变得更为灵活。

3．三总线结构的运算器

三总线结构的运算器如图 2-67 所示。

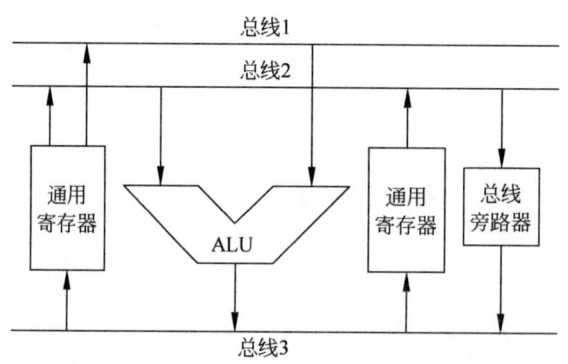

图 2-67 三总线结构的运算器

在三总线结构的运算器中，ALU 的两个输入端分别与两条总线相连以接收传送的操作数，ALU 的输出端与第三条总线相连以输出运算的结果。这样，整个运算就可以在一次的操作控制内完成。另外，三总线结构的运算器还设置了一个总线旁路器。如果一个操作数不需要修改，而直接从总线 2 传送到总线 3，则可以通过控制总线旁路器将数据输出；如果一个操作数传送时需要修改，则可借助于 ALU。

2.9 小结

数据和信息的表示方法有很多种，不同的表示方法对计算机的结构和性能都会产生不同的影响。为了简化计算机的设计，方便计算机对数据进行处理，在计算机中一般采用二进制数表示。除了二进制数外，人们日常使用的还有八进制数、十六进制数和十进制数等。在计算机中，数还分为有符号数和无符号数两种。无符号数就是指正数，机器字长的全部位数均用来表示数值的大小，相当于数的绝对值，而有符号数则分为正数和负数。由于计算机不能识别小数点，因此在进行数据表示以及运算时，需要按一定的方法约定小数点的位置，根据约定的小数点位置是否固定，数据在计算机中有定点表示和浮点表示两种形式。除了数的表示外，字符和汉字也是计算机经常处理的对象，因此也必须完成对字符、汉字在计算机中的表示。字符和汉字常用编码的方式来表示。字符的编码方式有多种，常见的有 BCD 码、ASCII 码等。

数据和信息存入计算机中后，需要按照一定的运算规则进行运算，本章主要介绍了定点数移位运算、加法和减法运算、乘法运算、除法运算以及浮点数加减运算和乘除运算。然后阐述了对数据进行运算的算术逻辑单元 ALU。

第 3 章 存储器

随着超大规模集成电路工艺的发展,CPU 的速度变得越来越快,而存储器速度的提高则十分缓慢,这使计算机整体的运行速度在很大程度上受到了制约,因此提高存储器的速度变得尤为重要。

为了更好理解本章内容,首先对本章将使用到的名词加以解释。

(1) 存储器:存放程序和各种数据的器件。

(2) 存储位:存放一位二进制代码,是存储器最小的存储单位,也称其为存储元件、存储基元或存储元。

(3) 存储单元:每个存储单元包含若干个存储位,即每个存储单元能够存储一串二进制代码。

(4) 存储字:存储单元中存储的一串二进制代码称存储字。

(5) 存储字长:存储单元中存储的一串二进制代码的位数称为存储字长,它可以是 8 位、16 位或 32 位等。

(6) 存储体:大量存储单元的集合组成存储体。

(7) 存储单元地址:存储单元的编号。

(8) 字编址:对存储单元按字编址。

(9) 字节编址:对存储单元按字节编址。

(10) 寻址:由地址寻找数据,从对应地址的存储单元中访问数据。

3.1 存储器概述

存储器是计算机的记忆部件,它采用具有两种稳定状态(分别对应二进制的 0 和 1)的物理元器件来存储信息(通常为程序和数据)。

3.1.1 存储器分类

存储器的分类方式很多,本小节将根据存储器在计算机中的作用、存取方式、存储介质和信息的可保存性来介绍其分类。

1. 根据在计算机中的作用分类

根据在计算机中的作用不同,存储器可分为主存储器(简称主存,也称内存)、辅助存储器(简称辅存,也称外部存储器或简称外存)和缓冲存储器(简称缓存或 Cache)等。

1) 主存

主存最为重要的特点是可以和CPU直接交换信息,它用于存放计算机运行期间需要的程序和数据,主存的速度快、容量小、每位价格高。

2) 辅存

辅存用来存放暂时不用的程序和数据,它不能与CPU直接交换信息,辅存的速度慢、容量大、每位价格低。

3) 缓存

缓存用在两个速度不匹配的部件之间,如CPU与主存之间可设置缓存,起到缓冲作用。

2. 根据存取方式分类

根据存取方式的不同,存储器可分为随机存储器、只读存储器和串行访问存储器(又称顺序存取存储器)。

1) 随机存储器

随机存储器(Random Access Memory,RAM)是一种可读写存储器,其特点是存储器中任何一个存储单元的内容都可以随机存取,而且存取时间与存储单元的物理位置无关。计算机系统中的主存都采用这种随机存储器。基于存储信息原理的不同,RAM又分为静态RAM(Static RAM,SRAM,利用触发器原理来保存信息)和动态RAM(Dynamic RAM,DRAM,利用电容充放电原理保存信息)。

2) 只读存储器

只读存储器(Read Only Memory,ROM)中的内容固定,一般仅对其进行读取操作。这种存储器一旦存入了原始信息后,在程序执行过程中,只能将内部信息读出,而不能随意重新写入新的信息去改变或替换原始信息。因此,通常用它存放固定不变的程序、常数以及汉字的字库等,也可用于操作系统的固化。它与随机存储器可共同作为主存的一部分,统一构成主存的地址域。

早期只读存储器的内容根据用户的需求,采用掩模工艺把原始信息记录在芯片中,一旦制成后无法更改,称为掩模型只读存储器(Masked ROM,MROM)。随着半导体技术的发展和用户需求的变化,只读存储器先后派生出可编程只读存储器(Programmable ROM,PROM)、可擦除可编程只读存储器(Erasable Programmable ROM,EPROM)以及用电可擦除可编程的只读存储器(Electrically Erasable Programmable ROM,EEPROM或E^2PROM)。近年来还出现了闪速存储器(Flash Memory,又称快擦型存储器或快闪存储器,简称闪存),它具有EEPROM的特点,但速度比EEPROM快得多。

3) 串行访问存储器

如果对存储单元进行读写操作时,需按其物理位置的先后顺序寻找地址,则称其为串行访问存储器。当信息所在存储器中的位置不同时,对应的读写时间通常也不同。例如磁带,不论信息处在哪个位置,读写时必须从其始端开始顺序往后寻找,因此这类串行访问的存储器也称为顺序存取存储器。还有一种属于部分串行访问的存储器,如磁盘。在对磁盘进行读写时,首先直接指出该存储器中的某个小区域(磁道),即随机访问,然后在该磁道上顺序访问,直至找到位置,即串行访问,这种存储器也称为半顺序存取存储器。

3. 根据存储介质分类

存储介质是存储数据的载体,它必须能够显示两种(通常为二进制的 0 和 1)有明显区别的物理状态,且这两种物理状态的变换速度决定着存储器的存取速度。目前,存储介质主要有半导体器件、磁性材料和光盘等,相应的存储器有半导体存储器、磁表面存储器、光盘存储器。

1) 半导体存储器

半导体存储器是指由半导体器件组成的存储器。现代半导体存储器都用超大规模集成电路工艺制成芯片,其优点是体积小、功耗低、存取时间短;其缺点是当电源消失时,所存储的信息也随即丢失,它是一种易失性存储器。近年来已研制出用非挥发性材料制成的半导体存储器,克服了信息易失的缺点。

半导体存储器又可按其材料的不同,分为 TTL(Transistor-Transistor Logic,晶体管-晶体管逻辑电路)型半导体存储器和 MOS(Metal Oxide Semiconductor,金属氧化物半导体)型半导体存储器两种。前者具有高速的特点,而后者具有高集成度的特点,并且制造简单、成本低廉、功耗小,因此 MOS 型半导体存储器被广泛应用。

2) 磁表面存储器

磁表面存储器是在金属或塑料基体的表面上涂一层磁性材料作为记录介质,工作时磁层随载磁体高速运转,用磁头在磁层上进行读/写操作,故称为磁表面存储器。

磁表面存储器又可根据其磁体形状的不同,分为磁盘、磁带和磁鼓。现代计算机已很少采用磁鼓。由于用具有矩形磁滞回线特性的材料作磁表面物质,它们按其剩磁状态的不同而区分 0 或 1,而且剩磁状态不会轻易丢失,故这类存储器具有非易失性的特点。

3) 光盘存储器

光盘存储器是应用激光在记录介质(磁光材料)上进行读写的存储器,具有非易失性的特点。此外,光盘记录具有密度高、耐用性好、可靠性高和可互换性强等优点。

4. 根据信息的可保存性分类

根据信息的可保存性(即断电后存储的信息是否消失),存储器可分为易失性存储器和非易失性存储器。

断电后存储的信息便消失的存储器称为易失性存储器,如 RAM。断电后存储的信息仍保持的存储器称为非易失性存储器,如 ROM。

结合上述分类方式,可用图 3-1 表示存储器的分类。

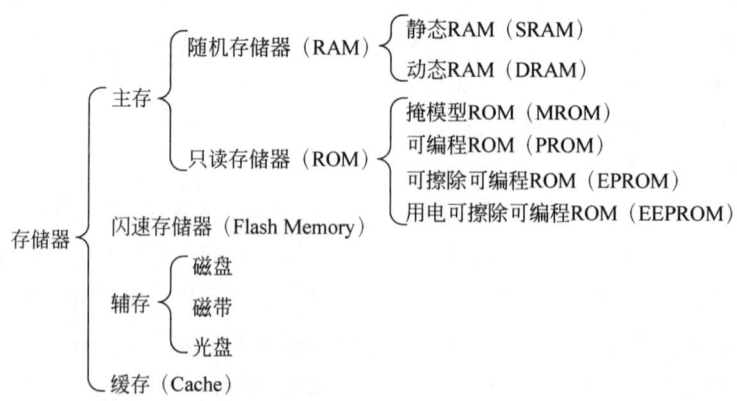

图 3-1 存储器的分类

3.1.2 存储器的主要技术指标

存储器的主要技术指标包括存储容量、存取时间、存储周期(又称存取周期)、存储器带宽以及存储器的可靠性等。

1. 存储容量

存储容量有两种表示方式,一种方式是用存储器能够存放的二进制代码的总位数来表示,即存储容量=存储单元个数×存储字长;另一种方式是用字节总数来表示,即存储容量=存储单元个数×存储字长/8(为了满足字符处理的需要,常用 8 位二进制数表示一个字节,即存储一个字节需要用 8 位的存储位)。目前,计算机的存储容量多以字节总数来表示。

2. 存取时间

存取时间是反映存储速度的指标之一。通常把启动一次存储器操作(读或写操作)到完成该操作所需的全部时间称为存储器访问时间(即存取时间),它决定了 CPU 进行一次读写操作必须等待的时间。

存取时间分为读出时间和写入时间,读出时间是指从存储器接收到有效地址开始,直至产生有效输出为止所需的全部时间;写入时间是指从存储器接收到有效地址开始,直至数据被写入选中的存储单元为止所需的全部时间。

注意:

(1) 通常把信息存入存储器指定位置的操作称为写操作,而把从存储器指定位置取出信息的操作称为读操作。

(2) 访问是指读操作、写操作或两者兼而有之。

3. 存储周期

存储周期(也称存取周期)是反映存储速度的指标之一,它指存储器连续进行两次独立的访问操作(连续两次读或写操作)所需的最小间隔时间。由于一次访问操作结束后,还需要花费一定的时间进行恢复处理(恢复时间)后才能进行下一次访问,因此通常存储周期大于存取时间,如图 3-2 所示。

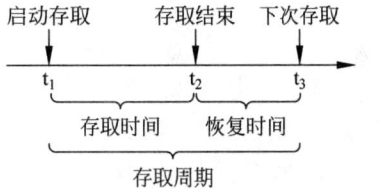

图 3-2 存取时间和存储周期的关系

4. 存储器带宽

存储器带宽表示单位时间内存储器存取信息的数量,通常以字每秒、字节每秒(B/s)或位每秒(bit/s)为单位,它与存储周期密切相关。例如,存储周期为 320ns(纳秒),每个存取周期可取 32bit(位),则存储带宽为 $32\text{bit}/(320\times10^{-9}\text{s})=10\text{M}$ 位每秒$=10\text{Mbit/s}$。

带宽是衡量数据传输率的重要技术指标,为了提高存储器的带宽,可以采取以下措施:

(1) 缩短存取周期。

(2) 增加存储字长,使得每个存储周期可以读写更多的二进制位数。

(3) 增加存储体(将在后续章节中介绍)。

5. 存储器的可靠性

存储器的可靠性用其平均故障间隔时间(Mean Time Between Failures,MTBF)来衡量。MTBF 可以理解为两次故障之间平均时间的间隔,MTBF 越长,表示可靠性越高,即保持正常工作的能力越强。

3.1.3 存储器层次结构

通常存储器的速度、容量和每位价格（简称位价）这3项指标大致反映了其性能。一般来说，速度越高，位价就越高；容量越大，位价就越低，且容量越大，速度就越低。实际应用时，总是希望存储器的容量尽可能地大，并且速度也尽可能地快，同时位价最好也尽可能地低，但在一个存储器中要求同时兼顾这3项指标是很困难的。为了解决这一矛盾，在现代计算机系统中设计存储器时，通常采用如图3-3所示的分级结构。

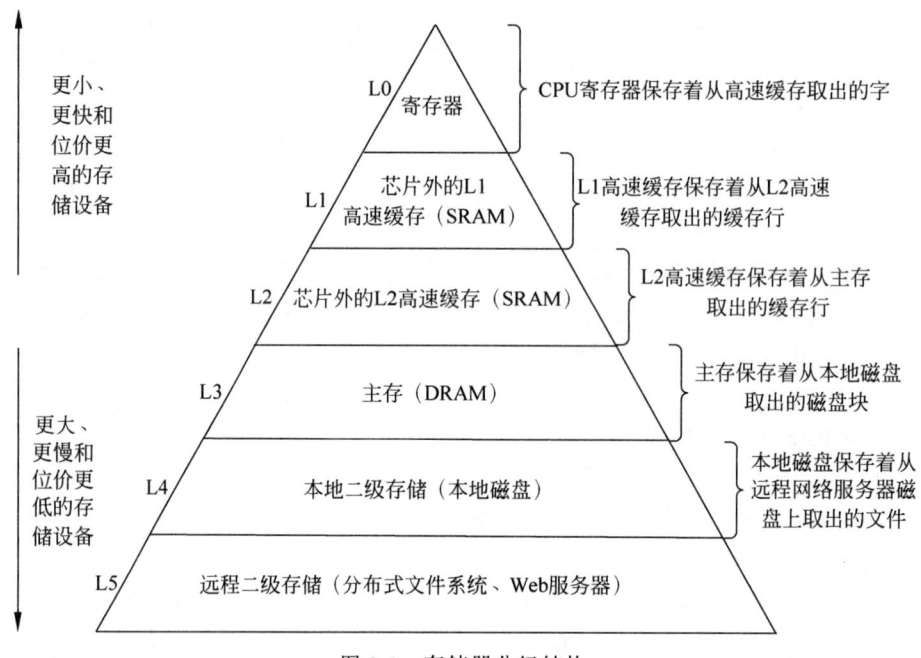

图3-3 存储器分级结构

图3-3中由上至下，存储器的容量越来越大，而速度则越来越慢，位价越来越低，CPU访问的频度也越来越少。

1. 寄存器

寄存器通常被内置在CPU芯片里，其速度最快、位价最高、容量最小，用于存放即将参与运算的数据。

2. 主存

和寄存器相比，主存的速度较慢、位价较低、容量较大，用于存放将要参与运行的程序和数据。

3. 高速缓存（也称为高速缓冲存储器）

由于主存的速度与CPU的速度相差甚远，因此，在主存和CPU之间设置了一种比主存速度更快，但容量相对较小的高速缓存（可设置一级缓存，也可设置多级）。

寄存器、主存和高速缓存三种存储器构成了缓存—主存的层次结构，通常它们都被设置在主机内，现代计算机也将高速缓存内置在CPU里。

4. 本地二级存储和远程二级存储

本地二级存储和远程二级存储均属于辅存，它们的容量比主存大得多，主要用来存放暂时未用到的程序和数据。CPU 不能直接访问辅存,只能借助于主存间接访问辅存,它们一起构成了主存—辅存的层次结构。

综上所述,CPU 能和缓存、主存直接交换信息;缓存能和 CPU、主存直接交换信息;主存能和 CPU、缓存以及辅存直接交换信息。缓存—主存和主存—辅存这两个存储层次体现了存储器的分层结构,具体如图 3-4 所示。

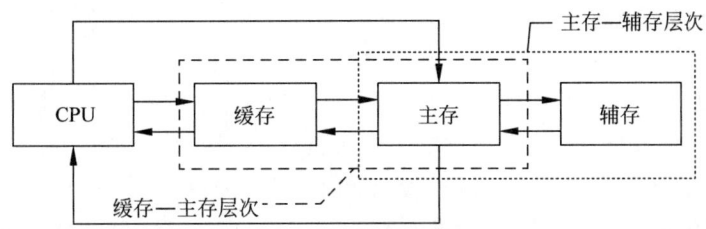

图 3-4 各类存储器间的关系

从 CPU 角度来看,缓存—主存这一层次的速度接近于缓存,高于主存,解决了 CPU 与主存速度不匹配的问题,且使容量和位价接近于主存。通过将 CPU 近期要使用的信息从主存调入缓存中,这样 CPU 便可以从速度较高的缓存中获取信息,从而提高访存速度(即 CPU 访问主存的速度)。但由于缓存容量还是较小,当 CPU 近期要使用的信息较多或产生变化时,存在一个替换的问题,这将在后续章节中介绍。

从整体来看,主存—辅存这一层次的速度接近于主存,容量和位价则接近于辅存,这解决了速度、容量、成本三者间的矛盾。辅存不能和 CPU 直接交换信息,但它的容量比主存大得多,可以用来存放大量暂时不使用的信息,当 CPU 要使用这些信息时,再将其从辅存调入主存中。主存—辅存这一层次经过不断发展,逐渐形成了虚拟存储系统,在后续章节中将对其进行介绍。

现代计算机系统几乎都具有缓存—主存和主存—辅存这两个存储层次,从而构成了缓存、主存、辅存三级存储系统。

3.2 主存储器

主存储器(Main Memory)是计算机的一个重要部件,CPU 能直接随机存取主存储器中的信息。

3.2.1 主存储器简介

从 20 世纪 70 年代起,主存储器已逐步采用大规模集成电路(目前用的最普遍、最经济的是 DRAM)构成,而在追求速度和可靠性的场合,则通常采用存取速度达到了 1~15ns 的 SRAM,但其价格较贵。

无论主存采用 DRAM 还是 SRAM 芯片构成,在断电时存储的信息都会"丢失",因此计算机设计者应考虑发生这种情况时,设法维持若干毫秒的供电以保存主存中的重要信息,以便供电恢复时计算机能恢复正常运行。鉴于上述情况,在某些主存中,存储重要而相对固定的程序和数据时,采用"非易失性"的存储器芯片(如 EPROM、闪速存储芯片等);对于完全固定的程序、数据区域则采用只读存储器(ROM)芯片,这样做不仅可以应对供电中断,而且还可以防止病毒侵入。

主存是按存储单元的地址存放信息的,存取速度一般与地址无关。当需要访问某一信息时,需要给出其存储单元的地址,为了实现按地址访问,主存中还必须配置两个寄存器:一个是存储器地址寄存器(Memory Address Register,MAR),用来存放待访问存储单元的地址,其位数对应存储单元的个数(例如,有 $2^{10}=1024$ 个存储单元,则 MAR 为 10 位);另一个是存储器数据寄存器(Memory Data Register,MDR),用来存放从某存储单元中取出来的信息或准备存入某存储单元的信息,其位数与存储字长相等。

实际上,根据 MAR 中的地址并不能够直接访问对应的存储单元,还需要经过地址译码电路对地址进行译码,再由相应的驱动电路进行驱动,才能找到所要访问的存储单元。为了将被选中单元中的存储字读出,需要经过读出电路,才能将其送到 MDR 中。向存储单元写入信息时,也必须经过写入电路,才能将内容写入到被选中的存储单元中。因此,主存的基本组成如图 3-5 所示。

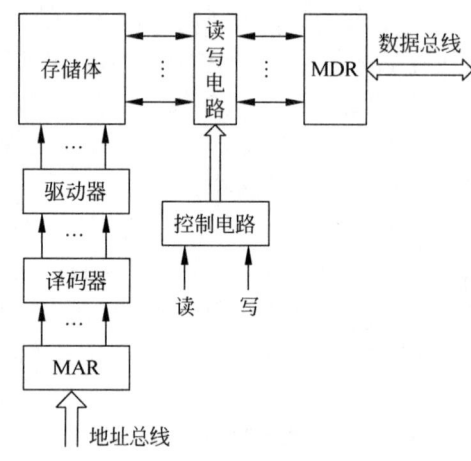

图 3-5 主存的基本组成

计算机系统既可以按字节寻址,也可以按字寻址,即按存储字长寻址,存储字长都取 8 的倍数。通常不同的机器,其存储字长一般是不同的,但均用 8 位二进制数表示一个字节。

【例 3-1】 已知 IBM370 机的存储字长为 32 位,从高位字节开始对存储单元进行编号,MAR 为 24 位,试分析其按字节寻址和按字寻址的范围。

解:由于 8 位二进制数表示一个字节,所以 IBM370 机的每个存储字包含 4(=32/8)个可独立寻址的字节,字地址用该字高位字节的地址来表示,故字地址是 4 的整数倍。具体如图 3-6 所示。

(1) 按字节寻址。MAR 为 24 位,$2^{24}=2^4 M=16M$,因此,按字节寻址的范围是 16M。

(2) 按字寻址。由于每个存储字包含 4 个可独立寻址的字节,16M/4=4M,因此,按字寻址的范围是 4M。

【例 3-2】 已知 PDP-11 机的存储字长为 16 位,从低位字节开始对存储单元进行编号,MAR 为 24 位,试分析其按字节寻址和按字寻址的范围。

解:由于 8 位二进制数表示一个字节,所以 PDP-11 机的每个存储字包含 2(=16/8)个可独立寻址的字节,字地址用该字低位字节的地址来表示,故其字地址是 2 的整数倍。具体如图 3-7 所示。

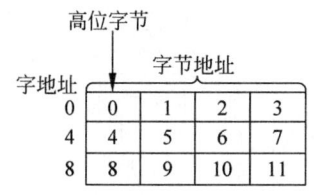
图 3-6　IBM370 的主存地址分配

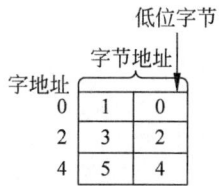
图 3-7　PDP-11 的主存地址分配

(1) 按字节寻址。MAR 为 24 位，$2^{24}=2^4\text{M}=16\text{M}$，因此，按字节寻址的范围是 16M。

(2) 按字寻址。由于每个存储字包含 2 个可独立寻址的字节，16M/2=8M，因此，按字寻址的范围是 8M。

3.2.2　随机存储器

随机存储器分为静态随机存储器(SRAM)和动态随机存储器(DRAM)，它们都是以半导体集成电路(半导体存储芯片)作为存储介质的存储器。接下来首先介绍半导体存储芯片。

1. 半导体存储芯片

1) 半导体存储芯片的基本结构

现代半导体存储器都是用超大规模集成电路工艺制成的芯片，在芯片内集成了存储矩阵、译码驱动电路和读写电路等，其基本结构如图 3-8 所示。

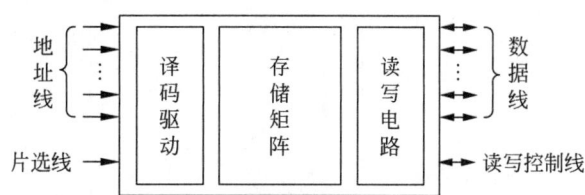
图 3-8　半导体存储芯片的基本结构

译码驱动将接收到的地址信号译码为对应的存储单元的选择信号，然后由读写电路确定对被选中的单元执行何种操作。

存储芯片通过地址线、数据线和控制总线与外部相连。地址线是单向输入的，其位数与存储单元的个数有关；数据线是双向的(既可以输入，也可以输出，有些芯片也用成对的数据线分别作为输入和输出)，其位数与一次可读出或写入的数据位数有关。

地址线和数据线各自的位数一起反映了存储芯片的容量。例如，地址线有 10 根，数据线有 8 根，则存储芯片的容量为 $2^{10}\times 8$ 位=8K 位。

控制总线主要有片选线和读写控制线，不同存储芯片的片选线和读写控制线的数目可以不同。有的存储芯片的片选线用 1 根(如 2114)，有的用 2 根(如 6264)；有的存储芯片的读写控制线共用 1 根(如 2114)，有的分用 2 根(如 6264)。

半导体存储器一般是由多个芯片组成的，因此在执行读写操作时，需要使用片选线来选择存储芯片。例如，组成 32K×8 位的存储器需要 16K×1 位的存储芯片 16 片(8 位/1 位=8，32K/16K=2，8×2=16 片)，如图 3-9 所示，片选线选中 8 片存储芯片。读写控制线用来决定对存储芯片进行读操作还是写操作。

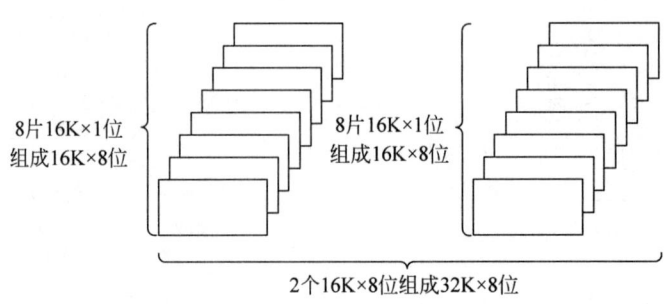

图 3-9　32K×8 位的存储器

2) 半导体存储芯片的译码驱动方式

半导体存储芯片的译码驱动方式分为线选法和重合法。

(1) 线选法。线选法是使用一根字选择线(简称字线)选中一个存储单元的各位。如图 3-10 所示为 16×8 位($16=2^4$ 故地址线为 4 根,分别为 A_0、A_1、A_2 和 A_3;8 位故数据线为 8 根,分别为 D_0、D_1……D_7)的存储芯片采用线选法作为译码驱动方式的结构示意图。

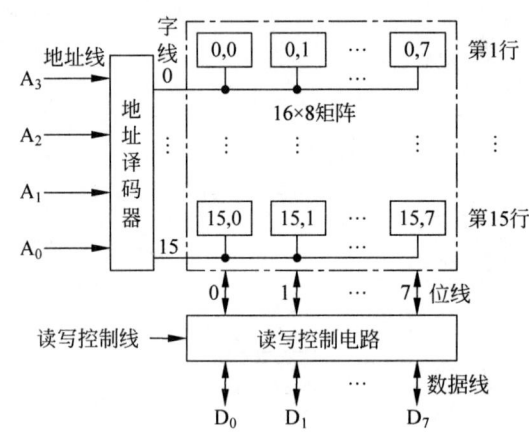

图 3-10　16×8 位线选法结构示意图

16×8 位的存储芯片可看作一个 16×8 的矩阵,根据地址线送来的地址信号确定字线,再由该字线选中矩阵的某一行,然后就可以对该行的 8 位存储位执行读写操作。例如,当 $A_3A_2A_1A_0=0000$ 时,第 0 根字线被选中,就可以对第 1 行的 8 位存储位执行读写操作。

(2) 重合法。重合法是由横向(X 方向)的选择线和纵向(Y 方向)的选择线一起确定一个存储位。如图 3-11 所示为 1K×1 位($1K=2^{10}$,故地址线为 10 根,分别为 A_0、A_1……A_9,其中 A_0、A_1、A_2、A_3 和 A_4 为横向的地址线,A_5、A_6、A_7、A_8 和 A_9 为纵向的地址线)的存储芯片采用重合法作为译码驱动方式的结构示意图。

1K×1 位的存储芯片可看作是一个 32×32 的矩阵,根据横向地址线送来的地址信号确定 X 方向的选择线,根据纵向地址线送来的地址信号确定 Y 方向的选择线,再由两个方向上确定的选择线选中某一存储位,然后就可以对该存储位执行读写操作。例如,$A_4A_3A_2A_1A_0=00000$,X 方向上第 0 根选择线被选中;$A_9A_8A_7A_6A_5=00000$,Y 方向上第 0 根选择线被选中,就可以对第 1 行第 1 列的存储位执行读写操作。

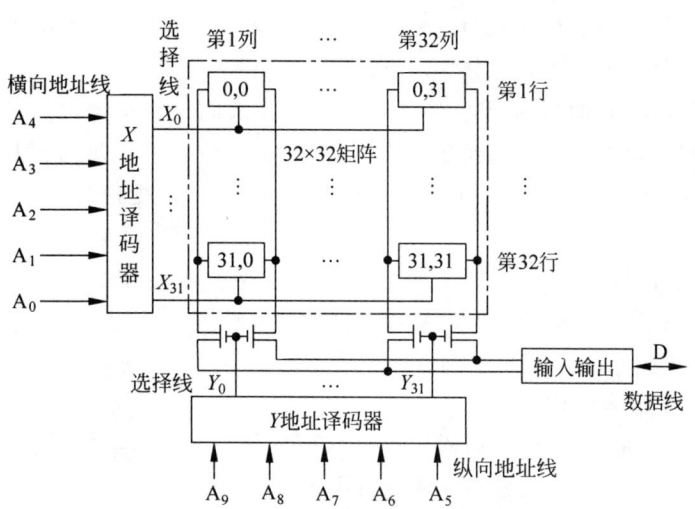

图 3-11 1K×1 位重合法结构示意图

2. 静态 RAM

1) 静态 RAM 的工作原理

静态 RAM 的基本单元电路(即指构成存储位的电路)是双稳态触发器(六管 MOS),它是在静态触发器的基础上附加门控管而组成的,依靠触发器的自保持功能存储数据,其示意图如图 3-12 所示。

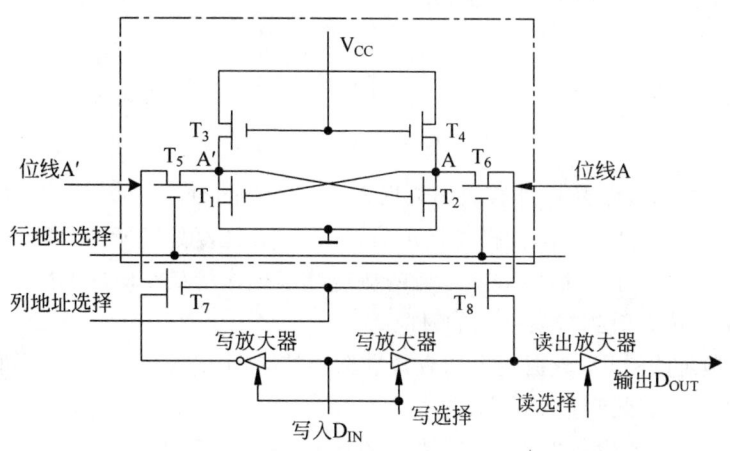

图 3-12 静态 RAM 的基本单元电路

$T_1 \sim T_8$ 均为 MOS 管,其中,$T_1 \sim T_4$ 组成触发器基本电路(当 T_1 连通,T_2 断开时,A' 点高电平,触发器存信号 0;当 T_1 断开,T_2 连通时,A 点高电平,触发器存信号 1),T_5、T_6 的作用相当于一个开关,受行地址选择信号控制,T_7、T_8 受列地址线的控制,分别与位线 A' 和 A 相连。静态 RAM 的基本单元电路由 $T_1 \sim T_6$ 组成,并不包含 T_7 和 T_8(它们是芯片内同一列的各个基本存储单元电路所共有的)。

若需要执行读操作,即读选择有效(假设当前触发器已存有信号 1,即 T_1 断开,T_2 连通,A 点高电平),则首先给出地址,此时行和列地址选择均有效,T_5、T_6、T_7 和 T_8 均导通,A 点高电平通过 T_6 后,再由位线 A 通过 T_8 作为读出放大器的输入信号,且此时读选择有效,于是将信号1读出,此时电路仍保持其原状态,不需要再生。但当电源掉电时,存有的信息就会丢失,所以静态RAM为易失性存储器。

若需要执行写操作,即写选择有效,则首先将欲写入的信息送至D_{IN}端,经过两个写放大器,向两端输出相反电平。同时给出欲写入的地址,当行和列地址选择均有效时,使T_5、T_6、T_7和T_8均导通,并将A与A'点置成完全相反电平,从而把信息写入到该基本单元电路中。

接下来以写入信号1为例描述其工作过程。由于欲写入信号1,即$D_{IN}=1$,经过左边的写放大器使位线A'为低电平,从而使A'点为低电平;经过右边的写放大器使位线A为高电平,从而使A点为高电平,这样就写入了信号1。

2) 静态RAM的读写时序

(1) 静态RAM进行读操作时,需要提供以下外部信号:地址信号、片选信号、写允许($\overline{WE}=1$)。如图3-13所示为静态RAM读时序图。

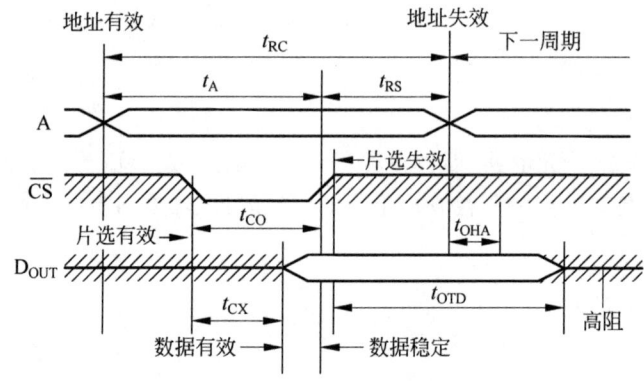

图3-13 静态RAM读时序

① t_A为读时间,表示从地址有效到数据稳定所需要的时间。

② t_{RS}为读恢复时间,表示读操作结束后,进行相关恢复处理所需要的时间。

③ $t_{RC}=t_A+t_{RS}$为读周期,表示进行两次连续读操作的最小时间间隔。

④ t_{CO}:从片选有效到输出稳定的时间。

⑤ t_{OHA}:地址失效后,数据线上的有效数据维持时间,以保证所读数据可靠。

⑥ t_{CX}:从片选有效到数据有效的时间。

⑦ t_{OTD}:片选失效后数据还需在数据总线上保持的时间。

(2) 静态RAM芯片进行写操作时,需要提供以下外部信号:地址信号、片选信号、写允许($\overline{WE}=0$)。如图3-14所示为静态RAM写时序图。

① t_{AW}为滞后时间,因为地址有效后,必须经过t_{AW}时间,$\overline{WE}$信号才能有效(低电平),否则可能产生写出错。

② t_W为写入时间,保证数据可靠写入。

③ t_{WR}为写恢复时间,$\overline{WE}$无效后,经t_{WR}时间后地址才能改变,否则也可能错误地写入。

④ $t_{WC}=t_{AW}+t_W+t_{WR}$为写周期,表示进行两次连续写操作的最小时间间隔。

⑤ t_{DW}:写入数据必须在写无效之前t_{DW}时间就送到数据总线上。

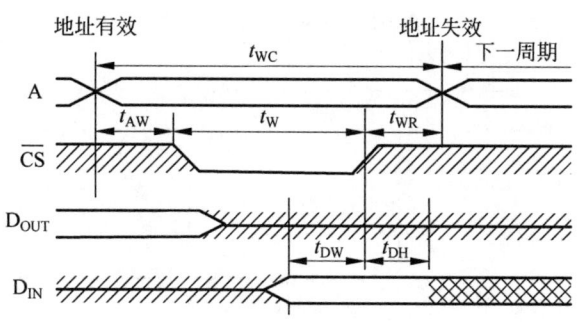

图 3-14 静态 RAM 写时序

⑥ t_{DH}：$\overline{WE}$ 无效后,数据还要保持的时间。

3) 静态 RAM 与系统总线的连接

静态 RAM 与系统总线的连接方式有全地址译码方式和部分地址译码方式两种。

(1) 全地址译码。全地址译码是将系统总线中的所有地址线与存储芯片的地址线相连接,参与存储器地址的译码,使存储芯片的每一个存储单元都唯一地占据内存空间的一个地址。

例如,MOS 静态 RAM 芯片 6264 与 8088 CPU 系统总线采用全地址译码方式连接的示意图如图 3-15 所示。

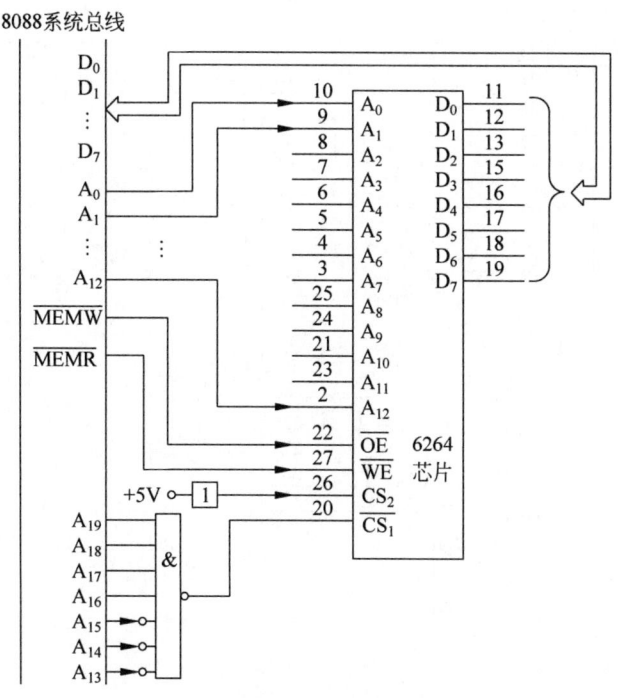

图 3-15 6264 芯片全地址译码电路

6264 芯片有 $A_0 \sim A_{12}$ 共 13 根地址总线,故共有 $8K(=2^{13})$ 个存储单元,且有 $D_0 \sim D_7$ 共 8 根数据总线,因此该芯片的容量为 $8K \times 8b$。8088 CPU 的 20 根地址线($A_0 \sim A_{19}$)全部与存储芯片的地址线相连接,参与芯片的译码。

6264 芯片的真值表见表 3-1。

表 3-1 6264 芯片的真值表

$\overline{WE}$	$\overline{CS_1}$	CS_2	$\overline{OE}$	$D_0 \sim D_7$
0	0	1	×	写入
1	0	1	0	读出
×	0	0	×	
×	1	1	×	三态(高阻)
×	1	0	×	

注意：表格中的×表示不考虑。

片选 $\overline{CS_1}$ 有效时选中该 6264 芯片，此时 $\overline{CS_1}=0$，则 $A_{19}A_{18}A_{17}A_{16}=1111$，$A_{15}A_{14}A_{13}=000$，故存储单元的高位地址为 1111000。由于 6264 芯片有 13 根地址总线，所以存储单元的低位地址为 0000000000000～1111111111111。因此，6264 芯片占据了 8088 系统内存中 00001111000000000000～00001111000111111111111（即 0F0000H～0F1FFFH）共 8KB 的空间，该空间内的地址与 6264 芯片的存储单元一一对应。

(2) 部分地址译码。部分译码是将系统总线中的部分地址线与存储芯片的地址线相连接，参与存储器地址的译码。

例如，MOS 静态 RAM 芯片 6264 与 8088 CPU 系统总线采用部分地址译码方式连接的示意图如图 3-16 所示。

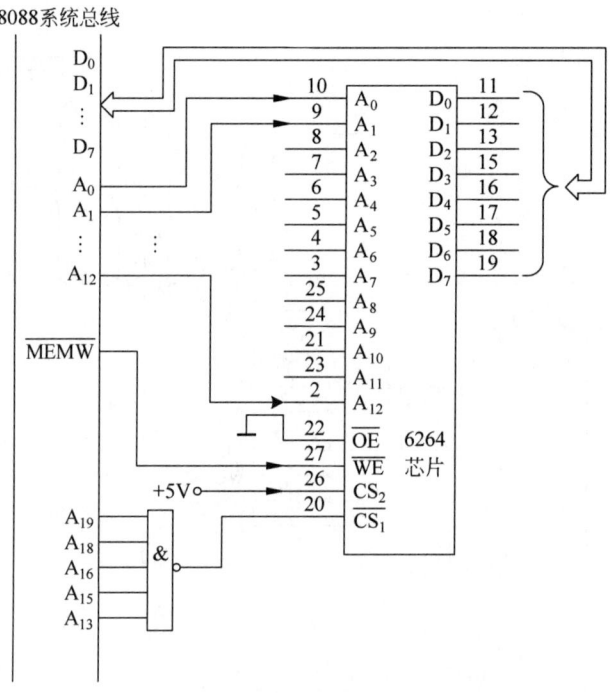

图 3-16 6264 芯片部分地址译码电路

采用部分地址译码方式时，8088 CPU 只有 18 根地址线（$A_0 \sim A_{13}$、A_{15} 和 A_{16} 以及 A_{18} 和 A_{19}）与存储芯片的地址线相连接，参与存储器地址的译码。

片选 $\overline{CS_1}$ 有效时选中该 6264 芯片，此时 $\overline{CS_1}=0$，则 $A_{19}A_{18}A_{16}A_{15}A_{13}=11111$，根据 A_{14} 和 A_{17} 取值的组合情况，对应有如下 4 段内存地址空间：

① $A_{17}A_{14}=00$。故 $A_{19}A_{18}A_{17}A_{16}A_{15}A_{14}A_{13}=1101101$,即存储单元的高位地址为 1101101,由于 6264 芯片有 13 根地址总线,所以存储单元的低位地址为 0000000000000～1111111111111。此时,6264 芯片占据了 8088 系统内存中 00001101101000000000000～00001101101111111111111(即 0DA000H～0DBFFFH)共 8KB 的地址空间。

② $A_{17}A_{14}=01$。故 $A_{19}A_{18}A_{17}A_{16}A_{15}A_{14}A_{13}=1101111$,即存储单元的高位地址为 1101111,由于 6264 芯片有 13 根地址总线,所以存储单元的低位地址为 0000000000000～1111111111111,此时,6264 芯片占据了 8088 系统内存中 00001101111000000000000～00001101111111111111111(即 0DE000H～0DFFFFH)共 8KB 的地址空间。

③ $A_{17}A_{14}=10$。故 $A_{19}A_{18}A_{17}A_{16}A_{15}A_{14}A_{13}=1111101$,即存储单元的高位地址为 1111101,由于 6264 芯片有 13 根地址总线,所以存储单元的低位地址为 0000000000000～1111111111111,此时,6264 芯片占据了 8088 系统内存中 00001111101000000000000～00001111101111111111111(即 0FA000H～0FBFFFH)共 8KB 的地址空间。

④ $A_{17}A_{14}=11$。故 $A_{19}A_{18}A_{17}A_{16}A_{15}A_{14}A_{13}=1111111$,即存储单元的高位地址为 1111111,由于 6264 芯片有 13 根地址总线,所以存储单元的低位地址为 0000000000000～1111111111111,此时,6264 芯片占据了 8088 系统内存中 00001111111000000000000～00001111111111111111111(即 0FE000H～0FFFFFH)共 8KB 的地址空间。

此时,8KB 的 6264 芯片占据了 4 段 8KB 的内存地址空间,因此,译码时存在地址重叠的问题,而重叠的地址区域不可以分配给其他芯片,只能空着,否则会因总线竞争而使计算机系统无法正常工作。

这意味着参与译码的高位地址(A_{13}～A_{19})越少,一块芯片占据的重叠地址区域就越多,则译码时存在的地址重叠问题就越严重。

3. 动态 RAM

1) 动态 RAM 的工作原理

动态 RAM 的基本单元电路利用了电容存储电荷的原理来存储信息。当电容上充满电荷时,表示存的是 1;当电容上没有电荷时,表示存的是 0。

由于电容上的电荷在电源不掉电的情况下一般也只能维持 1～2ms,因此,必须在 2ms 内对其所有的存储单元执行一次恢复原状态的操作(即再生或刷新)。

常见的动态 RAM 的基本单元电路主要有三管式和单管式两种,而单管式是由三管式改进的,接下来先介绍三管动态 RAM 的基本单元电路,其示意图如图 3-17 所示。

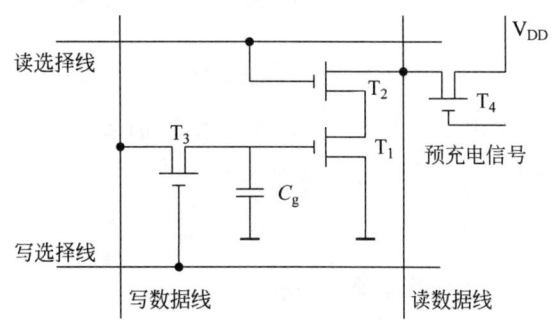

图 3-17 三管动态 RAM 的基本单元电路

$T_1 \sim T_4$ 均为 MOS 管,三管动态 RAM 的基本存储单元由 $T_1 \sim T_3$ 组成,并不包含 T_4 (它是芯片内同一列的各个基本存储单元电路所共有的)。

若需要执行读操作,即读选择有效,则首先对 T_4 置一预充电信号,使读数据线为高电平 V_{DD}。因此时读选择有效,故由读选择线打开 T_2,若 T_1 的极间电容 C_g 存有足够多的电荷(能够被认为存的是1),使 T_1 导通,则因 T_1、T_2 均导通接地,使读数据线降为零电平,读出 0 信息。若 C_g 没有电荷(能够被认为存的是0),则不能使 T_1 导通,读数据线为高电平不变,读出 1 信息。

若需要执行写操作,则将写入信号加到写数据线上,再由写选择线打开 T_3,这样 C_g 便能根据输入信息充电(写 1)或放电(写 0)。

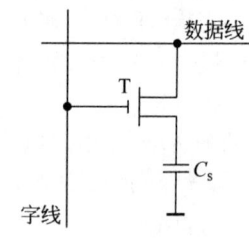

图 3-18 单管动态 RAM 的基本单元电路

为了提高集成度,单管动态 RAM 的基本单元电路将三管动态 RAM 的基本存储单元中的 T_1 去掉,再将 T_2 和 T_3 用一根 MOS 管 T 代替,其示意图如图 3-18 所示。

若需要执行读操作,则因字线为高电平,使 T 导通。此时,若 C_S 上有电荷,则经 T 在数据线上产生电流,可视为读出 1; 若 C_S 上无电荷,则经 T 在数据线上无电流,可视为读出 0。

若需要执行写操作,则因字线为高电平,使 T 导通。若欲写入 1,则数据线为高电平,经 T 对 C_S 充电,使其充满电荷而实现存 1;若欲写入 0,则数据线为低电平,C_S 经 T 放电,使其无电荷而实现存 0。

2) 动态 RAM 的读写时序

(1) 动态 RAM 进行读操作时,需要提供以下外部信号:地址信号、片选信号、写允许 ($\overline{WE}=1$)。如图 3-19 所示为动态 RAM 读时序图。

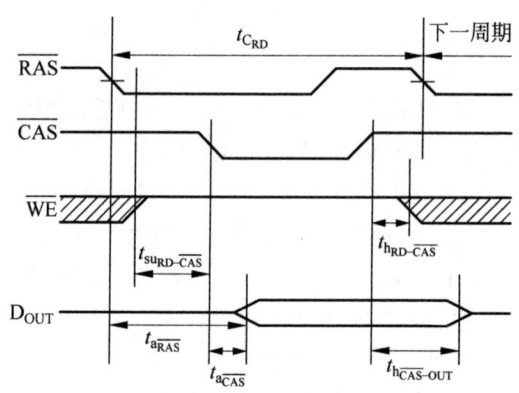

图 3-19 动态 RAM 读时序

① $t_{C_{RD}}$:动态 RAM 完成一次读操作所需的最短时间(也称读工作周期)。

② $t_{su_{RD-\overline{CAS}}}$:通常为写允许 $\overline{WE}=1$ 建立的时间。

③ $t_{h_{RD-\overline{CAS}}}$:通常为写允许 $\overline{WE}=1$ 撤除的时间。

④ $t_{a_{\overline{RAS}}}$:$\overline{RAS}$ 有效后,数据稳定前的一段时间。

⑤ $t_{a_{\overline{CAS}}}$:$\overline{CAS}$ 有效后,数据稳定前的一段时间。

⑥ $t_{h_{\overline{CAS}-OUT}}$：$\overline{CAS}$失效后的一段时间。

（2）动态 RAM 芯片进行写操作时，需要提供以下外部信号：地址信号、片选信号、写允许（$\overline{WE}=0$）。如图 3-20 所示为动态 RAM 写时序图。

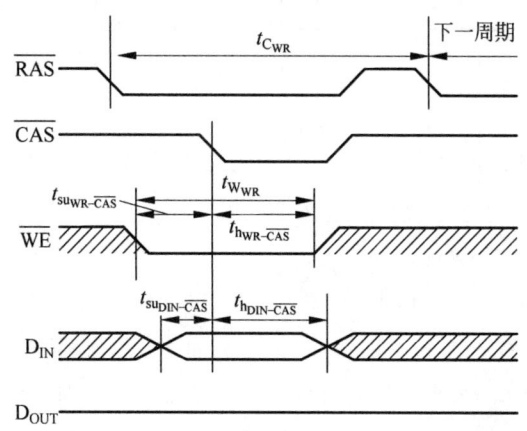

图 3-20　动态 RAM 写时序

① $t_{C_{WR}}$：动态 RAM 完成一次写操作所需的最短时间。

② $t_{su_{WR-\overline{CAS}}}$：$\overline{CAS}$有效前的一段时间。

③ $t_{h_{WR-\overline{CAS}}}$：$\overline{CAS}$有效后的一段时间。

④ $t_{su_{DIN-\overline{CAS}}}$：写入数据在$\overline{CAS}$有效前的一段时间。

⑤ $t_{h_{DIN-\overline{CAS}}}$：写入数据在$\overline{CAS}$有效后的一段时间。

3）动态 RAM 的刷新

由于电容上的电荷只能保持 1～2ms，因此在 2ms 内必须对动态 RAM 的存储单元进行刷新。通常把从上一次对整个存储器的刷新结束到本次对整个存储器的刷新结束所经历的时间称为刷新周期。

动态 RAM 的刷新通常有 3 种方式，分别为集中刷新方式、分散刷新方式和异步刷新方式（结合集中和分散刷新）。

（1）集中刷新方式。集中刷新是指在一个刷新周期内，利用一段固定的时间依次对存储器的所有行进行刷新，在此期间不能对存储器执行读或写操作。

【例 3-3】　已知存取周期为 0.5μs，刷新周期为 2ms，试采用集中刷新方式对 128 行的存储芯片进行刷新。

解：刷新周期 2ms（=2000μs，占 2000μs/0.5μs=4000 个存取周期），对 128 行集中刷新共需 64μs（=128×0.5μs，占 128 个存取周期），剩下的 1936μs（=2000μs－64μs，占 3872 个存取周期）用来读、写或维持信息，如图 3-21 所示。

（2）分散刷新方式。分散刷新是将对存储器所有行的刷新分散到每个存取周期中去完成。具体做法是将存取周期 t_C 分为两半，前半段时间 t_M 用于读、写或维持操作，后半段时间 t_R 用于刷新，即 $t_C=t_M+t_R$，且 $t_M==t_R$。可见，分散刷新将存取周期延长了，因此严重降低了系统的速度。

【例 3-4】　已知读写周期为 0.5μs，试采用分散刷新方式对 128 行的存储芯片进行刷新。

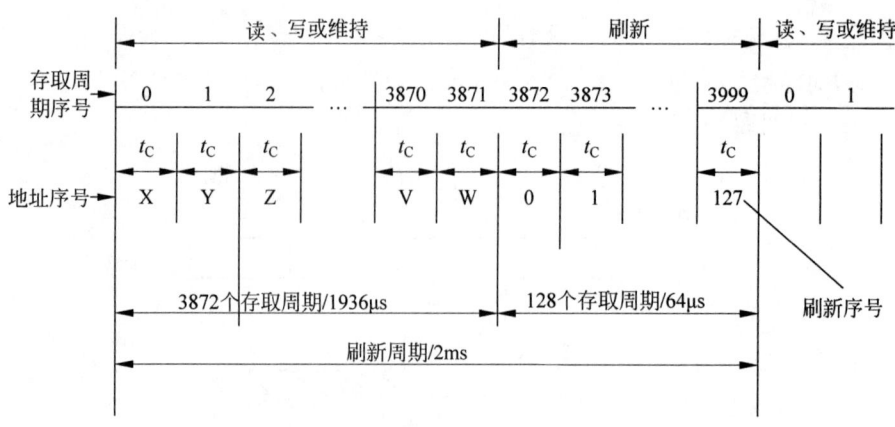

图 3-21 集中刷新的时间分配

解：读写周期为 $0.5\mu s$，即 $t_M = 0.5\mu s$，则刷新时间 $t_R = 0.5\mu s$，存取周期 $t_C = 0.5\mu s + 0.5\mu s = 1\mu s$，故每隔 $128\mu s (=128\times 1\mu s)$ 就可以将存储芯片的所有行全部刷新一遍，如图 3-22 所示。

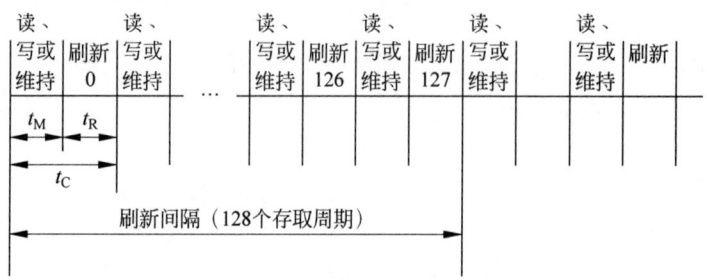

图 3-22 分散刷新的时间分配

(3) 异步刷新方式。将以上两种刷新方式结合起来便得到异步刷新方式，它一方面缩短了每次因刷新导致的不能进行读写操作的时间，另一方面又充分利用了 2ms 的最大刷新间隔。具体做法是用刷新周期除以行数，得到两次刷新操作之间的时间间隔 t，再将 t 分为两段时间，前段时间用于读、写或维持操作，后段时间用于刷新，然后利用逻辑电路每隔时间 t 产生一次刷新请求。

【例 3-5】 假设刷新周期为 2ms，存取周期为 $0.5\mu s$，试采用异步刷新方式对 128 行的存储芯片进行刷新。

解：将刷新周期分割为 128 个时间段，则每个时间段为 $15.6\mu s (\approx 2000\mu s/128)$，每个 $15.6\mu s$ 的前一部分时间用于读、写或维持，后一部分 $(0.5\mu s)$ 用于将某一行存储单元刷新，如图 3-23 所示。

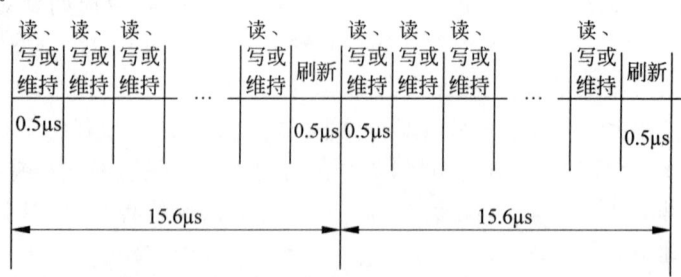

图 3-23 异步刷新的时间分配

4. 静态 RAM 和动态 RAM 的比较

为了能够更好地掌握静态 RAM 和动态 RAM，现将它们的特点总结如表 3-2 所示。

表 3-2 静态 RAM 和动态 RAM 的特点

类型 特点	静态 RAM(SRAM)	动态 RAM(DRAM)
存储信息原理	触发器	电荷
需要刷新	不需要	需要
送行列地址	同时送	分两次送
运行速度	快	慢
集成度	低	高
功耗	大	小
存储成本	高	低
主要用途	高速缓存	内存

注意：

(1) 在同样大小的芯片中，动态 RAM 的集成度远高于静态 RAM。例如，动态 RAM 的基本单元电路可集成为一个 MOS 管，而静态 RAM 的基本单元电路通常为 4~6 个 MOS 管。

(2) 动态 RAM 的行列地址是按先后顺序传送的，这是为了减少芯片引脚，同时封装的尺寸也在减小。

3.2.3 只读存储器

早期的掩模型只读存储器 MROM 一旦写入信息后便无法对其内容进行更改，灵活性十分差。为了解决这一问题，先后设计出了可编程只读存储器(PROM)、可擦除可编程只读存储器(EPROM)以及用电可擦除可编程的只读存储器(EEPROM)。

1. 掩模只读存储器

在制造掩模 ROM 时，生产厂家采用掩模技术将信息写入存储器中，通常根据行选择线和列选择线交叉处是否导通来区分存 0 还是存 1，一旦制成后，掩模 ROM 所存储的信息将无法更改。

如图 3-24 所示为 MOS 型掩模 ROM，其容量为 $1K \times 1$ 位（$1K=2^{10}$，共有 10 根地址线，行和列地址线各 5 根），采用重合法进行地址译码，行和列地址线经其译码器译码后，由相应的行和列选择线确定待操作的存储位。

若行选择线和列选择线的交叉处有耦合元件 MOS 管，则因导通使列选择线为低电平，经读出放大器反向为高电平，从而输出 1；若行选择线和列选择线的交叉处无耦合元件 MOS 管，则无法导通，列选择线仍为高电平，经读出放大器反向为低电平，从而输出 0。

由于在掩模 ROM 制成后，行选择线和列选择线的交叉处是否有耦合元件 MOS 管已确定，因此无法更改其所存储的信息。

2. 可编程只读存储器

为了能够批量生产只读存储器并满足用户的需求，于是设计出了可以实现一次性编程的只读存储器 PROM。如图 3-25 所示为一种 PROM 的基本单元电路，它是由双极型电路（由空穴和电子两种载流子同时导电形成的电路）和熔丝构成的，若熔丝断开，则表示存储的是 0；若熔丝未断，则表示存储的是 1。

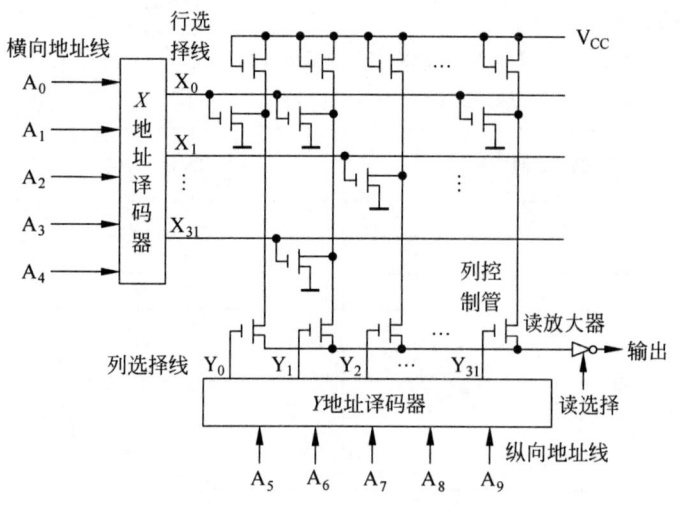
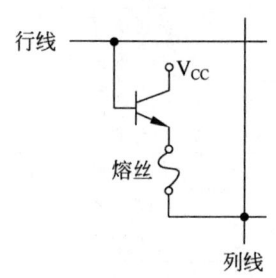

图 3-24　1K×1 位的 MOS 管掩模 ROM

图 3-25　双极型镍铬熔丝式
单元电路

生产商可利用该双极型镍铬熔丝式单元电路批量生产不同容量的 PROM 芯片。而用户在使用时,则可以选择合适容量的 PROM 芯片,然后按照自己的需求将信息依次存入芯片行列选择线交叉处的耦合元件内。若欲存入 0,则给耦合元件通以大电流将其熔丝烧断;若欲存入 1,则让熔丝保持原状。由于断开的熔丝是无法恢复的,因此这种 ROM 通常只能实现一次编程。如图 3-26 所示为已存入信息的 16×1 位的双极型镍铬熔丝式 PROM 芯片。

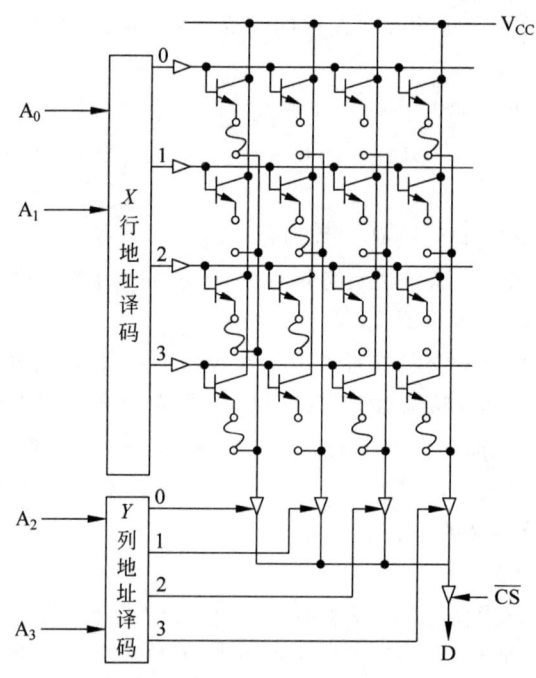

图 3-26　16×1 位双极型镍铬熔丝式 PROM

3. 可擦除可编程只读存储器

EPROM 是一种可擦除可编程只读存储器。对该存储器存入信息后,若需要修改,则先将原信息全部除去,再重新存入新的信息,这样便可以实现多次存入信息。

EPROM 分为两类:一类是由浮动栅雪崩注入型 MOS 管构成的,又称 FAMOS(Floating gate Avalanche injection MOS)型 EPROM;另一类是由叠栅雪崩注入型 MOS 管构成的,又称为 SAMOS(Stacked gate Avalanche injection MOS)型 EPROM。目前较为常用的是前者,如图 3-27 所示为 N 型沟道浮动栅 MOS 电路的逻辑符号图。

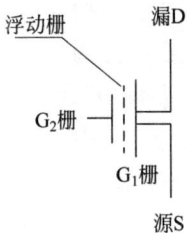

图 3-27 N 型沟道浮动栅 MOS 电路的逻辑符号

若对漏 D 端加上约几十伏的脉冲电压,使得沟道中的电场足够强,则会造成雪崩,产生很多高能量电子。此时,若在 G_2 栅上加上正电压,则使 MOS 管呈 0 状态;否则使 MOS 管呈 1 状态。当需要进行改写时,可先用紫外线照射,将原信息全部除去,然后再重新存入新的信息。

相对于 PROM 来说,EPROM 的灵活性有了较大的提高,但改写过程仍比较复杂。因为有时候可能只需要改写很少的一部分信息,却需要对全部的信息进行擦写(即全局擦写)。

4. 电可擦可编程只读存储器

由于使用紫外线照射的方法对 EPROM 改写需要较长的擦除时间,并且不能对指定单元进行改写,因此需要对其进一步改进。通过使用电气方法既可实现针对需要改写的部分进行擦写(即局部擦写),也可实现对全部的信息进行擦写(即全局擦写),这种改进后的 EPROM 被称为 EEPROM。

EEPROM 的擦除不需要借助于其他设备,它仅用电子信号来修改其中的内容,而且最小修改单位为字节。EEPROM 属于双电压芯片,在写入数据时,只需用厂商提供的专用刷新程序就可以轻而易举地进行改写。

基本输入输出系统(Basic Input Output System,BIOS)就很好地利用了 EEPROM 芯片的双电压特性。在对 BIOS 中的程序进行升级时,只需把相应地跳线开关拨至 OFF 位置(即给芯片加上相应的编程电压),就可以方便地升级;平时使用时,则把跳线开关拨至 ON 位置,这样可以防止 CIH 类的病毒对 BIOS 芯片进行非法修改。

3.2.4 闪速存储器

闪速存储器是在 EPROM 和 EEPROM 制造工艺的基础上生产的一种高密度非易失性存储器,具有如下优点:

(1) 不仅价格便宜,而且集成度高、功耗低。

(2) 具有电可擦除可编程的特性,并且其擦写的速度比一般标准的 EEPROM 快得多,已经和 RAM 相当。

(3) 具有高速编程的特点(如采用快速脉冲编程算法对 28F256 闪速存储芯片每字节编程仅需 $100\mu s$)。

(4) 存储器访问周期短。

(5) 与计算机之间接口的设计比较简单。

综上所述,闪速存储器集成了众多类型存储器的优点,是存储技术发展史上的一大飞跃。闪速存储器通常有三个基本操作:编程操作、读取操作和擦除操作。

接下来详细介绍闪速存储器的基本单元电路及其阵列结构。

1. 闪速存储器的基本单元电路

如图 3-28 为闪速存储器的基本单元电路,由单个 MOS 晶体管组成。当浮空栅上有很多电子(带负电)时,意味着浮空栅上有很多负电荷,如图 3-28(a)所示,这种情况被认为存储的是 0;当浮空栅上只有少许电子时,意味着浮空栅上不带电荷,如图 3-28(b)所示,这种情况被认为存储的是 1。

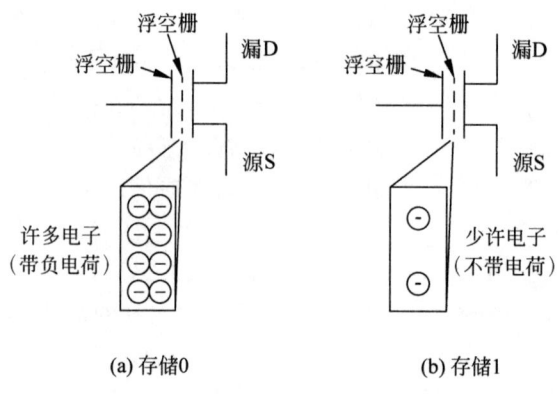

图 3-28 闪速存储器的基本单元电路

2. 闪速存储器的结构

闪速存储器的结构如图 3-29 所示。

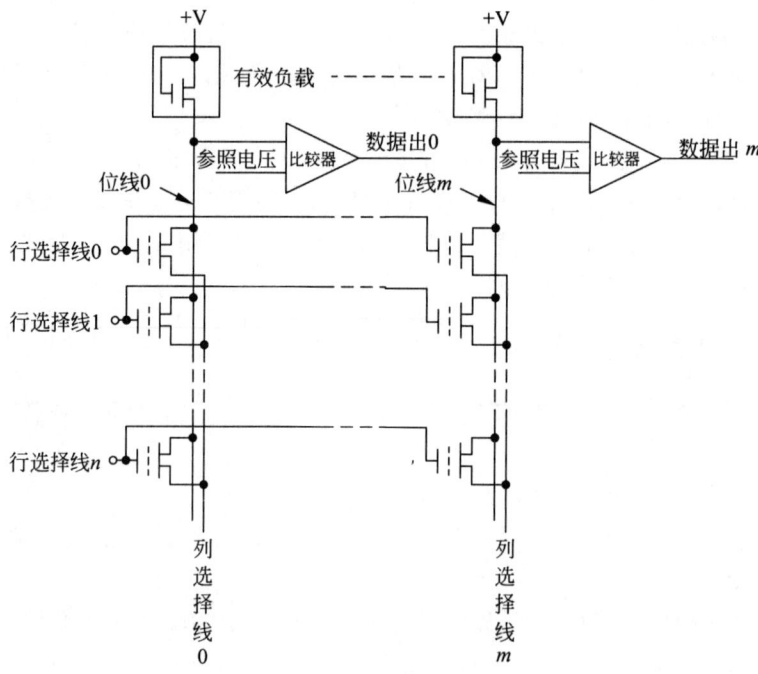

图 3-29 闪速存储器的结构

当执行读操作时,若某个存储位存 1,则晶体管导通,与它所在的位线接通,有电流通过位线,所经过的负载上产生一个电压降送至比较器的一个输入端,与另一端的参照电压做比较,比较器输出一个标志为逻辑 1 的电平;若某个存储位存 0,则晶体管不导通,没有电流通过位线,比较器输出一个标志为逻辑 0 的电平。

3.3 存储器与 CPU 的连接

CPU 是计算机运算和控制的核心,存储器是计算机的记忆部件,用于存放程序和数据。如果希望对存储器中的这些程序和数据执行相应地操作,就必须把它们送至 CPU,由此就产生了存储器与 CPU 的连接的问题。

3.3.1 存储容量的扩展

由于单个存储芯片的容量很难满足实际需求,因此需要扩大芯片的容量。给定某一存储芯片,通常有两种方案可以扩大其容量:一种方案是考虑增大芯片的面积以容纳更多的晶体管,从而扩大芯片的容量;另一种方案是考虑将若干片存储芯片以一定的方式连在一起,从而组成更大容量的存储器,即存储容量的扩展,在这一方案中,通常包括位扩展、字扩展和字位扩展。

1. 位扩展

位扩展是指增加存储字长,即将若干片 $S \times D_1$ 位的存储芯片连在一起组成 $S \times D_2$ 位的存储器,需要的存储芯片的数目为 $\dfrac{D_2}{D_1}$。

【例 3-6】 现有 $8K \times 1$ 位的存储芯片若干,试采用位扩展将其扩展为一个 $8K \times 8$ 位的存储器。

解:共需要 $8 \div 1 = 8$ 片。即需要 8 片 $8K \times 1$ 位的存储芯片才能组成 $8K \times 8$ 位的存储器,如图 3-30 所示。图中 8 片存储芯片分别与 CPU 的 8 根数据总线($D_0 \sim D_7$)相连,每片存储芯片的 $13(2^{13}=8K)$ 根地址总线均与 CPU 的 13 根地址总线($A_0 \sim A_{12}$)相连。

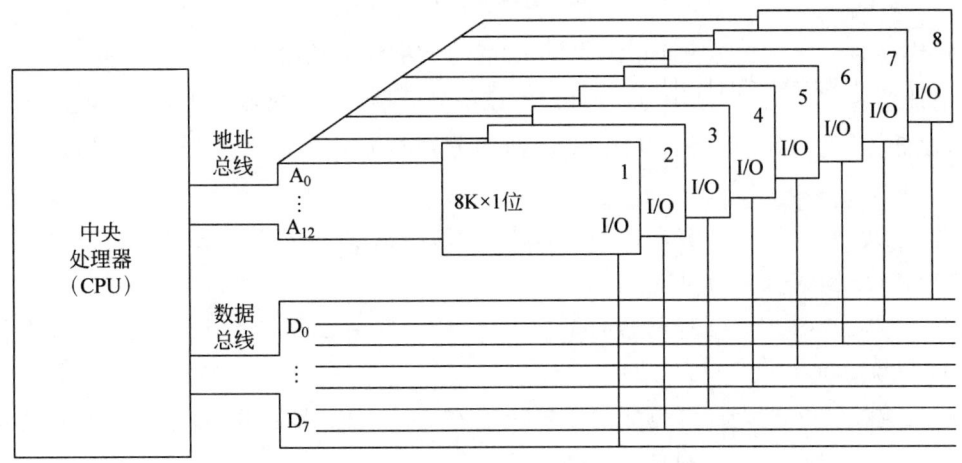

图 3-30 8 片 $8K \times 1$ 位的芯片组成 $8K \times 8$ 位的存储器

2. 字扩展

字扩展是指增加存储单元的数量,即将若干片 $S_1 \times D$ 位的存储芯片连在一起组成 $S_2 \times D$ 位的存储器,需要的存储芯片的数目为 $\dfrac{S_2}{S_1}$。

【例 3-7】 现有 16K×8 位的存储芯片若干,试采用字扩展将其扩展为一个 64K×8 位的存储器。

解:共需要 64÷16=4 片。即需要 4 片 16K×8 位的存储芯片才能组成 64K×8 位的存储器,如图 3-31 所示。

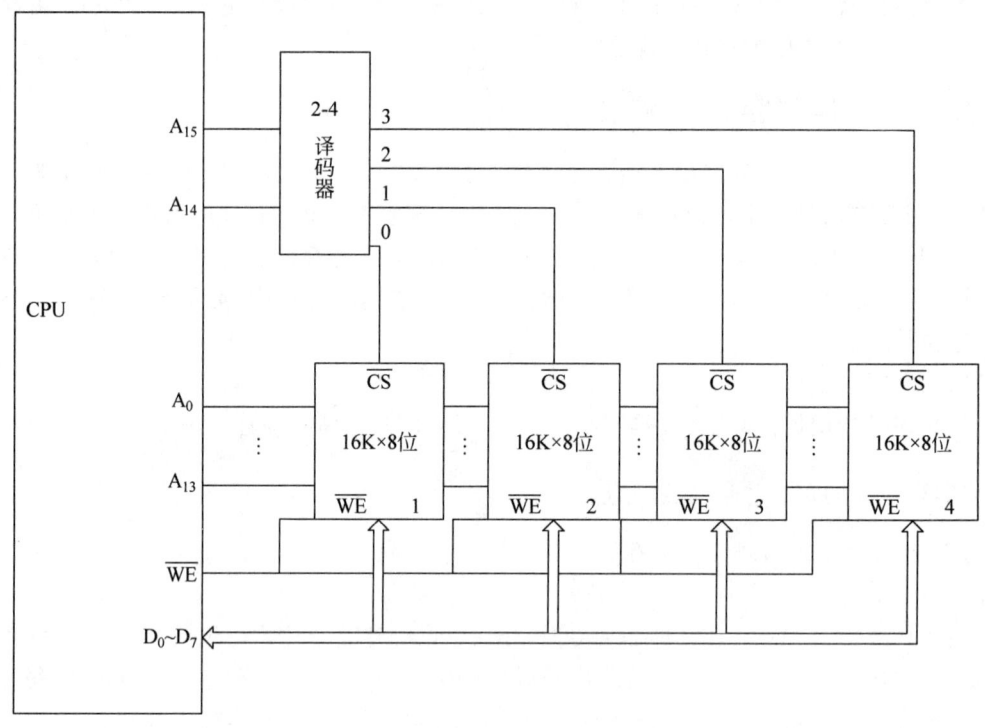

图 3-31 4 片 16K×8 位的存储芯片组成 64K×8 位的存储器

每片存储芯片的 8 根数据总线均与 CPU 的 8 根数据总线($D_0 \sim D_7$)相连。CPU 高 2 位的地址总线(A_{14} 和 A_{15})作为片选信号,该信号通过 2-4 译码器译码后确定选中的存储芯片,而低 14 位的地址总线($A_0 \sim A_{13}$)则均分别与 4 片存储芯片低 14 位的地址总线相连。

当 $A_{15}A_{14}=00$ 时,2-4 译码器的 0 输出端有效,选中 1 号芯片,该芯片的地址范围为 $\underline{00}000000000000000 \sim \underline{00}111111111111111$。

当 $A_{15}A_{14}=01$ 时,2-4 译码器的 1 输出端有效,选中 2 号芯片,该芯片的地址范围为 $\underline{01}00000000000000 \sim \underline{01}11111111111111$。

当 $A_{15}A_{14}=10$ 时,2-4 译码器的 2 输出端有效,选中 3 号芯片,该芯片的地址范围为 $\underline{10}00000000000000 \sim \underline{10}11111111111111$。

当 $A_{15}A_{14}=11$ 时,2-4 译码器的 3 输出端有效,选中 4 号芯片,该芯片的地址范围为

1100000000000000~1111111111111111。

3. 字位扩展

字位扩展是指既增加存储单元的数量又增加存储字长，即将若干片 $S_1 \times D_1$ 位的存储芯片连在一起组成 $S_2 \times D_2$ 位的存储器，需要的存储芯片的数目为 $\dfrac{S_2}{S_1} \times \dfrac{D_2}{D_1}$。

【例 3-8】 现有 16K×4 位的存储芯片若干，试采用字位扩展将其扩展为一个 64K×8 位的存储器。

解：共需要 $(64 \div 16) \times (8 \div 4)$ 片 $= 4 \times 2$ 片 $= 8$ 片。即需要 8 片 16K×4 位的存储芯片才能组成 64K×8 位的存储器，如图 3-32 所示。

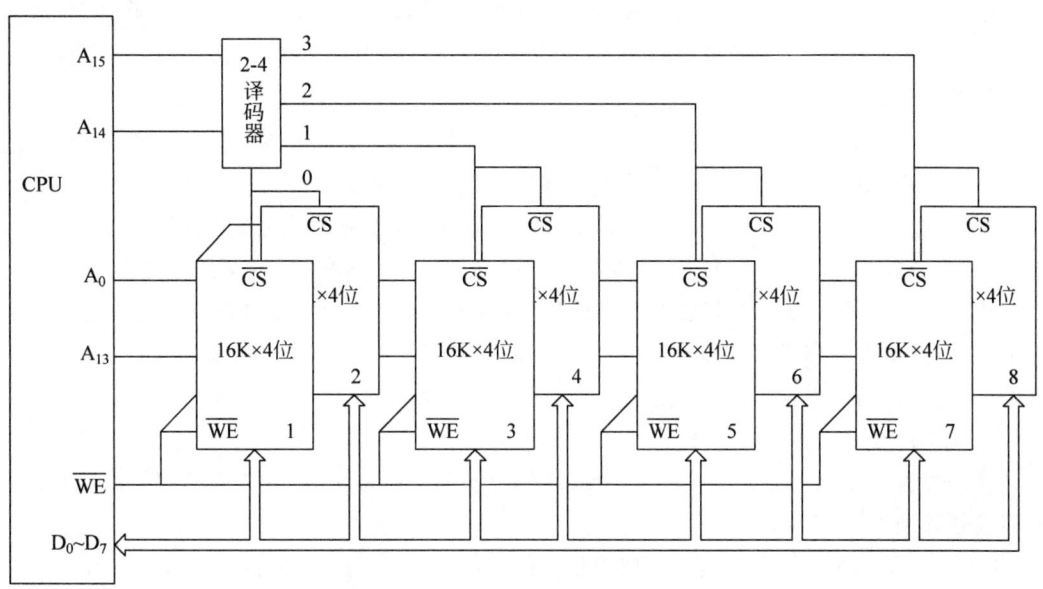

图 3-32　8 片 16K×4 位的存储芯片组成 64K×8 位的存储器

8 片存储芯片分为 4 组，每组两片，即由 2 片 16K×4 位的芯片组成 16K×8 位的芯片。在每组的两片存储芯片中，一片的 4 根数据总线与 CPU 高 4 位的数据总线相连，另一片的 4 根数据总线与 CPU 低 4 位的数据总线相连。

由于 $2^{16} = 64K$，即地址总线的宽度为 16 位。CPU 高 2 位的地址总线（A_{14} 和 A_{15}）作为片选信号，该信号通过 2-4 译码器译码后确定选中的存储芯片组，而低 14 位的地址总线（$A_0 \sim A_{13}$）则均分别与 4 组的每片存储芯片低 14 位的地址总线相连。

3.3.2　存储芯片的地址分配和片选

由之前的介绍可知，存储器通常是由多片存储芯片组成的，因此，当 CPU 要访问存储器时，首先需要选择存储芯片（即片选）；然后在该存储芯片内选择存储单元（即字选）。

设 CPU 共有 M 根地址总线，S 片存储芯片的规格为 $2^L \times D$ 位。字选通常是由 CPU 的 L 根低位地址总线确定的，将用于字选的地址总线称为字选地址总线。$N = M - L$，当 $N \geqslant S$ 时，片选由 CPU 的位于字选地址总线之后的 S 根地址总线确定，称为线选片选法；

当 $N<S$ 时，片选由 CPU 的位于字选地址总线之后的 $T(T\leqslant N$ 且 $2^T\geqslant S)$ 根地址总线确定，称为译码片选法，将用于片选的地址总线称为片选地址总线。

1. 线选片选法

线选片选法是将片选地址总线分别与各存储芯片的片选端相连，当某片选地址总线的信息为 0 时（每次只能有一根片选地址总线的信息为 0，其他均为 1），就选中与之对应的存储芯片或芯片组。

【例 3-9】 假设 CPU 共有 16 根地址总线（$A_0 \sim A_{15}$），组成存储器的 4 片存储芯片（分别编号为 0#、1#、2# 和 3#）的规格均为 $2^{12}\times 8$ 位，试讨论应采用何种方式进行片选，并分析根据片选地址总线的信息如何选中与之对应的存储芯片。

解：CPU 的低 12 位地址总线（$A_0 \sim A_{11}$）作为字选总线，剩下的高 4 位地址总线（A_{12}、A_{13}、A_{14} 和 A_{15}）刚好分别与 4 片存储芯片相连，因此应采用线选片选法，分以下四种情况讨论每次选中的存储芯片。

(1) 当 $A_{15}A_{14}A_{13}A_{12}=1110$，即倒数第 1 位为 0 时，选中编号为 0# 的存储芯片。

(2) 当 $A_{15}A_{14}A_{13}A_{12}=1101$，即倒数第 2 位为 0 时，选中编号为 1# 的存储芯片。

(3) 当 $A_{15}A_{14}A_{13}A_{12}=1011$，即倒数第 3 位为 0 时，选中编号为 2# 的存储芯片。

(4) 当 $A_{15}A_{14}A_{13}A_{12}=0111$，即倒数第 4 位为 0 时，选中编号为 3# 的存储芯片。

线选片选法的优点是不需要对片选地址总线的信息进行译码就可以直接选中芯片或芯片组，故线路的设计较为简单；缺点是地址空间不连续，不能充分利用系统的存储器空间，从而造成地址的浪费。

2. 译码片选法

译码片选法是将片选地址总线与地址译码器相连，由地址译码器的输出结果选中对应的存储芯片或芯片组。

【例 3-10】 假设 CPU 共有 14 根地址总线（$A_0 \sim A_{13}$），组成存储器的 4 片存储芯片（分别编号为 0#、1#、2# 和 3#）的规格均为 $2^{12}\times 8$ 位，试讨论应采用何种方式进行片选，并分析片选地址总线的信息如何选中与之对应的存储芯片。

解：CPU 的低 12 位地址总线（$A_0 \sim A_{11}$）作为字选总线，剩下的高 2 位地址总线（A_{12} 和 A_{13}）无法分别与 4 片存储芯片直接相连，因此应采用译码片选法，分以下四种情况讨论每次选中的存储芯片。

(1) 当 $A_{13}A_{12}=00$ 时，对应十进制数 0，此时选中编号为 0# 的存储芯片。

(2) 当 $A_{13}A_{12}=01$ 时，对应十进制数 1，此时选中编号为 1# 的存储芯片。

(3) 当 $A_{13}A_{12}=10$ 时，对应十进制数 2，此时选中编号为 2# 的存储芯片。

(4) 当 $A_{13}A_{12}=11$ 时，对应十进制数 3，此时选中编号为 3# 的存储芯片。

3.3.3 存储器与 CPU 连接的实现

在连接前，需要选择合理的存储芯片组成存储器。连接时，一般要实现地址总线、控制总线（读写控制线和片选线等）与数据总线的连接。CPU 对存储器执行读或写操作时，首先由地址总线给出地址信号，然后由控制总线给出读或写操作的控制信号，最后由数据总线传送相应的数据。

1. 合理选择存储芯片

存储芯片的选择要考虑存储芯片的类型(RAM 或 ROM)和数量。在考虑芯片的类型时，通常选用 ROM 存放系统程序、标准子程序和各类常数，而选用 RAM 存放用户程序。在考虑芯片的数量时，要尽量使连线简单方便。

2. 地址总线的连接

CPU 的地址总线往往多于存储芯片的地址总线。在连接时，通常将 CPU 的低位地址总线与存储芯片的地址总线相连，即用于字选；而 CPU 的高位地址线则一般用于存储芯片扩充时芯片的选择，即用于片选。

3. 数据总线的连接

当 CPU 与存储芯片的数据总线的数目相等时，可直接连接；而当 CPU 与存储芯片的数据总线的数目不等时，必须先对存储芯片进行位扩展，使其数据总线的数目与 CPU 的相等才能进行连接。

4. 读写控制线的连接

CPU 读写控制线一般可直接与存储芯片的读写控制端相连，通常高电平为读，低电平为写。但有些 CPU 的读写控制线是分开的（读为 $\overline{RD}$，写为 $\overline{WE}$，均为低电平有效），此时 CPU 的读控制线应与存储芯片的允许读控制端相连，而 CPU 的写控制线则应与存储芯片的允许写控制端相连。

5. 片选线的连接

片选线的连接是存储器和 CPU 连接的关键。存储器由许多存储芯片组成，哪一片被选中完全取决于该存储芯片的片选控制端能否接收到来自 CPU 的片选有效信号。

片选有效信号与 CPU 的访存控制信号 $\overline{MREQ}$（低电平有效）有关，因为只有当 CPU 要求访存时，才需要选择存储芯片。若 CPU 要求访问 I/O，则 $\overline{MREQ}$ 为高电平，表示无需存储器工作。

【例 3-11】 假设 CPU 有 16 根地址总线，8 根数据总线，$\overline{MREQ}$ 为访存控制信号(低电平有效)，$\overline{WE}$ 为读写控制信号(高电平为读，$\overline{WE}=1$，低电平为写，$\overline{WE}=0$)。现有 1K×4 位的 RAM、4K×8 位的 RAM、8K×8 位的 RAM、2K×8 位的 ROM、4K×8 位的 ROM 和 8K×8 位的 ROM 若干，以及 74138 译码器和各种门电路，如图 3-33 所示。试画出存储器和 CPU 连接的示意图，要求如下：

(1) 存储器地址空间分配：6000H～67FFH 为系统程序区，6800H～6BFFH 为用户程序区。

(2) 合理选用上述存储芯片，并说明各选几片。

(3) 详细画出存储芯片的片选逻辑图。

解：

(1) 合理选择存储芯片。将用十六进制表示的地址范围改用二进制表示，如图 3-34 所示，以便确定容量，并结合该地址范围在计算机中的作用来选择存储芯片。

系统程序区的容量为 2K×8 位，故应选择 1 片 2K×8 位的 ROM；用户程序区的容量为 1K×8 位，故应选择 2 片 1K×4 位的 RAM。

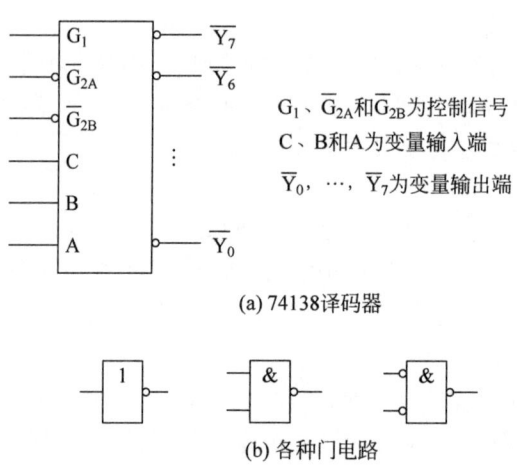

(a) 74138译码器

G_1、$\overline{G_{2A}}$和$\overline{G_{2B}}$为控制信号
C、B和A为变量输入端
$\overline{Y_0}$,…,$\overline{Y_7}$为变量输出端

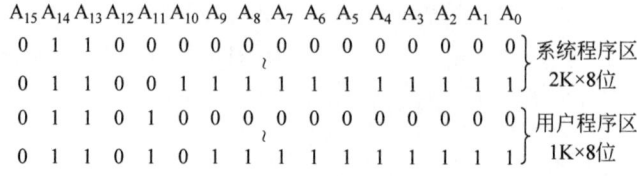

(b) 各种门电路

图 3-33 译码器和门电路

```
A15 A14 A13 A12 A11 A10 A9 A8 A7 A6 A5 A4 A3 A2 A1 A0
 0   1   1   0   0   0  0  0  0  0  0  0  0  0  0  0  ⎫ 系统程序区
 0   1   1   0   0   1  1  1  1  1  1  1  1  1  1  1  ⎭ 2K×8位
 0   1   1   0   1   0  0  0  0  0  0  0  0  0  0  0  ⎫ 用户程序区
 0   1   1   0   1   0  1  1  1  1  1  1  1  1  1  1  ⎭ 1K×8位
```

图 3-34 十六进制表示的地址范围改写为用二进制表示

(2) 地址总线的连接。

① 将 CPU 的低 11 位地址总线($A_0 \sim A_{10}$)与 2K×8 位 ROM 的地址总线相连。

② 将 CPU 的低 10 位地址总线($A_0 \sim A_9$)与 2 片 1K×4 位 RAM 的地址总线相连。

(3) 数据总线的连接。

① 将 CPU 的数据总线与 2K×8 位 ROM 的数据总线相连。

② 2 片 1K×4 位 RAM 的数据总线分别与 CPU 的高 4 位和低 4 位数据总线相连。

(4) 读写控制线的连接。RAM 芯片的读写控制端与 CPU 的读写控制端 $\overline{WE}$ 直接相连,而 ROM 只用于读,故不需要连接读写控制端。

(5) 片选线的连接。由图 3-33(a)给出的 74138 译码器输入逻辑关系可知,要使译码器正常工作,需保证控制端 G_1 为高电平,$\overline{G_{2A}}$ 和 $\overline{G_{2B}}$ 为低电平。在(1)中地址范围用二进制表示时,A_{14} 始终为高电平,A_{15} 始终为低电平,这刚好与 G_1 高电平,$\overline{G_{2A}}$ 低电平对应,即可将 G_1 与 A_{14} 相连,$\overline{G_{2A}}$ 与 A_{15} 相连。而访存控制信号 $\overline{MREQ}$(低电平有效)又刚好与 $\overline{G_{2B}}$ 低电平对应,即可将 $\overline{G_{2B}}$ 与 $\overline{MREQ}$ 相连。

CPU 剩下的地址总线 A_{13}、A_{12} 和 A_{11} 分别与译码器的输入端 C、B 和 A 相连,作为片选。当译码器的输出端 $\overline{Y_4}$ 有效时,选中 ROM;$\overline{Y_5}$ 和 A_{10} 同时有效均为低电平时,选中 2 片 RAM。

经过以上分析,可以画出存储器和 CPU 的连接示意图(图 3-35)。

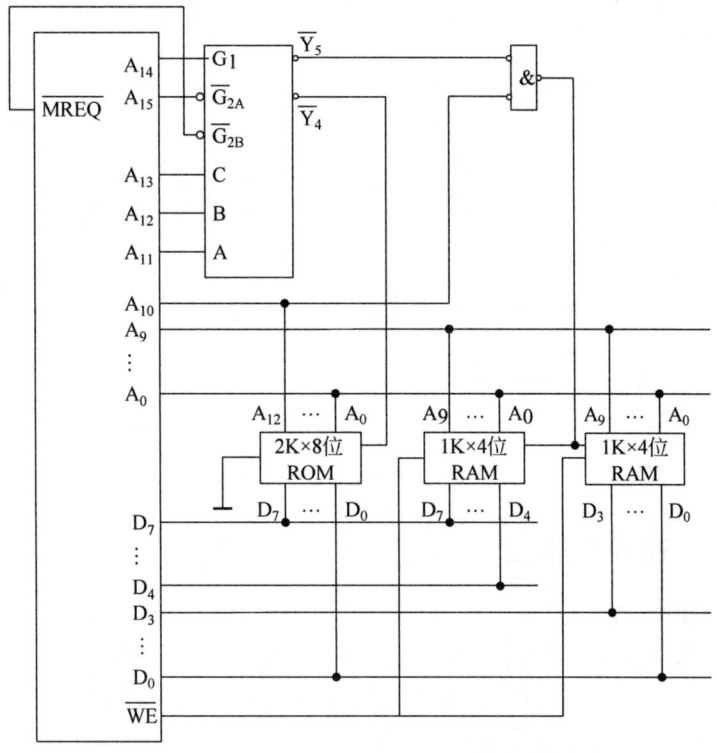

图 3-35　存储器和 CPU 的连接示意图

3.4　并行存储器

为了提高访存速度,除了寻找更高速的元件和采用存储器层次结构外,还可以采用具有并行技术的存储器,本节将要介绍的双端口 RAM 和多模块存储器就是基于并行技术实现的。

3.4.1　双端口 RAM

双端口 RAM 是指同一个存储器具有两组相互独立的端口(即地址总线、数据总线以及控制总线),如图 3-36 所示,这两组端口都可以对存储器执行读写操作。

通过两组端口执行读写操作时,若两组端口不同时对存储器执行读或写操作,则不会发生错误;若两组端口同时对存储器执行读或写操作,则情况如下:

① 对存储器的不同存储单元执行读或写操作,不会发生错误。
② 对存储器的同一存储单元执行读操作,不会发生错误。
③ 对存储器的同一存储单元执行写操作,会发生写入错误。
④ 对存储器的同一存储单元,一个执行写操作,另一个执行读操作,会出现读出错误。

为了防止通过两组端口执行读写操作时出现错误,双端口 RAM 设置了"忙"标志。若两组端口执行读写操作时会出现错误,则只允许一组端口访问,而对另一组端口置"忙"标志以延迟其操作。

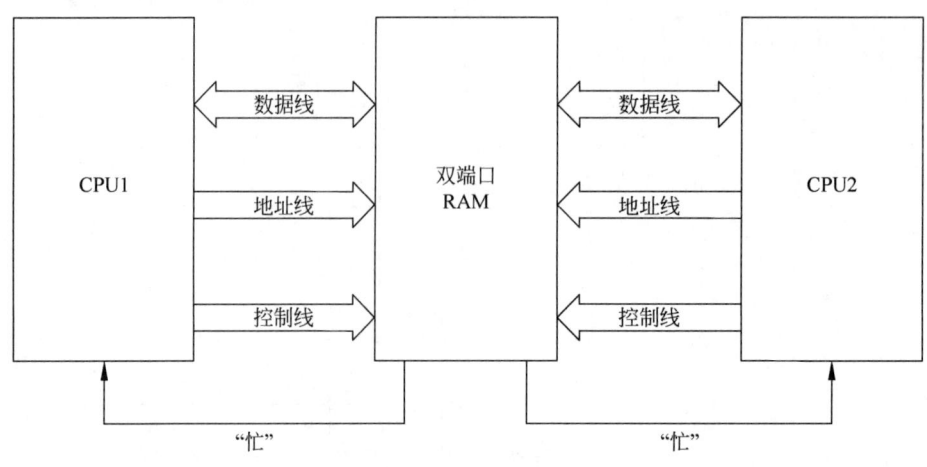

图 3-36　双端口 RAM 示意图

3.4.2　多模块存储器

1. 单体多字存储器

由于程序和数据在存储器中是连续存放的,因此 CPU 访存取出的信息也是连续的。如果可以在同一存取周期内取出 n 条指令,将每一条指令送至 CPU 执行,即每隔 $1/n$ 存取周期就向 CPU 送一条指令,这样将增加存储器的带宽,提高存储器的速度。如图 3-37 所示,单体多字存储器将存储器的存储字长增大 n 倍(同时数据总线的数目也要增大 n 倍),以存放 n 个指令字或数据字(每字 W 位)。

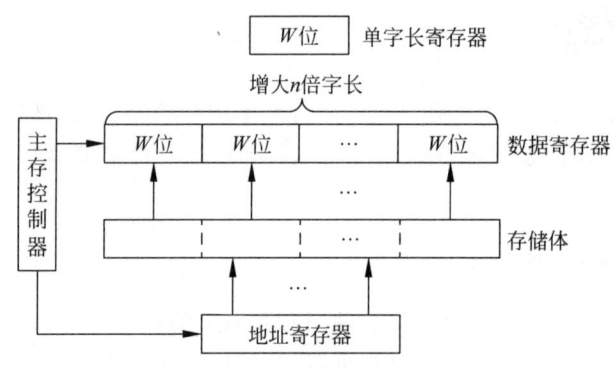

图 3-37　单体多字结构存储器

在一个存储周期内,单体多字存储器可以写入或读出的指令字或数据字的数目也增大了 n 倍。这也意味着,每次必须凑齐 n 个指令字或数据字才能作为一个存储字写入单体多字存储器中,而每次读出的一个存储字(含 n 个指令字或数据字)也不一定都是最近需要的,因此,若想最大化的实现单体多字存储器的作用,必须保证程序和数据在存储器中是连续存放的;否则一旦遇到转移指令或操作数不能连续存放,这种方法就无法充分利用 CPU 的资源。

2. 多体并行存储器

为了加快信息交换的速度,多体并行存储器采用多个模块组成主存以实现并行工作。每一模块的容量和存取速度相同,各模块都有独立的读写电路、地址译码、驱动电路、地址寄存器和数据寄存器,它们既能并行工作又能交叉工作。

对多体并行存储器各模块的存储单元进行编址时有两种方式,分别为高位交叉编址方式和低位交叉编址方式,因此,多体并行存储器分为高位交叉编址的多体存储器和低位交叉编址的多体存储器两种。

1) 高位交叉编址

高位交叉编址是对多体并行存储器的各模块按顺序编址,即对一个模块的存储单元编完址后再对下一个模块的存储单元进行编址。采用这种方式编址时,高位地址表示体号(即模块的编号),低位地址表示体内地址(即模块内的地址)。如图 3-38 所示为具有 4 个模块并采用高位交叉编址方式的多体并行存储器的示意图。

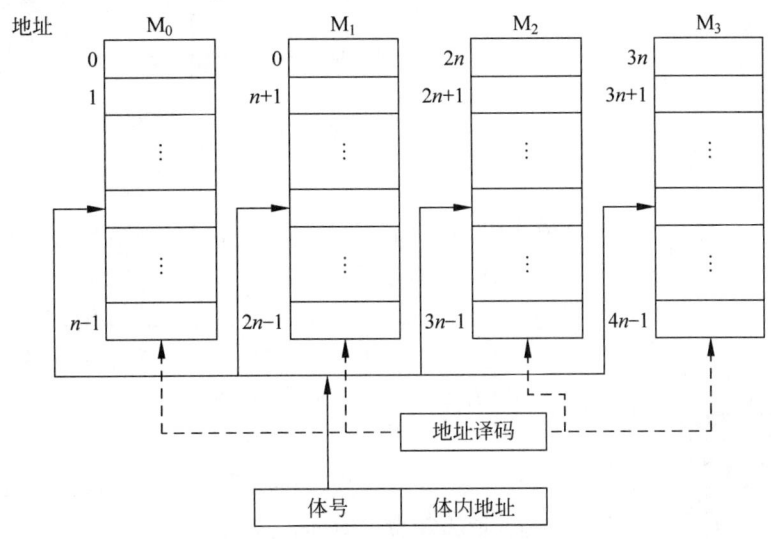

图 3-38 高位交叉编址的多体存储器

采用这种编址方式十分有利于存储器的扩充,并且只要进行合理的调动,就可以使不同的请求源同时访问不同的模块,从而实现并行工作。例如,一个模块正在和 CPU 交换信息的同时,另一个模块正在和输入输出设备交换数据。

2) 低位交叉编址

低位交叉编址(也称为模 m 编址,m 为模块数)是对多体并行存储器的各模块同时编址,将连续的地址分布在相邻的模块内,故同一个模块的地址都是不连续的。采用这种方式编址时,低位地址表示体号,高位地址表示体内地址。如图 3-39 所示为具有 4 个模块并采用低位交叉编址方式的多体并行存储器的示意图。

虽然图中的 4 个模块的都有独立的读写电路、地址译码、驱动电路、地址寄存器和数据寄存器,可以实现同时获取所有模块的一个存储字,但由于通常数据总线的数目等于模块的字长,因此一次获取的多个存储字也只能在数据总线上依次传送,否则会产生冲突。此时,可以采用流水线的方式来实现对这些存储字的并行存取。

假设低位交叉编址存储器的模块数为 m,模块的存取周期为 T,总线的传送周期为 t,通常 $T>t$。为了实现流水线方式存取,可以在启动一个模块 t 时间后再启动另一个模块。这样,当先启动模块取出的一个存储字在数据总线上传送完毕后,刚好数据总线空闲,后启动模块取出的一个存储字就可以在其上传送。此时,应满足 $T=mt$。而为了保证启动某一

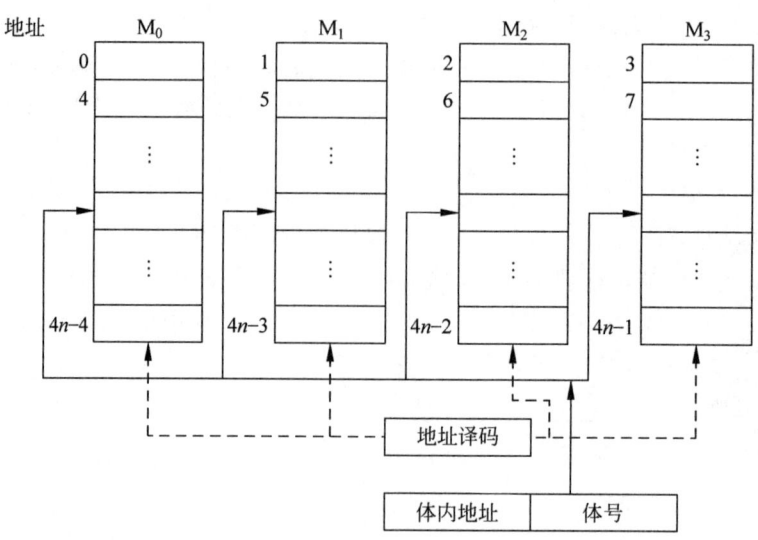

图 3-39 低位交叉编址的多体存储器

模块后,经 mt 时间再次启动该模块时,它的上一次存取操作已完成,要求存储器的模块数应大于等于 m。以四体(即 $m=4$)低位交叉编址存储器为例,采用流水线方式存取的示意图如图 3-40 所示。

分析图 3-40 可知,对于低位交叉编址的存储器,当需要连续读取 N 个字时,所需花费的时间 t_L 为

$$t_L = T + (N-1)t$$

而若采用高位交叉编址方式,则连续读取 N 个字所需花费的时间 t_H 为

$$t_H = NT$$

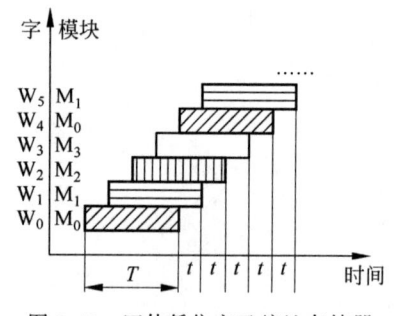

图 3-40 四体低位交叉编址存储器流水线方式存取示意图

【例 3-12】 假设模块数 $m=4$,每个模块的存储字长为 64 位,存储周期 $T=200$ns,数据总线有 64 根,总线传送周期 $t=50$ns,试求出分别采用高位交叉编址和低位交叉编址时存储器的带宽。

解: 连续读出 4 个字(因为 $m=4$)的信息总量为

$$M = 64 \times 4 = 256 \text{bit}$$

采用高位交叉编址和低位交叉编址时连续读出 4 个字的时间分别为

$$t_H = mT = 4 \times 200\text{ns} = 800\text{ns}$$

$$t_L = T + (4-1)t = 200\text{ns} + 3 \times 50\text{ns} = 350\text{ns}$$

采用高位交叉编址和低位交叉编址时存储器的带宽分别为

$$W_H = M/t_H = 256\text{bit}/800\text{ns} = 320\text{Mbit/s}$$

$$W_L = M/t_L = 256\text{bit}/350\text{ns} \approx 731\text{Mbit/s}$$

多模块存储器是主存储器,因此,它可以与 CPU、辅存等请求源交换信息,故有可能出现多个请求源同时请求访问同一个存储体的情况,为了防止访问出错,需要按照一定的原则对不同的请求源设置优先级,具体原则如下:

(1) 对易发生代码丢失的请求源设置最高优先级。

(2) 对严重影响 CPU 工作的请求源设置次高优先级。

3.5 高速缓冲存储器

3.5.1 高速缓冲存储器简介

1. 高速缓冲存储器的产生

一方面由于辅存向主存请求的优先级高于 CPU 访存，因此当辅存和 CPU 同时请求主存时，CPU 必须等待，这降低了 CPU 的工作效率；另一方面由于主存速度的提高始终跟不上 CPU 的发展，因此 CPU 的实际运行速度受到了主存速度的限制，这也降低了 CPU 的工作效率。为了提高 CPU 的工作效率，在 CPU 和主存之间设置了高速缓冲存储器 Cache，它的速度比主存快，但容量比主存小，用于预存 CPU 近期可能需要访问的主存信息（即 Cache 的内容是主存一部分信息的副本），这样当 CPU 需要访问这些信息时，就可以直接从 Cache 中获取，不会因为此时主存正在响应更高优先级的请求源或主存的速度慢而降低 CPU 的工作效率。

CPU 可以直接访问 Cache 而不用访问主存的前提是在 Cache 中预存的信息确实是 CPU 近期要访问的主存信息。通过对大量典型程序的执行过程进行分析，发现如果某数据或指令被使用，那么在不久之后它可能会被再次使用（称为时间局部性原理），其存储地址附近的数据或指令在不久之后也可能会被使用（称为空间局部性原理）。这是因为有些数据和指令会被多次调用（如子程序、循环程序和一些常数等），且数据和指令在主存中都是连续存放的。因此通过局部性原理（时间局部性原理和空间局部性原理的统称）就可以推测 CPU 近期要访问的主存信息，从而将其预存至 Cache 中。

2. 高速缓冲存储器的工作原理

如图 3-41 所示，为了与 Cache（缓存）映射，将主存和缓存的存储空间都分成若干个大小相等的块，每个块包含若干个字。故主存的地址分为两部分：高 m 位表示主存的块号，低 b 位表示块内地址，则 $2^m = M$ 表示主存的块数。同样，缓存的地址也为两部分：高 c 位表示 Cache 的块号，低 b 位表示块内地址，则 $2^c = C$ 表示 Cache 的块数，且 C 远小于 M。主存和缓存都用地址的低 b 位表示块内地址，则 $2^b = B$ 表示块内的字数，它反映了块的大小，称为块长。

由于 C 远小于 M，故一个缓存块不能唯一映射到一个主存块，因此在每个缓存块中设置了标记，其内容为空或等于某一主存块号。当 CPU 欲访问某字时，将该字地址的高 m 位与缓存块的标记一一进行比较，若能找到与之相等的标记，则说明 CPU 欲访问的字已在 Cache 中，可直接访问 Cache（CPU 和 Cache 之间以"字"为单位交换信息），此时，称 CPU 访问 Cache 命中；否则说明 CPU 欲访问的字不在 Cache 中，需要到主存中访问之，并将该字所在的主存块调入 Cache 中（Cache 与主存之间以"字块"为单位交换信息），此时，称 CPU 访问 Cache 未命中。

当 CPU 需多次执行访问操作时，Cache 访问命中次数的多少反映了 Cache 的效率，通常用"命中率"来衡量该效率，它是指 CPU 要访问的主存信息已在 Cache 中的比率。

假设 CPU 访问 Cache 命中的次数为 N_c，未命中时访问主存的次数为 N_m，则命中率 h 为

$$h = \frac{N_c}{N_c + N_m}$$

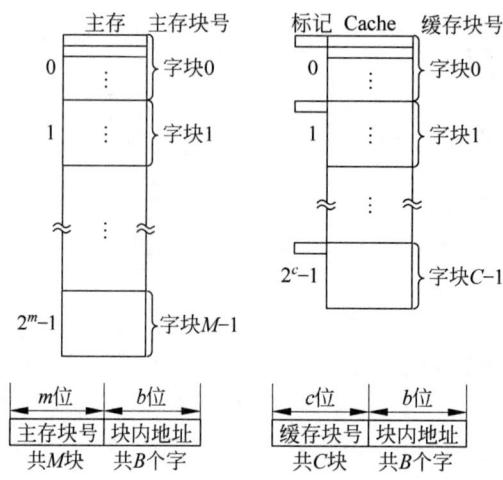

图 3-41 Cache-主存存储空间的基本结构

设每次命中时 CPU 访问 Cache 所需的时间为 t_c，而每次未命中时 CPU 访问主存所需的时间为 t_m，$1-h$ 表示未命中率，则 Cache-主存系统的平均访问时间 t_a 为

$$t_a = ht_c + (1-h)t_m$$

用 e 表示 Cache 的效率，则有

$$e = \frac{t_c}{t_a} \times 100\% = \frac{t_c}{ht_c + (1-h)t_m} \times 100\%$$

通常访问主存所需的时间 t_m 要比访问 Cache 所需的时间 t_c 大得多，因此，若希望提高 Cache 的效率，则应尽可能地增大命中率 h。

【例 3-13】 假设 CPU 执行某段程序时，访问 Cache 命中 1000 次，未命中时访问主存 25 次。已知 Cache 的存取周期为 50ns，主存的存取周期为 200ns，试求 Cache-主存系统的命中率、平均访问时间和效率。

解：

(1) 命中率 $h = 1000/(1000+25) \approx 0.97$。

(2) 平均访问时间 $t_a = 0.97 \times 50\text{ns} + 0.03 \times 200\text{ns} = 54.5\text{ns}$。

(3) 效率 $e = 50\text{ns}/54.5\text{ns} \times 100\% \approx 91.7\%$。

理论上，Cache 的容量越大意味着命中率越高(Cache 的容量越大，能存放的主存块就越多)，效率也就越高。但是当 Cache 的容量达到一定值后，再增加 Cache 的容量时，命中率的增长就会变得十分缓慢，如图 3-42 所示。

从另一方面来看，随着 Cache 容量的增加，其成本也在不断地增加，因此需要同时考虑成本和命中率才能确定 Cache 的容量。例如，80386 主存的最大容量为 4GB，与其配套的 Cache 容量为 16KB 或 32KB 时，命中率就可以达到 95% 以上。

此外，Cache 的命中率还与块长有关。程序的局部性原理指出，在已被访问的数据或指令附近的数据或指令，不久后它们可能也会被访问，因此增大块长后，一个块就可以存放更多有用的信息，从而提高了命中率。

但是当块长超过一定值后，可能会导致命中率下降，这是因为在 Cache 总容量不变的前提下，由于数据或指令是连续存放的，块长过大意味着某些近期不被访问的数据或指令占用

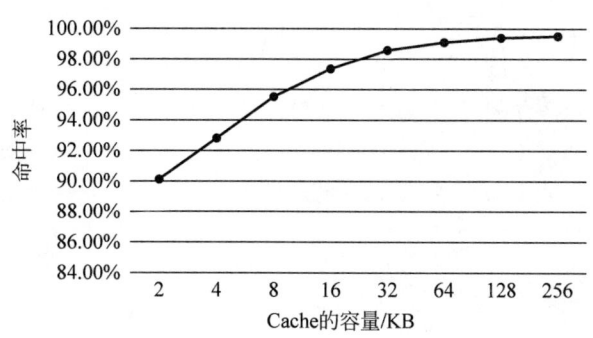

图 3-42　Cache 容量与命中率的关系

了 Cache 的空间,从而导致 CPU 当前需要访问的数据和指令不在 Cache 内(即 CPU 访问 Cache 未命中,故命中率降低)。

因此,存在一个最优的块长值,但该值很难确定,通常取 4 或 8 个字或字节(如 IBM 370/168 的字长为 64 位,即 8 个字节,其 Cache 块长为 32 个字节,即 4 个字),也可以取一个存储周期所能访问的信息长度(如 CRAY-1 的主存是 16 体低位交叉编址存储器,其存放指令的 Cache 块长为 16 个字)。

Cache 主要由存储体、地址映射变换部件以及替换部件三个模块组成,其基本结构如图 3-43 所示。

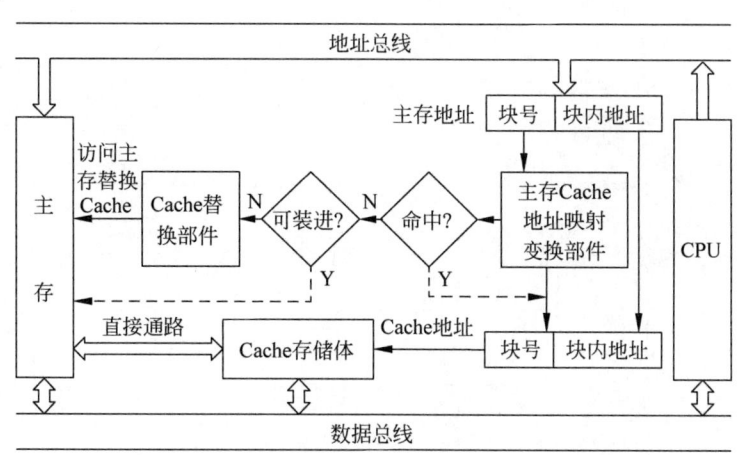

图 3-43　Cache 的基本结构

(1) Cache 存储体。Cache 存储体以块为单位与主存交换信息。由于缓存块远少于主存块,因此缓存块与主存块不能一一映射。

(2) 地址映射变换部件。由于缓存块与主存块不能一一映射,因此主存地址与缓存地址就不同。地址映射变换部件负责将 CPU 送来的主存地址转换为 Cache 地址。考虑到主存地址和缓存地址都分为块号和块内地址两部分且主存块和缓存块的大小相等,因此它们的块内地址(即低位地址)相等,故地址变换主要是主存块号(即高位地址)和缓存块号之间的转换。而地址变换又与如何将主存地址映射到 Cache 中有关(这将在后续章节中详细介绍)。

(3) 替换部件。若 Cache 已满,而 CPU 欲访问的主存信息又不在 Cache 中,则替换部件按照相关的替换算法(将在后续章节中详细介绍)确定从 Cache 中移出哪个块返回主存,从而把新的主存块调入 Cache。

注意：Cache 和主存之间的信息交换对用户来说都是透明的,用户不需要知道待执行的指令或待访问的数据是否在 Cache 中,也不需要知道 Cache 的访问过程,这些都是 CPU 在执行指令过程中由某些软硬件协同工作完成的,用户只需给出这些指令或数据在主存中的地址即可。

3.5.2 地址映射与转换

地址映射是指将内存地址映射到缓存地址(即 Cache 地址)。地址映射的方式有多种,常用的有直接映射、全相联映射和组相联映射。

1. 直接映射

直接映射是先将缓存块和主存块一一映射,当缓存块不够时,再从第一个缓存块开始与余下的主存块继续一一映射,如此重复,直至主存块映射完(通常主存块数是缓存块数的整数倍),如图 3-44 所示。

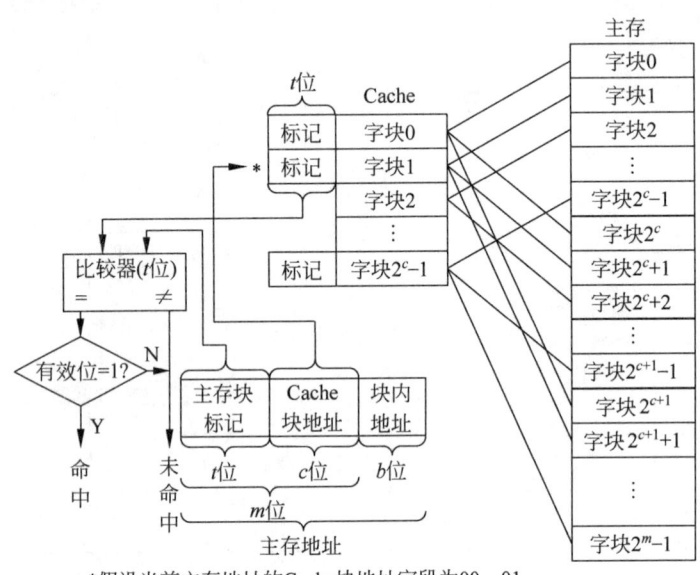

*假设当前主存地址的Cache块地址字段为00…01

图 3-44　直接映射

主存块号与缓存块号之间的映射关系式为

$$i = j \bmod C$$

或

$$i = j \bmod 2^c$$

其中,i 为缓存块号,j 为主存块号,C 为缓存块数。主存块号对缓存块数取余的结果(即主存地址的 c 位 Cache 块地址)相等的主存块映射到同一个缓存块中,如表 3-3 所示。

表 3-3　直接映射方式主存块与缓存块的对应关系

缓 存 块 号	主 存 块 号
0	$0, C, \cdots, M-C$
1	$1, C+1, \cdots, M-C+1$
...	...
$C-1$	$C-1, 2C+1, \cdots, M-C+1$

每个缓存块对应一组主存块(这组主存块的 Cache 地址字段的值与该缓存块的块号相等),而某一时刻该缓存块只能存放这组主存块中的某一个,存了哪一个主存块,就将其 $t(=m-c)$ 位的主存字块标记写入该缓存块的标记字段中。

当 CPU 需要执行访问操作时,首先通过比较器将给出的主存地址的主存字块标记字段与缓存块的标记字段进行比较,若两者相等且有效位为 1(该有效位用来表示 Cache 块中存储的数据是否有效,其值为 1 表示有效,为 0 表示无效)则命中;若两者不相等或有效位为 0 表明未命中,此时需要从主存中读入新的字块来替代旧的字块,同时将信息送往 CPU,并修改 Cache 的标记字段,若原来有效位为 0,还需要将其置为 1。

直接映射方式的优点是只需要利用主存地址的 t 位主存字块标记字段与缓存块的标记字段进行比较,就可以确定所需字块是否在缓存中,这加快了访问的速度。该方式的缺点是不够灵活,因为每个主存块只能固定地映射到某个缓存块中,即使其他缓存块都空着也不能与主存块建立映射关系。此外,如果程序恰好要重复访问对应同一缓存位置的不同主存块,那么就要不停地进行替换,这导致命中率较低。

2. 全相联映射

全相联映射是指主存的每一块可以映射到任一空闲的缓存块上,如图 3-45 所示。

在全相联映射方式中,只要有空闲的缓存块就可以将主存块的信息存入其中,而且需要替换时,也可以选择任一缓存块进行替换。因此,这种映射方式是十分灵活的,命中率也更高。

由于这种映射方式没有任何规律性,因此主存的整个块号位($m=t+c$ 位)都要作为主存字块标记字段,这意味着 Cache 的标记字段也要由直接映射方式的 t 位增长至 m 位,故访问 Cache 时需要将 m 位的主存字块标记和 m 位的

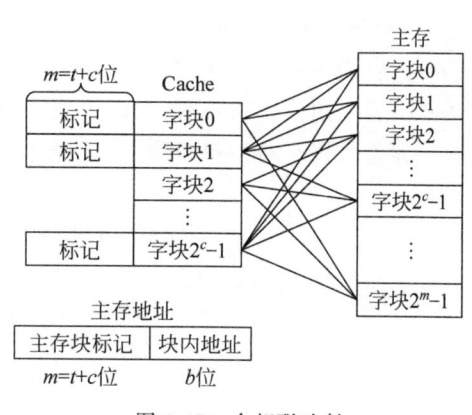

图 3-45　全相联映射

缓存标记字段逐位进行比较,才能判断要访问的内容是否在 Cache 中。这种比较通常由"按内容寻址"的相联存储器(将在后面介绍)完成。

3. 组相联映射

组相联映射结合了直接映射和全相联映射这两种方式,它先将所有的缓存块均分为 Q 组(通常建议 Q 为 2 的整数次幂),每组有 R 块(当 $R=2$ 时,称为二路组相联映射),然后采用直接映射的方式将主存块映射到缓存块组中去,即利用映射关系式

$$i = j \bmod Q$$

将主存块 j 按模 Q 映射到缓存的第 i 组内。再将分到同一缓存块组中的主存块组采用全相联映射的方式处理(该主存块组的任一主存块可以映射到该缓存块组的任一缓存块中),如图 3-46 所示。

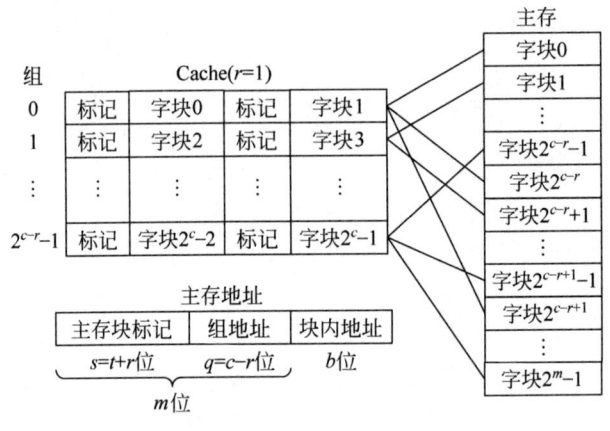

图 3-46 组相联映射方式

直接映射中 c 位的 Cache 块地址字段在组相联映射中变成了 q 位的组地址字段,且 $q=c-r$,其中,$2^c=C$ 表示缓存块数,$2^q=Q$ 表示缓存的分组个数,$2^r=R$ 表示每组包含的缓存块数。此外,主存字块标记字段由 t 位增长为 $s=t+r$ 位,故 Cache 的标记字段也要用 s 位表示。

【例 3-14】 假设主存容量为 512K×16 位,Cache 容量为 4096×16 位,块长为 4 个 16 位的字,访存地址为字地址。

(1) 若采用直接映射,试设计主存的地址格式。
(2) 若采用全相联映射,试设计主存的地址格式。
(3) 若采用二路组相联映射,试设计主存的地址格式。

解:
(1) 因为块长为 $4(=2^2)$ 且访存地址为字地址,所以 Cache 和主存的块内地址均为 2 位,即 $b=2$。

Cache 共有 $4096/4=2^{12}/2^2=2^{10}$,故缓存块号占 10 位,即 $c=10$。因为主存容量为 512K×16 位,512K=2^{19} 所以主存字地址占 19 位,故主存字块标记占 $19-10-2=7$ 位。主存的地址格式如图 3-47(a)所示。

(2) 采用全相联映射方式时,主存字块标记占 $19-b=19-2=17$ 位。主存的地址格式如图 3-47(b)所示。

(3) 采用二路组相联映射方式时每组有 2 个缓存块,Cache 共有 1024 块,故分为 $1024/2=512=2^9$ 组,即 $q=9$,所以主存字块标记占 $19-q-b=19-9-2=8$ 位。主存的地址格式如图 3-47(c)所示。

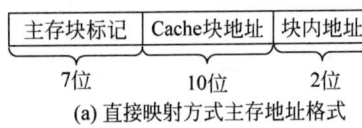
(a) 直接映射方式主存地址格式

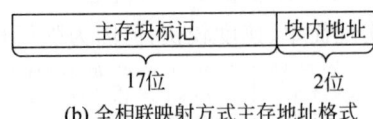
(b) 全相联映射方式主存地址格式

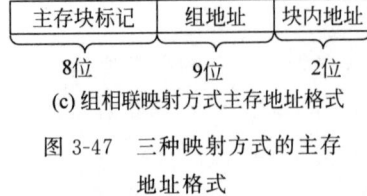
(c) 组相联映射方式主存地址格式

图 3-47 三种映射方式的主存地址格式

3.5.3 替换策略

当一个新的主存块需要调入 Cache，而该主存块映射到 Cache 中的所有缓存块却被其他主存块占满，此时需要选择一个缓存块将其替换，否则这一新的主存块将无法调入 Cache。

事实上，根据主存块到 Cache 的映射方式的不同，选择一个缓存块并将其替换的这一操作也会不同。在直接映射方式中，由于每个主存块固定映射到一个缓存块，故需要时可直接替换掉该缓存块；而在全相联和组相联映射方式中，由于每个主存块会映射到若干个缓存块，因此需要按照一定的策略（即替换算法）去选择某一缓存块进行替换。

常用的替换算法有先进先出（First In First Out，FIFO）算法、最近最少使用（Least Recently Used，LRU）算法、最不经常使用（Least Frequently Used，LFU）算法和随机算法等。

1. 先进先出（FIFO）算法

FIFO 算法通过记录字块调入缓存的起始时间或队列来实现替换最早调入 Cache 的字块。该算法不需要记录字块的使用情况，因此实现比较简单，开销也较小，但由于最早调入的字块可能会被经常使用（如循环程序），或者可能以后会被用到（程序的局部性原理），故 FIFO 算法不能提高命中率。

2. 最近最少使用（LRU）算法

LRU 算法利用了程序的局部性原理来选择近期最少使用的字块进行替换。该算法需要随时记录各字块的使用情况，实现该算法时为每一个缓存块设置一个计数器，Cache 每命中一次，就将对应缓存块的计数器清零，而将其他缓存块的计数器加一。当需要替换时，通过比较各计数器的值，将值最大的缓存块换出。LRU 算法的平均命中率比 FIFO 算法的高。

3. 最不经常使用（LFU）算法

LFU 算法选择近期使用次数最少的字块进行替换。通常实现该算法时也为每一个缓存块设置一个计数器，并从 0 开始计数，Cache 每命中一次，就将对应缓存块的计数器加一。当需要替换时，通过比较各计数器的值，将值最小的缓存块换出，并将其他缓存块的计数器清零。LFU 算法将计数周期限定在对特定行两次替换之间的间隔时间内，因此不能很好地反映近期访问情况，这使得其命中率要低于 LRU 算法。

4. 随机算法

随机算法是随机地确定替换的字块。通常实现该方法时需要设置一个随机数产生器，依据其产生的随机数确定应该被替换的字块。这种方法实现简单、速度较快，但因为随机换出的字块可能紧接着又要被使用（此时需要将该字块换入），这种情况将极大的降低命中率。

3.5.4 Cache 的一致性问题

Cache 中的内容是主存中一部分信息的副本，因此这些内容应当与主存中的内容保持一致。通常 CPU 访问 Cache 会执行读操作、写操作和读写操作，若当 CPU 访问 Cache 执行的仅为读操作时，由于该操作不会对 Cache 中的内容进行修改，因此执行这一操作时 Cache 中的内容始终与主存中的内容保持一致，而若包含写操作，就有可能会对其中的内容进行修改。因此，为了保持 Cache 中的内容与主存中的内容一致，可以使用以下三种方法（即写回法、写直达法和写一次法）。

1. 写回法

写回法(write-back)，又称拷回法(copy-back)，在正常情况下这一方法执行写操作时把数据写入 Cache，而不写入主存；而若出现将数据写入 Cache 失败的异常情况时，则需从主存中找出包含当前待修改数据的块，然后将其直接复制到 Cache 中，再执行写操作。对于上述情况，只有当 Cache 中的该数据要被替换出去时才将其写回主存。由于写回法有可能导致 Cache 中的数据与主存中的数据不一致，因此需要为 Cache 中的每一块设置一个标志位(dirty bit，即页面重写标志位，也称脏位，其初始时值为 0)，该位用于标识 Cache 中的数据与主存中的数据是否一致。

实现这一方法时，需注意：

(1) 当对缓存中的某一块执行写操作时，先将该块写入 Cache 但不立即写入主存，同时将其标志位设置为 1。

(2) 当对其执行替换操作时，若其标志位为 1，则需先将其写回主存，再进行替换；否则直接进行替换。

2. 写直达法

写直达法(write-through)，又称全写法，该方法在执行写操作时同时写入 Cache 和主存，因此在正常情况下可以保证 Cache 与主存中的内容一致，但这样增加了访问主存的次数，从而降低了 Cache 的工作效率。

若发生写入 Cache 失败而写入主存成功的异常情况，则需要考虑是否将修改过的主存块读到 Cache 中。此时既可以使用写分配法(Write Through with Write Allocate，WTWA)将修改过的主存块读到 Cache 中，并为它分配一个位置，也可以使用非写分配法(Write Through with NO Write Allocate，WTNWA)不将修改过的主存块读到 Cache 中，具体视情况而定。

通过在 Cache 和主存之间增加一个写缓冲，可以使得 CPU 在执行写操作时将数据同时写入到 Cache 和这一写缓冲中，然后再由写缓冲控制将该数据写入主存。这样可以减少全写法将数据直接写入主存的时间损耗，从而提高 Cache 的效率。事实上，写缓冲是一个 FIFO 队列，它可以解决 Cache 和主存之间速度不匹配的问题，但如果出现频繁的写操作，则可能会使其饱和溢出。为了解决这一问题，现代计算机通常设立多级 Cache(假定为二级，按离 CPU 的远近可命名为 L1 Cache 和 L2 Cache，L1 Cache 对 L2 Cache 使用全写法，L2 Cache 对主存使用写回法，由于 CPU 对 L2 Cache 的访问速度大于对主存的访问速度，这样就避免了因频繁写时造成的写缓冲饱和溢出)。

表 3-4 对写回法和写直达法进行了简单的比较。

表 3-4 两种方法的比较

性能	方法	
	写回法	写直达法
一致性	可能无法随时保证 Cache 与主存中的内容一致	随时保证 Cache 与主存中的内容一致
复杂程度	实现复杂	实现简单
访存次数	减少了访存次数	增加了访存次数
工作效率	提高了 Cache 工作效率	降低了 Cache 工作效率

3. 写一次法

由于写回法和全写法各有优缺点，因此写一次法结合了这两种方法的优点，它在第一次执行写操作时，采用全写法(既写入 Cache 也写入主存)，而在后续执行写操作时，则采用写回法(只写入 Cache)。奔腾 CPU 的片内数据 Cache 就采用了这种方法。之所以写一次法在执行第一次写操作时采用全写法,是因为 CPU 要在总线上启动一个存储写周期,其他 Cache 监听到此主存块地址及写信号后,即可将该块从主存中拷贝至 Cache 中或将 Cache 中的该块作废,从而实现了全部 Cache 的一致性。

3.5.5 Cache 性能分析

Cache 系统的加速比和 Cache 的命中率是十分重要的两个性能参数,现介绍如下。

1. Cache 系统的加速比

在存储系统中,采用 Cache 技术的主要目的是提高存储器的访问速度,而加速比是其重要的性能参数,其定义如下,Cache 存储系统的加速比 S_P(speedup)为

$$S_P = \frac{t_m}{t_a} = \frac{t_m}{h \cdot t_c + (1-h) \cdot t_m} = \frac{1}{(1-h) + h \cdot \frac{t_c}{t_m}} = f\left(h, \frac{t_m}{t_c}\right)$$

其中:t_m 为主存储器的访问时间;t_c 为 Cache 的访问时间;t_a 则为 Cache 存储系统的平均访问时间;h 为命中率。

从加速比的定义可以看出,加速比的大小与两个因素有关:即命中率 h 及 Cache 与主存访问周期的比值 t_c/t_m。图 3-48 所示为加速比 S_P 与命中率 h 的关系,从图中可以看出,命中率 h 越高,加速比 S_P 越大。当命中率 $h=1$ 时,加速比 S_P 的值为

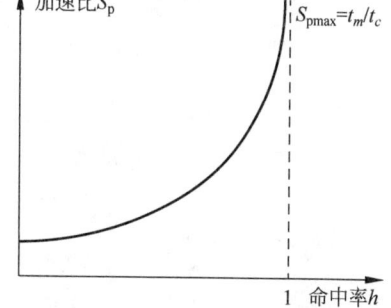

图 3-48 加速比 S_P 与命中率 h 的关系

$$S_P = \frac{1}{(1-1) + 1 \cdot \frac{t_c}{t_m}} = \frac{t_m}{t_c}$$

此时 S_P 取得最大值,即为 S_{pmax}。

2. Cache 的命中率

从 CPU 的角度来看,通过增加 Cache,可能使得 CPU 从主存中读取数据的平均时间接近于从 Cache 中读取数据的时间。由于 Cache 的速度比主存的速度快很多,这样就可以提高 CPU 的利用率。为了实现这个目标,则需要使得在所有的存储器访问中,由 Cache 中的数据满足 CPU 计算需要的部分应尽可能占更高的比例,而由主存中的数据满足 CPU 计算需要的部分应尽可能占更低的比例,即 Cache 的命中率应无限接近于 1(根据程序局部性原理,这是有可能实现的)。

影响 Cache 命中率的因素很多,如 Cache 的容量、块的大小、映射方式、替换策略以及程序执行中地址流的分布情况等。接下来从 Cache 的容量、块的大小、映射方式这三个方面来分别介绍它们对命中率的影响情况。

1) Cache 的容量对命中率的影响

Cache 的容量越大则命中率越高,但当其容量达到一定程度后,命中率则不会继续显著提高。

2) Cache 块的大小对命中率的影响

若增大 Cache 块,命中率也明显增加,但增加到一定程度之后反而会下降。

3) Cache 的映射方式对命中率的影响

对于常用的三种映射方式而言,直接映射方式命中率比较低,全相联映射方式命中率比

较高,组相联映射方式则会因为组分得越多,从而导致命中率越低。

【例 3-15】 某计算机系统的内存储器由 Cache 和主存构成,Cache 的存取周期为 20ns,主存的存取周期为 100ns,已知在一段给定的时间内,CPU 共访问内存 2000 次,其中 140 次访问主存。

(1) 求 Cache-主存系统的命中率、平均访问时间和加速比。

(2) 若 Cache 和主存的存取周期不变,而命中率变为 0.96,此时 Cache-主存系统的加速比有何变化?

解:

(1) Cache 的命中率

$$h = \frac{N_c}{N_c + N_m} = \frac{2000 - 140}{2000} = 0.93$$

Cache 的平均访问时间为

$$t_a = h \times t_c + (1-h) \times t_m$$
$$= 0.93 \times 20\text{ns} + (1 - 0.93) \times 100\text{ns} = 25.6\text{ns}$$

Cache 的加速比为

$$S_p = \frac{t_m}{t_a} \times 100\% = \frac{20\text{ns}}{25.6\text{ns}} \times 100\% = 78.1\%$$

(2) 当命中率为 0.96,Cache 的等效访问周期为

$$t_a = h \times t_c + (1-h) \times t_m$$
$$= 0.96 \times 20\text{ns} + (1 - 0.96) \times 100\text{ns} = 23.2\text{ns}$$

Cache 的加速比为

$$S_p = \frac{t_m}{t_a} \times 100\% = \frac{20\text{ns}}{23.2\text{ns}} \times 100\% = 86.2\% > 78.1\%$$

从这个例子可以看出,当命中率由 0.93 变为 0.96,Cache 的加速比则由 78.1% 上升至 86.2%。这充分印证了命中率与加速比之间的关系。

3.5.6 相联存储器

相联存储器是由检索寄存器、屏蔽寄存器、存储体、代码寄存器、符合寄存器等组成,如图 3-49 所示。

现将相联存储器的各组成部件介绍如下。

(1) 检索寄存器(Common Register,CR)是用来存放检索字的,其位数与相联存储器的存储单元位数相等。每次检索时,取检索寄存器中若干位为检索项。

(2) 屏蔽寄存器(Mask Register,MR)是用来存放屏蔽码的,其位数与检索寄存器的位数相同,且内容与需要检索的字段有关。

(3) 符合寄存器(Results Register,RR)又称查找结果寄存器,它用来存放按检索项内容检索存储体中与之符合的单元地址,其位数等于相联存储器的存

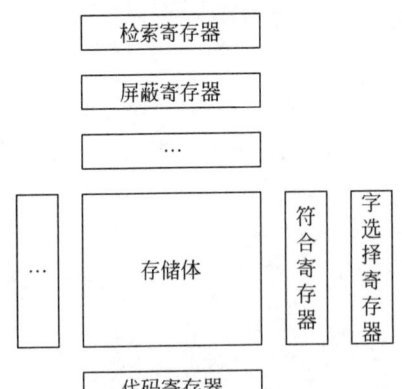

图 3-49 相联存储器的组成框图

单元数,每一位对应一个存储单元。

(4) 字选择寄存器(Word Select Register,WSR)是用来确定哪些存储单元参与检索的。其位数与存储器的存储单元数相等。

相联存储器的每个字由若干个字段组成,每个字段描述了一个对象的属性(也称为一个内容)。它有三种基本操作:分别为读、写和检索,每次检索时将所有存储字的相关字段与待检索项同时进行比较,这与在 Cache 中将主存字块的标记同时与每个缓存字块的标记进行比较类似。相联存储器还可以进行各种比较运算(如大于、小于、等于、求最值等)和逻辑运算,这表明它不仅能储存,还能进行逻辑运算,所以它也被称为分布逻辑存储器。由于其功能强大,故电路比一般存储器复杂得多,进而导致价格不菲。

如图 3-50 所示的相联存储器,它以 4×4 的矩阵作为存储器,接下来基于该相联存储器来阐述其检索过程。

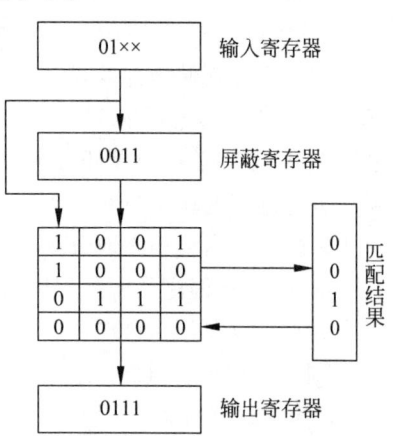

假定待查找数据的高两位是 01,开始检索时先将该数据放在输入寄存器中,然后将屏蔽寄存器的高两位清 0,由于不需要查找该数据的低两位,故将屏蔽寄存器的低两位置 1,此时屏蔽寄存器的内容为 0011。通过将屏蔽寄存器的高两位在矩阵的高两列同时进行查找,发现只有第三行数据满足要求,所以就选择该行数据并将其放到输出寄存器中。

图 3-50 4×4 矩阵的相联存储器

但如果采用一般存储器来查找该数据,则需要进行逐行匹配,即无法像相联存储器那样同时实现对两列进行查找,这就意味着当一般存储器的容量较大时,其查找过程需要耗费的时间可能要比相联存储器长很多。

由于相联存储器的逻辑电路十分复杂,从而导致其成本极高,因此早期并未得到广泛使用。随着大规模集成电路的快速发展,使得相联存储器的成本大大降低,因此已经被广泛应用于语音识别、图像处理、数据流计算机等领域。

注意:相联存储器既可以按地址寻址,又可以按内容寻址。若按内容寻址时,该内容通常是某些字段(亦称关键字)。由于传统存储器都是按地址寻址的,因此为了与之相区别,相联存储器又被称为按内容寻址的存储器。

3.6 虚拟存储器

在程序运行时,根据局部性原理,可以先将程序的一部分装入内存并运行,若该程序运行时所需访问的信息不在内存中,则可由操作系统将该信息调入内存,从而保证程序继续正常运行,这样相当于操作系统为用户提供了一个比实际物理内存(简称实存)大得多的存储器。由于这种存储器是操作系统通过综合使用部分装入、请求调页和页面置换等技术形成的,实际上它并不存在,故称其为虚拟存储器(简称虚存)。

虚拟存储器通过将计算机的内存和硬盘上的部分甚至全部临时空间相组合,从而使得应用程序认为自身拥有连续可用的内存(即为连续完整的地址空间),但实际上该内存通常是由被分隔成多个物理内存碎片和部分外部磁盘存储器组成(存放在外存上的数据仅在程序运行时需要才调入内存)。

在计算机系统中,虚拟存储器是一种极为常用的内存管理技术,目前大多数操作系统都使用了这一存储器,如 Windows 家族的"虚拟内存"和 Linux 的"交换空间"。

3.6.1 虚拟存储器简介

虚拟存储器的发展大致经历了两个阶段。

在第一阶段,由于使用单用户单任务的操作系统,即每一台计算机只有一个用户,且每次只能运行一个程序,此时单个程序所占用的内存空间通常不是很大,完全可以存放在实存中,因此虚拟存储器没有什么用处,故而未受到工程技术人员的重视。

但随后虚拟存储器的发展进入到了第二个阶段,这是因为:一方面,随着程序不断增大,运行时无法一次性载入到计算机系统实际的物理内存中;另一方面,在多用户多任务操作系统中,由于多个用户或任务共享全部内存,并要求同时执行多道程序,因此在编制程序时无法事先确定这些多道程序到底占用实际内存的哪一部分,必须等到运行时才由操作系统将实际的物理内存动态地分配给它们。

在这一阶段,程序员编制程序时既不考虑该程序是否能一次性载入到实存中,也不考虑该程序应该存放在什么物理位置,而是在程序运行时由操作系统分配给每个程序一定的空间,再由地址转换部件(硬件或软件)将编程时的地址转换成物理内存的地址。若某一程序运行时发现事先分配给其的内存不够,则只调入正在运行的或将要运行的程序块(即部分载入)。

通常将上述用户编制程序时使用的地址称为虚地址(逻辑地址),其对应的存储空间称为虚拟存储空间(逻辑地址空间,也称虚地址空间);而计算机物理内存的访问地址则称为实地址(物理地址),其对应的存储空间称为实际存储空间(物理地址空间,也称实地址空间)。

由于虚拟存储器是建立在主存空间(主存)和辅存空间(辅存)的基础之上,并由相关的硬件及操作系统等软件组成的一种存储体系。它通过将主存和辅存的地址空间统一编址,形成一个庞大的存储空间,在这个空间里,用户可以自由编程,完全不必考虑程序在主存中是否放得下或者放在什么位置等问题。如图 3-51 所示为典型的虚拟存储器系统硬件部分的结构。

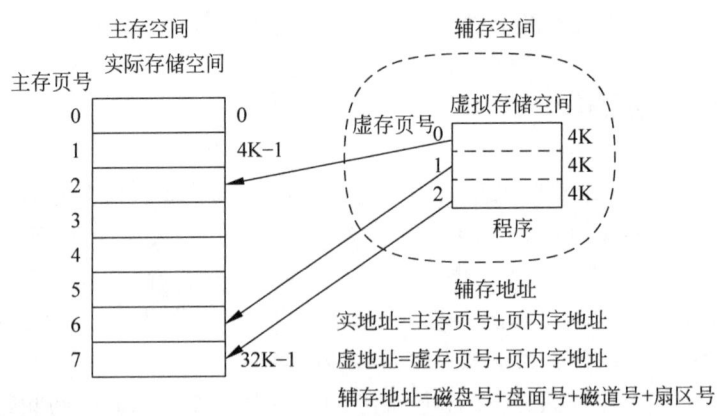

图 3-51 虚拟存储器系统硬件部分的结构

在使用虚拟存储器之后,程序将按如下方式运行。首先将程序存放在辅存(例如磁盘或磁带)中。然后由地址变换机构依据当时分配给该程序的实际存储空间把程序的一部分调入主存。若程序运行时涉及的代码或数据均在主存中,则进行地址转换并用实地址访问主存;否则需按照某种算法将存储在辅存中的代码或数据调入主存后再访问。

这意味着,每个程序的虚拟存储空间与计算机的实际存储空间是相对独立的。若某一程序运行时所需的实际存储空间较大,以至于运行该程序的计算机无法提供,此时则需要使用虚拟存储空间为该程序的运行提供帮助。而对于多用户或多任务系统,其主存空间通常较大(否则无法满足多用户使用或多任务运行),而单个用户运行的程序或单个任务在运行时可能不需要占用很大的地址空间,这样通过使用较小的虚存空间则可以缩短指令中地址字段的长度。

通过使用虚拟存储器,应用程序就可以透明地使用整个虚存空间。而对于应用程序而言,如果主存的命中率很高,则虚拟存储器的访问时间就可能接近于主存的访问时间,而虚拟存储器的空间最大则可能接近于辅存的大小。这样,虚拟存储器就可以具有辅存的容量和接近主存的访问速度。

当然,在使用虚拟存储器时也需要面对以下问题:

(1) 调度问题:即在程序运行的过程中,需要有相应的调度算法来实时决策将哪些代码和数据调入主存。

(2) 地址映射问题:包括内地址变换(即将虚地址变为实地址)和外地址变换(即将实地址变为虚地址)。

(3) 替换问题:即在程序运行时需要将哪些代码或数据从主存中调出,从而使得当前程序需要的代码或数据能被调入。

(4) 数据一致性问题:即将辅存上的数据调入主存后,及将主存中的数据调出至辅存上时,如何保证两者数据的一致性。

接下来将详细介绍几种典型的虚拟存储器:页式虚拟存储器、段式虚拟存储器、段页式虚拟存储器和快表。

3.6.2 页式虚拟存储器

页式虚拟存储器以页为基本单位,它将虚拟储存空间划分成同样大小的页,即称为虚页(逻辑页),同时也将实际存储空间划分成同样大小的页,即称为实页(物理页)。

在页式虚拟存储器中,通常把虚地址(逻辑地址)分为两个部分:虚页号和页内地址,同时把实地址(物理地址)也分为两个部分:实页号和页内地址。由于两者页面的大小一样,所以页内地址也是相同的。因此虚地址到实地址的转换就变成了将虚页号转换为实页号。

由于通常每一程序对应一张页表,而每一页表项的内容包含与某个虚页对应的虚页号、实页号和用来判断该页面是否在主存中的装入位等,因此在页表里记录了程序中的虚页调入主存时的位置,该位置即为其在主存中的地址,故将虚页号转换为实页号过程由页表来实现的。

图 3-52 所示为页式虚拟存储器的地址转换过程。

其中的页表基址寄存器中存放的是当前运行程序所对应页表的起始地址,将它和虚页号拼接可得到根据虚地址访存时所需的页表中的对应项(即页表项)的地址,再根据页表项

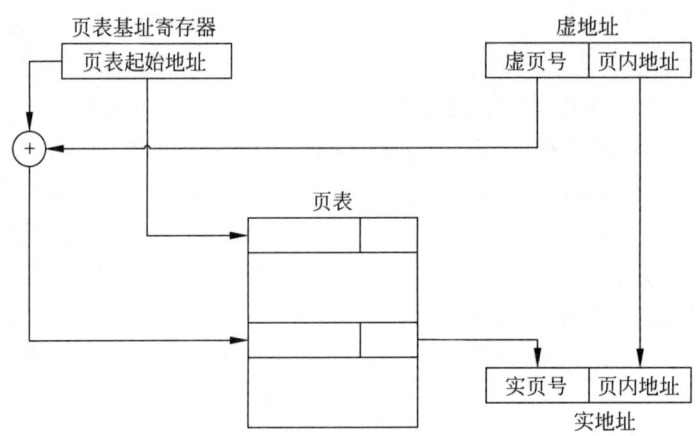

图 3-52 页式虚拟存储器的地址转换过程

的装入位来判断该页是否已调入主存。若已调入,则根据页表项的地址在页表中找到对应的实页号,并将其与虚地址中的页内地址部分拼接,从而得到完整的实地址,此时仅在查页表时需要访问一次主存;否则需要将该页从辅存中调入主存,并且还要通过多次访问主存进行页面替换(即发现所要访问的页面不在主存中,则产生缺页中断,此时若主存中没有空闲页面,则必须在主存中选择一个页面并将其移出主存,以便为即将调入的页面腾出空间)和页面修改。

【例 3-16】 在只有一个用户的计算机系统中,假如一个进程的虚地址空间为 128MB,每页的大小为 4KB。

(1) 试问该进程的虚页数(即为虚地址空间除以页面大小所得的值)为多少?若这一进程的虚地址空间增大至 16GB,其虚页数将会如何?

(2) 若该计算机系统同时运行了 100 个用户进程,每个进程的虚地址空间均为 16GB,且每个页表项在页表里占用 4B,此时页表需占用多少空间?假定该计算机系统的主存为 4GB,而操作系统需占用 3GB,此时主存中还剩余多少可用空间?

解:

(1) 当虚地址空间为 128MB 时,其虚页数为

$$128\text{MB}/4\text{KB}=2^{17}/2^{12}=2^5$$

而当虚地址空间增大至 16GB 时,其虚页数为

$$16\text{GB}/4\text{KB}=2^{33}/2^{12}=2^{21}$$

由此可见,当虚存空间很大时,页表会特别长。

(2) 对于一个进程来说,页表占用的空间为

$$2^{21}\times 4\text{B}=2^{23}\text{B}=8\text{MB}$$

而对于 100 个用户进程,页表占用的总空间为

$$8\text{MB}\times 100=800\text{MB}=0.78\text{GB}$$

此时主存中剩余的可用空间为

$$3\text{GB}-1\text{GB}-0.78\text{GB}=0.22\text{GB}$$

由上题可知,在题设给定条件下,主存中剩余的可用空间远远小于页表占用的空间,故导致用户的绝大部分空间都被页表占用。若该计算机系统有多个用户使用,主存空间则无

法存放所有页表。

因此在实际使用页式虚拟存储器时,不同的系统处理方式并不完全相同。一些系统为了节省主存空间,通常不将页表全部存放在主存中(即仅将当前运行的进程所对应的页表存放在其中),而是把当前未运行进程所对应的页表存放在虚存中,这使得页表本身也要进行分页,即将页表的一部分存放在主存中,另一部分存放在辅存中;而另一些系统则会采用多级(二级及以上)页表结构来解决这一问题,接下来以二级页表结构为例进行介绍,通常也需先将页表进行分页,并为每个进程增加一个页目录表(即一级页表),它的每个表项指向一个页表(即二级页表)。因此对于使用二级页表结构的系统来说,若一个进程的页目录表的长度(表项数)为 s,而其页表的长度(表项数)为 t,则最多可以有 $s \times t$ 页。

若在计算机系统中的实地址空间远远小于虚地址空间,则会导致实页数(即为实地址空间除以页面大小所得的值)远远小于虚页数。对于这种情况,可以采用反向页表(inverted page table)来完成实页号到虚页号的反向映射,在反向页表中,每一页表项对应某一实页,表项的内容包含该实页所对应的虚页号。

若使用反向页表访问主存,可先根据虚页号在反向页表中逐一查找,如果找到匹配的表项,则将该项对应的实页号与虚地址中的页内地址拼接,即可得到实地址;如果没有匹配的表项,则说明该页不在主存中。

使用反向页表的好处是大大缩小了页表所占的空间,但其不足之处为检索耗费的时间很长。

页式虚拟存储器的优点是页面的长度固定,页表简单,调入方便;缺点是因为程序不可能都是页面的整数倍,从而导致最后一页的零头通常将无法被使用,进而造成存储空间的浪费,并且由于页不是逻辑上独立的实体,这容易使得一个程序被迫拆分成两部分,一部分可能在主存中,而另一部分则可能在辅存中。因此,页式虚拟存储器在处理、保护和共享方面都不及段式虚拟存储器方便。

3.6.3 段式虚拟存储器

由于页式虚拟存储器可能会造成存储空间的浪费、还可能破坏编程的独立性,并给换入换出处理、存储保护和共享等操作来造成不便,因此可以使用分段的办法(即段式虚拟存储器)来解决上述问题。通过事先划分好不同长度的段,程序员可把子程序、操作数和常数等不同类型的数据划分到相应的段中,使得每段对应一个具有完整逻辑意义的程序模块。

在段式虚拟存储器中,虚地址分为两部分:段号和段内地址。段是按程序的逻辑结构划分的,每个段的长度因程序而异,并且每个程序可以有多个相同类型的段。通常为每个程序设置一个段表,其中每一段表项至少包含以下字段:

(1) 段号:用来标识每一段。
(2) 装入位:用来判断该项所对应的段是否已经调入主存。
(3) 段的起始地址:是指该项所对应的段调入主存后在主存中的首地址。
(4) 段长:是指该项所对应的段的实际长度。

与页式虚拟存储器中的页表相比,段式虚拟存储器中的段表增加了两个字段(即段的起始地址和段长),这是因为段的长度是可变的。由于段表是程序的逻辑段与在主存中存放位置的对照表,故虚地址到实地址的转换由段表来实现的。

在段式虚拟存储器中,根据虚地址访存时,其地址转换过程如图 3-53 所示。

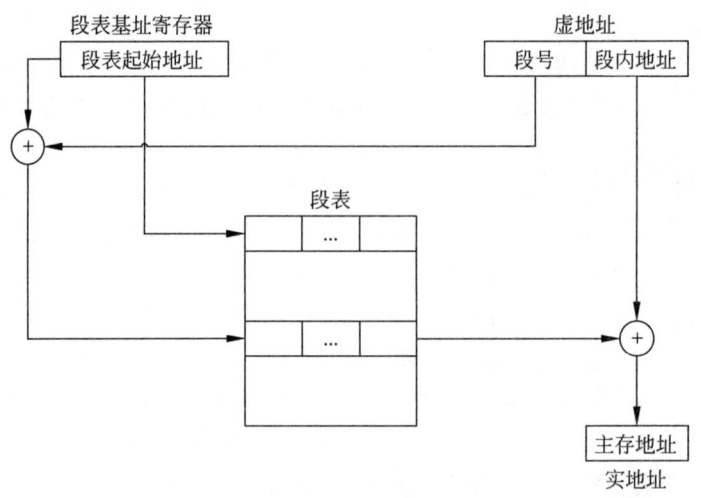

图 3-53 段式虚拟存储器的地址转换过程

首先将段号与段表起始地址拼接成段表项地址,通过该地址可以找到相应的段表项,再根据此表项中的装入位字段判断该段是否已经被调入主存。

(1) 如果已调入主存,则还需将虚地址中的段内地址部分与表项中的段长字段进行比较。若段内地址小于段长,则从相应的表项中读出该段的起始地址,再将其与虚地址中的段内地址部分相加,从而得到实地址;否则将会产生地址越界中断。

(2) 如果未调入主存,则需要将其从辅存中调入。

【例 3-17】 假设某一计算机系统采用段式虚拟存储器,为了将一个作业装入主存,建立的段表如表 3-5 所示。

表 3-5 某计算机系统采用段式虚拟存储器的段表

段 号	装 入 位	段的起始地址	段 长
0	0	2525	250
1	1	1800	360
2	1	3000	280
3	1	1200	500
4	1	85	860

请问通过[0,10]、[2,300]、[4,800](方括号中的第一个元素为段号,第二个为段内地址)这三个虚地址是否能正常访问主存?若能,请写出相应的主存地址;否则请解释原因。

解:根据虚地址访存时,需先通过其中的段号找到对应的表项。

对于第一个虚地址,因为对应表项中的装入位为 0(说明该段未调入主存),所以暂时无法访问。

对于第二个虚地址,虽然对应表项中的装入位为 1(说明该段已调入主存),但段长(即 280)小于虚地址中的段内地址(即 300),故因地址越界产生中断,从而无法进行访问。

对于第三个虚地址,因为对应表项中的装入位为 1,且段长(即 860)大于虚地址中的段内地址(即 800),故能够正常访问主存,且主存地址为 85+800=885。

与页式虚拟存储器相比,段式虚拟存储器有许多优点:①对程序员而言,分页是不可见的,但分段是可见的,这为程序员组织程序和数据提供了方便;②由于段具有逻辑独立性,这使其易于编译、管理、修改和保护,也便于多道程序共享;③段长可以根据需要动态改变,且允许自由调度,这样消除了内存零头,从而更好地利用主存空间。

正是因为段长不固定,因此与页式虚拟存储器相比,段式虚拟存储器存在以下缺点:①主存空间分配比较麻烦;②容易在段与段之间留下许多碎片空间,从而造成存储空间的利用率较低;③在进行地址转换时需要更多的硬件支持(因为要对段的起始地址与段内地址进行求和才能得到实地址)。

表 3-6 为页式虚拟存储器和段式虚拟存储器的比较。

表 3-6 两种虚拟存储器的比较

	页式虚拟存储器	段式虚拟存储器
划分标准	页面长度固定且仅根据页面长度进行划分	段长不固定且是按程序的逻辑结构划分的
空间分配	空间分配比较简单且不会在页间留下碎片	空间分配比较麻烦且容易在段间留下碎片
空间使用	最后一页的零头通常无法被使用,会造成存储空间的浪费	每段对应一个具有完整逻辑意义的程序模块,故消除了内存零头
共享和保护	共享和保护不方便	共享和保护方便

3.6.4 段页式虚拟存储器

因为段式虚拟存储器和页式虚拟存储器各有优缺点,所以段页式虚拟存储器将两者结合起来。对于实存,将其分为同样大小的页;对于虚存,则先将程序按逻辑结构分段,再将每段按实存中的页面大小进行划分。程序仍以页为基本单位进行调入调出,但可按段进行编程、保护和共享。

在段页式虚拟存储器中,每个程序均通过一个段表和一组页表进行二级再定位。段表中的每个表项对应一个段,而每段又对应一个页表,且页表里记录了该段中的每一页在主存中的位置,是否已经装入或已经修改等信息。根据段和页的关系可知,段的长度必须是页长的整数倍,且起点必须是某一页的起点。

段页式虚拟存储器中的虚地址包括段号、段内页号和页内地址这三部分,实地址包括实页号和页内地址这两部分。段页式虚拟存储器的地址转换过程如图 3-54 所示。

在根据虚地址访存时,首先要将段号与段表起始地址拼接成对应的段表项地址,然后从段表中取出该段的页表起始地址,再将其与虚地址中的段内页号拼接得到页表项地址,最后从相应的页表中取出实页号,并将其与虚地址中的页内地址拼接,便可得到主存实地址。

注意:在多任务系统中,操作系统还会在每个虚地址前面增加一个称为基号的字段,用它来表明该程序在系统中的序号,那么在此情况之下,则需根据基号在基址寄存器中找到相应的段表起始地址。

【例 3-18】 在某一使用段页式虚拟存储器的计算机系统中,假定页的大小为 2KB,每个段的页表有 8 个表项,设某任务恰好被分成 4 个大小相等的段。试求每个段的最大长度和该任务的最大逻辑地空间。

解:因为每个段的页表有 8 个表项,所以每个段最多有 8 页,故每个段的最大长度为 $8 \times 2KB = 16KB$。

又因为任务恰好被分成 4 个大小相等的段,所以该任务的最大逻辑地址空间为 $4 \times 16KB = 64KB$。

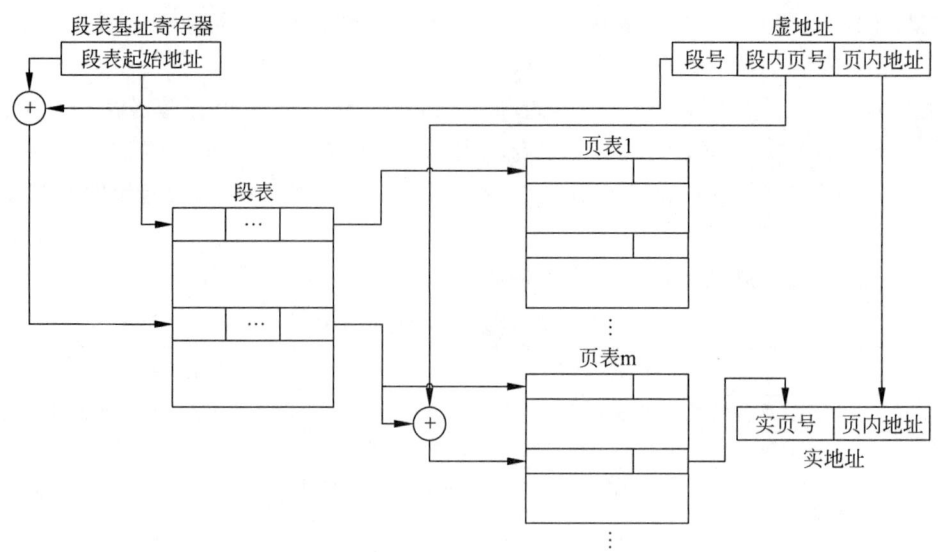

图 3-54 段页式虚拟存储器的地址转换过程

段页式虚拟存储器的优势在于它同时具有页式和段式虚拟存储器的优点,而不足之处为地址变换过程需要多次查表,从而导致系统复杂性较高,开销较大。

3.6.5 快表

在页式虚拟存储器中,即使虚页已被调入,也必须要先对主存中的页表进行一次访问以获取页面的物理地址,然后再根据该地址访问页面数据,这会使得存取时间翻倍。

因此,依据程序局部性原理,为了减少访存的时间延迟,对于那些在一段时间内经常访问的页,可以把页表中与它们对应的页表项置于由高速缓存组成的快表(Translation Lookaside Buffer,TLB,也称转换后援缓冲器)中,这样可以加快地址变换。此时,通常也把存放在主存中完整的页表称为慢表(Page)。

快表的容量比慢表小得多,且只存放了慢表中很少一部分的页表项,它的作用与 Cache 的作用十分类似,通常由相联存储器来实现,使用快表后,若根据虚地址访问主存,其地址转换过程如图 3-55 所示。

在使用 TLB 进行地址转换时,通常将根据虚地址的虚页号同时查找快表和慢表。若快表命中,则能很快地找到相应的实页号,再将其送入实地址寄存器,并取消慢表查找,从而导致虽采用虚拟存储器但访存速度几乎没有下降;若快表不命中,则在慢表中进行查找,若慢表也不命中,则还需要执行页面调度。

经过上述地址转换过程得到的物理地址(实地址)不一定是最终地址(Cache 中的地址),具体原因如下。

(1) 如果 Cache 命中,还需要将其再转换成 Cache 地址,才能得到最终地址。这一完整的转换过程是从逻辑地址(虚拟地址)开始,中间经历了物理地址,再到最终地址。

(2) 如果 Cache 不命中,则需要通过访问 TLB 或 Page 得到的地址直接去访问主存,可见在这种情况下完整的转换过程即是从逻辑地址转换为物理地址。

【例 3-19】 已知某计算机系统采用页式虚拟存储管理,页表存放在主存中,假设一次

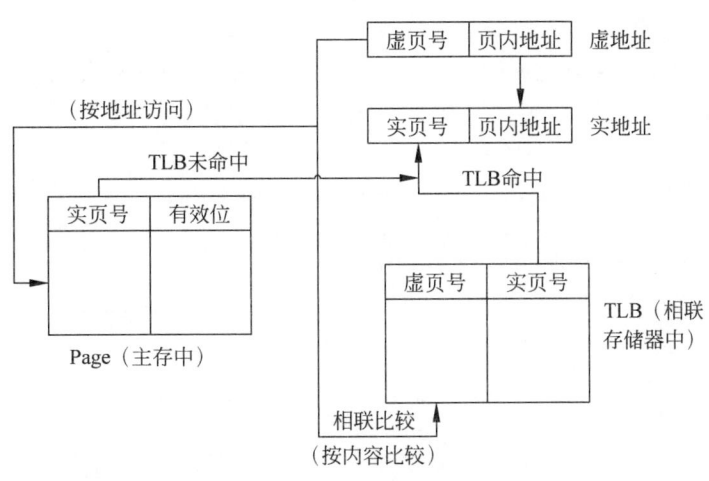

图 3-55　TLB 的地址转换过程

内存访问需要 10ns。现欲通过增加 TLB 来降低访存的时间延迟,假定忽略查找 TLB 占用的时间,并且 80% 的页表访问命中 TLB,试计算内存的有效访问时间是多少?

解：由于增加了 TLB,故先在其中查找,若未找到,才会访问页表。由于页表存放在主存中,所以要实现访问页面数据需要访问两次主存,第一次是访问页表获取页面的物理地址,第二次才是根据该地址访问页面数据。故有效访问时间计算为

$$80\% \times 10 + (1-80\%) \times 2 \times 10 = 12 \text{(ns)}$$

注意：在同时具有虚拟页式存储器(包含快表)和 Cache 的系统中,当 CPU 发出访存命令时,查找数据最好和最坏的情况如下。

(1) 最好的情况是：虚地址通过快表得到相应的实地址(快表命中),且在 Cache 中可找到正确的数据(即 Cache 命中)。

(2) 最坏的情况是：虚地址通过快表和慢表都无法得到相应的实地址(快表和慢表均不命中),且在 Cache 中也找不到所需的数据(即 Cache 不命中)。

此外,将 Cache 是否命中与 Page 和 TLB 命中的关系简要说明如下。若 Cache 命中,则说明所需页面已调入主存,Page 必然命中,但 TLB 不一定命中;若 Cache 不命中,则并不能说明所需页面未调入主存,这和 TLB 与 Page 是否命中也没有联系。

3.6.6　虚拟存储器的替换算法

在虚存中,当 CPU 要用到的数据或指令不在主存时,则需进行页面替换,此时要用相应的算法来实现。虚存中的页面替换算法与 Cache 中的页面替换算法极为类似,接下来仅介绍两者的不同之处。

(1) Cache 的替换全部依靠硬件实现,而虚存的替换则需要操作系统的支持。

(2) 从对系统性能的影响程度来看,虚存缺页比 Cache 未命中时要大得多。这是因为虚存中调页需要访问辅存,并且要进行任务切换。

(3) 在进行页面替换时,对虚存而言只要属于一个进程的页面都可以被替换。

对于虚存中的页面替换算法,通常需要在每一页表项设置一个修改位,用它来标识该页表项所对应的主存中的页是否被修改过。若是,则不必进行处理,否则就应该把该页重新写

入辅存,以保证辅存中数据的正确性。

【例 3-20】 假设主存只允许存放 a[0]、a[1]、a[2]三个页面,某次操作中进程访存的序列依次分别是 0、3、1、3、2、3、0、4、3、1(虚页号),请用列表法分别求出采用 FIFO 算法和 LRU 算法作为替换策略时主存的命中率。

解: 两种替换策略下主存替换过程和命中率如表 3-7 所示。

表 3-7 两种替换策略下主存替换过程和命中率

页面访问序列		0	3	1	3	2	3	0	4	3	1	命中率
FIFO 算法	a[0]	0	3	1	1	1	2	2	0	4	3	1	2/10=20%
	a[1]		0	3	3	3	1	1	2	0	4	3	
	a[2]			0	0	3	3	1	2	0	4		
					命中		命中						
LRU 算法	a[0]	0	3	1	3	2	3	0	4	3	1	3/10=30%
	a[1]		0	3	1	3	2	3	0	4	3		
	a[2]			0	0	1	1	2	3	0	4		
					命中		命中		命中				

在采用 FIFO 算法作为替换策略时,新调入的页面始终按先进先出的顺序依次占用 a[0]、a[1]和 a[2]的空间;而在 LRU 算法中,仅在页面初始化时(即 a[0]、a[1]或 a[2]为空时)依次占用 a[0]、a[1]、a[2],后续调入新页面则是将最近最少使用的页面换出。

3.7 外部存储器

外部存储器,也称辅助存储器(简称外存或辅存),它与主存共同组成了存储器系统的主存-辅存层次,目前被广泛使用的辅存有机械硬盘、固态硬盘、U 盘和光盘等。

3.7.1 外部存储器简介

外部存储器是指通过外部设备接口与 CPU 连接的存储设备,一般它们在断电后仍然可以保存数据。对于外部存储器,通常可以将它们大致分为三大类:磁表面存储器(包括磁盘存储器、磁带存储器和磁鼓存储器等)、闪速存储器(包括 U 盘和固态硬盘等)和光存储器(包括 CD-ROM、DVD-ROM、CD-R、CD-RW 等)。

1. 磁表面存储器

磁表面存储器是将某些磁性材料涂在不同形状(如盘状、带状等)的载体(如金属铝、塑料等)表面。它们记录信息的原理如下:即在这些涂有磁性材料的载体的高速运动时,由磁头在磁层上进行读/写操作,信息此时被记录在磁层上,而这些信息的轨迹就是磁道。

磁表面存储器有五个主要的技术指标,分别为记录密度、存储容量、平均寻址时间、数据传输率和误码率,简要介绍如下。

1) 记录密度

记录密度通常是指单位长度内所存储的二进制信息量。通常,磁盘存储器用道密度(指磁盘沿半径方向单位长度内的磁道数)、位密度(指单位长度磁道内所存储的二进制信息的位数)和面密度(指位密度和道密度的乘积)表示,而磁带存储器用位密度表示。

道密度的单位是道每英寸(Track Per Inch,TPI)或道每毫米(Track Per Millimeter,TPM);

面密度的单位是位/平方英寸（Bits Per Square inch，BPSI）；位密度的单位是位每英寸（Bits Per Inch，BPI）或位每毫米（Bits Per Millimeter，BPM）。

磁盘上的各磁道所记录的信息量是相同的，但长度不同，所以位密度也不同。通常最内圈磁道的位密度最大，它用作泛指磁盘位密度。

2）存储容量

存储容量是指外存所能存储的二进制信息总量，一般以位或字节为单位。存储容量分为格式化容量和非格式化容量。非格式化容量是磁表面可以利用的磁化单元总数；格式化容量是指按某种标定的记录格式所能存储信息的总量，即用户可以使用的容量。

3）平均寻址时间

磁盘采取的是直接存取方式，寻址时间分为寻道时间和等待时间两个部分。寻道时间是指磁头寻找目标磁道的时间，等待时间是指找到磁道后，磁头等待欲读/写的磁道扇区（即对磁盘的磁道进行等分后得到的弧段）旋转到磁头下方所需要时间。磁带采取的是顺序存取方式，磁头不动，磁带移动，故只要考虑磁头寻找记录区段的等待时间。

4）数据传输率

数据传输率是指单位时间内磁表面存储器向主机传送数据的位数或字节数。

5）误码率

误码率是用来衡量从磁表面存储器中读取信息时的出错概率，它被定义为出错的信息位数与总共读出的位数之比。

2．闪速存储器

闪速存储器是一种非易失性（Non-Volatile）存储器，它属于存储器件的一种。

闪速存储器的优势在于它具有较快的读取速度，其读取时间小于 100ns。与硬盘相比，闪存的动态抗震能力更强，因此它非常适合用在移动设备上，例如笔记本电脑、数码相机和智能手机等，当前十分流行的 U 盘就是闪存的一个典型应用。

但是闪速存储器在进行擦除操作时有两个限制：一是闪速存储器擦除已保存的数据不是以单个的字节为单位，而必须是以一个区块为单位进行，也就是说，闪存支持随机读取和写入，但是不允许随机改写；二是闪速存储器的擦除次数有有限，从 10000 次到 1 百万次不等，尽管可以通过一些技术延长其使用寿命，但是这个限制也导致了闪存不适用于大量数据读写循环的高可靠性数据存储应用。

3．光存储器

光存储器是指用光学方法从光存储媒体上读取和存储数据的一种设备。由于该设备通常使用半导体激光器为光源，所以也之称为激光存储器。用于计算机系统的光存储器主要是光盘（Optical Disk），现在通常称为 CD（Compact Disk），光盘存储技术将磁带的大存储容量和磁盘的快速随机检索结合在一起，并具有离线存储等一系列独特的优良性能，因此一度被认为是一种重要的数据存储技术。

光盘的优点是记录密度高，存储容量大，长期保存寿命长，价格低；而缺点是存取时间较长（光盘平均存取时间在 100ms 以上，而磁盘存取时间在 10ms 以下），数据传输率低。

3.7.2　磁表面存储器

接下来介绍磁表面存储器中的磁盘存储器、磁带存储器和磁鼓存储器。

1. 磁盘存储器

磁盘存储器(Magnetic Disk Storage)是以磁盘为存储介质的存储器,它利用磁记录技术在两面涂有磁记录介质的同心圆轨道(即为磁道)上进行数据存储,具有存储容量大、数据传输速率高、可被随机访问,存储的数据可长期保存等特点,在计算机系统中,磁盘存储器是主存储器的扩充,常用于存放程序和数据。磁盘存储器是一种应用广泛的直接访问存储设备(Direct Access Storage Device,DASD),通常由磁盘、磁盘驱动器(或称磁盘机)和磁盘控制器构成。

(1) 磁盘。磁盘是两面涂有可磁化介质的平面圆片(即盘片)。根据磁盘盘基(磁盘上用来承载磁层的支持体)的不同,磁盘可分为硬盘和软盘两类。硬盘盘基用非磁性轻金属材料制成;软盘盘基用挠性塑料制成。按照盘片的安装方式不同,磁盘有固定和可互换(可装卸)两类,其中可互换的磁盘结构部件有下列几种。

① 单片盘片安装在塑料或金属扁盒内的部件称盘盒。

② 几片盘片同轴连装在一起的部件称盘组。

③ 磁盘与磁头臂同装在一密闭容器内的部件称头盘组件。

(2) 磁盘驱动器。磁盘驱动器是驱动磁盘转动并在盘面进行写入读出动作的装置,它包括盘片主轴旋转机构、驱动电机、头臂与头臂支架、头臂驱动电机、净化盘腔与空气净化机构、写入读出电路、伺服定位电路和控制逻辑电路等。通过将盘组或盘盒装在驱动器上,磁盘以恒定转速旋转,悬挂在头臂上具有浮动面的头块(浮动磁头),靠加载弹簧的力量压向盘面,盘片表面带动的气流将头块浮起。头块与盘片间保持稳定的微小间隙,经滤尘器过滤的空气不断送入盘腔,保持盘片和头块处于高度净化的环境内,以防头块与盘面划伤。

根据控制器送来的磁道地址和寻道命令,定位电路驱动直线电机将头臂移至目标磁道上,伺服磁头读出伺服磁道信号并反馈到定位电路,使头臂跟随伺服磁道稳定在目标磁道上。读写与选头电路根据控制器送来的磁头地址接通应选的磁头,将控制器送来的数据以串行方式逐位记录在目标磁道上,或从选定的磁道读出数据并送往控制器。

头臂装在梳形架小车上,在寻道时所有头臂一同移动,所有数据面上相同直径的同心圆磁道总称圆柱面(即头臂定位一次所能存取的全部磁道)。每个磁道都按固定的格式记录,在标志磁道起始位置的索引之后,记录该道的地址(圆柱面号和头号)、磁道的状况和其他参考信息。在每一记录段的尾部附记有该段的纠错码,对连续少数几位的永久缺陷所造成的错误靠纠错码纠正,而对有多位永久缺陷的磁道须用备份磁道代替。读写操作是以记录段为单位进行的。记录段的长度有固定段长和可变段长两种。

磁盘驱动器分为头臂固定型和头臂移动型两类,其中头臂移动型磁盘驱动器又可分为磁盘可换型和磁盘固定型两种。固定头臂磁盘存储器不需要头臂定位部件,而是让每个盘面安装尽可能多的头臂。固定头臂磁盘与磁鼓的性能特点相同,只是由于磁头的造价昂贵,应用范围很小。新型固定式磁盘由于采用了温彻斯特技术,因此又称温彻斯特磁盘驱动器,简称温式磁盘机(温盘),具体如下。

① 密封的头盘组件。即将磁头、盘组和定位机构等密封在一个盘腔内,后来发展到连主轴电机等全部都装入盘腔,可进行整体更换。

② 采用小尺寸和小浮力的接触起停式浮动磁头。借以得到超小的头盘间隙(亚微米级),以提高记录密度。

③ 采用具有润滑性能的薄膜磁记录介质。

④ 采用磁性流体密封技术。可防止尘埃、油、气侵入盘腔,从而保持盘腔的高度净化。

⑤ 采用集成度高的前置放大器等。

采用了温彻斯特技术的硬盘驱动器与可换式磁盘比,大幅度提高了记录密度和可靠性,并进一步小型化。

(3) 磁盘控制器。磁盘控制器即磁盘驱动器适配器,它是计算机与磁盘驱动器的接口设备。磁盘控制器接收并解释计算机的命令,然后向磁盘驱动器发出各种控制信号,如检测磁盘驱动器状态;按照规定的磁盘数据格式,把数据写入磁盘和从磁盘读出数据。

磁盘控制器尽管类型很多,但工作原理大体上是相同的。它主要由与计算机系统总线相连的控制逻辑电路,微处理器,完成读出数据分离和写入数据补偿的读写数据解码和编码电路,数据检错和纠错电路,根据计算机发来的命令对数据传递、串并转换以及格式化等进行控制的逻辑电路,存放磁盘基本输入输出程序的只读存储器和用于数据交换的缓冲区等部分组成。

磁盘存储器的主要技术指标包括存储密度、存储容量、存取时间及数据传输率,这与磁表面存储器的技术指标大致相同。

严格来说,磁盘包括硬盘和软盘两种,但事实上,软盘已经很难看到了,接下来简要介绍下硬盘和软盘。

1) 硬盘

硬盘(Hard Disk,HD)是计算机上使用的以旋转盘片为基础的非易失性存储器,它在平整的磁性表面存储和检索数据,数据通过离磁性表面很近的磁头由电流来改变极性的方式被写入到磁盘上,并可以通过盘片被读取。硬盘的读写是采用随机存取的方式,可以按任意顺序读取硬盘中的数据,但读取不同位置的资料,速度不相同。

硬盘是计算机最为重要的存储设备,存放着用户所有的数据信息,这些数据的价值远远高于硬盘本身,由于计算机的数据掉电时都存储在硬盘中,所以硬盘成为了计算机必不可少的一个部件。同时,硬盘作为一种存储设备,又是计算机的主要组成部分,它从计算机诞生时起就一直扮演着不可或缺的角色。硬盘性能的好坏直接影响计算机的运行速度和用户的操作体验,尽管它从诞生到现在经历过很多阶段,但始终都朝着体积小、速度快、容量大的方向发展。

2) 软盘

软盘(Floppy Disk,FD)是个人计算机(Personal Computer,PC)中最早用来储存数据文件的可移动介质,主要部分是一张薄软的磁存储介质盘片,盘片封装在矩形塑料壳中,内衬有用于清理灰尘的纤维织物。

软盘是早期计算机上必备的一个硬件,也是计算机最早使用的可移动介质,它存取速度慢,容量也很小,但可装可卸、携带方便。软盘仅适用于那些需要被移动的小文件,作为一种可移动的存储设备,它的读写是通过软驱(软磁盘驱动器,Floppy Disk Driver,FDD)完成的,软驱每次对磁盘的读写均以被称为簇的若干个扇区为单位进行(软盘的盘片的每一面都被划分为多个同心圆式的磁道,每个磁道又被划分为多个扇区)。

软盘可分为硬磁区(Hard-Sectored)及软磁区(Soft-Sectored),有 8 英寸(容量为 100KB~1MB)、5.25 英寸(容量为 100KB~1.2MB)和 3.25 英寸(容量为 400KB~1.44MB)等规格。

最早的软盘为 32 英寸,后来被 8 英寸软盘替代,这就是我们常说的标准软盘的鼻祖。8 英寸软盘是一种表面涂有金属氧化物的塑料质矩形磁盘,大小和一个一般的披萨饼差不多,容量接近 100KB,但后来 5.25 英寸的软盘逐渐成为当时家庭电脑的标准移动存储设备,其单面容量为 180KB(后来出现了双面容量为 360KB 的),再后来又出现了 3.5 英寸双面 720KB 的软盘,这些都属于低密度软盘;而 5.25 英寸的双面高密度的 1.2MB 的软盘和 3.5 英寸双面高密度的 1.44MB 的软盘,以及在软盘淘汰前出现过的 2.88MB 的软盘,都属于高密度软盘。

硬盘和软盘的差别简要总结如下。

(1) 硬盘盘基用非磁性轻金属材料制成;而软盘盘基用挠性塑料制成。

(2) 硬盘的转速(即盘片在一分钟内所能完成的旋转次数)高,存取速度快,最高可达 6000RPM;而软盘转速低,存取速度慢,仅为 300RPM。

注意:转速的单位为转/每分钟(Revolutions Per Minute,RPM)。

(3) 硬盘有固定头、固定盘和盘组等结构;而软盘都是活动头,是可换盘片结构。

(4) 硬盘是浮动磁头读写,磁头不接触盘片;而软盘磁头是接触式读写。

(5) 硬盘系统及硬盘片价格都比较贵,且大部分盘片不能互换;而软盘造价低,盘片保管方便,使用灵活,且具有互换性。

(6) 硬盘对环境要求苛刻,要有超净措施;而软盘则对环境要求不太严格。

【例 3-21】 假设某磁盘共有 5 个盘片,最外两层盘面不能记录,每面有 200 条磁道,每条磁道有 10 个扇区,每个扇区有 512B,磁盘机以 5000RPM 的速度旋转,平均寻道时间为 8ms。计算该磁盘的存储容量(磁盘存储器的存储容量=盘面数×每个盘面的磁道数×每条磁道的扇区数×每个扇区的字节数)和平均寻址时间(平均寻址时间=平均寻道时间+平均等待时间)。

注意:存储容量的计算公式也可以为

存储容量=磁头数×磁道(柱面)数×每道扇区数×每扇区字节数

解:该磁盘的 5 个盘片则有 10 个盘面,其中 2 个不能记录,所以只有 8(10-2=8)个盘面可用于存储,故

磁盘存储器的存储容量=盘面数×每个盘面的磁道数×每条磁道的扇区数×
每个扇区的字节数
$$=10×200×10×512$$
$$=10240000B$$

由于平均寻址时间=平均寻道时间+平均等待时间,目前已知平均寻道时间为 8ms,而平均等待时间未知。

已知磁盘转速为 5000RPM,则磁盘旋转一周的时间为

$$1min/5000RPM=0.0002min=12ms$$

故平均等待时间为

$$\frac{0ms+12ms}{2}=6ms$$

所以

$$平均寻址时间 = 平均寻道时间 + 平均等待时间$$
$$= 8\text{ms} + 6\text{ms}$$
$$= 14\text{ms}$$

2．磁带存储器

磁带存储器是以磁带为存储介质，由磁带机及其控制器组成的存储设备，它是计算机的一种辅助存储器。磁带存储器和磁盘存储器的原理基本相同，但前者速度较慢（因为只能顺序访问）。接下来简单介绍一下什么是磁带。

磁带是一种用于记录声音、图像、数字或其他信号的载有磁层的带状材料（如数码音频磁带和数码线性磁带等），是产量最大和用途最广的一种磁记录材料。这种材料通常是在塑料薄膜带基（磁带上用来承载磁层的支持体）上涂覆一层颗粒状磁性材料或蒸发沉积上一层磁性氧化物或合金薄膜而成。以前曾使用纸和赛璐珞（一种塑料）等作带基，现主要用强度高、稳定性好和不易变形的聚酯薄膜。

磁带可以用于制作录音带、录像带、计算机带和仪表磁带等，具体如下。

1）录音带

在 20 世纪 30 年代，录音带开始出现。1963 年，荷兰飞利浦公司成功研制出盒式录音带，它具有轻便、耐用、互换性强等优点从而得到迅速发展；1973 年，日本研制成功了 Avilyn 包钴磁粉带；1978 年，美国生产出金属磁粉带；而由日本日立玛克赛尔公司制成的微型及数码盒式录音带，又使录音带达到一个新的水平，并使音频记录进入了数字化时代。中国在 20 世纪 60 年代初就开始生产录音带，1975 年试制成功了盒式录音带，并已达到较高水平。

在流行音乐领域，磁带录音方便可靠，价钱便宜，质量又好，使得投资不多的小型录音公司得以生存下去，为 20 世纪 50 年代独立唱片公司的发展壮大立下了汗马功劳，而之后出现的杜比技术，让可以录音的卡式磁带走进了消费者的家中，这极大的推动了录音带的普及和应用。

2）录像带

自从 1956 年美国安佩克斯公司制成录像机以来，录像带已从电视广播领域逐步进入到科学技术、文化教育、电影和家庭娱乐等各个领域。除了用二氧化铬包钴磁粉以及金属磁粉制成录像带外，日本还制成了微型镀膜录像带，并开发了钡铁氧体型垂直磁化录像带。

3）计算机带

计算机带在信息存储方面具有容量大、价格低的优点。它曾被大量用于计算机的外部存储器，如今仅在专业设备上使用（如车床控制机）。最为典型的产品是磁带机（tape drive），现简要介绍如下。

磁带机一般指单驱动器产品，通常由磁带驱动器和磁带构成，是一种经济、可靠、容量大、速度快的备份设备。这种产品采用高纠错能力编码技术和写后即读通道技术，可以大大提高数据备份的可靠性。根据装带方式的不同，一般分为手动装带磁带机和自动装带磁带机（即自动加载磁带机）。自动加载磁带机实际上是由磁带和磁带机结合组成的，它是一个位于单机中的磁带驱动器和自动磁带更换装置，可以从装有多盘磁带的磁带匣中拾取磁带并放入驱动器中，或执行相反的过程。

自动加载磁带机能够支持例行备份过程，自动为每日的备份工作装载新的磁带。一个拥有工作组服务器的小公司可以使用自动加载磁带机来自动完成备份工作。提供磁带机的厂商很多，IT厂商中HP(惠普)、IBM、Exabyte(安百特)等均有磁带机产品，另外专业的存储厂商如StorageTek、ADIC、Spectra Logic等公司均以磁带机、磁带库等为主推产品。

4) 仪表磁带

仪表磁带也称仪器磁带或精密磁带。在近现代各种科学实验中，常常需要把人们无法接近的测量数据自动而连续地记录下来(即遥控遥测技术)，如原子弹爆炸和卫星空间探测都要求准确无误地同时记录成百上千项数据。仪表磁带就是在上述背景下发展起来的，因为它所记录的数据十分重要，所以对于性能和制造都有着严格的要求。

3. 磁鼓存储器

磁鼓是利用高速旋转的圆柱体磁性表面作记录媒体的存储设备。磁鼓存储器在1950—1960年用作计算机的主要外存储器，它利用了电磁感应原理进行数字信息的记录(写入)与再生(读出)，由作为信息载体的磁鼓筒、磁头、读写及译码电路和控制电路等主要部分组成。由于鼓筒旋转速度很高，因此存取速度快，但它最大的问题是利用率不高，一个大圆柱体只有表面一层用于存储数据，而磁盘的两面都能用来存储数据，显然后者利用率要高得多。因此，随着磁盘存储器的出现与发展，1960年以后磁鼓存储器就逐渐被淘汰，仅用于特殊应用场合(如摄像机)。

3.7.3 闪速存储器

U盘和固态硬盘是目前闪速存储器中最为典型的两种应用，现分别介绍如下。

1. U盘

U盘是"通用串行总线(Universal Serial Bus，USB)闪存盘"的简称，它基于USB接口，以闪存芯片(该芯片可电擦写，在通电以后可改变状态，否则就固定状态，所以断电以后资料能够保存)为存储介质且无须驱动器的新一代存储设备。

U盘的结构大致可分为五部分：包括USB端口、主控芯片、闪存芯片、印制电路板(Printed Circuit Board，PCB，又称印刷线路板)底板和外壳封装。U盘的基本工作原理也比较简单：即USB端口是数据输入或输出的通道，负责连接计算机；主控芯片是U盘的"大脑"，负责各部件的协调管理和下达各项动作指令，并使计算机将U盘识别为"可移动磁盘"；闪存芯片与计算机中内存条的原理基本相同，是保存数据的实体，其特点是断电后数据不会丢失，能长期保存；PCB底板是负责提供相应的数据处理平台，且将各部件连接在一起。

U盘的出现是移动存储技术领域的一大突破，其体积小巧，特别适合随身携带，可以随时随地、轻松交换资料数据，是理想的移动办公及数据存储交换产品。U盘采用USB接口标准，读写速度较快。从稳定性上讲，U盘没有机械读写装置，避免了移动硬盘容易因碰伤、跌落等原因造成的损坏，且可在任何带有USB接口的计算机中使用。

U盘具有以下优点：①不需要驱动器，无需外接电源；②容量大；③体积非常小，仅大拇指般大小，重量仅约20克；④使用简便，即插即用，可带电插拔；⑤存取速度快，约为软盘速度的15倍；⑥可靠性好，可擦写达100万次，数据至少可保存10年；⑦抗震，防潮，耐高低温，携带十分方便；⑧使用USB接口；⑨具备系统启动、杀毒、加密保护和装载工具等功能。U盘的这些优点将软盘赶出了市场。

2. 固态硬盘

固态硬盘(Solid State Disk,SSD)是一种主要以闪存作为永久性存储器的计算机存储设备。它由控制单元和存储单元(Flash 芯片或 DRAM 芯片)组成,被广泛应用于工控、视频监控、网络监控、网络终端、导航设备等诸多领域。固态硬盘最大的优点就是可以移动,而且数据保护不受电源控制,能适应于各种环境,适合于个人用户使用,此外,它还具有读写速度快、防震抗摔、低功耗、无噪音和工作温度范围大等优点。因此,虽然其成本较高,但也正在逐渐普及到 DIY(Do It Yourself 的英文缩写,意思是自己动手制作)市场。

由于固态硬盘技术与传统的机械硬盘技术不同,所以产生了不少新兴的存储器厂商(只需购买 NAND 存储器,再配合适当的控制芯片,就可以制造固态硬盘)。与机械硬盘相比,固态硬盘有着较高的读写速度,但成本较高,容量较低,而且一旦硬件损坏,数据较难恢复。新一代的固态硬盘普遍采用 SATA(Serial Advanced Technology Attachment,串行高级技术附件)-2 接口、SATA-3 接口、SAS(Serial Attached Small Computer System Interface,串行小型计算机系统接口)接口、mSATA 接口和 PCI-E(Peripheral Component Interconnect-Express,外设部件互连-快速)接口。

通常所说的 SSD 是基于闪存的固态硬盘(IDE Flash Disk、SATA Flash Disk),它采用闪存芯片作为存储介质,SSD 可以被制作成如笔记本硬盘、微硬盘、存储卡、U 盘等设备。另一种采用 DRAM 作为存储介质的固态硬盘可分为 SSD 硬盘和 SSD 硬盘阵列两种,应用范围较窄,属于非主流的设备,它仿效传统硬盘的设计,可被绝大部分操作系统的文件系统工具进行卷设置和管理,并提供工业标准的 PCI 和 FC(Fibre Channel,网状通道技术)接口用于连接主机或者服务器。DRAM 固态硬盘是一种高性能的存储器,而且使用寿命很长,美中不足的是需要独立电源来保护数据安全。表 3-8 为固态硬盘的发展情况。

表 3-8　固态硬盘的发展情况

序号	时间	事件
1	1989 年	世界上第一款固态硬盘出现
2	2006 年	三星率先发布一款 32GB 容量的固态硬盘笔记本电脑
3	2007 年	东芝推出了其第一款 120GB 固态硬盘笔记本电脑
4	2008 年	忆正 MemoRight SSD 的正式发布,标志着中国企业加速进军固态硬盘行业
5	2010 年	镁光发布了全球首款 SATA 6Gb/s 接口固态硬盘
6	2012 年	苹果公司在笔记本电脑上应用容量为 512G 的固态硬盘
7	2015 年	特科芯推出了首款 Type-C 接口的移动固态硬盘
8	2016 年	中国存储厂商特科芯发布了全球首款 Type-C 指纹加密 SSD

【例 3-22】　假设固态硬盘的擦写次数为 3000 次,普通用户每天写入的数据为 1GB,试计算 64GB 和 128GB 的固态硬盘的不间断地使用时间,若某一用户每天写入的数据分别为 10GB 和 100GB,试计算上述固态硬盘的使用时间。

解:
根据固态硬盘的平衡写入机制,64GB 的固态硬盘可擦写的总数据量为
$$64GB \times 3000 = 192000GB$$
由于普通用户每天写入的数据为 1GB,因此 64GB 的固态硬盘可以被不间断地使用的天数如下:
$$192000/1 = 192000 \text{ 天}$$

同理，128GB 的固态硬盘在同等条件下则可以被不间断地使用 384000 天，即约为 1052 年。

如果某一用户每天写入的数据分别为 10GB 和 100GB，则对于 64G 的固态硬盘，使用时间分别为 19200 天和 1920 天；而对于 128GB 的固态硬盘，使用时间分别为 38400 天和 3840 天。

从此题可以看出，如果你用的是 128G 的固态硬盘的话，每天写入的数据是 10GB，则可以不间断用 38400 天(以每年 365 天计算，近似为 105 年)，这意味着固态硬盘就像普通硬盘一样，理论上可以无限制读写。

3.7.4 光存储器

光存储技术是一种通过光学的方法读写数据的存储技术。其基本物理原理是改变一个存储单元的某种性质，使其性质的变化反映被存储的数据。识别这种存储单元性质的变化，就可以读出存储的数据。光存储单元的性质，由于高能量的激光束可以聚焦成约 1 微米的光斑，因此它比其他存储技术有更高的存储容量。

光盘系统较早应用于小型音频系统中，它使得音响系统具有优异的音响效果。其中，光盘驱动器的读写头是用半导体激光器和光路系统组成的光头，光盘为表面具有磁光性质的玻璃或塑料等圆形盘片。20 世纪 80 年代初光盘系统开始逐步进入计算应用领域，特别是在多媒体个人电脑(Multimedia Personal Computer，MPC，多媒体电脑)中扮演着极为重要的角色。由于多媒体应用存储的信息(主要是视频、图像和音频信息)数字化后要占用巨大的存储空间，以至于传统的存储设备如磁盘、磁带等已无法满足这一要求。这使光存储技术的发展和商品化就成为一个必然的趋势，因此光盘和光盘驱动器一度成为多媒体电脑的核心硬件设备(现在笔记本电脑已经不再配有光盘系统，如超级本)。

光盘有很多种类型，如只读光盘(Compact Disc Read Only Memory，CD-ROM)、高密度数字视频光盘(Digital Video Disc Read Only Memory，DVD-ROM)、可记录光盘(Compact Disk-Recordable，CD-R)、可擦写光盘机(Compact Disk-ReWritable，CD-RW)、写一次读多次(WORM Write Once，Read Many)和磁光盘(Megneto-Optical Disk，MO)。

注意：从严格意义上来讲，磁光盘不能算光盘，因为它是磁场技术和激光技术相结合的产物，由磁道和扇区组成，可以随机写入、擦除或重写。

光盘系统与磁盘系统主要存在以下不同。

(1) 表达原理不同。磁盘系统单靠磁场来更改已储存的数据，光盘系统则是利用磁场和激光光束来更改已储存的数据。

(2) 数据读写不同。磁盘系统是通过磁头以感应的方式从磁盘读写数据，磁头与高速旋转的磁盘必须保持一定的间隙。这种方式容易造成磁头碰撞盘片而损坏数据，光盘系统是以激光光束来进行读写，一般不会发生光头碰撞，安全性能好。

(3) 传输速率不同。磁盘系统的传输率一般是恒定的，而光盘系统的传输速率则与激光输出功率息息相关。激光输出功率为 20~30mW 时，光盘系统的传输速率为每秒 2~6MB，激光输出功率升至 40mW 时，光盘系统的传输速率可达每秒 10MB。就是说，激光输出功率越高，数据传输速率就越快。

(4) 存储容量不同。磁盘系统的容量为磁盘的格式所限定，光盘系统的容量则视激光波长而定，激光波长愈短，便能缩短间距而提高存储容量。光盘系统的主要优点是数据盘不易损坏，使用寿命长；存储容量大且拆卸方便，性能价格比高，每兆字节的价格仅为软盘的百分之一。不足之处是速度没有硬盘快。

光盘系统的主要技术指标包括存储容量、平均存取时间及数据传输率，具体如下。

(1) 存储容量。光盘系统的存储容量指它所能读写光盘盘片的容量。光盘盘片的容量又分为格式化容量和用户容量。格式化容量指按某种标准格式化后的容量，采用不同的格式就会有不同的容量；用户容量一般比格式化容量小。

(2) 平均存取时间。光盘系统的平均存取时间包括三部分：即平均寻道时间、平均等待时间和光头稳定时间。一般取光头沿半径移动 1/3 所需时间为平均寻道时间，盘片旋转一周的一半时间为平均等待时间，二者加上光头稳定时间为平均存取时间。

(3) 数据传输率。光盘系统的数据传输率是指从光盘驱动器送出的数据率，它可以定义为单位时间内从光盘的光道上传送的数据比特数。

3.8 小结

存储器是计算机系统中的记忆设备，用来存放程序和数据。随着计算机的发展，存储器在系统中的地位越来越重要。由于超大规模集成电路的制作技术日新月异，使 CPU 的处理速度屡创新高，而相比之下，存储器的存取速度没有太大变化，因此很难与之适配，这使计算机系统的运行速度在很大程度上受到存储器速度的制约。

此外，一方面由于 I/O 设备不断增多，如果它们与存储器打交道都需要通过 CPU 来实现，这会大大降低 CPU 的工作效率；另一方面在多处理机的系统中，各处理机本身都需与其主存交换信息，而且各处理机在互相通信中，也都需共享存放在存储器中的数据，因此，存储器的地位更为重要。从某种意义上讲，存储器的性能已成为计算机系统的核心。

本章首先介绍了存储器的基本概念，主要的技术指标和层次结构。然后分别介绍了主存(包括随机存储器、只读存储器和闪速存储器)和辅存(包括磁表面存储器、光存储器和闪速存储器)，并行存储器，存储器和 CPU 的连接等相关知识，重点介绍了高速缓存和虚拟存储器。

其中，虚拟存储器和高速缓存两者的异同如下：

(1) 相同之处：两者都是通过构造分层存储结构提高存储系统的性价比；两者都基于程序运行的局部性原理将当前需要使用的程序或数据从外存调入高速缓存。

(2) 不同之处：高速缓存主要解决 CPU 与主存之间的速度不匹配，虚拟存储器则着眼于解决实存容量不够的问题；高速缓存对程序员是透明的，虚拟存储器对程序员不透明；两者若发生不命中时，系统的效率不一样。

第4章 指令系统

4.1 指令系统简介

指令系统是指某一计算机中所有机器指令的集合,它是衡量该计算机性能的重要因素。通过事先设定的逻辑,将一系列的机器指令组合,便产生了计算机能够识别并运行的程序,这样的程序可以帮助我们解决日常生活中遇到的各种各样的问题。

由于指令系统是计算机系统性能的集中体现,因此,不同格式和功能的指令会对计算机的硬件和软件产生极大影响,进而影响计算机系统的性能。本章首先介绍指令系统的发展历程、性能指标及分类,然后介绍指令格式和寻址方式,最后介绍复杂指令集和精简指令集。

4.1.1 指令系统的发展历程

指令系统的发展和计算机系统的发展同步,大致可以分为简单指令系统阶段(基于电子管或晶体管)、较为复杂的指令系统阶段(基于集成电路)、复杂指令系统阶段和精简指令系统阶段(基于大规模和超大规模集成电路),具体如下。

在20世纪50年代到60年代早期,计算机的主要逻辑部件都由电子管或晶体管构成,这些部件的硬件结构比较简单,所支持的指令系统一般只包括十几条至几十条最基本的指令(简单指令系统),如定点加减运算指令、逻辑运算指令、数据传送和转移指令等,这些指令的寻址方式非常简单。

到了20世纪60年代中、后期,随着集成电路的出现及发展,硬件功能不断增强,因此在上述简单指令系统的基础上,进一步增加了乘除运算指令、浮点运算指令、十进制运算指令以及字符串处理指令等,从而使指令系统不断丰富,形成了较为复杂的指令系统(指令数多达一两百条,且寻址方式也趋于多样化)。

随着集成电路技术的进一步发展,以及计算机应用领域的不断扩大,使得计算机软件的价格逐步提高。为了尽可能重用已有的软件(即软件重复利用)以便减少软件开发费用,人们迫切希望在不同时间推出的计算机能够实现一定程度上的兼容,以便在旧的计算机中编制的各种软件仍然能够在新的计算机上正常运行,因此出现了系列计算机(即指基本指令系统相同,基本体系结构相同的一系列计算机,简称系列机),如IBM 370系列、VAX-11系列、IBM PC(XT/AT/286/386/486)微机系列,以及Pentium系列等。它们通常有多种型号,尽管不同型号的计算机基本结构相同,但因为推出的时间不同,所以采用的部件也不完全相同,这导致它们在结构和性能上会有所不同,新的计算机通常在性能和价格方面都比旧的计算机更胜一筹。系列机能相互兼容的必要条件是：该系列的各种计算机能兼容共同的指令集，而且新的计算机要包含旧的计算机使用的所有指令。这样才可能做到在新的计算机上不对之前的各种软件做任何修改即可正常运行（这些软件原本可以在旧的计算机上正常运行），即需要实现硬件层面的"向上兼容"。

20世纪70年代末期，随着超大规模集成电路（Very Large Scale Integration circuit，VLSI）技术的飞速发展，硬件成本持续下降，而软件成本进一步上升。因此，众多公司通过对计算机增加指令数和设计复杂指令来实现以下目标：①缩小指令系统与高级语言之间的差异，以便于高级语言的编译；②降低软件开发的成本。在这一时期，大多数计算机的指令系统多达几百条，通常将它们称为复杂指令系统计算机（Complex Instruction Set Computer，CISC）。如美国数字设备公司（Digital Equipment Corporation，DEC）的 VAX-11/780，它有 303 条指令和 18 种寻址方式。

由于 CISC 的指令系统庞大，因此不但存在研制周期长、调试和维护较为困难等问题，而且还存在许多使用频率较低的复杂指令，从而会造成硬件资源极大浪费的问题。

为了解决这些问题，IBM 公司在 1975 年开始探讨指令系统的合理性问题，John Cocke 提出了精简指令系统的想法。1982 年，美国加州大学伯克利分校（University of California, Berkeley）、斯坦福大学（Stanford University）和 IBM 公司都先后研制出便于 VLSI 技术实现的精简指令系统计算机（Reduced Instruction Set Computer，RISC）。1983 年后，RISC 开始商品化，如 Sun microsystem 公司的 SPARC 机，仅有 89 条指令。

在计算机发展的初期阶段，程序员确实是用计算机能直接识别和运行的二进制机器语言（实质为该计算机的指令）来编写程序的，可是人们发现这样的方式异常困难（因为无法记住这些二进制序列分别代表什么意思）。

随着使用计算机的人员逐渐增多，程序员开始借助于更容易记忆和理解的汇编语言（即用助记符来表示计算机操作命令的一种编程语言）来编写程序，但这一语言还是不够直观，一个简单的动作需要大量的语句来描述。此外，尽管该语言是面向机器的语言，但在执行该语言编写的程序时，仍需要先通过汇编得到机器语言才能在计算机上运行。由于汇编语言依赖于计算机的硬件结构和指令系统，所以用其编写的程序不能在其他类型的机器上运行（因为不同的机器有不同的指令系统）。

随着计算机的进一步普及，与计算机硬件结构和指令系统无关的高级语言（即采用接近于人类自然语言的单词和符号来表示的编程语言）越来越受到程序员的青睐，尽管程序员无法用高级语言来编写直接访问机器硬件资源的系统软件或设备控制软件，但这同时也让程序员无需了解这些硬件知识，而只需专注于待解决问题的业务逻辑，这意味着编程人员可以在自己的专业领域大展手脚，从而开发出更多易于使用的程序。此外，使用高级语言编写的程序可读性更强、可移植性更好、重用率更高，但与使用汇编语言编写的程序一样，用高级语言编写的程序也必须先转换为机器语言，才能被计算机识别和执行。

作为计算机执行某种操作的命令，指令是计算机运行的最小单位。若按计算机组成的层次结构来划分，可将计算机指令分为微指令、机器指令和宏指令等。微指令是微程序级的命令，属于硬件；宏指令是由若干条机器指令组成的软件指令，属于软件；机器指令（通常简称为指令）则是介于微指令与宏指令之间，每一条指令可完成一个独立的算术运算或逻辑运算操作。

4.1.2 指令系统的性能指标

由于指令系统的性能能够决定计算机的基本功能,因此设计一个简洁高效的指令系统对计算机系统而言,具有十分重要的意义。指令系统不仅与计算机的硬件结构相关,而且也会极大地影响到编程人员和普通用户使用计算机的体验。通常用以下4个性能指标来判断某一指令系统的优劣。

1. 完备性

完备性是指在某机器上编写各种程序时,该机器的指令系统直接提供的指令足够使用,而不必用软件来实现。一台计算机中最基本的指令是不多的,许多指令都可以用这些最基本的指令编程来实现。例如,乘除运算指令和浮点运算指令可直接用硬件来实现,也可以通过使用最基本的指令编写程序(软件)来实现,之所以采用硬件指令实现的目的是为了提高程序的执行速度,若为了节约硬件成本,还是可以通过使用最基本的指令编写程序(软件)来实现,只是这样会降低程序的运行效率。

2. 高效性

高效性是指用该指令系统所编写的程序能够高效率地运行,高效率主要表现在程序占据的存储空间小、执行的速度快。例如,在实现乘 2^n 或除 2^n 的幂运算时,既可以直接使用乘法指令实现,也可以使用移位指令实现,显然,采用移位指令来实现比用乘法指令实现执行速度更快,所占用的存储空间也更少,并且 n 越大这种优势越明显。一般来说,一个功能更强、更完善的指令系统,通常更加高效。

3. 规整性

规整性是指数据格式和指令格式应当统一、简单,且方便存取和处理,它包括指令系统的对称性、匀齐性以及一致性(指令格式和数据格式)。其中对称性是指在指令系统中,所有的寄存器和存储器单元都可以被同等对待,所有的指令都可以使用各种寻址方式;匀齐性是指一种操作性质的指令可以支持各种数据类型,如算术运算指令可支持字节、字、双字整数的运算,十进制数运算和单、双精度浮点数运算等;指令格式和数据格式的一致性是指数据长度和指令长度必须满足一定的关系,以方便存取和处理,如指令长度和数据长度通常是字节长度的整数倍。

4. 兼容性

因为系列机中的不同计算机之间具有相同的基本结构和共同的基本指令集,所以指令系统是兼容的,即在系列机中的不同计算机上的软件基本可以通用。但由于系列机中的不同计算机推出的时间不同,因此在结构和性能上各有差异,所以要做到所有软件都完全兼容是不可能的,只能做到硬件层面的"向上兼容"。例如,WPS Office 2019 可以在酷睿(Core)系列芯片(i3、i5、i7 和 i9)所对应的系列机中的不同计算机上正常运行,只是软件运行的流畅程度会有所不同。与硬件层面的"向上兼容"这一概念相对应的是软件层面的"向上兼容",它是指在某一平台的较低版本环境中编写的程序可以在较高版本的环境中运行,例如,在 Windows 平台中,WPS Office 2019 可以在 Windows 7(Windows 平台的较低版本)中运行,也可以在 Windows 10(Windows 平台的较高版本)中运行。

通常都希望一个指令系统具有数量丰富、功能齐全的指令(即完备性)、且这些指令使用时方便高效(即高效性),同时还要求它们的数据格式和指令格式统一且方便处理和存取(即规整性),以及在使用该指令系统的系列机中的不同计算机上的软件基本可以通用(即兼容性)。

4.1.3 常用指令的分类情况

常用系列机的指令系统大都包含几十条甚至几百条指令,按照这些指令所完成的功能,可将指令分为数据传送指令、算术运算指令、逻辑运算指令、移位操作指令、转移控制指令、输入输出指令、字符串处理指令、堆栈操作指令、特权指令和其他指令。

1. 数据传送指令

数据传送指令主要包括取数指令、存数指令、传送指令、成批传送指令、字节交换指令、清零累加器指令等,通常用于实现寄存器与寄存器、寄存器与主存储器、主存储器与主存储器之间的数据传送。在数据从源地址传送到目的地址的传送过程中,因为源地址中的数据保持不变,所以实际上实现的是数据拷贝。而有些机器还设置了数据交换指令,从而可以实现双向数据传送(能完成源操作数与目的操作数互换的操作)。

2. 算术运算指令

算术运算指令用于实现二进制或十进制的定点算术运算和浮点算术运算,主要包括:二进制定点加、减、乘、除指令,浮点加、减、乘、除指令,十进制加减运算指令,求反、求补指令,算术移位指令,算术比较指令。大型机中还包含可以直接对整个向量或矩阵进行求和、求积运算的向量运算指令。

3. 逻辑运算指令

逻辑运算指令用于进行逻辑运算和位操作,主要包括逻辑与(逻辑乘)、逻辑或(逻辑加)、逻辑非(求反)、异或(按位加)等逻辑操作指令,以及位测试、位清除、位求反等位操作指令。

4. 移位操作指令

移位操作指令用于将操作数向左移动或向右移动若干位,包括算术移位指令、逻辑移位指令和循环移位指令三种指令。

(1)算术移位指令:当左移时,若寄存器中的数为算术操作数,则符号位不动,其他位左移,最低位补零;当右移时,其他位右移,最高位补符号位。完成这种移位(即算术移位)功能的指令则称为算术移位指令。

(2)逻辑移位指令:当移位(左移或右移)时,若寄存器中的操作数为逻辑数,则所有位一起移位,最低位或最高位补零。完成这种移位(即逻辑移位)功能的指令则称为逻辑移位指令。

(3)循环移位指令:循环移位指令用于循环式控制,可以将高、低字节互换或与算术、逻辑移位指令一起实现双倍字长或多倍字长的移位(即循环移位),循环移位可按是否与"进位"位一起循环分为小循环(即自身循环)和大循环(即和"进位"位一起循环)两种。

算术移位指令还有一个很重要的用途就是实现简单的乘、除运算。通过算术左移 n 位或右移 n 位,可分别实现对带符号数据乘以 2^n 或整除以 2^n 的运算。同样地,逻辑移位指令通过逻辑左移或右移 n 位,可分别实现对无符号数据乘以 2^n 或整除以 2^n 的运算。移位指令的这个功能,对于无乘、除运算指令的计算机来说十分重要。除此之外,由于移位指令的执行时间比乘除运算的执行时间短,因此采用移位指令来实现简单的乘、除运算可取得较高的速度。

5. 转移控制指令

在通常情况下，计算机是按顺序方式来执行程序的，但是也经常会遇到以下情况，如计算机离开原来顺序执行的程序而跳转到另一段程序、或是转去某一循环中执行某段程序等，此时则需要转移控制指令来实现这种转移。这类指令主要包括无条件转移指令、条件转移指令、调用指令与返回指令、中断调用与返回指令和陷阱指令等。

1) 无条件转移指令与条件转移指令

无条件转移指令不受任何条件的限制，能直接把程序转移到指令所规定的目的地，并从那里开始继续执行程序；条件转移指令则需根据计算机处理的结果来控制程序的执行方向，从而实现程序的分支，它在执行时首先测试根据处理结果设置的条件码，并判断所测试的条件是否满足要求，从而决定是否转移。

对条件码建立与转移的判断可以分为两种情况来处理，第一种情况是在一条指令中完成，第二种情况是由两条指令来完成。在第一种情况中进行指令转移时，通常先完成比较运算，然后根据比较的结果来判断转移的条件是否成立。如果成立，则转移，否则程序执行下一条指令；在第二种情况中，由转移指令前面的指令来建立条件码，然后转移指令根据条件码来判断是否进行转移。通常用算术指令建立的条件码会存在如下结果：负(N)、结果为零(Z)、结果溢出(V)、进位或借位(C)、奇偶标志位(P)等。

转移指令的转移地址一般采用直接寻址和相对寻址方式来确定。若采用直接寻址方式，则称为绝对转移，此时转移地址由指令地址码部分直接给出；若采用相对寻址方式，则称相对转移，此时转移地址为当前指令地址，即程序计数器(Programmer Counter,PC)的值，以及指令地址部分给出的位移量之和。

2) 调用指令与返回指令

编写程序时，常常需要编写一些能够独立完成某一特定功能且会被经常使用的程序段，这样如有需要可以随时调用，而不必多次重复编写，以便节省存储器空间和简化程序设计。这种程序段就被称为子程序或过程。

为了便于各种程序设计，除了用户自己编写的子程序以外，系统还提供了大量通用的子程序，如申请资源、读写文件和控制外围设备等。通常使用调用(过程调用、系统调用和转子程序)指令来实现从一个程序转移到另一个程序的操作，例如调用(Call)指令。调用指令与转移指令(即条件和无条件转移指令)的主要区别在于前者需要保留返回地址，即当执行完被调用的程序后要回到原调用程序，继续执行 Call 指令的下一条指令，返回地址一般保留于堆栈中，随同保留的还有一些状态寄存器或通用寄存器中的内容。保留寄存器内容有两种方法：一是由调用程序保留从被调用程序返回后要用到的那些寄存器内容，其步骤为先由调用程序将寄存器内容保存在堆栈中，当执行完被调用程序后，再从堆栈中取出并恢复寄存器内容；二是由被调用程序保留本程序要用到的那些寄存器内容，同样将其保存在堆栈中。这两种方法的目的都是为了保证调用程序继续执行时寄存器内容的正确性。

调用(Call)指令与返回(Return)指令是一对配合使用的指令，返回指令从堆栈中取出返回地址，然后继续执行调用程序的下一条指令。

3) 陷阱指令

在计算机运行过程中，有时可能会出现电源电压不稳、存储器校验出错、输入输出设备出现故障、用户使用了未定义的指令或特权指令等种种意外情况,从而使计算机不能正常工作,这时,若不及时采取措施来处理这些故障,那将会影响整个系统的正常运行。因此,一旦出现这些情况,计算机就会发出陷阱信号,并暂停执行当前程序(即中断),转入故障处理程序进行相应的故障处理。陷阱实际上是一种用于处理意外的中断,该中断的主要目的不是请求 CPU 的正常处理,而是通知 CPU 程序运行出现了意外,并根据实际情况,转入相应的处理程序。

6. 输入输出指令

输入输出(Input/Output)指令主要用来启动外围设备、同时检查测试外围设备的工作状态,并实现外围设备和 CPU 之间,或外围设备与外围设备之间的信息传送。其中输入指令主要用于从指定的外围设备寄存器中读入一个数据;输出指令主要用于把数据送到指定的外围设备寄存器中,此外,还可用于发送和接收控制命令和回答信号,以控制外围设备的工作。

不同机器的输入输出指令差别很大,有的机器指令系统中含有输入输出专用指令(这类机器外围设备接口中的寄存器与存储器单元分开,它们独立编址);有的机器指令系统中没有设置输入/输出指令(这类机器的各个外围设备的寄存器和存储器单元统一编址)。因此,CPU 可以像访问主存一样去访问外围设备,即可以使用取数指令、存数指令来代替输入输出指令。

7. 字符串处理指令

字符串处理指令是一种非数值处理指令,主要用于信息管理、数据处理和办公室自动化等领域,它们可在文字编辑和排版时对大量的字符串进行各种处理。字符串处理指令主要包括字符串传送指令、字符串比较指令、字符串查找指令、字符串转换指令、字符串抽取指令和字符串替换指令等。其中字符串传送是指将数据块从主存储器的某个区域传送到另一个区域;字符串比较是指对两个字符串中的每个字符进行一一对比,以判断两者是否相等,若两者中的每一个字符都相同,则认为它们相等,否则认为不相等;字符串查找是指在给定的字符串中查找某一指定的子串或字符,若查找成功,则返回待查找子串或字符在给定的字符串中的起始位置,否则提示查找失败;字符串转换是指把一种编码形式的字符串转换为另一种编码形式的字符串,注意此时转换后的字符串通常不会自动覆盖转换前的字符串,而是以新字符串的形式返回;字符串抽取是指在给定的字符串中提取出某一指定的子串或字符,若抽取成功,则返回指定的子串或字符,否则提示抽取失败;字符串替换是指把某一字符串的部分或者全部用另一字符串替换,若替换成功,则原字符串被修改为替换后的字符串并返回,否则原字符串保持不变。

8. 堆栈操作指令

堆栈操作指令通常有两条,一条是入栈指令(PUSH),另一条是出栈指令(POP)。这两条指令非常实用和方便,它们总是成对出现的,在程序的中断嵌套、子程序调用嵌套过程中使用较多。

入栈指令一般执行两个动作:一是将数据从 CPU 中取出并压入堆栈栈顶;二是修改堆栈指示器(Stack Pointer,SP)。出栈指令通常也执行两个动作:一是修改堆栈指示器;二是从栈顶取出数据并送至 CPU。

9. 特权指令

特权指令是指具有特殊权限的指令。由于指令的权限过大,若使用不当,极可能会破坏系统和其他用户的信息,甚至会造成系统的崩溃或数据的丢失。因此这类指令只用于操作系统或其他系统软件,一般不直接提供给用户使用。

在多用户多任务的计算机系统中特权指令是必不可少的,它们主要用于系统资源的分配和管理,包括改变系统的工作方式、检测用户的访问权限、修改虚拟存储器管理的段表和页表、完成任务的创建和切换等。

10. 其他指令

除了上述介绍的各类指令外,指令系统中还有一些指令无法按功能分类,但也十分重要。如多处理器指令、向量指令、状态寄存器置位指令、空操作指令、复位指令、测试指令、停机指令等控制指令,以及其他一些特殊控制指令。

4.2 指令格式

本节将先介绍指令的格式,然后再分别介绍操作码和地址码,最后介绍指令字长度与扩展方法,并给出典型指令格式的实例。

4.2.1 指令格式简介

从软件开发者的角度来看,计算机是通过使用程序来完成各种任务。这些程序在运行时先被转换为机器指令,然后再由计算机执行这些指令来完成某一任务中的所有操作。机器指令是用机器字来表示的,通常将表示一条指令的机器字称为指令字,简称指令。它必须指出所执行操作的性质和功能、操作数据的来源以及操作结果的去向等信息,而这些信息在计算机中都是以二进制代码形式存储的。

在计算机中,指令格式就是上述指令用二进制代码表示的结构形式,它通常由操作码和地址码这两种字段组成。其中操作码字段表示指令操作的性质和功能;地址码字段指定参与操作的操作数的地址。指令格式的设定一般还与机器的字长、存储器的容量以及指令的功能有关。一条指令的指令格式形式如表 4-1 所示。

表 4-1 指令格式形式

操作码字段	地址码字段

在指令格式中,地址码字段指定了操作数的地址,这让指令执行时可以清楚的知道去哪里读取操作数以完成这一操作。事实上指令中的操作数(其本质是指令将要处理的数据)有很多种类型,而在机器中比较常见的数据有地址数据、数值数据、字符数据和逻辑数据等。

(1) 地址数据。实际上也可以将地址看做是一种数据,因为在许多情况下都必须先计算操作数的实际地址,然后指令才能在主存中的某一有效地址处访问该操作数。此时地址可以被认为是一个无符号的整数。

(2) 数值数据。计算机中常用的数值数据有定点数、浮点数和十进制数。定点数是小数点的位置固定的数,在运算中,其小数点不会发生移动;而浮点数是指小数点的位置不固定(即可以变动)的数,通常在计算机中可以用浮点数近似地表示某个实数;十进制数是日常生活中使用最为广泛的一种数,它以 10 为基数,并用 0~9 这十个数码表示。

(3) 字符数据。字符是电子计算机或无线电通信中字母、数字和符号的统称,也称为字符串或文本数据,它是数据结构中最小的数据存取单位。计算机在处理信息的过程中不能以简单的字符形式进行存储和传送,而是需要对其进行编码处理,目前被广泛使用的是美国信息交换标准代码(American Standard Code for Information Interchange,ASCII 码)。

接下来简要介绍两种编码方式。第一种是 1994 年正式公布的统一码(Unicode,也称万国码或单一码),它是为了解决传统的字符编码方案的局限而产生的,包括字符集和编码方案等。该编码方案为每种语言中的每个字符设定了统一并且唯一的二进制编码,以满足跨语言、跨平台进行文本转换、处理的要求。第二种是 GB2312 编码(一般指信息交换用汉字编码字符集),它是由中国国家标准总局于 1980 年发布,1981 年 5 月 1 日开始实施的一套国家标准,标准号是 GB 2312—1980。GB 2312 编码适用于汉字处理、汉字通信等系统之间的信息交换,通行于中国大陆(几乎所有的中文系统和国际化的软件都支持 GB 2312)。此外,新加坡等地也采用此编码。

(4) 逻辑数据。计算机通常还需要对若干个由 0 和 1 组成的二进制数据进行逻辑运算,此时这些数据被看作是逻辑数据。例如,对于 ASCII 码中的 0110101,先将其与 0001111 进行逻辑与运算,然后再抽取所得结果的低 4 位,即得 0101,这就是对二进制数据进行逻辑运算。此外,有时希望存储一个布尔类型的数据,它们的每一位都代表着真(1)或假(0),这时它们组合成的数就都被看成是逻辑数据。

4.2.2 操作码

作为指令格式中指令的一部分,操作码用于指出该指令应该执行什么操作(如加法、减法、乘法、除法等)以及具有何种功能。通常,不同指令的操作码字段可以用不同的编码来表示,由于操作码在被计算机识别并执行时必须具有唯一性(即不能有二义性,否则计算机会不知道执行何种操作),所以每一种编码只能代表一种指令,即这一指令只能指示计算机去执行某一特定操作,而不能让该指令指示计算机去执行多项操作。例如,可以将操作码 0001 规定为加法操作,同时将操作码 0010 规定为减法操作,但绝对不能将操作码 0001 同时规定为加法操作和减法操作,否则计算机在运行操作码 0001 时,就不知道是执行加法操作还是减法操作。

通常,在 CPU 中设有专用电路来解释每个操作码应该执行什么操作,所以计算机能够根据操作码的不同而执行相应的操作。

组成操作码字段的位数一般取决于计算机指令系统的规模,通常包含指令数量越多的指令系统,则需要越多的位数来表示每一条的指令。例如,某一指令系统包含 16 条指令,那么只需要 4 位操作码就够了($2^4=16$)。而如果包含 32 条指令,则需要 5 位操作码($2^5=32$)。一般来说,一个包含 n 位操作码字段的指令系统最多能够拥有 2^n 条指令。

操作码字段的长度既可以是固定的,也可以是变化的。对于早期计算机的指令系统,其操作码字段和地址码字段的长度都是固定的,这种方式将操作码集中放在指令字的一个字段内,便于硬件实现,且指令译码的时间相对较短,被广泛应用于大中型计算机(如 IBM 370)和超级小型计算机(如 VAX-11)中。

而对于指令字较短的小型和微型计算机,为了充分地利用指令字,操作码字段和地址码字段的长度通常被设计成不固定的,即对于不同类型的指令会有不同的划分,以便尽可能用较短的指令字长来表示越来越多的操作种类,并在越来越大的存储空间中寻址。这种方式将操作码分散在指令字的不同字段中,好处是可以有效地压缩操作码的平均长度,但不足之处在于会增加指令译码和分析的难度,使控制器的设计变得复杂。

4.2.3 地址码

地址码通常用于存放指令中操作数(既可以是源操作数,也可以是目的操作数或是结果的地址等)的地址。由于指令中参加运算的操作数既可存放在主存储器中,也可存放在寄存器中,因此地址码应该指出该操作数所在的存储器地址或寄存器地址(甚至可以是输入输出设备的地址)。

根据指令中的操作数地址码数目的不同,可将指令分为零地址指令、一地址指令、二地址指令、三地址指令、四地址指令和多地址指令等多种格式。接下来首先介绍四地址指令。

1. 四地址指令格式

表 4-2 展示了四地址指令格式。

表 4-2 四地址指令格式

OPCODE	A1	A2	A3	A4

其中,OPCODE 表示操作码;A1 表示第一个源操作数存储器地址或寄存器地址;A2 表示第二个源操作数存储器地址或寄存器地址;A3 表示操作结果的存储器地址或寄存器地址;A4 为下一条指令的地址。

四地址指令字中有 4 个操作数地址,分别为 A1、A2、A3 和 A4,如果地址字段均指示主存的地址,则完成这一四地址指令需要访问 4 次存储器(分别为取指令 1 次,取操作数 2 次,存放结果 1 次)。该操作是对 A1 和 A2 这两个地址所指出的两个源操作数执行操作码所规定的操作,再将操作所得的结果存入 A3 中。其数学含义为

$$(A1)OPCODE(A2) \rightarrow A3$$

其中,OPCODE 表示操作的性质(如加、减、乘、除等);(A1)和(A2)分别表示主存中地址为 A1、A2 的存储单元中的操作数,或者是运算器中地址为 A1、A2 的通用寄存器中的操作数。

由于程序中的大多数指令都是按顺序执行的,因此利用程序计数器可以自动形成下一条指令的地址,这意味着此时四地址指令中的 A4 是多余的。通过省去四地址指令中的 A4 字段,就得到了三地址指令格式。

2. 三地址指令格式

表 4-3 展示了三地址指令格式。

表 4-3 三地址指令格式

OPCODE	A1	A2	A3

其中,OPCODE 表示操作码;A1 表示第一个源操作数存储器地址或寄存器地址;A2 表示第二个源操作数存储器地址或寄存器地址;A3 表示操作结果的存储器地址或寄存器地址。

三地址指令字中有 3 个操作数地址,分别为 A1、A2 和 A3,该操作是对 A1 和 A2 这两

个地址所指出的两个源操作数执行操作码所规定的操作,再操作所得的结果存入 A3 中,它完成一条指令的访存次数与四地址指令相同。其数学含义为

$$(A1)OPCODE(A2) \rightarrow A3$$

其中,OPCODE 表示操作的性质(如加、减、乘、除等);(A1)和(A2)分别表示主存中地址为 A1、A2 的存储单元中的操作数,或者是运算器中地址为 A1、A2 的通用寄存器中的操作数。

由于在机器的运算过程中,没有必要将每次运算的结果都存入主存中,可将中间结果暂时存放在 CPU 的寄存器(如 ACC)中,因此可以省去表示结果的地址字段 A3,从而得到二地址指令格式。

3. 二地址指令格式

表 4-4 展示了二地址指令格式:

表 4-4　二地址指令格式

OPCODE	A1	A2

其中,OPCODE 表示操作码;A1 表示第一个源操作数存储器地址或寄存器地址;A2 表示第二个源操作数和存放操作结果的存储器地址或寄存器地址。

二地址指令常称为双操作数指令,它有两个源操作数地址 A1 和 A2,分别指明参与操作的两个源操作数在内存或寄存器中的地址,其中地址 A1(也可能是 A2)兼作存放操作结果的目的地址。这是最常见的指令格式,其操作是对两个源操作数执行操作码所规定的操作后,将结果存入目的地址。其数学含义为

$$(A1)OPCODE(A2) \rightarrow A1 \text{ 或 } (A1)OPCODE(A2) \rightarrow A2$$

但如果将中间结果存于累加器中,其数学含义为

$$(A1)OP(A2) \rightarrow ACC$$

此时它完成一条指令只需要访存 3 次。

如果将一个操作数的地址隐含在运算器的 ACC 中,则指令字中只需给出一个地址码,从而构成一地址指令格式。

4. 一地址指令格式

表 4-5 展示了一地址指令格式:

表 4-5　一地址指令格式

OPCODE	A

其中,OPCODE 表示操作码;A 表示操作数的存储器地址或寄存器地址。

在一地址指令格式中,只给出了一个地址,该地址既是操作数的存储地址,也是操作结果的存储地址,被称为单操作数或单地址指令。其数学含义为

$$OPCODE(A) \rightarrow A$$

由于一地址指令只有一个地址码,因此它只能用于指定一个操作数,而另一操作数地址也可以是隐含的,例如,加 1 和减 1 等指令均采用这种指令格式,这类指令以运算器中的累加器 ACC 中的数据为被操作数,而指令字的地址码字段所指明的数为操作数,操作结果又放回累加器 ACC 中,而累加器中原来的数据随即被覆盖。其数学含义为

$$(ACC)OPCODE(A) \rightarrow ACC$$

在指令系统中,还有一种指令格式可以不设地址字段,即所谓的零地址指令格式。

5. 零地址指令格式

表 4-6 展示了零地址指令格式:

表 4-6　零地址指令格式

OPCODE

其中,OPCODE 表示操作码。

指令中只有操作码,没有地址码,即没有操作数,所以通常也叫无操作数或无地址指令。这种指令的含义有两种:一是无需任何操作数,如空操作指令、停机指令等;二是所需要的操作数地址是默认的,如堆栈结构计算机的运算指令,所需的操作数默认在堆栈中,由堆栈指针隐含指出,且操作结果仍然放回堆栈中。

【例 4-1】　假设某指令的指令字长为 8 位,操作数的地址码均为 2 位。它包括三种指令格式,分别为零地址指令格式、一地址指令格式和二地址指令格式。若操作码字段的长度固定,且零地址指令有 3 种,一地址指令有 4 种,请问此时二地址指令最多有几种?

解:因为指令字长为 8 位且操作数的地址码均为 2 位,所以二地址指令中操作码的位数为 $8-2-2=4$,这 4 位操作码可有 $2^4=16$ 种操作。又因为操作码字段的长度固定,所以除去了零地址指令 3 种,一地址指令 4 种,剩下的二地址指令最多有 $16-3-4=9$ 种。

6. 多地址指令格式

在性能较好的大中型计算机甚至高档小型计算机中,往往设有一些功能很强且用于处理成批数据的指令,例如字符串处理指令,向量、矩阵运算指令等。为了描述一批数据,指令中往往需要使用多个地址来指出数据存放的首地址、长度和下标等信息。例如,CDC STAR-100 矩阵运算指令中就有 7 个地址码字段,用来指明两个矩阵以及操作结果的存储情况。

没有任何一种计算机能够同时具备上述所有指令格式,它们各有优缺点。零地址、一地址和二地址指令具有指令短、执行速度快、硬件实现简单等优点,但是它们的功能相对比较简单,因此通常被结构较为简单、字长较短的小型和微型计算机所采用;三地址、四地址和多地址指令具有功能强、便于编程等优点,但是指令越长,结构就越复杂,执行时间相应地也就更长,所以通常被字长较长的大型机和中型机所采用。当然指令格式的选定还与指令本身的功能有关,例如,不管是哪种类型的计算机,停机指令都是采用零地址指令格式。

若对指令格式按存放操作数的物理位置来划分,主要有以下三种类型。

第一种为存储器-存储器(Storage-Storage,SS)型指令,执行这类指令操作时都涉及内存单元,即参与操作的数据都放在内存里。通常从内存某单元中取操作数,再将操作结果存放到内存另一单元中,因此,机器执行这种指令需要多次访问内存。

第二种为寄存器-寄存器(Register-Register,RR)型指令,执行这类指令过程中,需要多个通用寄存器或专用寄存器,通常从寄存器中取操作数,再把操作结果存放到另一寄存器中。因此,执行这类指令无需访问内存,所以机器执行 RR 型指令的速度很快。

第三种为寄存器-存储器(Register-Storage,RS)型指令,执行这类指令时,既要访问内存单元,又要访问寄存器。因此,执行这类指令的速度介于前两种指令的速度之间。

目前在计算机系统结构中,通常一个指令系统中指令字的长度和指令中的地址结构并不是单一的,往往会采用多种格式混合使用,这样可以增强指令的功能。

在计算机中,指令和数据都是以二进制代码的形式存储的,二者在表面上没有什么差别。但是,指令的地址是由程序计数器规定的,而数据的地址是由指令规定的,因此,在CPU 的控制下访问内存时绝对不会将指令和数据混淆。为了程序能够重复执行,一般要求在程序运行前、后所有的指令都保持不变,因此,在程序执行过程中,要避免修改指令。对于有些计算机,如发生了修改指令情况,则将按出错处理。

4.2.4 指令字长度与扩展方法

1. 指令字长度

一个指令字中二进制代码的位数称为指令字长度(简称指令字长)。如上所述,指令格式的设定一般与机器的字长(即机器字长)、存储器的容量以及指令的功能有关,其中机器字长是指计算机能够直接处理的二进制数据的位数,它是计算机的一个重要性能指标,决定了计算机的运算精度(机器的字长越长,计算机的运算精度就越高)。

早期计算机的存储字长(即存储单元中的二进制代码或存储字的位数)一般和机器的指令字长与数据字长(即计算机数据存储所占用的位数)相等,这样每次访问存储单元,都可以取出一条指令或一个数据。这种计算机的指令字长是固定的(即定长指令),控制方式也比较简单。为了便于处理字符数据和尽可能地充分利用存储空间,通常将机器字长设计成一个字节长度(默认是 8 位)的 1、2、4 或 8 倍(即分别为 8、16、32 或 64 位)。如 20 世纪 80 年代微型机的字长一般为 16 位和 32 位,大中型机的字长多为 32 位和 64 位。

随着计算机及相关技术的发展,芯片的集成度大大提高,机器字长变得更长,存储字长也在增加,要求处理的数据类型增多,指令字长发生了相应的变化。此时要求计算机的指令字长是可变的(即变长指令),因此控制方式变得较为复杂,通常需要多次访问存储单元才能取出一条完整的指令,从而导致 CPU 的速度和效率都大大降低。当然,此时存储字长、指令字长和数据字长三者可以互不相同,但它们都必须是字节的整数倍。

事实上,指令字长与机器字长并没有固定的关系,它既可以小于或等于机器字长,也可以大于机器字长。前者(即指令字长小于或等于机器字长)被称为短格式指令,后者(即指令字长大于机器字长)被称为长格式指令。在同一台计算机中可能既有短格式指令又有长格式指令,但通常是把最常用的指令(如算术/逻辑运算指令、数据传送指令)设计成短格式指令,以便节省存储空间和提高指令的执行速度。

在短格式指令中,通常将指令字长度等于机器字长的指令称为单字长指令,而将指令字长度等于半个机器字长的指令称为半字长指令;在长格式指令中,则将指令字长度等于两个机器字长的指令称为双字长指令。例如,IBM370 系列,它的指令格式有 16 位(半字)的,有 32 位(单字)的,还有 48 位(一个半字)的。使用多字长指令(对于指令字长大于机器字长的指令,则需要一个以上的机器字长来表示,即可认为是多字长指令,它是与单字长指令相对应的概念)可以提供足够的地址位来解决访问内存中任何单元的寻址问题,但是为了取出一整条指令,它必须两次或多次访问内存,这就降低了 CPU 的运算速度,同时又占用了更多的存储空间。

在一个指令系统中,如果各种指令的指令字长度都是相等的(如这些指令可以都是单字长指令或半字长指令等),则称其为等长(或称定长)指令字结构,这种指令字结构简单,且指令字长度是不变的；如果各种指令字长度随指令功能而异（如有的指令是单字长指令,有的指令是双字长指令或三字长指令）,即指令长度不相等,则将这种可变字长形式的指令字结构称为变长指令字结构,这种指令字结构灵活,能充分利用指令长度,但指令的控制比较复杂。

指令字长度主要取决于操作码的长度、操作数地址的长度和操作数地址的个数。由于操作码的长度、操作数地址的长度及指令格式不同,所以各指令字长度并不是固定的,且指令字长度通常为字节的整数倍。例如,Intel 8086 的指令长度就有六种,分别为 8、16、24、32、40 和 48 位。

2. 指令操作码扩展方法

指令操作码的长度决定了指令系统中完成不同操作的指令的总数目。若某计算机的操作码长度为 m 位,则它最多只能有 2^m 条不同的指令。

指令操作码通常有两种编码格式,一种是固定格式,即操作码的长度固定,且集中存放在指令字的一个字段中。这种格式可以简化硬件设计,减少指令译码时间,一般用于字长较长的大中型机、超级小型机以及 RISC 机,如 IBM370 和 VAX-11 系列机,其操作码长度均为 8 位,可表示 256 种指令。另一种是可变格式,即操作码的长度可变,且分散地存放在指令字的不同字段中。这种格式能够有效地压缩程序中操作码的平均长度,在字长较短的微型机中广泛采用。如 Z80、Intel 8086 等,其操作码的长度都是可变的。

显然,操作码长度的不固定将增加指令译码和分析的难度,使控制器的设计复杂化,因此操作码的编码至关重要。通常在指令字中用一个固定长度的字段来表示基本操作码,而对于一部分指令,若其不需要某个地址码,则把这些指令的操作码长度扩充到该地址码字段,这样既能充分利用指令字的各个字段,又能在不增加指令长度的情况下扩展操作码的长度,使它能够表示更多的指令。

【例 4-2】 假设某机器的指令字长度为 16 位,包括 4 位基本操作码字段和 3 个 4 位地址字段,其指令格式如表 4-7 所示。

表 4-7 某机器的指令格式

15　　　　　　　12	11　　　　　　　8	7　　　　　　　4	3　　　　　　　0
OPCODE	A1	A2	A3

若该机器的指令系统共有 61 条指令,分别包括 15 条三地址指令,15 条二地址指令,15 条一地址指令和 16 条零地址指令,试设计之。

解：根据题意,4 位基本操作码有 $2^4=16$ 种组合,若全部用于表示三地址指令,则只有 16 条。因此必须将操作码的长度向地址码字段扩展才行,可采用如下操作码扩展方法：

① 三地址指令仅需 15 条,由 4 位基本操作码的 0000～1110 组合给出,剩下的一个组合 1111 用于把操作码长度扩展到 A1,即 4 位扩展到 8 位。

② 二地址指令需 15 条,由 8 位操作码的 11110000～11111110 组合给出,剩下一个 11111111 用于把操作码长度扩展到 A2,即从 8 位扩展到 12 位。

③ 一地址指令需 15 条,由 12 位操作码的 111111110000～111111111110 组合给出,剩下一个组合 111111111111 用于把操作码长度扩展到 A3,即从 12 位扩展到 16 位。

④ 零地址指令需 16 条，由 16 位操作码的 1111111111110000～1111111111111111 组合给出。

采用上述指令操作码扩展方法后，三地址指令、二地址指令和一地址指令各 15 条，零地址指令 16 条，共计 61 条指令。

【**例 4-3**】 假设某机器的指令字长度为 16 位，包括 4 位基本操作码字段和 2 个 6 位地址字段，其指令格式如表 4-8 所示。

表 4-8 某机器的指令格式

15	12 11	6 5	0
OPCODE	A1		A2

若该机器的指令系统共有 142 条指令，分别包括 15 条二地址指令，63 条一地址指令和 64 条零地址指令，试设计之。

解：根据题意，4 位基本操作码有 $2^4=16$ 种组合，若全部用于表示二地址指令，则只有 16 条。因此必须将操作码的长度向地址码字段扩展才行，可采用如下操作码扩展方法：

① 二地址指令仅需 15 条，由 4 位基本操作码的 0000～1110 组合给出，剩下的一个组合 1111 用于把操作码长度扩展到 A1，即 4 位扩展到 10 位。

② 一地址指令需 63 条，由 10 位操作码的 1111 000000～1111 111110 组合给出，剩下一个 1111 111111 用于把操作码长度扩展到 A2，即从 10 位扩展到 16 位。

③ 零地址指令需 64 条，由 16 位操作码的 1111 111111 000000～1111 111111 111111 组合给出。

采用上述指令操作码扩展方法后，有二地址指令 15 条、一地址指令 63 条、零地址指令 64 条，共计 142 条指令。

由此可见，操作码扩展技术是一种重要的指令优化技术，它可以缩短指令的平均长度，减少程序的总位数，并且能增加指令字所表示的操作信息。但是，同固定操作码相比，扩展操作码在译码时更加复杂，而且也进一步加大了控制器的设计难度，并且还需要更多的硬件支持。

4.2.5 典型指令格式实例

为了更进一步地了解指令格式，接下来介绍几种典型的计算机指令格式，包括 Intel 公司的 16 位微型机 Intel 8086/8088(CISC)，IBM 公司的 32 位大型机 IBM370 系列(CISC)，英国 Acorn 公司（1991 年 ARM 部门从该公司剥离，成立了 ARM 公司）的 32 位微处理器 ARM(RISC)。

1. 微型机 Intel 8086/8088 指令格式

Intel 8086 是 Intel 公司于 1978 年推出的字长为 16 位的微型机，而 Intel 8088 是在 8086 的基础之上推出的扩展型准 16 位的微型机，其字长也为 16 位，但为了更加方便地与众多的 8 位外围设备连接，其外部数据总线为 8 位。

这两种 16 位的微型机和比它们更早推出的 8 位微型机一样，由于指令字较短，所以采用变长指令字结构。指令格式包含单字长指令格式、双字长指令格式和三字长指令格式等多种。指令长度为 1~6 字节不等(即有 8 位、16 位、24 位、32 位、40 位和 48 位 6 种),其中第 1 字节为操作码,第 2 字节指出寻址方式,第 3 至第 6 字节则给出操作数地址等。基本指令格式如图 4-1 所示。

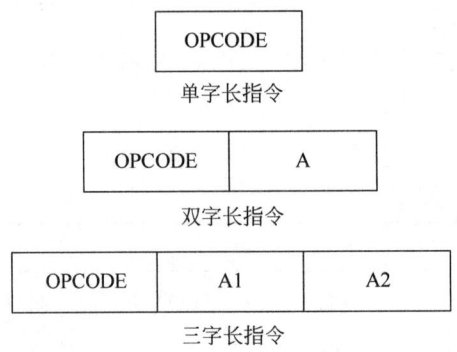

图 4-1 Intel 8086/8088 指令格式

单字长指令只有操作码,没有操作数地址。双字长或三字长指令包含操作码和地址码。由于内存按字节编址,所以单字长指令每执行一条指令后,指令地址就加 1,而双字长指令或三字长指令每执行一条指令后,就必须从内存连续读出两字节或三字节代码,同时指令地址相应地加 2 或加 3。如前所述,多字长的指令格式不利于提高机器速度及效率。

2. 大型机 IBM370 系列指令格式

IBM370 系统是 IBM 公司于 1970 年推出的 32 位大型机,在 1983 年 IBM 又推出了 370 的扩展架构(即 IBM 370-eXtended Architecture,IBM 370-XA),该架构首次在 3080 系列上实现。后来又有推出了企业系统架构(Enterprise System Architecture/370,ESA/370),并于 1986 年在 3090 系列上实现了该架构,在这一架构中的指令格式有 16 位操作码,并且支持向量运算指令与 128 位长度的浮点运算指令。

在 IBM370 系列计算机的指令格式中,一共有 9 种不同类型的指令,其中最为基本的指令格式有 7 种,它们分别为 RR(Register-to-Register,寄存器-寄存器)型指令、RX(Register-and-indeXed-Storage,寄存器和索引存储)型指令、RS(Register-and-Storage,寄存器-存储器)型指令、SI(Storage-and-Immediate,存储器和立即数)型指令、S(implied operand and Storage,存储器)型指令以及两种不同形式的 SS(Storage-to-Storage,存储器-存储器)型指令。另外两种指令是 RRE(Register-to-Register Extention,扩展的寄存器-寄存器)型指令和 SSE(Storage-to-Storage Extention,扩展的存储器-存储器)型指令。

在这些指令中,RR 型指令字长度为半个字长,SS 型指令和 SSE 型指令的指令字长度为一个半字长,其余 5 种类型的指令均为单字长指令。除了 RRE 型、S 型、SSE 型指令的操作码为 16 位,其余几种类型指令的操作码均为 8 位。IBM370 系列计算机的指令格式如图 4-2 所示。

在上述 9 种指令格式中,操作码的位数均为 8 位,其中的第 0 位和第 1 位组成 4 种不同编码,代表不同类型的指令:00 表示 RR 型指令;01 表示 RX 型指令;10 表示 RRE 型、RS 型、S 型及 SI 型指令;11 表示 SS 型和 SSE 型指令。

接下来对这 9 种指令类型进行简单总结,具体如表 4-9 所示。

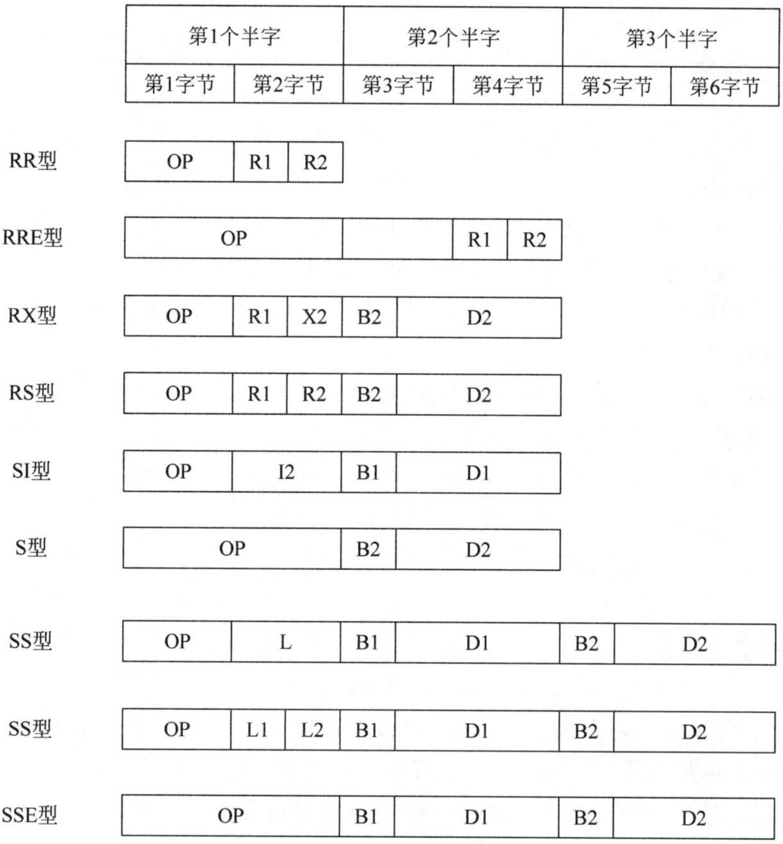

第1个半字	第2个半字	第3个半字
第1字节　第2字节	第3字节　第4字节	第5字节　第6字节

RR型　　| OP | R1 | R2 |

RRE型　　| OP |　　| R1 | R2 |

RX型　　| OP | R1 | X2 | B2 | D2 |

RS型　　| OP | R1 | R2 | B2 | D2 |

SI型　　| OP | I2 | B1 | D1 |

S型　　| OP | B2 | D2 |

SS型　　| OP | L | B1 | D1 | B2 | D2 |

SS型　　| OP | L1 | L2 | B1 | D1 | B2 | D2 |

SSE型　　| OP | B1 | D1 | B2 | D2 |

图 4-2　IBM 370 系列计算机的指令格式

表 4-9　IBM 370 系列计算机各类型指令的总结

指令类型	源操作数个数	源操作数存放位置	所得结果存放位置	操作表达式
RR 型指令与 RRE 型指令（二地址指令）	2	寄存器 R1 和 R2	寄存器 R1	(R1)OPCODE(R2)→R1
RX 型指令（二地址指令）	2	寄存器 R1 和存储器	寄存器 R1	(R1)OPCODE M[(X2)+(B2)+D2]→R1
RS 型指令（三地址指令）	2	寄存器 R2 和存储器	寄存器 R1	(R2)OPCODE M[(B2)+D2]→R1
SI 型指令（二地址指令）	1	指令字	存储器	I2→M[(B1)+D1]
S 型指令（单地址指令）	1	存储器	存储器	OPCODE M[(B2)+D2]→M[(B2)+D2]
SS 型指令与 SSE 型指令（多地址指令）	2	存储器	存储器	M[(B1)+D1] OPCODE M[(B2)+D2]→M[(B1)+D1]

3．ARM 的指令格式

ARM(Advanced RISC Machine,高级精简指令集机器)处理器是英国 ARM 公司设计的第一款低功耗低成本的 RISC 微处理器,字长为 32 位。它具有世界上最流行的指令集,图 4-3 是 ARM 指令集的一种指令格式。

Cond	F	I	Opcode	S	Rn	Rd	Operand2
4位	2位	1位	4位	1位	4位	4位	12位

图 4-3　ARM 指令集的指令格式

各字段的含义如下：

(1) Cond 用于指明条件，该字段涉及条件转移指令。

(2) F 用于说明指令类型，当需要时该字段允许设置不同的指令。

(3) I 用于指明立即数，如果 $I=0$，第二个源操作数在寄存器中；如果 $I=1$，第二个源操作数是 12 位的立即数。

(4) Opcode 即操作码，用于指明指令的基本操作。

(5) S 用于设置状态，该字段涉及条件转移指令。

(6) Rn 用于指明源寄存器地址(4 位)，共 16 个寄存器。

(7) Rd 用于指明目标寄存器地址(4 位)，共 16 个寄存器。

(8) Operand2 用于指明第二个源操作数。

4.3　寻址方式

在计算机中，程序主要由指令和数据组成，二者都是以二进制代码的形式进行存储的。数据可能被存放在存储器(或者运算部件的某个寄存器)中，也可能就在指令中；而指令一般被存放在存储器中。当某个操作数或某条指令被存放在某个存储单元中时，这个存储单元的编号，就是该操作数或指令在存储器中的地址。

寻找并确定某条指令的数据(操作数)地址及下一条要执行的指令地址的方法，称为寻址方式。它与计算机硬件结构紧密相关，而且对指令格式和功能有很大的影响，同时与汇编语言程序设计和高级语言程序设计之间的关系都极为密切。

通常可将寻址方式粗略地分为两大类：指令寻址方式和数据寻址方式。在主存中，指令寻址方式与数据寻址方式是交替进行的，前者比较简单，后者比较复杂。

不同的计算机会有不同的寻址方式，但基本原理都是相同的。有的计算机寻址种类较少，一般是在指令的操作码中表示出寻址方式；有的计算机采用多种寻址方式，则会在指令中专设一个字段来表示操作数的来源或去向；还有一些计算机组合使用某些基本寻址方式，从而形成更加复杂的寻址方式。为了增加计算机的功能，每类计算机都有多种不同的寻址方式，但是归纳起来，大多都是由几种最基本的寻址方式经过不同的组合而形成的。

本节将介绍指令寻址和操作数寻址中的基本寻址方式。

4.3.1　指令寻址

所谓指令寻址方式，就是确定下一条将要执行的指令地址的方法。指令寻址有两种基本方式：顺序寻址方式和跳跃寻址方式。

1. 顺序寻址方式

由于指令在内存中是按地址顺序安排的，所以在执行程序时，通常是一条指令接着一条指令顺序执行的，即从存储器中取出第 1 条指令并执行，然后从存储器中取出第 2 条指令并执行,接着再从存储器中取出第 3 条指令并执行……这种程序按指令地址顺序执行的过程,称为指令的顺序寻址方式。

为此,必须在 CPU 中设置专用控制部件,以便控制指令能够按照指令在内存中地址的顺序依次执行。该专用控制部件就是程序计数器(又称指令计数器)PC,在计算机中就是由 PC 来对指令的顺序号(即该指令在内存中的地址)进行计数,进而控制指令按顺序执行。

如图 4-4 所示,指令地址和地址中相应的内容均在主存储器,按指令地址顺序执行。初始时 PC 值为 11,即从指令地址 11 开始执行相应的指令内容 SUB 102,该指令执行完成后,即顺序执行下一条指令,将当前 PC 值(11)加 1 得 12,然后会执行该指令地址(12)对应的指令内容 STA 104,以此类推。

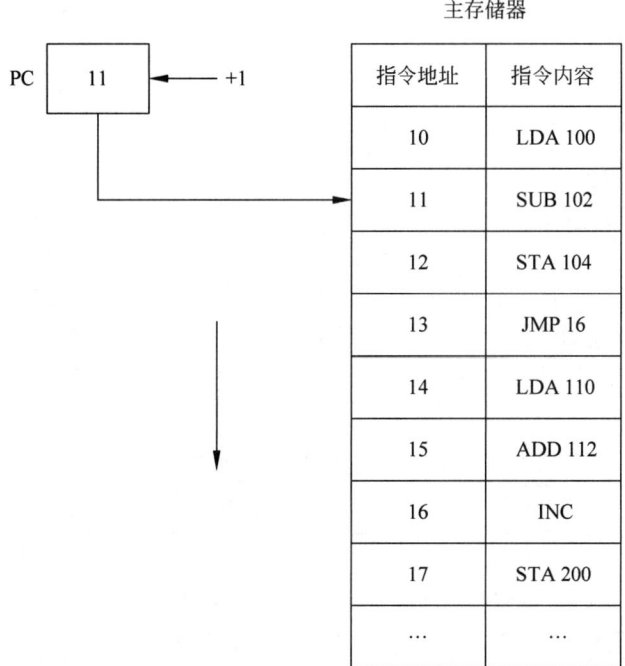

图 4-4　指令的顺序寻址方式

2. 跳跃寻址方式

当程序要改变执行顺序时,指令的寻址就采取跳跃寻址方式。所谓跳跃(又称跳转),是指下一条指令的地址码不是由 PC 给出,而是由本条指令给出。如图 4-5 所示,指令地址 13 中的指令内容为 JMP 16,这表示当顺序执行到指令地址 13 时,将跳转到指令地址 16。需要注意的是,程序跳跃后是按新的指令地址开始顺序执行的(这就是说在执行完指令地址 16 中的指令内容 INC 之后,将继续执行指令地址 17 中的指令内容 STA 200),所以 PC 的内容相应地也应该进行改变,以便能够随时访问新的指令地址。

采用指令跳跃寻址方式,可以实现程序转移或构成循环程序,从而能够缩短程序长度,或将某些程序作为公共程序。指令系统中的各种条件转移以及无条件转移指令,就是为了实现指令的跳跃寻址而设置的。

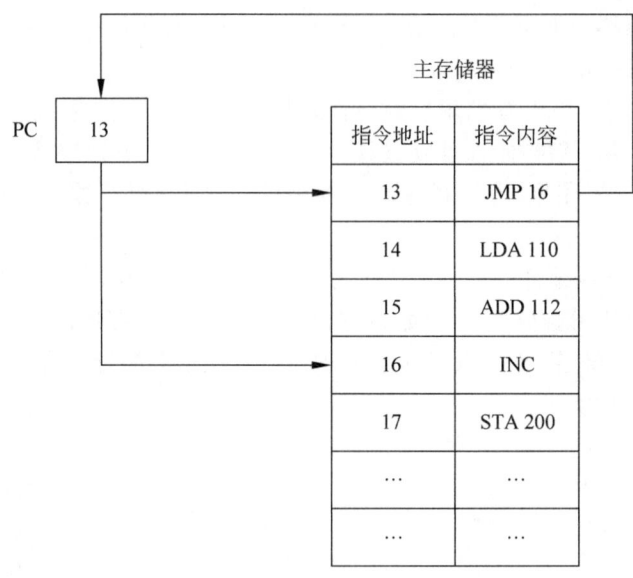

图 4-5 指令的跳跃寻址方式

4.3.2 数据寻址

所谓数据寻址方式(也称作操作数寻址方式),就是形成操作数的有效地址(Effective Address,EA)的方法。由于指令字中的地址码字段,通常是由形式地址和寻址方式特征位组成的,所以指令给出的地址码并不是操作数的有效地址。其中单地址指令的表示形式如表 4-10 所示。

表 4-10 数据寻址方式表示形式

OPCODE	寻址方式特征 MOD	形式地址 A

表 4-10 中的形式地址 A,是指令字结构中给定的地址量。而寻址方式特征位 MOD,通常由间址位(I)和变址位(X)组成,若这条指令没有间址和变址要求,则形式地址就是操作数的有效地址;若指令中指明要进行变址或间址变换,则形式地址就不是操作数的有效地址,那么此时必须按指定的方式进行变换,才能形成有效地址。这一将形式地址变换为操作数有效地址的过程,就是操作数的寻址过程。目前,由于大型机、中型机、小型机和微型机的结构有所不同,因此形成了各种不同的数据寻址方式。

下面将介绍隐含寻址方式、立即寻址方式、寄存器寻址方式、直接寻址方式、间接寻址方式、相对寻址方式、基址寻址方式、变址寻址方式、堆栈寻址方式和复合型寻址方式这些典型且常见的数据寻址方式。

1. 隐含寻址方式

在有些指令字中,并不会明显地指出操作数地址,而是将其隐含在指令中。这种将操作数隐含在 CPU 中的寄存器里或是在主存储器的某个指定存储单元中,而且指令中没有明显给出操作数地址的寻址方式,称为隐含寻址方式。

例如,单地址指令格式,其指令字中的地址码字段所指明的数为操作数,而运算器中累加器 ACC 中的数据通常为被操作数(即第二操作数),操作所得的结果又放回累加器 ACC 中。在这类指令格式中,明显指出的只有第一操作数的地址,而并没有在地址字段中明显指出第二操作数的地址,只是规定累加器 ACC 作为第二操作数的地址。因此,累加器 ACC 对这类单地址指令来说是隐含地址。

如图 4-6 所示为一地址指令 INC 使用隐含寻址方式运算的过程,即对累加器 ACC 中的数据通过 ALU 执行加 1 操作,然后将结果存在累加器 ACC 中。

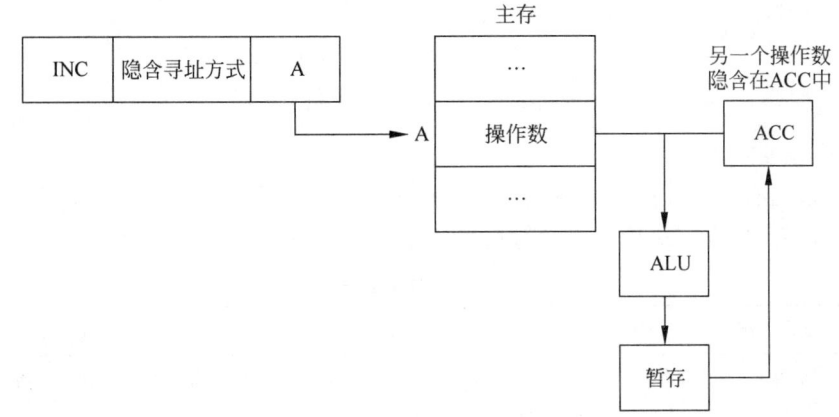

图 4-6　INC 使用隐含寻址的方式运算的过程

2. 立即寻址方式

在有些指令字中,其地址字段所指出的不是操作数的地址,而是操作数本身,通常将这种由指令的地址码字段直接给出所需的操作数的寻址方式,称为立即寻址方式,其形式如表 4-11 所示。

表 4-11　立即寻址方式表示形式

OPCODE	立即寻址方式	操作数 Data

在这种寻址方式中,从存储器中读取一条指令时,操作数和操作码会一起被取出,而不必再次访问存储器去取操作数,所以这种寻址方式的显著特点就是指令执行时间很短,这样一次性取出操作数和操作码的访存方式节省了访问内存的时间,提高了指令的执行速度。

这一寻址方式的不足之处在于,操作数的范围会受到地址码字段位数的影响,而且由于操作数是指令的一部分,不能对其进行修改,所以这种方式只适用于操作数固定的情况(如给某一寄存器或存储器单元赋初值或提供一个常数等)。在之前介绍过的 IBM370 系列计算机的指令结构中,SI 指令就可以使用立即寻址方式来访问数据。

3. 寄存器寻址方式

在计算机的 CPU 中,通常设有一定数量的通用寄存器,用于存放操作数、操作数的地址或者中间结果。当操作数没有存放在存储器中,而是存放在 CPU 的通用寄存器中时,便可由指令地址码指出存放该操作数的寄存器的地址编号。这种将所需的操作数存放在某一通用寄存器中,并由指令地址码字段给出该通用寄存器地址的方式,称为寄存器寻址方式,如图 4-7 所示。

由于通用寄存器的数量一般在几个至几十个之间(远远小于存储器单元的数量),因此地址码比较短,并且从寄存器中存取数据要比从存储器中存取数据快得多(因为无需访存,减少了执行时间),所以这种方式既可以缩短指令长度,节省存储空间,又可以提高指令的执行速度,故在计算机中得到广泛应用。在 IBM370 系列计算机的指令结构中,RR 型指令就是采用寄存器寻址方式访问数据的。

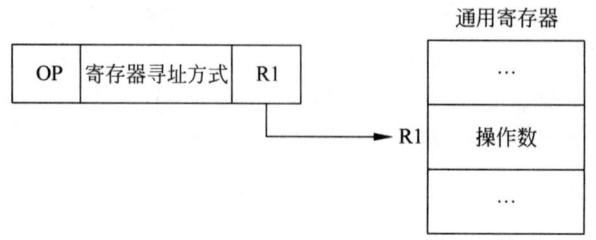

图 4-7 寄存器寻址方式示意

4. 直接寻址方式

若操作数的有效地址由指令格式的地址码字段直接给出,此时寻址过程则不需要经过某种变换或运算,通常将这种方式称为直接寻址方式,其形式如表 4-12 所示。

表 4-12 直接寻址方式表示形式

OPCODE	直接寻址方式	操作数直接地址 A

采用直接寻址方式时,操作数的有效地址 EA 就是指令字中的形式地址 A,即 EA=A,所以这类指令中的形式地址 A 又称为直接地址。

直接寻址方式的优点是寻找操作数比较简单,也不需要专门计算操作数的地址,且在指令执行阶段只需访问一次主存;它的缺点在于操作数的寻址范围会受到地址码字段 A 位数的影响,而且如需修改操作数的地址,则必须要修改 A 的值。

直接寻址方式又可分为寄存器直接寻址方式和存储器直接寻址方式,具体如下。

(1) 寄存器直接寻址方式。在这种寻址方式中,指令地址码字段会直接给出所需操作数在通用寄存器中地址编号,其形式如表 4-13 所示。

表 4-13 寄存器直接寻址方式

OPCODE	寄存器直接寻址	寄存器地址编号 R_i

有效地址 EA 数学公式为 $EA=R_i$。

(2) 存储器直接寻址方式。在这种寻址方式中,指令地址码字段会直接给出存放在存储器中操作数的存储地址,其形式如表 4-14 所示。

表 4-14 存储器直接寻址方式

OPCODE	存储器直接寻址	操作数的存储地址 A

有效地址 EA 的数学公式为 $EA=A$。

图 4-8 展示了使用直接寻址方式如何访问操作数。

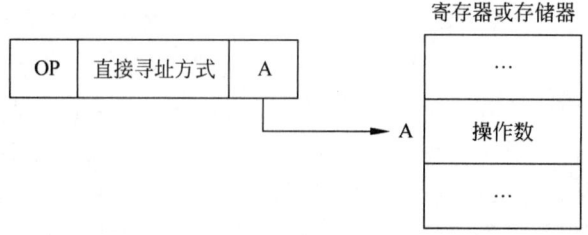

图 4-8 使用直接寻址方式访问操作数

5. 间接寻址方式

与直接寻址相对的是间接寻址(简称为间址),在该寻址方式中,指令地址码字段并未给出操作数的地址,而是指出操作数有效地址所在的存储单元地址(换言之,形式地址 A 所指定的存储单元中的内容才是操作数的有效地址)。在间接寻址方式中,操作数的有效地址由指令地址码所指示的单元内容间接给出。

间接寻址可分为一次间接寻址和多次间接寻址。一次间接寻址是指形式地址 A 是操作数地址的地址,即有效地址 EA=(A);多次间接寻址是指要进行二次或二次以上这种间接变换,才能得到操作数的有效地址(至于什么时候结束这种变换,通常由存储字的首位来标识)。

假设用 Data 来表示操作数,间接寻址过程如表 4-15 所示(其中多次间接寻址以二次间接寻址为例)。

表 4-15 间接寻址过程

寻址方式	寻址过程的逻辑表达式
一次间接寻址	Data=(EA)=((A))
二次间接寻址	Data=((EA))=(((A)))

根据地址码指的是寄存器地址还是存储器地址,间接寻址又可分为寄存器间接寻址和存储器间接寻址两种(由于大多数计算机只允许一次间接寻址,因此下面均以一次间接寻址方式进行说明)。

(1) 寄存器间接寻址方式。在寄存器间接寻址方式中,首先需要访问寄存器,然后从寄存器中读出操作数地址,再对存储器进行访问才能取得操作数。这一寻址方式与寄存器寻址的区别在于:前者寄存器中的内容不是操作数,而是操作数的地址,它指明的操作数在内存中。图 4-9 为使用寄存器间接寻址方式访问数据的过程,其中有效地址 EA 数学公式为 EA=(R),即操作数 Data=(EA)=((R))。

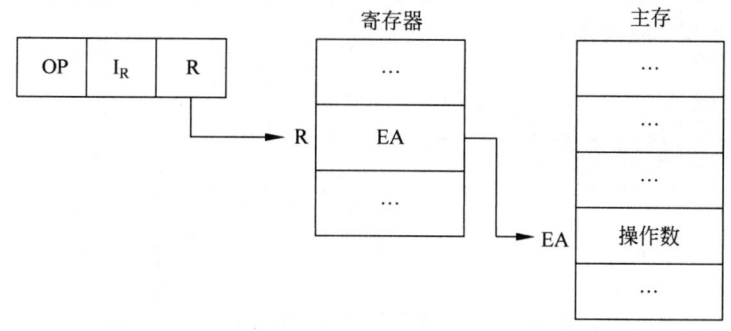

图 4-9 使用寄存器间接寻址方式访问数据的过程

(2) 存储器间接寻址方式。在存储器间接寻址方式中,需要访问两次存储器才能取得数据。第一次是从存储器中读出操作数地址,第二次是根据第一次读出的操作数地址,从中取出真正的操作数。图 4-10 为存储器间接寻址方式访问数据的过程,其中有效地址 EA 数学公式为 EA=(A),即 Data=(EA)=((A))。

间接寻址方式有以下两个优点:一是它便于编制程序,例如,用间接寻址方式可以很方便地完成子程序返回;二是因为 A 的位数通常小于指令字长,而存储字长通常与指令字长相等,所以与直接寻址相比,间接寻址方式扩大了操作数的寻址范围。

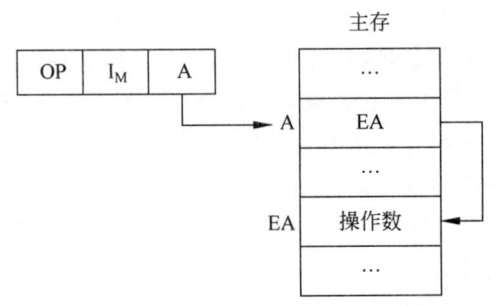

图 4-10　使用存储器间接寻址方式访问数据的过程

【例 4-4】 假设某计算机的指令字长和存储字长均为 16 位,形式地址 A 为 8 位,请计算出此时利用直接寻址方式和间接寻址方式的寻址范围分别为多少。

解:对于直接寻址而言,因为 A 为 8 位,所以寻址范围为 2^8。而间接寻址可被分为一次间接寻址和多次间接寻址,其中对于一次间接寻址而言,因为存储字长为 16 位,所以寻址范围为 2^{16};对于多次间接寻址而言,因为存储字的首位要被用来标识间接寻址是否结束,而不能作为有效地址 EA 的组成部分,所以存储字长为 $2^{(16-1)}=2^{15}$。

6. 相对寻址方式

所谓相对寻址方式,是指根据一个基准地址及其相对位移量(或称偏移量)来寻找操作数地址的方式。根据基准地址的来源不同,它又分为基址方式和变址方式,以及 PC 相对寻址方式,这里主要指的是后者(即 PC 相对寻址方式)。

PC 相对寻址方式(一般简称相对寻址方式)中的有效地址是将 PC 的内容(即当前执行指令的地址)与地址码部分给出的地址 A(此时 A 通常被称为位移量 Disp)相加而得,其有效地址 EA 可用数学公式 EA=(PC)+Disp 来表示。其中 Disp 的值可正可负,相对于当前指令地址进行浮动。相对寻址方式的特征由寻址特征位 X_{PC} 指定。图 4-11 显示的就是使用相对寻址方式访问数据的过程。

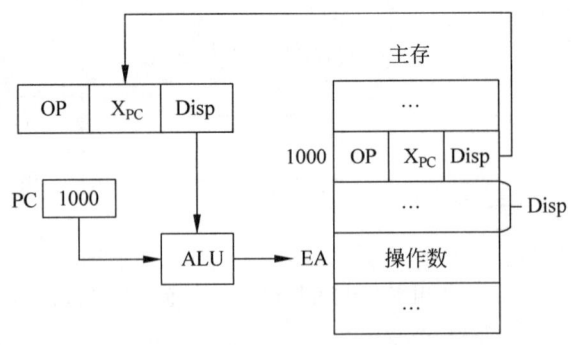

图 4-11　使用相对寻址方式访问数据的过程

采用相对寻址方式的好处是编程人员在编写代码时无需使用指令的绝对地址,这样编写的程序可以放在内存的任何地方而不会受制于内存空间。

7. 基址寻址方式

在计算机中设置了一个专门用来存放基准地址的寄存器,该寄存器称为基址寄存器(Base Register,BR)。它既可在 CPU 中专门设置,也可由指令指定某个通用寄存器来担任。使用基址寻址时,有效地址由指令地址码给出的地址 A(此时 A 通常被称为位移量

Disp)和基址寄存器 BR 中的内容相加而得,其有效地址 EA 可用数学公式 EA＝(BR)＋Disp 来表示,根据计算得到的 EA 便可从存储器中读出所需的操作数。

通常把按上述步骤得到操作数有效地址的方式称为基址寻址方式。基址寄存器实现时有两种典型的方式,一种是使用专用的基址寄存器,另一种是使用通用寄存器作基址寄存器。如图 4-12 所示为专用基址寄存器,用户此时不必明显指出该基址寄存器,只需由指令的寻址特征位反映出基址寻址即可,其中 X_{BR} 指出了基址寻址方式的寻址特征位。

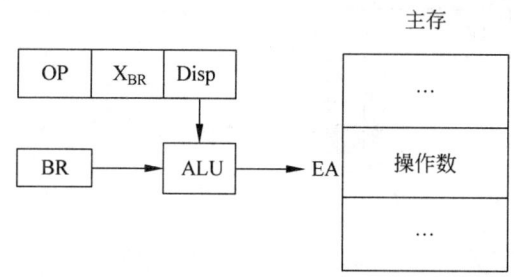

图 4-12　专用基址寄存器 BR

如图 4-13 所示,此时由一组通用寄存器(General Purpose Register,GPR)作为基址寄存器,用户必须明确指出使用了哪个寄存器作为基址寄存器。

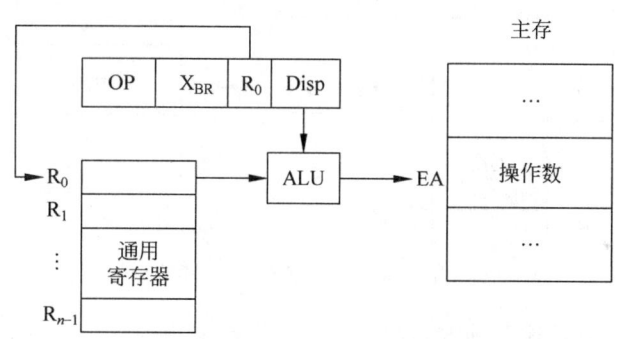

图 4-13　通用寄存器作基址寄存器

基址寄存器主要为程序或数据分配存储区,它对于多道程序或浮动程序来说很有用处,可实现从浮动程序的逻辑地址(编写程序时所用的地址)到存储器的物理地址(程序在存储器中的实际地址)的转换。例如,当程序浮动时,只要改变基址寄存器中的内容即可,而不必修改程序。

若存储器的容量较大,而由指令的地址码字段直接给出的地址不能直接访问到存储器的所有单元时,通常把整个存储空间分成若干个段,段的首地址存放于基址寄存器或段寄存器中,段内位移量由指令给出。通过如此处理,存储器的有效地址就等于基址寄存器的内容(即段首地址)与段内位移量之和,这样通过修改基址寄存器的内容就可以访问到存储器的任一单元。通常这种方式又称为段寻址方式。

基址寻址主要解决程序在存储器中的定位和扩大寻址范围(因为寄存器的位数大于形式地址的位数)等问题。为了保证计算机系统的安全性,一般基址寄存器中的值只能由系统程序来设定,并由特权指令执行,用户指令是不允许对其进行修改的。

8. 变址寻址方式

变址寻址方式与基址寻址方式极为类似，其有效地址 EA 由某个变址寄存器（Index register，IX）的内容加上指令格式中的形式地址 A（此时 A 通常被称为位移量 Disp），它可被表示为：EA＝(IX)＋Disp。图 4-14 显示了专用变址寄存器访问操作数的过程，其中，X_{IX} 指出了变址寻址方式的寻址特征位。

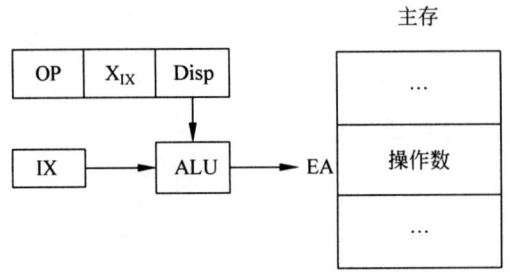

图 4-14　专用变址寄存器

如图 4-15 所示为一组通用寄存器作为变址寄存器时访问操作数的过程。

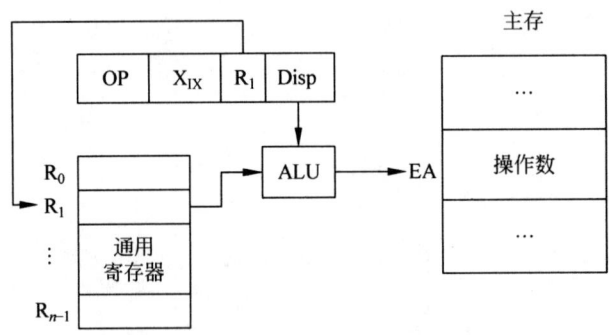

图 4-15　通用寄存器作变址寄存器

变址寻址与基址寻址这两种方式都是计算机广泛采用的寻址方式，但因为两者有效地址的计算方法相同，所以许多教材在介绍这部分内容时将其合并为一种寻址方式，但事实上两者是有区别的，而且应用的场合也各不相同。通常在采用基址寻址方式时，基址寄存器提供地址基准量而指令提供位移量，它主要用于为程序或数据分配存储空间，其内容通常由操作系统确定；在采用变址寻址方式时，变址寄存器提供修改量而指令提供基准量，变址寻址方式可以实现程序块的浮动，使有效地址按变址寄存器的内容实现有规律的变化，而不改变指令本身，它主要用于处理数组问题，特别适合编制循环程序。

9. 堆栈寻址方式

在计算机中，堆栈是一个按照先进后出（First In Last Out，FILO）原则存取数据的特定存储区，它可以是主存中指定的一段连续区域（称为软堆栈），也可以是 CPU 中的一组寄存器（称为硬堆栈）。由于在存储器中，可以建立符合程序员要求的任意长度和任意数量的堆栈，而且可以用对存储器进行寻址的任何一条指令来对堆栈中的数据进行寻址，所以大多数计算机都是指定主存的一部分空间作为堆栈来使用，该堆栈也称为主存堆栈。

堆栈对数据的存取方式和寻址方法与一般存储器有所不同，一般存储器是按指定的地址随机读写数据，而堆栈中数据的读出和写入要遵照一定的规律，即按先进后出的原则进行存取。下面以主存堆栈为例,对堆栈寻址过程进行说明。使用堆栈寻址方式访问数据的过程如图 4-16 所示。

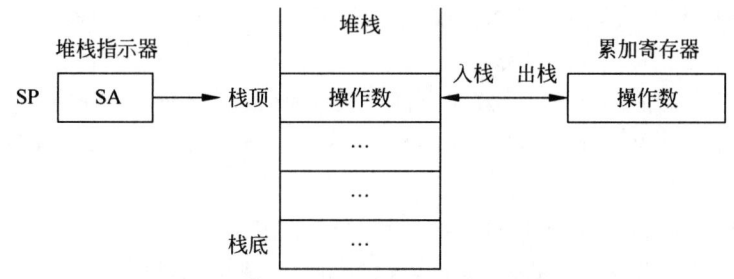

图 4-16 使用堆栈寻址方式访问数据的过程

在堆栈结构中,堆栈中作为起始单元的一端称为栈底,而与栈底相对的另一端称为栈顶。第一个存入堆栈的数据就存放在栈底,第二个存入堆栈的数据则存放在栈底上面与之相邻的空单元,以此类推……最后存入堆栈中的数据存放在栈顶。从堆栈中取出数据时,只能从栈顶取出。通常在 CPU 中设置一个专用的堆栈指示器,用来存放栈顶单元的地址,称为堆栈指针。

由于 SP 始终指示着栈顶地址,因此无论是执行进栈(PUSH)操作,还是出栈(POP)操作,SP 的内容都需要发生相应的改变。具体如下:

① 数据进栈过程:首先 SP 的内容减 1,使其指向栈顶单元,然后数据存入栈顶,即

$$(SP)-1 \rightarrow SP$$

$$数据 \rightarrow (SP)$$

② 弹出一个数据的过程与压入一个数据的过程刚好相反,它是先从栈顶取出一个数据,然后再将 SP 的内容加 1,即

$$(SP) \rightarrow 数据$$

$$(SP)+1 \rightarrow SP$$

由于操作数只能从栈顶地址指示的存储单元存入和取出,所以操作数的地址总是被隐含在 SP 中,这意味着堆栈寻址可被视为是一种隐含寻址,而 SP 又可被视为是寄存器,所以堆栈寻址还可以被视为是一种寄存器间接寻址。

堆栈寻址方式在计算机中十分有用,为数据处理与程序控制提供了很大的便利。在通用计算机中,堆栈主要用来暂存中断时或子程序调用时的现场数据及返回地址。

10. 复合型寻址方式

在计算机中,可以把上面介绍的几种寻址方式组合起来使用,如把间接寻址方式同相对寻址方式或变址寻址方式相结合而形成复合型寻址方式。复合型寻址方式通常有如下几种类型。

(1) 相对间接寻址。这种寻址方式先把 PC 的内容和形式地址(通常为位移量)Disp 相加得(PC)+Disp,然后再通过间接寻址求得操作数的有效地址,即先相对寻址,再间接寻址。

操作数有效地址 EA 的数学公式为 EA=((PC)+Disp)。

(2) 间接相对寻址。这种寻址方式先将形式地址 Disp 作间接变换得(Disp),然后将间接变换后的值(Disp)和 PC 的内容相加,得到操作数的有效地址,即先间接寻址,再相对寻址。

操作数有效地址 EA 的数学公式为 EA=(PC)+(Disp)。

(3) 变址间接寻址。这种寻址方式先把变址寄存器 IX 的内容和形式地址 Disp 相加得 (IX)+Disp,然后再通过间接寻址求得操作数的有效地址,即先变址再间址。

操作数有效地址 EA 的数学公式为 EA=((IX)+Disp)。

(4) 间接变址寻址。这种寻址方式先将形式地址 Disp 作间接变换得(Disp),然后将间接变换后的值(Disp)和变址寄存器 IX 的内容相加,得到操作数的有效地址,即先间址再变址。

操作数有效地址 EA 的数学公式为 EA=(IX)+(Disp)。

除了上述这些复合寻址方式外,还可以通过组合形成更加复杂的寻址方式。例如,在一条指令中可以同时实现基址寻址与变址寻址,其有效地址则为基址寄存器内容+变址寄存器内容+指令地址码。

不同计算机采用的寻址方式是不同的,即使是同一种寻址方式,在不同的计算机中也有不同的表达方式或含义。因此,用汇编语言编程时,必须详细地了解所使用计算机的指令系统,才能编写出正确而高效的程序。若用高级语言编程时,则由编译程序来解决有关寻址的问题,用户不必考虑寻址方式的问题。

【例 4-5】 假设某机器配有基址寄存器和变址寄存器,采用一地址格式的指令系统,允许直接和间接寻址,且指令字长、机器字长和存储字长均为 16 位。

(1) 若采用单字长指令,共能完成 105 种操作,则指令可直接寻址的寻址范围是多少? 一次间接寻址的寻址范围是多少? 画出其指令格式并说明各字段的含义。

(2) 若存储字长不变,可采用什么方法直接访问容量为 16MB 的主存?

解:

(1) 在字长指令中,根据能完成 105 种操作,取操作码 7 位($2^7=128>105$)。因允许直接和间接寻址,且有基址寄存器和变址寄存器,故取 2 位寻址特征位,其指令格式如图 4-17 所示。

其中,OP 为操作码,可完成 105 种操作;M 为特征,可反映四种寻址方式;AD 为形式地址。这种指令格式的直接寻址范围为 $2^7=128$,一次寻址的地址范围是 $2^{16}=65536$。

(2) 容量为 16MB 的存储器,正好与存储字长为 16 位(即 2B)的 8M 存储器容量相等,即 16MB=8M×2B=8M×16 位。欲使指令直接访问 16MB 的主存,可采用双字长指令,其操作码和寻址特征位均不变,其格式如图 4-18 所示。

7	2	7
OP	M	AD

图 4-17 指令格式

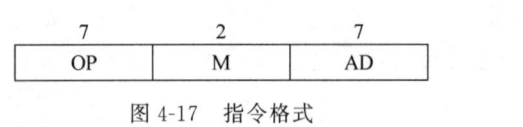

图 4-18 指令格式

其中,形式地址为 AD_1+AD_2,共 $7+16=23$ 位,$2^{23}=8M$,即可直接访问主存的任一位置。

【例 4-6】 一条双字长的取数指令(LoaD Accumulator,LDA)存放在存储器的 200 和 201 单元,其中第一个字为操作码 OP 和寻址特征位 M,第二个字为形式地址 A。假设 PC 的当前值为 200,变址寄存器 IX 的内容为 100,基址寄存器 BR 的内容为 200,存储器相关单元的内容如表 4-16 所示。

表 4-16 存储器相关单元的内容

地址	201	300	400	401	500	501	502	700
内容	300	400	700	501	600	700	900	401

试分别计算在以下寻址方式下的有效地址 EA 及取数指令执行结束后累加器 ACC 中的内容。

①立即寻址；②直接寻址；③间接寻址；④相对寻址；⑤变址寻址；⑥基址寻址。

解：因为该指令的形式地址 A(即第二个字)存放在存储器的 201 单元，所以根据表 4-16 可得 A 的内容为 300。

立即寻址：在这一方式中，形式地址 A 的内容(即 300)就为操作数的值，而并没有给出操作数的有效地址。

直接寻址：在这一方式中，形式地址 A 的内容(即 300)就是有效地址 EA，所以根据表 4-16 可知，操作数的值为地址 300 对应的内容，即为 400。

间接寻址：在这一方式中，根据形式地址 A 的内容(即 300)找到的内容才是真正的有效地址 EA，所以根据 300 找到的 400 才是有效地址，而 400 对应的内容 700 才是操作数的值。

相对寻址：在这一方式中，形式地址 A 的内容(即 300)加上 PC 的内容为有效地址，PC 当前的值为 200，所以取出指令后变为 202，故有效地址为 202+300=502，地址 502 对应的内容 900 即为操作数的值。

变址寻址：在这一方式中，有效地址为变址寄存器的内容(即 100)加上形式地址 A 的内容(即 300)，所以有效地址为 100+300=400，地址 400 对应的内容为 700。

基址寻址：在这一方式中，有效地址为基址寄存器的内容(即 200)加上形式地址 A 的内容(即 300)，所有效地址为 200+300=500，地址 500 对应的内容为 600。

综上所述，在上述寻址方式下的有效地址 EA 及取数指令执行结束后累加器 ACC 的内容如表 4-17 所示。

表 4-17 各寻址方式的有效地址 EA 及累加器 ACC 中的内容

寻 址 方 式	有效地址 EA	累加器(ACC)的内容
立即寻址	—	300
直接寻址	300	400
间接寻址	400	700
相对寻址	502	900
变址寻址	400	700
基址寻址	500	600
先变址后间址	700	401
先间址后变址	500	600

4.3.3 寻址方式举例

本小节将介绍 PDP 系列机、Power PC 和奔腾系列机的寻址方式。

1. PDP 系列机的寻址方式

程序数据处理机(Programmed Data Processor,PDP)是美国数字设备公司 DEC 生产的小型机系列的代号,该公司于 1957 年在美国诞生,其研发和生产 PDP 系列机的情况如表 4-18 所示。

表 4-18　PDP 系列机的发展情况

序　号	说　明
1	1960 年推出了 PDP-1
2	研发 PDP-2 失败
3	研发 PDP-3 失败
4	PDP-4 从图纸变成了产品
5	PDP-5 大获成功
6	研发 PDP-6 成功
7	推出了 PDP-7
8	1965 年推出了世界上第一台真正意义的小型计算机 PDP-8
9	研发 PDP-10 成功
10	1970 年推出了第一款 16 位小型机 PDP-11

PDP 系列的计算机(简称 PDP 系列机)的巨大成功使 DEC 公司成为了小型机时代的翘楚。由于小型机的推广和普及,极大地降低了计算机产品的使用成本,使得更多的人获得了接触计算机的机会,大大促进了计算机产业以及相关行业的发展,并直接促进了个人计算机(Personal Computer,PC)的发展。

PDP 系列机的指令字长为 16 位,虽然指令系统中有单操作数指令和双操作数指令,但操作数字段(即地址部分)均由 6 位二进制构成。图 4-19 所示为单操作数指令和双操作数指令格式。

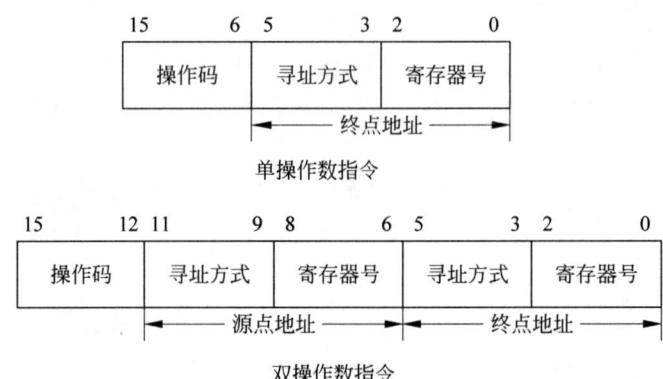

图 4-19　PDP 系列机的指令格式

PDP 系列机的 CPU 中有 8 个可被程序访问的寄存器,其编号分别为 $R_0 \sim R_7$,R_7 作为程序计数器使用,R_6 作为堆栈指示器使用,而其他 6 个寄存器(即 $R_0 \sim R_5$)可作为通用寄存器。从 PDP 系列机的指令格式可以看出,其中低三位(即 0~2)对应寄存器编号,形式地址就存放在这些寄存器中,以充分利用指令位数。还有三位作为寻址特征位(即单操作数指令的 3~5 位和双操作数指令的 9~11 位),指示 8 种寻址方式。此外还有 4 种指令计数器型寻址方式,它们都是一种隐含寻址方式,以访问 R_7(程序计数器)为标志。

表 4-19 所示为 PDP 系列机的寻址方式。

表 4-19 PDP 系列机的寻址方式

	寻址名称	有效地址 EA	说明
直接型	寄存器型	EA=R	寄存器 R_n 的内容是操作数,相当于直接地址
	自增型	EA=(R);(R)+2→R	寄存器 R_n 的内容是操作数地址,然后递增寄存器内容
	自减型	(R)−2→R;EA=(R)	先递减寄存器 R_n 的内容,然后作为操作数的地址
	变址型	(PC)+2→PC; EA=((PC))+(R)	寄存器 R_n 的内容与本指令下一单元所存的数相加,作为操作数的地址
间接型	寄存器间接	EA=(R)	寄存器 R_n 的内容是操作数地址,相当于间接地址
	自增间接	EA=((R)); (R)+2→R	寄存器 R_n 的内容是操作数地址的地址,然后递增寄存器内容
	自减间接	(R)−2→R;EA=((R))	先递减寄存器 R_n 的内容,然后作为操作数地址的地址
	变址间接	(PC)+2→PC; EA=((R))+((PC))	寄存器 R_n 的内容与本指令下一单元所存的数相加,作为操作数地址的地址
程序计数器型	立即型	(PC)+2→PC; EA=(PC)	指令下一个单元是操作数
	绝对型	(PC)+2→PC; EA=((PC))	指令下一个单元内容是操作数的地址
	相对型	(PC)+2→PC; EA=((PC))+(PC)+2	指令下一个单元内容与指令地址加 4 的数相加,其和作为操作数的地址
	相对间接型	(PC)+2→PC; EA=((PC))+(PC)+2	指令下一个单元内容与指令地址加 4 的数相加,其和作为操作数地址的地址

根据表 4-19 可以看出,直接型和间接型寻址方式是在通用寄存器中寻址;当在寄存器 R_7 中寻址时,变为四种程序计数器型的寻址方式。总之,PDP 的寻址特征是采用寄存器进行寻址。

2. Power PC 的寻址方式

PowerPC(Performance Optimization With Enhanced RISC - Performance Computing,有时简称 PPC)是一种精简指令集架构的中央处理器,其基本设计源自 IBM 的 POWER(Performance Optimized With Enhanced RISC,即增强的 RISC 性能优化)架构,该架构是从早期的 RISC 架构(比如 IBM 801)与 MIPS(Microprocessor Without Interlocked Piped Stages)架构的处理器得到灵感,并于 1990 年随 RISC System/6000 一起发布时被介绍。

PowerPC 是 AIM(Apple、IBM and Motorola)联盟平台的一部分,并且是到目前为止唯一的一部分(自 2005 年起,Apple 将旗下计算机产品转用 Intel CPU),它是 1991 年由 AIM 联盟所研制出的微处理器架构。PowerPC 架构的特点是可伸缩性好、方便灵活。AIM 联盟成功开发出 PowerPC 芯片(第一代 PowerPC 采用 $0.6\mu m$ 制成,晶体管单芯片可达 300 万个),并基于该芯片制造了多处理器计算机。

PowerPC 采用了相当简单的一组寻址方式,如表 4-20 所示。

表 4-20 PowerPC 的寻址方式

指令	寻址方式	有效地址 EA 或操作数
取数/存数寻址	间接寻址	EA=(BR)+Disp
	间接变址寻址	EA=(BR)+(IX)
转移寻址	绝对寻址	EA=1
	相对寻址	EA=(PC)+1
	间接寻址	EA=L/CR(其中 L/CR 为链接或计数寄存器,Link/Counter Register)

续表

指令	寻址方式	有效地址 EA 或操作数
定点计算	寄存器寻址	EA=GPR
	立即寻址	操作数=1
浮点计算	寄存器寻址	EA=FPR(其中 FPR 为浮点寄存器,Floating Point Register)

3. 奔腾系列机的寻址方式

奔腾(Pentium)的外部地址总线宽度是 36 位,但它也支持 32 位物理地址空间。它的工作模式分为保护模式、实模式、虚拟 86 模式三种。

保护模式是受保护的虚拟地址模式(Protected Virtual Address Mode)的简称。Pentium CPU 内部设有存储器管理部件(Memory Management Unit,MMU),包括分段部件(Segment Unit,SU)和分页部件(Page Unit,PU),通过编程可以设定 Pentium 工作在只分段、只分页或既分段又分页三种方式下,它们建立在分段地址转换与分页地址转换的基础之上。在该模式下,32 位段基地址加上段内偏移得到 32 位线性地址(Line Address,LA)。由存储管理部件将其转换成 32 位的物理地址,这个转换过程对指令系统和程序员来说是透明的。有 6 个用户可见的段寄存器,每个寄存器保存相应段的起始地址、段长和访问权限。

实模式是实地址模式的简称,它是 8088/8086 CPU 工作的一种模式,指令中只允许出现逻辑地址,逻辑地址由 16 位段值与 16 位偏移地址组成,将 16 位段值乘以 16,并加上 16 位偏移地址值,便产生 20 位的物理地址,这由 CPU 中总线接口单元的 20 位地址形成部件产生。产生地址信号 A19~A0 共 20 根,可寻址最大物理空间为 1MB。由于 MS-DOS 操作系统仅支持实模式,因此 Pentium CPU 工作在 Windows 下时,可以运行相应命令(就是我们熟悉的 CMD)切换到 DOS 状态,再运行采用实模式的 16 位应用程序。在该模式下,逻辑地址形式为段寻址方式,即将指定的段寄存器内容(16 位)左移 4 位,低 4 位补全 0,得到 20 位段基地址,再加上段内偏移,即得 20 位物理地址。

虚拟 8086 模式简称虚拟 86(即 V86)模式,它是在 32 位保护模式下支持 16 位实模式应用程序的一种保护模式。

上述三种工作模式是可以相互转换的,CPU 上电或复位后就进入实地址模式,通过对控制寄存器 CR0(Control Register)中的 b0 位置 1,即保护允许位(Protected Enable,PE)置 1,于是系统进入保护模式。若使 PE 复位,则返回到实地址模式。通过执行中断返回双字(Interrupt Return Double,IRETD)指令或者进行任务转换时,则从保护模式转变为 V86 模式,通过中断可以从 V86 模式转变到保护模式。在 V86 模式下可以复位到实地址模式。

表 4-21 列出 Pentium 系列机的 9 种寻址方式。

表 4-21 Pentium 系列机的寻址方式

寻址方式	有效地址 EA 或操作数	说明
立即寻址	操作数=A	操作数 A(可以是 8 位、16 位、32 位)在指令中
寄存器寻址	EA=R	操作数在某寄存器内,指令给出寄存器号
偏移量寻址	EA=A	偏移量 A(长度可达 32 位)在指令中,可以是 8 位、16 位、32 位
基址寻址	EA=(BR)	

续表

寻址方式	有效地址 EA 或操作数	说明
基址＋偏移量	EA＝(BR)＋A	
比例变址＋偏移量	EA＝(IX)×S＋A	S 为比例因子(1、2、4、8)
基址＋变址＋偏移	EA＝(BR)＋(IX)＋A	
基址＋比例变址＋偏移量	EA＝(BR)＋(IX)×S＋A	
相对寻址	指令地址＝(PC)＋A	

4.4 复杂指令集和精简指令集

4.4.1 复杂指令集简介

随着计算机应用越来越广泛，对其性能的要求也不断提高，而计算机性能的提高长期以来都是通过增加硬件的复杂性来获得，这也意味着计算机的结构越来越复杂。随着集成电路技术，特别是超大规模集成电路技术的迅速发展，计算机系统中软件的价格相对于硬件的价格而言提高得更快，因此为了进一步降低计算机的成本，人们希望软件能够兼容旧的机器，这样就要求新的计算机的指令系统和寻址方式需要尽可能兼容旧的计算机，系列机就是在这一背景下出现的。

在系列机的发展过程中，一方面为了实现指令系统的向上兼容，另一方面为了软件编程方便和提高程序的运行速度，硬件工程师采用的办法是不断增加可实现复杂功能的指令和多种灵活的编址方式，这使得同一系列的计算机的指令系统变得越来越复杂，甚至达到上百条之多。由于具有如此丰富的实现各种功能的指令或微指令，所以微处理器编写程序非常容易，但由于指令系统拥有数量庞大的指令，因此也会影响微处理器的性能。

为了实现复杂操作，微处理器除了向程序员提供类似的各种寄存器和机器指令功能外，还通过存储在只读存储器(Read-Only Memory，ROM)中的微程序(即包含若干条微指令的程序)来实现其极强的功能，在分析每一条指令之后执行一系列初级指令运算来完成所需的功能，这种设计的形式就被称为复杂指令集计算机结构。

在 CISC 架构的微处理器中，程序的各条指令是按顺序串行执行的，每条指令中的各个操作也是按顺序串行执行的。顺序执行的优点是控制简单，但计算机各部分的利用率不高，执行速度慢。其实 Intel 生产的 X86 系列(Intel Architecture，Intel 架构，也就是 IA-32 架构)CPU 及其兼容的 CPU(如超微半导体公司，Advanced Micro Devices，AMD)都属于CISC 架构。即使是 X86-64(64-bit extended，又称 x64，是 x86 架构的 64 位拓展，1999 年由 AMD 设计，被称为 AMD64。其后也被 Intel 采用，又被称为 Intel 64)，也都是属于 CISC 的范畴。

CISC 的主要特点简单总结如下。

(1) 指令系统复杂庞大，一般指令数目至少 300 条以上，有的甚至超过 500 条。
(2) 指令的长度不固定，指令格式多，寻址方式多。
(3) 可以访存的指令不受限制。
(4) 各种指令使用频度相差很大，即有些指令经常被使用，有些指令很少被使用。
(5) 各种指令执行时间相差很大，大多数指令都需要多个时钟周期才能完成。

(6) 控制器大多数采用微程序控制。

(7) 难以用优化编译生成高效的目标代码程序。

采用复杂指令系统的计算机有着较强的处理高级语言的能力,这对提高计算机的性能是有益的,但这并不意味着指令系统中的指令真的是越多越好。由于日趋庞杂的指令系统不但不易实现,而且还可能降低系统性能,因此IBM公司的研究人员于1975年对复杂指令系统中数量众多的指令的合理性问题展开研究。同样,1979年一大批在美国加州大学伯克利分校的科学家也开始了这一研究,他们的结果表明CISC存在以下不足。

(1) 在使用CISC架构的计算机中,各种指令的使用频率相差悬殊。一个典型程序的运算过程所使用的80%的指令,其实只占这一处理器指令系统的20%。事实上最频繁使用的指令是数据存取和算术加减这些最简单的指令,这也是著名的"二八定律"(Pareto Principle,帕累托法则,由意大利经济学家帕累托提出的)。这样也就是说,基于复杂指令系统的处理器中的指令在实践中只有较少的指令能用得上。

(2) 复杂的指令系统必然会带来结构的复杂性,这不但增加了硬件设计的时间与成本,还容易造成设计的失误(设计和实现越复杂的东西越容易出问题,如1975年IBM公司投资10亿美元研制的高速机器,最终宣告研制失败)。

(3) 尽管VLSI技术现在已达到很高的水平,但也很难把CISC的全部硬件都集成在一个芯片上。指令系统过于复杂会导致相应的计算机设计和实现的时间很长,耗费更多资金。如Intel公司的80386研制过程持续三年多,耗资1.5亿美元。

(4) 在CISC中,因为许多复杂指令需要极复杂的操作,而这类指令多数是某种高级语言的直接翻版,所以通用性较差。

(5) 由于CISC采用了二级的微码执行方式,所以它降低了那些被频繁调用的简单指令系统的运行速度。

4.4.2 精简指令集简介

经过科研人员和工程人员的不懈的探索和实践,他们逐渐发现一味地追求指令系统的复杂和完备程度,并不是提高计算机性能的唯一途径。随着对CISC架构的计算机的深入研究,人们开始思考能否仅使用最常用的20%的简单指令,重新组合不常用的80%的指令功能,基于这一思路,IBM公司的John Cocke提出了精简指令(即指令系统应当只包含那些使用频率很高的少量指令,并提供一些必要的指令以支持操作系统和高级语言)的设想。1982年美国加州大学伯克利分校按照这个原则发展而成的计算机被则称为精简指令集计算机(Reduced Instruction Set Computer,RISC)。

由于RISC设计的指令条数有限,所以相对而言,它只需占用较小的芯片空间便可以实现逻辑控制电路的制作,这样一来便能腾出更多的可用芯片空间来增强处理机的性能或使其功能多样化。他们用大部分芯片空间做成寄存器,并且用它们作为暂时数据存储的快速存储区,从而有效地降低了RISC机器在调用子程序时所需付出的时间。他们研制的RISC Ⅰ(后来又出现RISC Ⅱ),采用VLSI CPU芯片上的晶体管数量达44000个,线宽为3μm,字长为32位,其中有128个寄存器(而用户只能见到32个),且仅有31条指令和两种寻址方式,访存指令也只有两条,即存数(STORE)和取数(LOAD)。

显然，该机器的指令系统极为简单，但它们的功能已经超过了 VAX-11/780 和 M68000（MOTOROLA，摩托罗拉），速度也比 VAX-11/780 快了 1 倍。

与此同时，在美国斯坦福大学 RISC 研究的课题"消除流水线各段互锁的微处理器（Micro Processor without Interlocking Pipeline Stages，MIPS）"中，他们把 IBM 公司对优化编译程序的研究与美国加州大学伯克利分校对 VLSI 有效空间利用的思想融合在一起，最终的研究成果后来转化为 MIPS 公司 RX000 的系列产品。IBM 公司又继其 IBM801 型机和 IBM RT/PC 后，于 1990 年推出了著名的 IBM RS/6000 系列产品，而美国加州大学伯克利分校的研究成果最后发展成太阳微系统公司（Sun Microsystems，现已被甲骨文收购）的 RISC 芯片，称为可扩展处理器结构（Scalable Processor ARChitecture，SPARC）。

RISC 尽管基于 CISC，但却代表一种新的设计思路，它对指令数目和寻址方式都做了精简，使得编译器的效率更高，实现更为容易，同时指令并行执行程度更好。常用的精简指令集微处理器包括 DECAlpha、ARC、ARM、AVR、MIPS、PA-RISC、PowerArchitecture（包括 PowerPC）和 SPARC 等。

从 1983 年开始，各大商业公司或研究机构都不断推出商品化的精简指令集计算机，如 IBM 的 RT 系列，HP 的 HPPA、Motorola 的 M88000、Intel 的 80960、AMD 的 AM29000 和 Fairchild 的 Clipper 等。商品化的精简指令集计算机通常不一定是纯精简指令集计算机，如 Clipper 兼顾 RISC 和 CISC 两方面的特点，又称为类 RISC，这也代表 RISC 一种发展方向。又如 Apollo 的 Series10000，为并行精简指令系统多处理机（Parallel Reduced Instruction Set Multiprocessor，PRISM），也是精简指令集计算机的一种扩展。

到目前为止，RISC 体系结构的芯片可以大致分为三代。

第一代 RISC 体系结构的芯片以 32 位数据通路为标志。这一代的芯片支持 Cache，且性能与 CISC 体系结构的芯片几乎一致，但软件支持较少。其中代表性的产品如 RISC Ⅰ、MIPS、IBM801 等。

第二代 RISC 体系结构的芯片在第一代芯片的基础上进一步提高了时钟频率和集成度，增加了对多处理机系统的支持，建立了完善的存储管理体系，并且软件支持系统也逐渐完善。这一代的芯片已具有单指令流水线，因此可以同时执行多条指令，通常每个时钟周期发出一条指令。典型的产品如 MIPS 公司 32 位字长的 R3000 处理器（时钟频率分别为 25MHz 和 33MHz，集成了 11.5 万个晶体管）。

第三代 RISC 体系结构的芯片大部分都采用了巨型计算机或大型计算机的超流水线（Super pipelining）技术和超标量（Super scalar）技术，从而提高了指令级的并行处理能力，使整体性能更好，通常每个时钟周期发出 2 条或 3 条指令。这一代芯片的字长为 64 位，时钟频率和集成度与第二代相比，有较为明显的提高。例如，MIPS 公司 64 位字长的 R4000 处理器（外部时钟频率为 50MHz 和 75MHz，内部流水时钟达 100MHz 和 150MHz，集成了 110 万个晶体管，并有 16KB 的片内 Cache），它有 R4000PC、R4000SC 和 R4000MC 三种版本（分别对应不同的时钟频率），分别用于台式计算机、高性能服务器和多处理器计算机。

精简指令系统计算机的中心思想是要求指令系统简化，尽量使用寄存器-寄存器操作指令，指令格式力求一致。总的说来，RISC 的主要特点如下：

(1) 尽可能选取使用频率较高的一些简单指令以及一些很有用但又不复杂的指令,而复杂指令的功能则由简单指令的组合来实现。

(2) 指令长度固定,指令格式种类少,寻址方式种类少。

(3) 只有取数/存数(Load/Store)指令访存,其余指令的操作均在寄存器内完成。

(4) CPU 中通用寄存器数量相当多。

(5) 采用指令流水线技术,大部分指令在一个时钟周期内完成。采用超标量和超流水线技术,尽可能使每条指令的平均执行时间小于一个时钟周期。

(6) 控制器采用组合逻辑控制,不用或者尽可能少用微程序控制。

(7) 特别重视编译优化工作,以便减少程序执行时间。

值得注意的是,从指令系统兼容性看,CISC 大多能实现软件兼容,即高档机包含了低档机的全部指令,并可加以扩充。但 RISC 由于简化了指令系统,使得指令数目变少,格式也不同于旧的机器,因此无法与之兼容。

接下来以 RISC Ⅱ 为例,分别介绍其指令种类、指令格式和寻址方式。

(1) 指令种类。RISC Ⅱ 共有 39 条指令,共可分为 4 类,具体的分类情况可见表 4-22。

表 4-22 RISC Ⅱ 指令分类情况

序号	类名	所包含指令的类型	指令条数
1	寄存器-寄存器类操作	移位、逻辑、算术(整数)运算等	12
2	存取数指令	存取字节、半字、字等	16
3	控制转移指令	条件转移、调用/返回等	6
4	其他指令	存储程序状态字 PSW 和程序计数器等	5

(2) 指令格式。RISC Ⅱ 的指令格式比较简单,仅有两种,分别为短立即数格式和长立即数格式。其中短立即数格式指令主要用于算术和逻辑运算,长立即数指令格式主要用于相对转移指令。指令字长固定为 32 位,指令字中每个字段都有固定位置,如图 4-20 所示,其中 OP(第 25 到第 31 位)所指示的寄存器用来存放操作码,S(第 24 位)所指示的寄存器用来表示是否需要根据运算结果置状态位,DEST(第 19 到第 23 位)所指示的寄存器用来存放运算结果。

图 4-20 RISC Ⅱ 的指令格式

(3) 寻址方式。RISC Ⅱ 的寻址方式比较少,仅有两种基本的寻址方式,分别是为变址寻址和相对寻址。当然,RISC Ⅱ 也可以用组合方式产生其他寻址方式,如令变址寄存器的内容为 0,则成为直接寻址方式;或令位移量为 0,则成为寄存器间接寻址方式。

从实用角度出发,商品化的 RISC 机,因用途不同还可扩充一些指令,如表 4-23 所示。

表 4-23 RISC Ⅱ 的指令扩充

序号	类名	用途
1	浮点指令	为了提高机器速度,通常用于科学计算的 RISC 机
2	特权指令	为了便于操作系统管理机器,防止用户破坏机器的运行环境
3	读后置数指令	完成读—修改—写,通常用于寄存器与存储单元交换数据等
4	专用指令	某些指令用得较多,而实现起来又比较复杂,若用子程序来实现,会占用较多的时间,则可考虑设置一条指令来缩短子程序执行时间

4.4.3 CISC 和 RISC 的比较

CISC 和 RISC 是两大类主流的 CPU 指令集类型,其中,CISC 以 Intel、AMD 的 X86 CPU 为代表,而 RISC 以 ARM、IBM Power 为代表。这两种指令集类型在众多方面都有所不同,表 4-24 对两者就一些方面进行了简要对比。

表 4-24 CISC 与 RISC 的对比

对比项目 \ 类别	CISC	RISC
指令系统	复杂,庞大	简单,精简
指令数目	一般大于 200 条	一般小于 100 条
指令字长	不固定	定长
可访存指令	不加限制	只有 Load/Store 指令
各种指令执行时间	相差较大	绝大多数在一个周期内完成
各种指令使用频度	相差很大	都比较常用
通用寄存器数量	较少	多
目标代码	难以用优化编译生成高效的目标代码程序	采用优化的编译程序,生成代码较为高效
控制方式	绝大多数为微程序控制	绝大多数为组合逻辑控制

由于 RISC 的设计初衷就是针对日益复杂的 CISC 进行简化,因此它与 CISC 相比,优点主要体现在如下几个方面。

(1) RISC 更能充分利用 VLSI 芯片的面积。CISC 的控制器大多采用微程序控制,其控制存储器在 CPU 芯片内所占的面积为 50% 以上,而 RISC 控制器采用组合逻辑控制,其硬布线逻辑只占 CPU 芯片面积的 10% 左右。这样 RISC 可将空出的面积供其他功能部件使用,如可以将空出的面积用于增加通用寄存器,或用于集成存储管理部件。

(2) RISC 更能提高运算速度。主要反映在以下五个方面:一是 RISC 的指令数、寻址方式和指令格式种类少,而且指令的编码很有规律,所以 RISC 比 CISC 指令译码更快;二是 RISC 设有多个通用寄存器,因此能有效减少访存次数,从而加快了运行速度;三是 RISC 采用寄存器窗口重叠技术,程序嵌套时不必将寄存器内容保存到存储器中,故进一步提高了执行速度;四是 RISC 采用组合逻辑控制,比采用微程序控制的 CISC 机的延迟小,从而缩短了 CPU 的周期;五是 RISC 适合于流水线工作,大多数指令在一个时钟周期内完成。

(3) RISC 易于实现,因此可降低成本,且可靠性更高。RISC 指令系统简单,故机器设计周期短,而其逻辑简单,所以在设计阶段出错的可能性小,故可靠性更高。如 RISC Ⅰ 从设计到试制成功只用了十几个月,而 Intel 80386 的研制则用了 40 个月。

(4) RISC 有利于编译程序代码的优化。由于 RISC 指令少,寻址方式少,使编译程序容易选择更有效的指令和寻址方式,而且由于其通用寄存器较多,优化时可尽量安排寄存器的操作,使编译程序的代码优化效率提高。

RISC 出现之前,计算机微处理器的发展趋势是不断增加其复杂程度,即使用更多的寻址方式和专门的寄存器。然而 RISC 改变了这一发展趋势,因此有一段时间 CISC 和 RISC 处于互相对立的状态。但随着技术不断的发展和进步,两者从对立逐渐转向融合,尤其是超大规模集成电路技术的发展,使芯片的集成度进一步提高,而硬件的速度也不断增大,这些因素都导致 RISC 也越来越复杂。

近年来,RISC 技术发展得很快,商业公司为了追求微处理器的性能最大化及最优的性价比,也不再单纯使用 CISC 或 RISC,而是融合两者的优点(即融合 CISC 特点的 RISC)。所以过分强调某一处理器是 CISC 或 RISC 没有太大意义。

4.5 小结

本章主要介绍了指令系统的基本情况、指令格式和寻址方式,并比较了 CISC 和 RISC。

本章首先介绍了指令系统的发展历程、性能指标和分类情况。从指令系统的发展历程中可以了解到自 20 世纪 50 年代只有十几条指令发展到现在的多达几百条指令 CISC,然后又进一步改进为 RISC。指令是计算机运行的最小功能单位,作为一个完善的指令系统应该具备的性能指标是:完备性、高效性、规整性和兼容性。常用的指令可以按功能进行分类。

本章还介绍了一般指令系统的指令格式。一条指令的指令格式分为两部分,操作码字段和地址码字段。操作码指出该指令应该执行什么性质的操作和具有何种功能。地址码指出该操作数所在的存储器地址或寄存器地址。根据指令中的操作数地址码的数目的不同,可将指令分成零地址、一地址、二地址、三地址指令、四地址指令和多地址指令。最后还列举了几种典型的计算机指令格式,如微型机 Intel 8086/8088 指令格式、大型机 IBM370 系列指令格式和 ARM 的指令格式。

在介绍寻址方式时,从指令的寻址方式和操作数的寻址方式两方面展开。指令的寻址方式主要是关于程序计数器的值的问题,而操作数的寻址方式主要是寻找操作数的有效地址。随后又介绍了寻址实例,如 PDP 系列机、Power PC 和奔腾系列机的寻址方式。

最后介绍了 CISC 和 RISC 的情况,以及各自的发展历程和特点。

第5章 中央处理器

中央处理器(Central Processing Unit,CPU)这个名称,是对一系列可以执行复杂计算机程序的逻辑机器的描述,然而由于在中央处理器被普遍使用之前的那个时代,计算机才是可以执行复杂计算机程序的逻辑机器,因此上述对于"中央处理器"的定义很容易将那个时代的计算机也包括在内。早期的中央处理器通常是为大型及特定应用的计算机而定制,但至少从20世纪60年代早期开始,这个名称及其缩写已经开始在电子计算机产业中得到广泛应用,而现在这种为特定应用定制且昂贵的中央处理器很大程度上已经让位给了开发便宜、适用于一个或多个目的且标准化的处理器。这个标准化趋势始于由单个晶体管组成的大型机和微机年代,并随着集成电路的出现而不断加速。尽管与早期相比,中央处理器在物理形态、设计制造和具体任务的执行上有了戏剧性的发展,但是其基本的操作原理一直没有被改变。

中央处理器、存储器和输入/输出设备是现代计算机的三大核心部件。CPU作为电子计算机的核心设备之一,其主要功能是解释计算机指令以及处理计算机数据。在20世纪70年代以前,中央处理器本来是由数个独立单元构成的,后来借助于集成电路(Integrated Circuit,IC)技术才得以把CPU复杂的电路制作成单一、微小、功能强大的单元,即现在我们熟知的微处理器。

IC技术使得更为复杂的CPU可以在很小的空间中(如在微米的量级上)设计和制造。CPU的标准化和小型化都使得这一类数字设备(或称电子零件)在现代生活中的出现频率远远超过其在计算机领域的出现频率。换言之,现代微处理器应用早就不再只是局限于计算机,而是包括从汽车、手机到儿童玩具在内的各种物品,或者更宽泛地说,从SpaceX研发可重复使用的猎鹰9号运载火箭和Dragon系列的航天器,到入地探矿的国家重大科研装备研制项目"深部资源探测核心装备研发",再到下海深潜的蛟龙号载人潜水器,都离不开现代微处理器。

5.1 中央处理器简介

5.1.1 中央处理器的功能

对于冯·诺依曼结构的计算机而言,中央处理器主要包括两大核心部件:运算器和控制器。其中运算器的核心通常也称为算术逻辑单元(Arithmetic and Logic Unit,ALU),它是计算机中执行各种算术运算(是指按算术运算规则进行的运算,如加减乘除)和逻辑运算(包括与、或、非、异或、比较、移位等运算)操作的部件。此外,运算器还包含若干通用寄存器,用于暂存操作数和中间结果,如累加器、乘商寄存器、操作数寄存器、变址寄存器、基址寄存器和程序状态寄存器(它用于保留各类运算指令或测试指令的状态信息)等。

控制器是计算机的指挥中心,它包括程序计数器、指令寄存器和控制单元等。一旦程序进入存储器后,就可由计算机自动完成取指令和执行指令的任务,而控制器就是专用于完成此项工作的,它负责协调并控制计算机各部件执行程序的指令序列,其基本功能是读取指令(简称取指)、分析指令(也称指令译码,简称译码)和执行指令。

(1) 读取指令:由于控制器必须具备自动从存储器中取出指令的功能,为此要求控制器能自动形成指令的地址(其中第一条指令的地址可以人为指定,也可由系统设定),并能发出读取指令的命令,将对应此地址的指令读取到控制器中。

(2) 分析指令:分析指令包括分析此指令要完成什么操作(控制器需要发出什么操作命令)和分析参与上述操作的操作数地址(操作数的有效地址)。

(3) 执行指令:执行指令就是根据分析指令产生的"操作命令"和"操作数地址"的要求,形成操作控制信号序列(不同的指令有不同的操作控制信号序列),通过对运算器、存储器以及 I/O 设备的操作,执行每条指令。

此外,控制器还必须能控制程序的输入和运算结果的输出(控制主机与 I/O 设备交换信息),以及能对总线进行管理,甚至能处理机器在运行过程中出现的异常情况(如断电)和特殊请求(如打印机请求打印一行字符),即拥有处理中断的能力。

总之,中央处理器对整个计算机系统的运行极为重要,它的功能大致包括指令控制、操作控制、时间控制、数据加工和中断处理五方面。

(1) 指令控制:程序的顺序控制(完成取指、译码和执行指令的操作)称为指令控制。由于程序是一个指令序列,所以这些指令之间的顺序不能任意颠倒,而必须严格按照程序规定的顺序进行。因此,保证机器按照顺序执行程序是 CPU 的首要任务。

(2) 操作控制:由于一条指令的功能往往是由若干个操作信号的组合来实现的,因此CPU 管理并产生由内存取出的每条指令的操作信号,并把各种操作信号送往相应的部件,从而控制这些部件按指令的要求进行操作。

(3) 时间控制:对各种操作进行时间上的控制,称为时间控制。在计算机中,各种指令的操作信号均受到时间的严格控制,同时一条指令的整个执行过程也受到时间的严格控制。这样才保证了计算机有条不紊地工作。

(4) 数据加工:所谓数据加工,就是对数据进行各种处理(如算术运算和逻辑运算处理),从而完成对数据的加工,这是 CPU 的根本任务,因为原始信息只有经过 CPU 的加工处理后,对人们来说才是有用的。

(5) 中断处理:是指对计算机运行过程中出现的异常情况和特殊请求进行处理,如在读取数据时遇到了磁盘的坏磁道,向磁盘中写入数据时可用空间不足,打印机正在打印时缺墨或卡纸和正在网上冲浪时遭遇到网络连接突然中断之类的异常情况。

5.1.2 中央处理器的基本结构

根据冯·诺依曼结构的计算机对 CPU 功能的描述可知,实现指令的读取必须要有一个寄存器专门用于存放当前指令的地址,完成指令的分析必须要有存放当前指令的寄存器和对指令操作码进行译码的部件,执行指令必须要有一个能发出各种操作命令序列的控制单元(Control Unit,CU),处理异常情况和特殊请求则必须有中断系统,而为了完成算术运算和逻辑运算,则必须要有存放操作数的寄存器和实现算术运算和逻辑运算的算术逻辑单元。

系统总线(System Bus)是计算机系统中的重要部件,它用于将 CPU、存储器和输入输出设备连接起来。系统总线包含有三种不同功能的总线,即数据总线(Data Bus,DB)、地址总线(Address Bus,AB)和控制总线(Control Bus,CB),其中数据总线用于传送数据信息,地址总线用于传送地址信息,控制总线用于传送控制信息(控制信号和时序信号)。

从这一角度来看,CPU 的基本结构大致为如图 5-1 所示。图中 ALU 部件实际上只对 CPU 内部寄存器的数据进行操作。

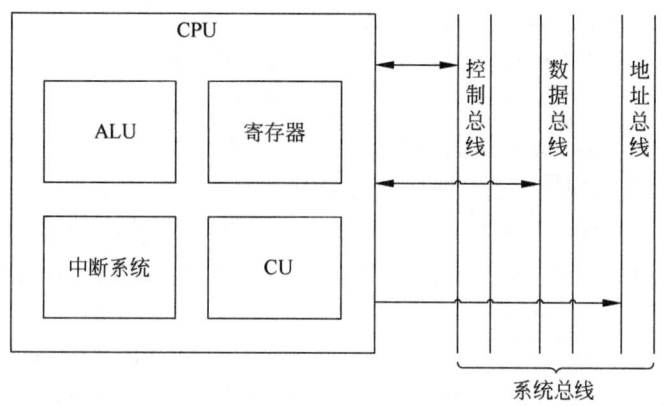

图 5-1　使用系统总线的 CPU

对于不同类型的计算机,由于应用场景的不同功能会有不同,相应地 CPU 也可能会存在细微的差别,但是在这些计算机的 CPU 内部,通常都有以下寄存器,如图 5-2 所示。

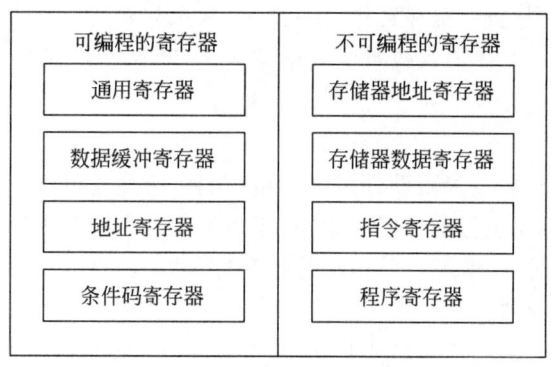

图 5-2　CPU 内部寄存器

一般来说,在 CPU 中的寄存器速度最快、容量最小、价格最贵。对于 CPU 中的这些寄存器,按能否对其进行编程的角度,可以将它们粗略地分为两大类:一类是可编程的寄存器,即用户可以对这类寄存器编程,或者通过优化可以使 CPU 因使用这类寄存器而减少对主存的访问;另一类是不可编程的寄存器(如控制和状态寄存器),即用户无法对这类寄存器进行编程,它们要么被控制部件用于控制 CPU 的操作,要么被带有特权的操作系统程序用于控制程序的执行。

1. 可编程的寄存器

一般而言，这类寄存器也称为用户可见寄存器（因为 CPU 可以通过执行机器语言或汇编语言访问之而得名，这也意味着可编程寄存器相对于用户而言不透明）。CPU 在运行程序时，通常都需要将所有的用户可见寄存器中的内容事先保存起来，这一保存操作既可以由 CPU 自动完成，也可以由程序员编程保存（不同机器处理的方式不完全一样）。通常，按特征将可编程寄存器分为通用寄存器、数据缓冲寄存器、地址寄存器和条件码寄存器等。

(1) 通用寄存器(General Purpose Register, GPR)。目前 CPU 中的通用寄存器很多（有时多达 64 个或者更多），它的功能可由编程人员指定，比如可以用于存放操作数，或者作为满足某种寻址方式所需的寄存器（例如，基址寻址所需的基址寄存器、变址寻址所需的变址寄存器，以及堆栈寻址所需的栈指针等）。

当然，也有一些计算机使用专用寄存器作为基址寄存器、变址寄存器或栈指针，在这种情况下设计指令格式时，只需将这类专用寄存器隐含在操作码中，而不必占用指令字中的位。

(2) 数据缓冲寄存器(Data Register, DR)。该寄存器也称为数据寄存器（或称缓冲寄存器），它用于暂时存放 ALU 的运算结果，或存放从数据存储器中读出的数据字，以及来自外部接口的数据字，其位数应满足大部分数据类型的数值范围。有些机器允许使用两个连续的寄存器来存放双倍字长的值；还有些机器的数据寄存器只能用于保存数据，而不能用于操作数地址的计算。

总的来说，数据寄存器可以用于补偿 CPU 和内存、外围设备之间在操作速度上的差别，或者在传送 ALU 运算结果时，作为其与通用寄存器之间时间上的缓冲。

(3) 地址寄存器(Address Register, AR)。该寄存器用于存放地址，其本身具有通用性，但也可以用于特殊的寻址方式，比如用于基址寻址的段指针（存放基地址）、变址寻址的变址寄存器以及堆栈寻址的指针。地址寄存器的位数必须足够长，以满足最大的地址范围。

地址寄存器的结构与数据缓冲寄存器一样，通常采用单纯的寄存器结构。信息的存入一般采用电位脉冲方式（电位输入端对应数据信号位，脉冲输入端对应控制信号，在控制信号的作用下，瞬间将信息存入寄存器）。

(4) 条件码寄存器(Condition-Code Register, CCR)。该寄存器通常用于存放条件码。条件码是指 CPU 根据运算结果由硬件设置的位（例如，算术运算会产生正、负、零或溢出等结果），它可以被作为分支运算的依据。此外，有些条件码也可以用指令（软件）进行设置（例如，对于最高位进位标志 C，可用指令对它置位和复位）。将条件码放到一个或多个寄存器中，就构成了条件码寄存器。

在调用子程序前，必须将所有的用户可见寄存器的内容保存起来，这种保存可由 CPU 自动完成，也可由程序员编程保存，视不同机器进行不同处理。

2. 不可编程的寄存器

CPU 中还有一类不可编程的寄存器（如控制和状态寄存器），它们通常用于控制 CPU 的操作或运算。这类寄存器也被称为用户不可见的寄存器，即用户无法通过某一编程语言直接访问之（也就是说，不可编程寄存器相对于用户是透明的）。接下来简要介绍四种不可编程的寄存器。

(1) 存储器地址寄存器(Memory Address Register, MAR)。该寄存器在 CPU 中用于存放将要被访问的存储单元的地址（通过这一地址可以确定下一次读写的存储器地址）。该地址在被送到总线的地址线之前,通常先寄存在 MAR 中。所以,存储器地址寄存器的宽度应该等于地址线的宽度,也等于主存储器的地址位数,即其值决定了主存最大的寻址空间。

(2) 存储器数据寄存器(Memory Data Register,MDR):该寄存器在 CPU 中用于存放将要写入存储器中的数据或最近从存储器中读出的数据,这些数据在写入或读出之前都先寄存在 MDR 中。所以,存储器数据寄存器的宽度应该等于总线数据线的宽度。

(3) 指令寄存器(Instruction Register,IR)。指令寄存器用于存放当前正在执行的一条指令。当执行某一条指令时,先把它从指令 Cache 存储器(简称指存)中读出,然后再传送至指令寄存器中。

为了执行任何给定的指令,必须对操作码(指令字中的一部分)进行测试,以便识别所要进行的操作,指令译码器就是完成这项工作的。

(4) 程序计数器(Program Counter,PC)。为了保证程序能够连续地执行下去,CPU 必须确定下一条指令的地址,程序计数器的作用便在于此,所以它又被称为指令计数器。在程序开始执行之前,必须将它的起始地址(程序的第一条指令的地址)送入 PC,这时 PC 的内容即为第一条指令的地址;当执行程序时,CPU 将自动修改 PC 的内容,以便使其中的内容始终是下一条将要执行的指令的地址。

由于大多数指令都是顺序执行的,所以 CPU 修改 PC 中内容的过程通常只是简单地将 PC 中的内容加 1 即可。但一旦遇到转移指令(如 JMP 指令)时,后继指令的地址(PC 中的内容)则必须从指令寄存器中的地址字段获得(此时将由转移指令来指明后继指令的地址,而不是像通常情况一样按顺序获得,这就要求程序计数器应当具有存储和计数这两种功能)。

(5) 程序状态字(Program Status Word,PSW)寄存器。该寄存器用来保存算术指令和逻辑指令运算或测试结果建立的各种条件代码,如运算结果进位标志(Carry Flag,CF)、运算结果溢出标志(Overflow Flag,OF)、运算结果为零标志(Zero Flag,ZF)、运算结果为负标志(Negative Flag,NF)等,这些标志位通常分别由一位触发器保存。

此外,在具有中断系统的机器中还有中断标记寄存器(Interrupt Identification Register,IIR)。

通过使用这些寄存器,CPU 和主存之间可以更加方便地交换信息。例如,将当前指令地址从 PC 送至 MAR,然后启动存储器执行读操作,就可将指定地址单元内的指令读至 MDR,再由 MDR 送至 IR。

从上述介绍可知,CPU 中的每一种寄存器分别完成相应的功能,那么信息怎样才能在这些寄存器之间传送呢?一般来说,一个被称为操作控制器的部件用于完成在各寄存器之间传送信息。信息从什么地方开始,中间经过哪个寄存器,最后传送到哪个寄存器,都由操作控制器负责,这些寄存器之间传送信息的通路则被称为数据通路。

5.2 指令执行过程

5.2.1 指令周期的基本概念

计算机之所以能自动地工作,是因为在正常情况下 CPU 能从存放程序的内存里取出一条指令并执行这条指令;紧接着又是取出一条指令,执行一条指令……,这样就构成了一个封闭的循环。除非遇到停机指令,否则这个循环将一直继续下去,如图 5-3 所示。

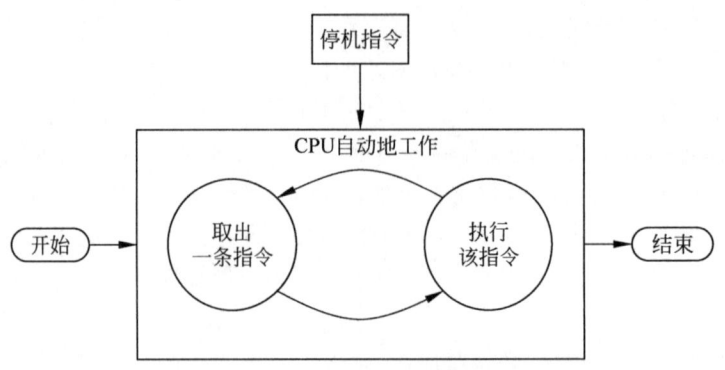

图 5-3 CPU 自动地工作

CPU 每取出并执行一条指令,都要完成一系列的操作,这一系列操作所需的时间通常被称为一个指令周期,换言之,指令周期就是取出并执行一条指令的全部时间。指令周期也可以看成是由取指周期(也称取指阶段,完成取指和译码的操作)和执行周期(也称执行阶段,完成执行指令的操作)组成,如图 5-4 所示。

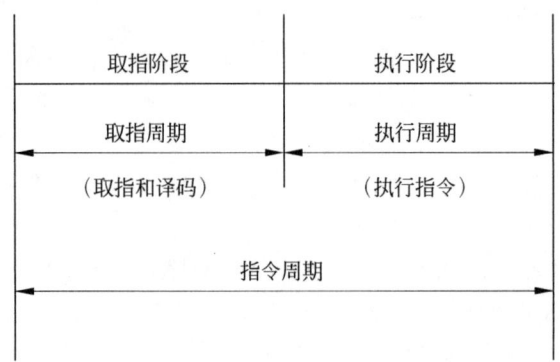

图 5-4 指令周期的组成

通常,一个指令周期可以由若干个 CPU 周期(又称机器周期)来表示。一个 CPU 周期又可以由若干个时钟周期(又称为节拍脉冲或 T 周期)来表示。如图 5-5 所示为由两个 CPU 周期组成的指令周期,其中每一个 CPU 周期又被分为 T_1、T_2、T_3 和 T_4 这四个时钟周期。

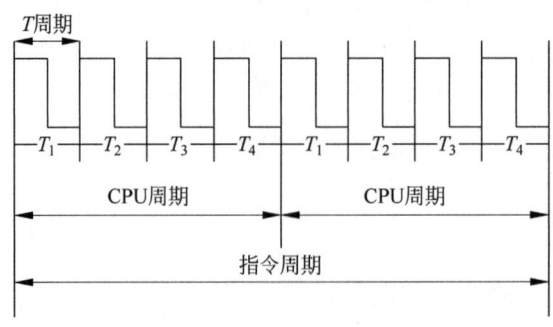

图 5-5 由 CPU 周期组成的指令周期

通常认为 CPU 周期是从内存中读取一个指令所需的最短时间,也就是说,一条指令的取指阶段需要耗费一个 CPU 周期的时间。由于不同的指令功能不同,有的指令功能简单,有的指令功能复杂，因此各种指令的指令周期不一定完全相同。如图 5-6 所示为无条件转移指令、加法指令和乘法指令这三种不同指令的指令周期的比较。

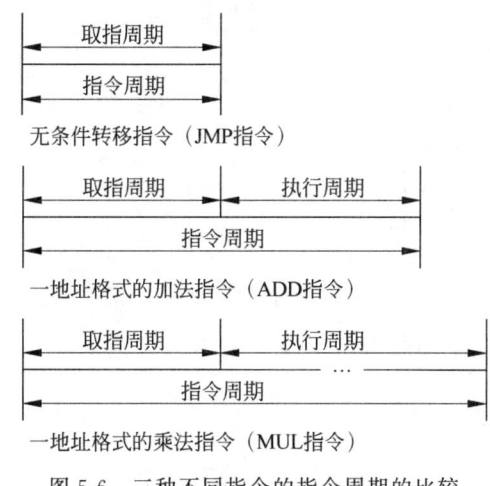

图 5-6　三种不同指令的指令周期的比较

接下来对这三种指令进行简要介绍。

（1）无条件转移指令（JMP 指令）：该指令在执行阶段不需要访问主存，而且操作简单，完全可以在取指阶段的后期将转移地址送至 PC，即可以达到转移的目的。因此，JMP 指令的指令周期就是取指周期。

（2）一地址格式的加法指令（ADD 指令）：该指令在执行阶段首先要根据操作数的有效地址，从存储单元中取出操作数，然后将其与 ACC 中的内容相加，所得的结果又存入 ACC。因此，ADD 指令的指令周期包括取指周期和执行周期这两个周期。

（3）一地址格式的乘法指令（MUL 指令）：该指令将一个乘数默认放在 AL 或 AX 寄存器中，结果放在 AX 或 DX 寄存器中。这一指令在执行阶段所要完成的操作比加法指令多得多（乘法的实质为移位加法），这也就是说该指令的执行周期比加法指令的执行周期更长，由于两者的取指周期相同，因此它的指令周期超过了加法指令。

5.2.2　指令周期的数据流

数据流是根据指令要求依次访问的数据序列。在指令执行的不同阶段，要求依次访问的数据序列也是不同的，而且对于不同指令，它们的数据流往往也是不同的。

为了便于描述下面四个周期（取指周期、间址周期、执行周期和中断周期）中的数据流，通常假定 CPU 中包含有存储器地址寄存器 MAR、存储器数据寄存器 MDR、程序计数器 PC 和指令寄存器 IR。

1. 取指周期的数据流

取指周期需要完成的任务是根据程序计数器 PC 中的内容从主存中取出指令并将其存于指令寄存器 IR 中。如图 5-7 所示为取指周期的数据流。

首先，在 PC 中存放的是现行指令的地址，该地址将被送到 MAR，再从 MAR 送至地址总线，再通过地址总线写入存储器中；然后由控制部件 CU 通过控制总线向存储器发出读命令；接下来便可从存储器中取出与 MAR 所指单元相对应的内容（指令），再经过数据总

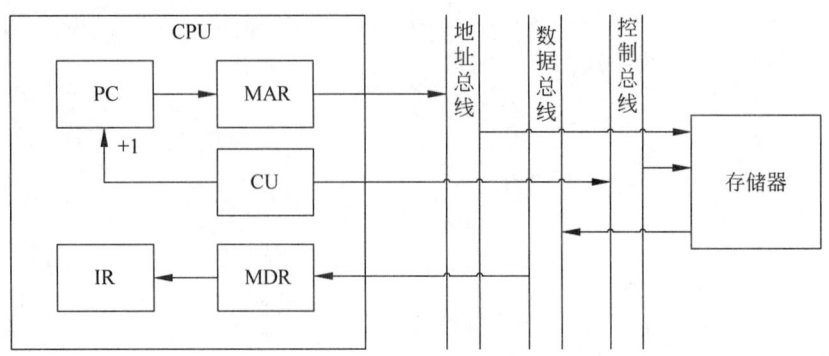

图 5-7 取指周期的数据流

线送至 MDR,然后存放于 IR 中;最后由 CU 控制 PC 内容加 1,进而形成下一条指令的地址。

2. 间址周期的数据流

间址周期需要完成的任务是获取操作数的有效地址。如图 5-8 所示为间址周期的数据流(以一次间址为例)。

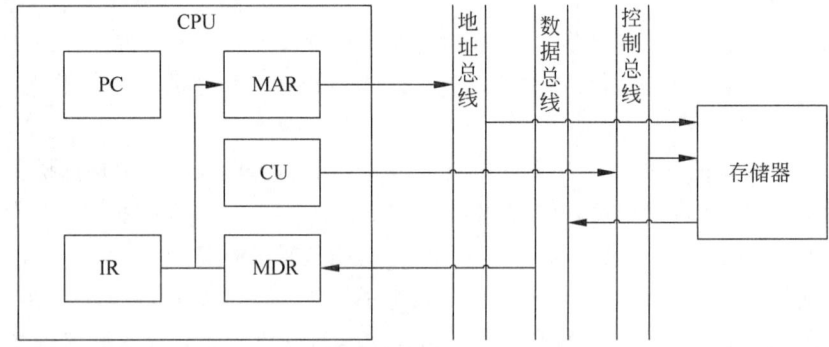

图 5-8 间址周期的数据流

当取指周期结束后,间址周期开始。在间址周期中,CU 首先便会检查 IR 中的内容,以确定其是否有间址操作,若有间址操作,则先将指令字中的地址码部分从 IR 或 MDR(指令字中的地址码部分保存在 IR 或 MDR 中)中送至 MAR,然后再将其送至地址总线,并经由该地址总线送入存储器;此时 CU 会通过控制总线向存储器发出读命令,接下来便可从存储器中取出有效地址并经数据总线存入 MDR 中。

3. 执行周期的数据流

取指周期和间址周期结束之后,就进入了执行周期。在这一周期中,需要完成的任务是通过 ALU 对 IR 中指令字的操作码和操作数进行操作,进而产生执行结果。因为不同的指令在执行周期的操作也不尽相同,所以执行周期的数据流是多种多样的,可能会涉及 CPU 内部寄存器间的数据传送、对存储器(或 I/O)进行读写操作或对 ALU 的操作,故无法用统一的数据流图来展示。

4. 中断周期的数据流

中断周期需要完成的任务是处理中断请求,此时需要完成一系列操作(如保存返场数据、调用并执行中断服务程序和中断结束后返回主程序等)。如图 5-9 所示为中断周期的数据流。

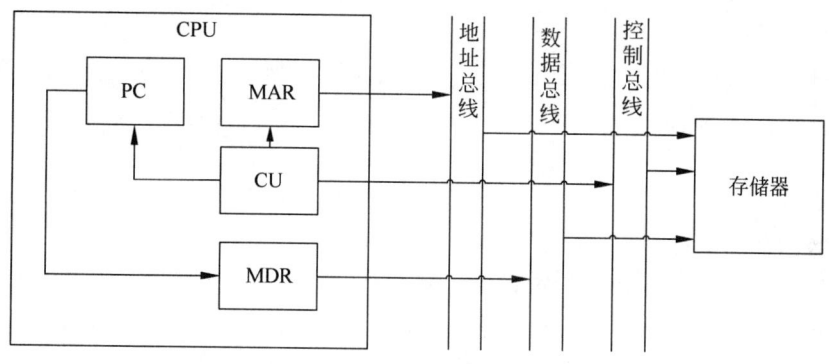

图 5-9 中断周期的数据流

在中断周期中,首先由 CU 把用于保存程序断点的存储器特殊地址(如栈指针的内容)送往 MAR,然后再送至地址总线,并经由该地址总线送入存储器;接着 CU 再通过控制总线向存储器发出写命令,同时将 PC 的内容(程序断点)送至 MDR,再经由数据总线最终送至存储器,从而完成将程序断点存入主存。除此之外,CU 还需将中断服务程序的入口地址送入 PC,以便为下一个指令周期做好准备。

5.2.3 指令的串行与并行执行

根据指令在执行时是串行执行还是并行执行,可以把指令的执行过程分为串行执行的指令和并行执行的指令(指令流水线)。

1. 指令的串行执行

对于串行执行的指令,要求下一条指令必须在前一条指令执行结束之后才能启动。由于不同指令的执行时间通常不完全相同,所以在这些指令执行时就可以有两种不同的策略。

第一种策略是以所有这些指令中执行时间最长的那条指令的执行时间作为指令周期,这样其他的指令在这个指令周期里一定能完成执行,只是有些执行时间较短的指令使用这个较长的执行时间作为指令周期,降低了运行效率。因为指令周期是以最长的执行时间为基准的,因此每一个指令周期中多出来的时间就被白白浪费掉。如图 5-10 所示,指令 A、指令 B 和指令 C 的执行时间各不相同,其中指令 A 的执行时间最长,故以其为基准设置指令周期。因此,对于指令 B 和指令 C 而言,就有一部分时间被浪费了。

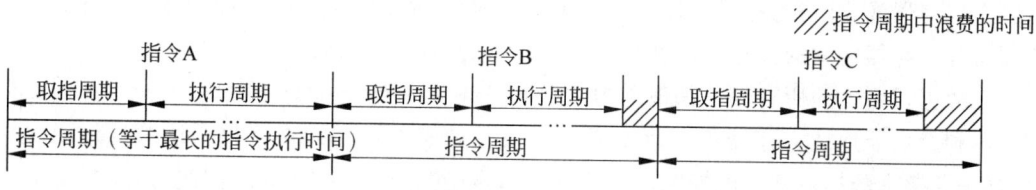

图 5-10 指令周期以最长的指令执行时间为基准

为了避免在第一种策略中的时间浪费,可以考虑不以最长的指令执行时间为基准设置指令周期,而是按指令的实际执行时间为其分配指令周期,这是指令执行时的第二种策略。如图 5-11 所示,尽管指令 A、指令 B 和指令 C 的执行时间各不相同,但此时没有时间被浪费。

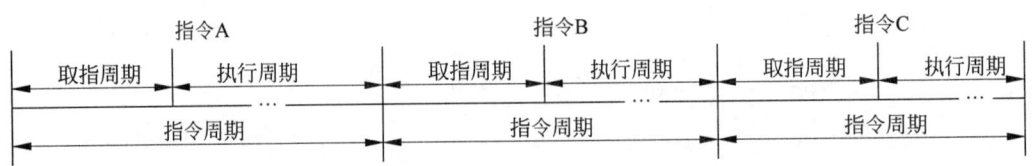

图 5-11 按指令的实际执行时间分配指令周期

2. 指令的并行执行

为了进一步提高 CPU 执行指令时的效率,设计 CPU 的技术人员将流水线技术的思想引入到指令执行中,从而产生了指令流水线(也称指令流水)的概念,即用流水线的技术思想实现指令并行。

由于指令执行时可以大致分为取指、译码和执行等相互独立的阶段,而这些操作均可由相应的部件完成(如取指由取指部件完成,译码可由译码部件完成,而执行则由执行部件完成)。通过将不同的指令在不同的阶段并行执行,能大大提高执行效率。假设以取指、译码和执行的三级流水为例,如图 5-12 所示,在 $t_0 \sim t_1$ 时间段,指令 A 取指;在 $t_1 \sim t_2$ 时间段,指令 A 译码时,指令 B 取指;在 $t_2 \sim t_3$ 时间段,指令 A 执行时,指令 B 译码,且指令 C 取指;在 $t_3 \sim t_4$ 时间段,指令 B 执行时,指令 C 译码。

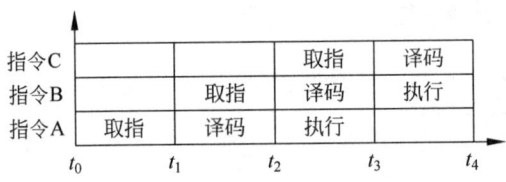

图 5-12 三级流水指令的并行执行情况

5.3 数据通路与时序产生器

5.3.1 数据通路的功能和基本结构

1. 数据通路的功能

数据在功能部件之间传送的路径称为数据通路,它描述了信息从什么地方开始,中间经过哪个寄存器或多路开关,最后传送到哪个寄存器,它通常由操作控制器来建立。例如,运算器与各寄存器之间的传送路径就是中央处理器的内部数据通路。

在数据通路上的所有部件都被称为数据通路部件,典型的如算术逻辑部件、存储器数据寄存器和存储器地址寄存器等。数据通路就是要对信息经过的这些数据通路部件加以控制,这一任务由数据通路中的控制部件完成。通常把数据通路中专门进行数据运算的部件称为执行部件(或称为功能部件)。

2. 数据通路的基本结构

数据通路的设计直接影响控制器的设计,同时也影响数字系统的速度指标和成本。一般而言,处理速度越快的数字系统,需要进行独立传送信息的通路就越多,但是一旦增加独立数据传送通路,则控制器的设计也就变得更加复杂了。因此,在满足速度指标的前提下,为了使数字系统的结构尽可能简单,通常在小型计算机系统中采用单一总线(单总线)结构,而在大型的计算机系统中,则可以采用多总线(如双总线或三总线)结构,对于某些特殊用途的数字系统,则使用专用数据通路结构。

数据通路的基本结构主要有两种:分别为总线方式(即各部件之间共享一组公共信息传输线,包括 CPU 内部单总线方式、CPU 内部多总线方式和**专用数据通路方式**)和分散方式(各部件之间采用单独的信息传输线连接)。接下来重点介绍总线方式的数据通路。

(1) CPU 内部单总线方式。在 CPU 内部单总线方式的结构中,通常将所有寄存器的输入端和输出端都连接到一条公共数据通路上。尽管这种结构的硬件电路比较简单,但在数据传输时存在较为频繁的冲突,因而性能较为低下。

若连接各部件的总线只有一条时,则被称为单总线结构;若有两条总线连接上述部分时,则被称为双总线结构;若有三条及更多的总线连接上述部件时,则称为多总线结构。采用二分类法时,也可以把双总线及多总线并称为多总线,即按总线的数目分为两大类:单总线和多总线。

(2) CPU 内部多总线方式。对于 CPU 内部多总线方式的结构,是将所有寄存器的输入端和输出端都连接到多条公共数据通路上。与采用单总线方式相比,采用多总线方式可以实现同时在多个总线上传送不同的数据,故效率得到了极大的提高,而在单总线中,由于一个时钟内只允许传送一个数据,因此指令执行的效率很低。

(3) 专用数据通路方式。在专用数据通路方式的结构中,可以根据指令执行过程中的数据和地址的流动方向来安排连接线路,尽可能避免使用共享的总线。这种按需设计总线的方式可以使系统的整体性能得到极大的提高,但却是以增加更多硬件为代价的,会提高设备的成本,且不具有通用性。

接下来以寄存器之间的数据传送、主存和 CPU 之间的数据传送,以及执行算术或逻辑运算时的数据传送为例,来说明数据通路上不同部件之间的数据传送操作的流程及控制信号。

(1) 寄存器之间的数据传送。寄存器之间的数据传送,一般可直接通过 CPU 内部总线完成。如图 5-13 所示为将程序计数器(寄存器)中的内容送至存储器地址寄存器(程序计数器的内容经总线送至存储器地址寄存器)。

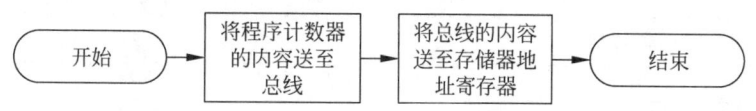

图 5-13　寄存器之间的数据传送

(2) 主存和 CPU 之间的数据传送。主存与 CPU 之间的数据传送,需要借助内部总线,现以 CPU 读取指令为例说明之。如图 5-14 所示为将程序计数器(寄存器)中的内容送至指令寄存器(程序计数器的内容经总线先送至存储器地址寄存器,然后由控制部件发出读取数据的命令。由于待读取的数据是存放在主存中,所以此时需要根据存储器地址寄存器中的内容指示来找到主存中对应的地址,然后从主存中该地址处把数据读出来暂存在存储器数据寄存器中,再经过总线送至指令寄存器中)。

(3) 执行算术或逻辑运算时的数据传送。执行算术或逻辑操作时,由于算术逻辑部件本身不具有存储功能的电路,因此如果要执行加法运算,必须考虑这个问题。如图 5-15 所示为对两个数执行加法的操作。首先获取指令寄存器中指令的地址,然后通过总线将其送至存储器地址寄存器中,控制单元此时发出读取数据(第二个加数,或称操作数)的命令,从

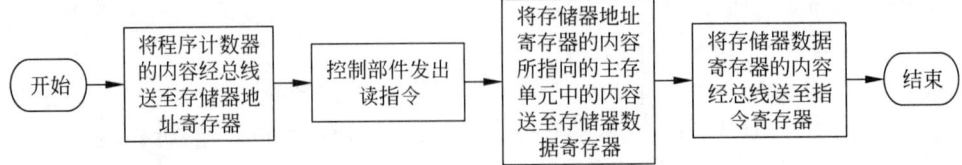

图 5-14 主存和 CPU 之间的数据传送

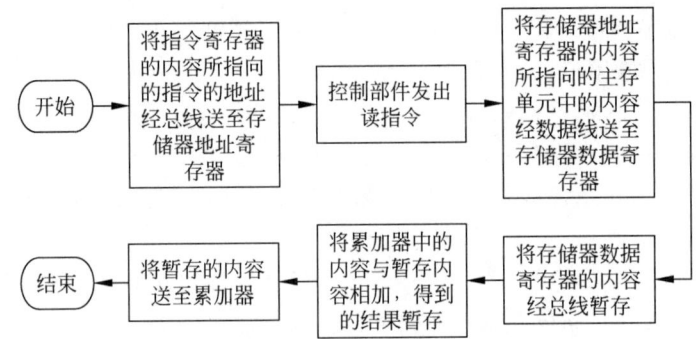

图 5-15 执行算术或逻辑运算时的数据传送

存储器中将数据读出并经过数据线送至存储器数据寄存器,再从存储器数据寄存器经总线暂存(在一个寄存器中),此时第一个加数已经送到累加器中,算术逻辑部件将暂存的第二个加数和累加器中的第一个加数执行加法命令,完成加法操作,所得的运算结果(两个加数的和)被送至累加器。

5.3.2 时序产生器与控制方式

1. 时序信号

为了更好地理解时序信号的概念,先来看北京市地铁 4 号线首班车的部分时刻表(表 5-1)。

表 5-1 北京市地铁 4 号线首班车的部分时刻表

首班车时刻	车 站 名 称
5:10	公益西桥
5:11	角门西
5:13	马家堡
5:15	北京南站
5:18	陶然亭
5:20	菜市口
5:23	宣武门
5:25	西单
5:26	灵境胡同
5:28	西四
…	…

这意味着地铁 4 号线上的第一班地铁必须要按照上述规定的时间到达各指定站点,不能有任何提前或滞后(例如,5:25 必须分秒不差地停在西单的地铁站台上),否则的话,将会严重影响人们的出行,甚至引发交通事故。因为后续所有的地铁都是按指定的间隔发车,

并且在站台上停靠的时间也都是事先确定好了的,一旦首班地铁无法按时刻表出行,将会影响在同方向上之后的所有地铁,进而还会影响到某些共线部分的其他线路上的地铁。这充分说明在地铁的运行过程中,按预先制定的时间表分秒不差地运行是十分重要的。

在计算机中,调度各指令的运行也需要参照类似的时间表来进行,它被称为时序信号。计算机之所以能够有条不紊地工作,就是因为 CPU 中有一个产生时序信号的时序信号产生器,计算机一旦接通电源启动之后,CPU 就开始取出指令并执行指令,操作控制器就利用定时脉冲的顺序和不同的脉冲间隔,指挥着计算机的各个部件执行相应的动作(规定在某个脉冲到来时要进行何种相应的操作),并给计算机中各部分提供工作所需的时间标志。

我们知道存放在内存中的指令和数据都是用二进制码表示的,那么对于 CPU 来说,是如何区分指令和数据的呢?从时间上看,在一个指令周期中,对指令的处理通常发生在指令周期的取指阶段,而对数据的处理通常发生在执行阶段;而从空间上看,如果取出的是指令,就送往指令寄存器,而如果取出的是数据,就送往运算器。这也说明时间控制对计算机而言十分重要。

由于 CPU 的速度极快,比计算机中的其他任何部件的速度都高出很多,因此为了提高 CPU 的利用率和效率,通常将一个 CPU 周期分为若干个时间段,同时规定在每一小段时间中,CPU 需进行何种操作(这种规定可以类比于地铁 4 号线某一时刻会运行到某一站台),对 CPU 来说这样的规定是必不可少的,否则就有可能会造成不可意料的后果(如丢失信息或出现错误)。因为计算机对于时间的约束是如此的严格,所以制定一个合适的时间进度是非常必要的。

总之,计算机的协调工作需要一系列时间标志(用于指明某一时间段执行什么操作),而这些时间标志正是用时序信号来体现的。一般来说,操作控制器发出的各种控制信号都是时间因素(时间信号)和空间因素(部件位置)的函数,在理解计算机中的 CPU 取指、译码和执行指令时,一定要首先考虑时序信号。

计算机硬件中时序信号最基本的体制是电位脉冲制。例如,当实现寄存器之间的数据传送时,数据加在触发器的电位输入端,而控制信号是加在触发器的时钟输入端,并且要求在控制信号到来之前,电位信号就需保持稳定的状态(因为只有先建立电位信号,输入到存储器中的数据才是可靠的)。虽然在计算机中存在一些部件(如算术逻辑单元 ALU)只用电位信号就可以工作了,但是,由于其运算结果最终还是要送入累加器 ACC 中,所以最终仍然还是需要脉冲信号进行配合。

2. 时序信号产生器

根据设计方法的不同,操作控制器可以被分为两种:时序逻辑型和存储逻辑型。第一种被称为硬布线控制器(也称硬连线控制器或组合逻辑控制器),它是采用时序逻辑技术来实现的;而第二种被称为微程序控制器,它是采用存储逻辑来实现的。这两类控制器中的程序计数器和指令寄存器都是相同的,但确定和表示指令步骤的办法,以及控制各部件运行所需的控制信号的方案是不同的。尽管控制器中的其他组成部分不会因为采用的控制方式不同而有差异,但是对于不同的计算机,控制器的基本原理虽然相同,其具体组成及控制信号的时序等方面的差别是很大的。

由于操作控制器所产生的控制信号必须定时,所以时序信号产生器是不可或缺的(计算机高速进行正常工作,每一个动作所发生的时间是非常严格的,既不能太早也不能太迟)。时序信号产生器就是为了对各种操作信号实施时间上的控制,用以保证计算机正常进行工作。

对于不同的计算机,它们的时序信号产生电路不尽相同。一般来说,大中型计算机的时序电路比较复杂,而小型机和微型机的时序电路相对比较简单,这是因为前者涉及的操作动作较多,而后者涉及的操作动作较少;另一方面,从设计操作控制器的方法来讲,硬布线控制器的时序电路比较复杂,而微程序控制器的时序电路比较简单。然而不管属于哪一类,时序信号产生器最基本的构成大体都是一样的。如图5-16所示为时序信号产生器的结构,其中包括时钟脉冲源、环形脉冲发生器、节拍脉冲和读写时序译码逻辑、启停控制逻辑等部分。

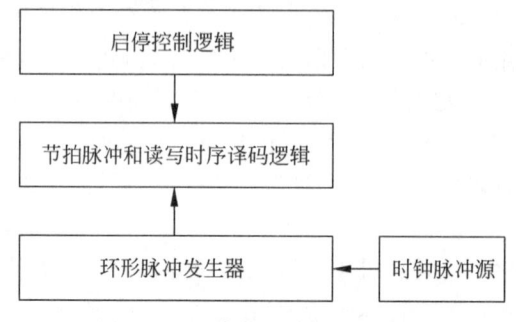

图 5-16　时序信号产生器的结构

(1) 时钟脉冲源。时钟脉冲源用来为环形脉冲发生器提供频率稳定且电平匹配的方波时钟脉冲信号。它通常由石英晶体振荡器和与非门组成的正反馈振荡电路组成,其输出送至环形脉冲发生器。

(2) 环形脉冲发生器。环形脉冲发生器用于产生一组有序的间隔相等或不等的脉冲序列,以便通过译码电路来产生最后所需的节拍脉冲。环形脉冲发生器有两种形式,一种是采用普通计数器,另一种是采用循环移位寄存器。由于在使用普通计数器时可能会在节拍脉冲上带来干扰毛刺,因此环形脉冲发生器通常会采用循环移位寄存器形式。

(3) 节拍脉冲和读写时序译码逻辑。在硬布线控制器中,节拍电位信号是由时序产生器本身通过逻辑电路产生的(一个节拍电位持续时间正好包含若干个节拍脉冲);而在微程序设计的计算机中,节拍电位信号可由微程序控制器(一个节拍电位持续时间,通常也是一个CPU周期的时间)。

通过环形脉冲发生器产生的输出经过译码组合后,会形成具有先后关系的节拍脉冲。读写控制信号与环形脉冲发生器产生的输出译码组合产生读写时序。

(4) 启停控制逻辑。只有通过启停控制逻辑将计算机启动后,CPU工作所需的主时钟脉冲才会被允许进入,同时启动节拍信号发生器(也称脉冲分配器,时钟源产生的脉冲信号,经过节拍信号发生器后产生出各个机器周期中的节拍信号,用以控制计算机的每一步微操作)开始工作。启停控制逻辑的作用是根据计算机的需要,可靠地开放或封锁脉冲、控制时序信号的发生或停止,从而实现对整个机器的正确启动或停止,启停控制逻辑可以保证启动时输出的第一个脉冲和停止时输出的最后一个脉冲都是完整的。

3. 控制方式

指令周期都是由一定数量的CPU周期组成,通常不同指令的指令周期不会完全相同。从某种程度上来说,一条指令中包含CPU周期的数量可以表明该指令的复杂程度(操作控制信号的数量)。就算对于一个CPU周期而言,都需要去考虑有关操作控制信号的数量与这些控制信号出现的次序的问题,这也就是说,每条指令和每个操作控制信号所需的时间各不相同。通常把控制不同操作序列时序信号的方法称为控制器的控制方式(实质为时序信号的定时方式),常用的控制方式有四种:同步控制方式、异步控制方式、联合控制方式和人工控制方式。

(1) 同步控制方式。同步控制方式是指任何一条指令在执行时都是事先确定好的,并且受统一基准时标的时序信号所控制的方式。如果存储器的存取周期不统一,则需要把最长的存取周期作为机器周期才能采用同步控制,否则没有统一的基准。

为了提高 CPU 的效率,同步控制方式可以分为以下几种情况。

第一种情况是采用定长的机器周期,这意味着对于所有指令,一律都要以最长的存取周期作为标准,以便于采取完全统一的、具有相同的节拍电位数和相同的节拍脉冲数作为机器周期来运行不同的指令。显然,这种情况对于简单指令和简单的操作来说,会造成时间上极大的浪费。

第二种情况是采用不定长机器周期,即每个周期内的节拍数可以不等。通常将大多数操作安排在一个较短的机器周期内完成,对于某些时间比较长的操作,则可以采取延长机器周期的办法来解决。

第三种情况是中央控制与局部控制结合,即将大部分的指令安排在固定的机器周期内完成(称为中央控制),而对于少数复杂指令中的某些操作(如乘、除、浮点等运算)则采用另外的局部控制方式来完成。

(2) 异步控制方式。异步控制方式中不存在基准时标信号,没有固定的周期节拍和严格的时钟同步。每条指令或每个操作控制信号均按其实际所需的时间来安排。这意味着需要有专门的部件来实现,即当控制器发出某一操作控制信号后,等待执行部件完成操作后发回"回答"信号,再开始新的操作,使 CPU 没有空闲。显然,用这种方式的硬件结构比同步控制方式更为复杂。

(3) 联合控制方式。联合控制方式是指将同步控制方式和异步控制方式相结合的方式,通常有以下两种情况。一种情况是,大部分操作序列被安排在固定的机器周期中,而对某些时间难以确定的操作则以执行部件的"回答"信号作为本次操作的结束。例如,对每条指令都有取指操作,可采用同步方式控制,而对于时间难以确定的 I/O 操作,则可以采用异步方式控制。另一种情况是,机器周期的节拍脉冲数固定,但是各条指令周期的机器周期数不固定,例如微程序控制。

(4) 人工控制方式。通过在计算机中设置具有相应功能的硬件开关或按键,可以实现人工控制。如计算机上的复位按键就可以帮助我们实现人工控制,当计算机出现了长时间无法响应用户的请求或命令时,用户可以通过按下复位按键重启计算机,从而实现让计算重新运行的目的。也可以在软件中设置相应的指令来实现人工控制的目的,如可以在执行完一条指令后让计算机挂起,或者查看某一指令运行后机器的状态等。

5.4 硬布线控制器

5.4.1 硬布线控制器简介

硬布线控制器又称为硬连线控制器,它是早期计算机设计的一种方法,这种方法是将控制部件看作是产生专门固定时序控制信号的逻辑电路。这种逻辑电路的设计目标是使用最少的元器件并取得最高的操作速度。因为该逻辑电路是一种由复杂的组合逻辑门电路和一些触发器组成的复杂树型网络,所以常被称为硬布线控制器或组合逻辑控制器。它也可以看成是根据指令的要求、当前的时序及内部和外部的状态情况,按时间的顺序发送一系列微操作控制信号的设备。

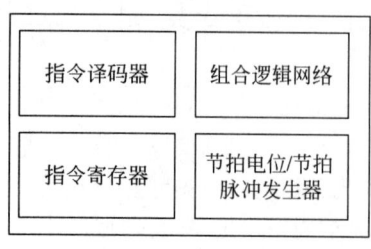

图 5-17 硬布线控制器的组成

硬布线控制器主要由组合逻辑网络、指令寄存器和指令译码器、节拍电位/节拍脉冲发生器等部分组成,如图 5-17 所示。其中组合逻辑网络会产生计算机所需的全部操作命令,是该控制器的核心。

其中组合逻辑网络会产生计算机所需的全部操作命令,是该控制器的核心部件。之所以除了需要使用时序产生器产生节拍脉冲信号之外,还应当产生节拍电位信号,是因为一个指令周期中要顺序执行一系列微操作时,需要设置若干节拍电位来定时。

在硬布线控制器中,某一微操作控制信号由布尔代数表达式描述的输出函数产生,时序信号往往采用主状态周期、节拍电位和节拍脉冲组成的三级体制。其中一个节拍电位表示一个 CPU 周期的时间(表示一个较大的时间单位);一个节拍电位又包含若干个节拍脉冲(表示一个较小的时间单位);一个主状态周期可包含若干个节拍电位(是三者中最大的时间单位)。

硬布线控制器的显著缺点如下:一旦控制部件构成后,除非重新设计或在物理上对它重新布线,否则是无法增加新的控制功能的。硬布线控制器是计算机中最复杂的逻辑部件之一,当执行不同的机器指令时,通过激活一系列彼此很不相同的控制信号来实现对指令的解释,其结果往往会使得控制器结构变得杂乱无章。

在结构上的这种缺陷使得硬布线控制器的设计和调试变得非常复杂,且代价也较大。正是因为这一原因,硬布线控制器逐步被微程序控制器所取代,但是随着第四代计算机以及超大规模集成电路技术的发展,硬布线逻辑控制器的设计思想又重新得到了重视。在现代新型计算机体系结构中,多采用硬布线控制逻辑,如 RISC。

5.4.2 硬布线逻辑设计

硬布线逻辑设计属于硬件设计的范畴,可以类比于软件设计来理解这一过程。在进行软件设计时,通常需要在把问题分析清楚之后先画出解决问题的流程图(设计),然后根据这一流程图去编写代码(实现),然后再调试并运行程序(测试),测试无误后即可交付软件。硬件设计的步骤同软件设计的步骤大致一样,只是所使用的工具和方法不完全一样。

硬布线逻辑设计需要解决的核心问题就是按时间的顺序发送一系列微操作控制信号,具体步骤大致可分为:画出指令的流程图(指令是硬件设计中基本的元素之一,是提供给硬件设计人员来驱动硬件工作的特殊代码)、列出微操作时间表、进行微操作信号的综合、画出微操作命令的逻辑图,最后给出相应的实现电路,如图 5-18 所示。

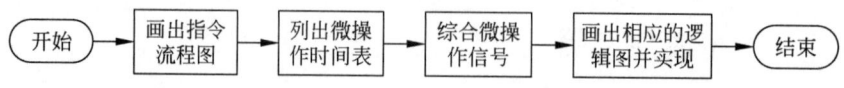

图 5-18 硬布线逻辑设计的步骤

1. 画出指令流程图

接下来以执行 MOV R0,R1 为例,给出其流程图,如图 5-19 所示。

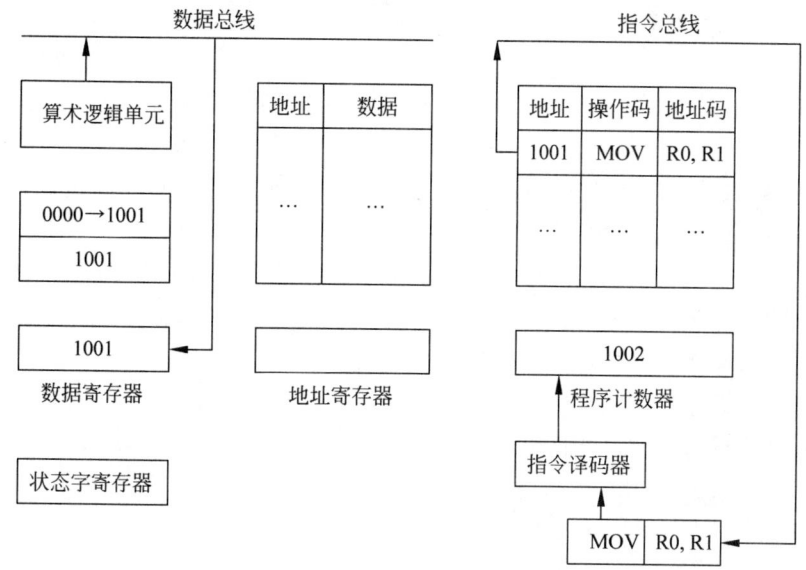

图 5-19 MOV 指令执行周期

首先程序计数器装入该指令的地址(1001),然后对该指令进行读取并译码,这样就会知道当前需要执行的指令为 MOV,程序计数器中的内容自动加 1(1002),继续读取下一条指令。

接下来将 R1 选为源寄存器,R0 选为目标寄存器,然后指定算术逻辑单元开始传送操作,先将 R1 中的内容暂存到数据寄存器(1001),再从数据寄存器中将其送到目标寄存器 R0 中(将 R0 中的初始值 0000 更新为 1001),即完成了该指令的执行过程。

2. 列出微操作时间表

在微操作时间表里,将指令流程图中的微操作合理地安排到各个机器周期的相应节拍和脉冲中去,微操作时间表用于表明在什么时间发出微操作命令信号。如表 5-2 所示为 ADD 指令在 CPU 工作周期的取指周期的操作时间表。

表 5-2 操作时间表

工作周期标志	节拍	微操作命令序号	ADD
取指	T0	将程序计数器的内容送至存储器地址寄存器	1
		控制部件发出读命令	
	T1	将存储器地址寄存器所指向的主存单元送至存储器数据寄存器	1
		将程序计数器的内容加 1	1

在取指周期的 T0 节拍,发出两条微操作命令信号,分别是将程序计数器中的当前指令地址存入存储器地址寄存器中,再由控制部件向存储器发出读信号;在取指周期的 T1 节拍,发出两条微操作命令信号,分别是将存储器地址寄存器指向的内容存入存储器数据寄存器中,并将程序计数器中的内容自动加 1,继续读取下一条指令。

3. 进行微操作信号的综合

当列出了所有指令的微操作时间表之后,还需要对它们进行综合分析,需要将执行某一微操作的所有条件(如哪条指令、哪个机器周期、哪个节拍和脉冲等)都考虑在内,并对它们加以分类组合,从而列出各微操作产生的逻辑表达式,然后加以简化使得逻辑表达式更为合理。

4. 画出逻辑图并实现

对于简单的逻辑图,可以在纸上画出,而对于较为复杂的逻辑图,则建议使用相应的工具来绘制逻辑图。而相应逻辑图的实现,即可以选择专用的模拟软件实现之,也可以通过使用物理器件来实现。

通常有三种使用物理器件实现的方法。第一种是根据整理并化简一组逻辑表达式,用一系列组合逻辑电路加以实现;第二种是根据逻辑表达式,画出逻辑电路图,然后用逻辑门电路的组合来实现;第三种是直接根据逻辑表达式,用可编程逻辑阵列(Programmable Logic Array,PLA)或其他逻辑电路实现。

总之,在进行硬布线逻辑设计时,尽可能采用适宜的指令格式,合理地分配指令操作码,并且需要确定机器周期、节拍与主频,还需要确定机器周期数以及在每一周期内的各项操作,然后进行指令综合(综合所有指令的每一个操作命令,以实现简化并提高效率),再写出逻辑表达式,并对其进行化简,从而明确组合逻辑电路。

操作命令的控制信号先用逻辑表达式列出,然后再进行化简。在全面考虑各种条件的约束之后,合理选用逻辑门电路和触发器等元器件,最后采用组合逻辑电路的设计方法产生控制信号。

总之,控制信号的设计与实现是硬布线控制器的重点和难点,目前有一些专门的开发系统或工具可供设计时使用,但是对于全局的考虑,主要还是需要依靠设计人员的智慧和经验来实现。

【例 5-1】 如表 5-3 所示为某主机中各寄存器的位数(X 为主存地址)。

表 5-3 某主机中各寄存器的位数

ACC	MQ	ALU	X	IR	MDR	PC	MAR
32	32	32	32	32	32	16	16

请写出硬布线控制器完成 STA X 指令发出的全部微操作命令及节拍安排(STA 是把寄存器内容写回内存的指令)。

解:如图 5-20 所示为硬布线控制器完成 STA X 指令发出的全部微操作命令及节拍安排。

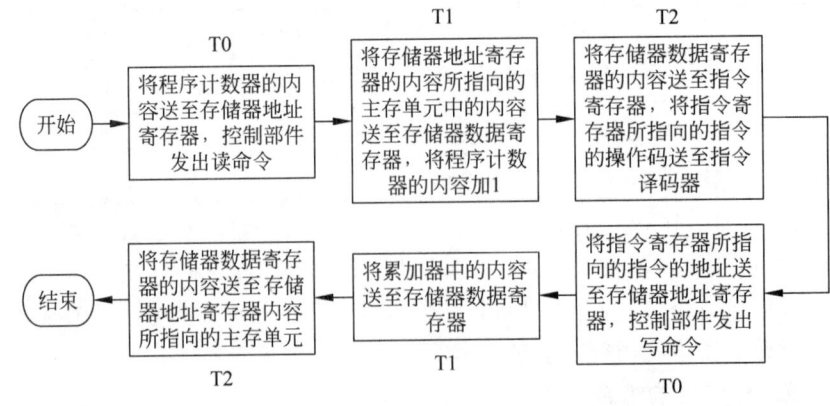

图 5-20 硬布线控制器完成 STA X 指令的操作命令及节拍安排

在第一个周期的 T0 节拍,需要完成两个微操作,第一个是将程序计数器中的内容送至存储器地址寄存器中,第二个是控制部件发出读取数据的命令;在第一个周期的 T1 节拍,需要完成两个微操作,第一个是根据存储器地址寄存器中的内容指示找到主存中对应的地址,然后从主存中该地址处把数据读出来并送至存储器数据寄存器,第二个是将程序计数器的内容加 1;在第一个周期的 T2 节拍,需要完成两个微操作,第一个是将存储器数据寄存器的内容送至指令寄存器,第二个是先获取指令寄存器中指令的操作码,然后将其送至指令译码器中。

在第二个周期的 T0 节拍,需要完成两个微操作,第一个是先获取指令寄存器中指令的地址,然后将其送至存储器地址寄存器中,第二个是由控制部件发出写命令;在第二个周期的 T1 节拍,只需要完成一个微操作,即将累加器中的内容送至存储器数据寄存器中;在第二个周期的 T2 节拍,只需要完成一个微操作,即将存储器数据寄存器的内容送至存储器地址寄存器内容所指向的主存单元中。

5.5 微程序控制与设计

5.5.1 微程序控制简介

1. 微程序设计的思想

剑桥大学的教授 M. V. Wilkes 于 1951 年提出了微程序设计的思想。在这一思想中,将机器中的每一个指令编写成一个微程序,每一个微程序包含有若干条微指令,每一条微指令又对应一个或多个微操作。当指令对应的微程序设计完成之后,将其保存到一个控制存储器(用来存储实现全部指令系统的微程序)中,机器运行时又从其中将这些微指令一条一条地读出,从而产生所需要的各种操作控制信号,使相应的部件执行所规定的操作。

接下来简要介绍微程序设计思想中提及的微命令与微操作、微指令与微程序。

1) 微命令与微操作

通常可以将一台数字计算机粗略地划分为两大部分:控制部件和执行部件,其中控制器就是控制部件;而运算器、存储器和外围设备等对于控制器来讲,就是执行部件。控制部件与执行部件之间有一种联系是通过控制线来实现的。控制部件通过控制线向执行部件发出各种控制命令,这种控制命令通常被称为微命令。微指令的功能是通过按一定次序执行一系列基本操作完成的,而执行部件在接受微命令后所进行的这一系列基本操作,则称为微操作。

控制部件与执行部件之间的另一种联系是反馈信息,它们通过反馈线来实现。执行部件通过反馈线向控制部件反映操作情况,以便使控制部件根据执行部件的"状态"来下达新的微命令,这也称为"状态测试"。在执行部件中,微操作是最基本的操作,如取指令、计算地址、取数和完成加法运算。

微操作可分为相容性和相斥性两种。所谓相容性的微操作,是指在同一时刻或同一个 CPU 周期内可以并行执行的微操作;所谓相斥性的微操作,是指在同一时刻或同一个 CPU 周期内不能并行执行的微操作。

2) 微指令与微程序

在机器的一个 CPU 周期中,一组实现一定操作功能的微命令的组合,构成一条微指令。一条机器指令的功能是用许多条微指令所组合而成的序列来实现的,这个微指令序列通常就被称为微程序。既然微程序是由微指令组成的,那么当执行当前这一条微指令时,必须指出其后继微指令的地址,以便在执行完当前微指令后,可以快速取出下一条微指令。由于一条机器指令对应一个微程序,因此在执行某一机器指令时,通常先将其划分成若干条微指令,然后再对这些微指令进行解释和执行。

从指令与微指令、程序与微程序、地址与微地址之间的对应关系上看,前者均与内存储器有关,而后者均与控制存储器(它是微程序控制器的一部分)有关。由于微程序容易被修改,因此在机器中添加和修改指令都比较灵活,这也是为什么微程序控制被广泛应用的原因。

微程序控制的核心是用于存储微程序的控制存储器,由于每个微程序包含一个或多个微指令,因此在其执行过程中,必然要对控制存储器频繁地进行访问,这就要求控制存储器必须具有较快的访问速度。

2. 微程序控制器

微程序控制器是指采用微程序控制方式的控制器,其中微程序控制方式是指微命令不是由组合逻辑电路产生的,而是由微指令译码产生的。微程序控制器主要由控制存储器、微指令寄存器和地址转移逻辑三部分组成。

1) 控制存储器

控制存储器(简称控存)是一种只读存储器,它用来存放实现全部指令系统的微程序。一旦微程序固化,机器运行时则只读不写。其工作过程是:每读出一条微指令,则执行这条微指令;接着又读出下一条微指令,又执行这一条微指令……读出一条微指令并执行微指令的时间总和称为一个微指令周期。通常在串行方式的微程序控制器中,微指令周期就是只读存储器的工作周期,即等于读出微指令的时间加上执行该条微指令的时间。

控制存储器的字长就是微指令字的长度,其存储容量视机器指令系统而定,即取决于微程序的数量。对控制存储器的要求是速度快,读出周期要短。在设计 CPU 时,根据指令系统的需要,事先编制好各段微程序,并且将它们存入控制存储器中。

2) 微指令寄存器

微指令寄存器用来存放由控制存储器读出的一条微指令信息,它分为微地址寄存器和微命令寄存器两部分。微地址寄存器决定将要访问的下一条微指令的地址,而微命令寄存器则保存一条微指令的操作控制字段和判别测试字段的信息。

3) 地址转移逻辑

在一般情况下,微指令由控制存储器读出后直接给出下一条微指令的地址(微地址),这个微地址信息就存放在微地址寄存器中。如果微程序不出现分支,那么下一条微指令的地址就直接由微地址寄存器给出,而当微程序出现分支时,就意味着微程序出现条件转移。在这种情况下,通过判别测试字段和执行部件的"状态条件"反馈信息,去修改微地址寄存器的内容,并按改好的内容去读下一条微指令。地址转移逻辑就承担自动完成修改微地址的任务。

在微程序控制器中,时序信号比较简单,一般采用节拍电位-节拍脉冲二级体制。也就是说,它只有一个节拍电位(一个 CPU 周期的时间),其中又包含若干个节拍脉冲。根据需要,节拍脉冲可将一个 CPU 周期划分成若干个较小的时间间隔(它们既可相等,也可不等)。

1964 年 4 月，IBM 发布了全世界第一台采用微程序式控制的机器 System360，其优点包括：

(1) 大大减少了组合逻辑式设计和实现控制器时对布尔逻辑的化简。
(2) 减轻了逻辑电路设计和实现时繁杂的工作。
(3) 降低了对逻辑电路测试的难度。

5.5.2 微程序设计

1. 微指令的编码方式

微指令的编码方式又称微指令的控制方式，它是指如何对微指令的操作控制字段进行编码，以形成控制信号，主要有直接编码（或称控制）方式、字段直接编码方式和字段间接编码方式和混合编码方式等，具体如下。

1) 直接编码（控制）方式

直接编码方式不需要进行译码，在微指令的操作控制字段中，每一位代表一个微命令，如图 5-21 所示。

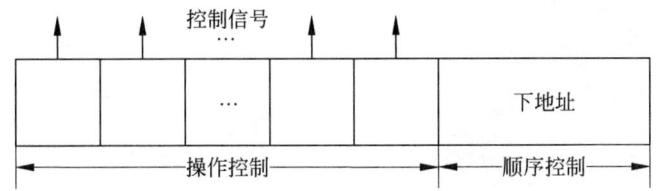

图 5-21 微指令的直接编码方式

这种方式的优点是简单直观，执行速度快，操作并行性好；缺点是会导致微指令字过长，因为微命令较多，通常会导致操作控制字段达数百位，从而占用控制存储器的很多空间。

2) 字段直接编码方式

字段直接编码方式（也称显式编码方式）是指将微指令的操作控制字段分成若干段，把一组互斥的微命令放在同一个字段中，而相容的微命令则放在不同的字段中。对每个字段都进行独立编码，每种编码代表一个微命令，而且每一字段的编码含义单独定义，与其他字段无关。通过对某一字段译码，则可对应其中的每一个微命令，如图 5-22 所示。

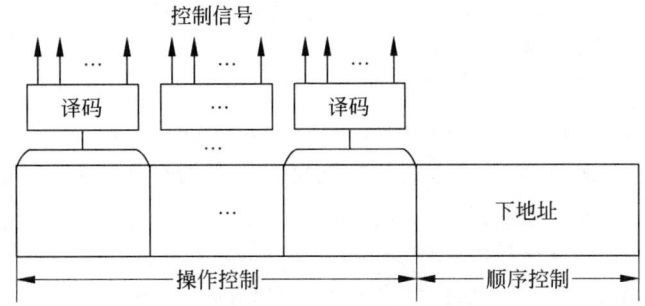

图 5-22 微指令的字段直接编码方式

尽管与直接编码方式相比，采用这种方式可以用较少的二进制信息表示较多的微命令（如直接编码用 3 位只能表示 3 个微命令，而 3 位二进制代码译码后可表示 7 个互斥的微命令），从而缩短了指令字的长度。但是因为要通过增加译码电路后才再能发出微命令，所以执行速度有所减低。在进行字段分段时,该尽可能将互斥性微命令分在同一字段中,相容性微命令分在不同字段中,同时每一字段中包含的信息位不能太多,否则将增加译码电路的复杂性和译码时间,通常每个字段还要留出一个状态,表示本字段不发出任何微命令。例如,当某字段的长度为3位时,最多只表示 $2^3-1=7$ 个互斥的微命令,因为通常需要用 000 的这种情况表示不发出任何微命令。

3) 字段间接编码方式

字段间接编码方式(也称隐式编码方式)是指在字段直接编码方式的基础上,再规定一个字段的某些微命令需由另一字段中的某些微命令来解释。如图 5-23 所示,字段 n 译码的某些输出就受字段 1 译码输出的控制。

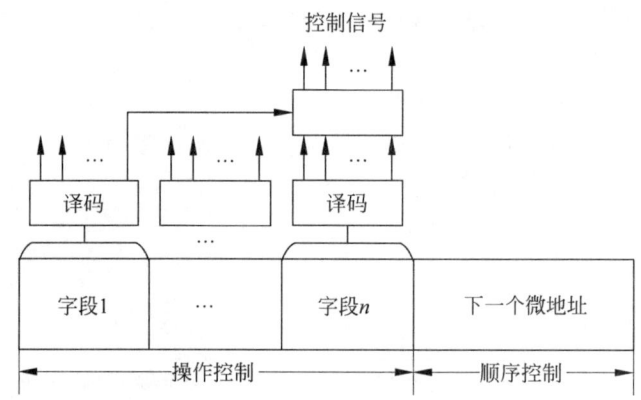

图 5-23 微指令的字段间接编码方式

这种方式虽然可以进一步缩短(通过隐式编码实现的)微指令字的长度,但是因为削弱了微指令的并行控制能力(因为字段之间通常会有依赖关系,如图 5-23 中只有字段 1 译码后,字段 n 才能译码),所以它通常被作为字段直接编码方式的一种辅助手段。

4) 混合编码方式

这种方式将直接编码方式和字段编码方式(包括字段直接编码方式和字段间接编码方式)混合使用,以便能综合考虑微指令字长、灵活性和执行微程序的速度等方面的要求。

微指令中还可以设置常数字段,用来提供常数和计算器初值,或将其与某些解释位配合以使微指令更加灵活。

2. 微指令系列地址的形成

微指令执行的顺序控制问题,实际上就是如何确定下一条微指令的地址(后续微指令地址)。通常产生后续微地址的方式有两种,第一种是直接由微指令字中的下地址字段指出(这种方式也称断定方式);第二种方式是根据机器指令的操作码形成,当机器指令取至指令寄存器后,微指令的地址就由操作码经微地址形成部件(它实际是一个编码器,其输入为指令操作码,输出是对应该机器指令微程序的首地址)产生。

(1) 直接由微指令字中的下地址字段指出,这种方式也称断定方式。

(2) 根据机器指令的操作码形成。当机器指令取至指令寄存器后,微指令的地址由操作码经微地址形成部件形成。微地址形成部件实际是一个编码器,其输入为指令操作码,输出就是对应该机器指令微程序的首地址。

实际上,微指令序列地址的形成方式还有以下几种。

(1) 通过增量计数器形成,即每读出一条微指令,就将控制存储器地址寄存器(简称控存地址寄存器,用于存放将要读出的指令的地址)中的内容加 1,该方式仅适用于后续微指令的地址连续的情况。

(2) 通过分支转移形成,即根据各种标志决定微指令分支转移的地址。当遇到条件转移指令时,微指令出现了分支,则必须根据各种标志来决定下一条微指令的地址。该方式对应的微指令的格式如图 5-24 所示。

操作控制字段	转移方式	转移地址

图 5-24　分支转移时微指令的格式

其中,转移方式用于指明判别条件,根据判别条件的不同,通常可将其分为单分支转移和双分支转移。对于单分支转移,转移地址用于指明转移成功后的去向,若不成功则顺序执行;对于双分支转移,转移微指令中需要设置两个转移地址,当条件满足时选择其中一个转移地址,而当条件不满足时则选择另一个转移地址。

(3) 通过网络测试形成,即将微指令的地址分为非测试地址(由微指令的高段地址码直接形成)和测试地址(由微指令的低段地址码通过测试网络形成)两部分。

(4) 通过入口地址形成。这一方式是指由硬件产生微程序入口地址,接下来分别给出在取指周期、间址周期和中断周期由硬件产生微程序入口地址的例子。如在电源加电后,第一条微指令的地址既可以由专门的硬件电路产生,也可以由外部直接向控制存储器地址寄存器输入微指令的地址,这个地址即为取指周期中微程序的入口地址;当有中断请求时,若条件满足,CPU 响应中断进入中断周期,此时需中断现行程序,转至对应中断周期的微程序。由于设计控制单元时已安排好中断周期微程序的入口地址,故响应中断时,可由硬件产生中断周期微程序的入口地址;当出现间接寻址时,也可以由硬件在间址周期中产生微程序的入口地址。

3. 微指令格式

微指令的格式大致可分成两类:水平型微指令和垂直型微指令。

(1) 水平型微指令。水平型微指令通常指一次能定义并执行多个并行操作的微命令,它的一般格式如图 5-25 所示,包括三个字段:控制字段、判别测试字段和下地址字段。

控制字段	判别测试字段	下地址字段

图 5-25　水平型微指令

从编码方式看,直接编码、字段直接编码、字段间接编码以及混合编码都属于水平型微指令,直接编码速度最快,字段编码由于要经过译码,故其速度会受影响。按照控制字段的编码方法不同,水平型微指令又可分为 3 种:第一种是全水平型(不译法)微指令,第二种是字段译码法水平型微指令,第三种是直接和译码相混合的水平型微指令。

(2) 垂直型微指令。垂直型微指令中的微指令设置微操作码字段,采用微操作码编译法,由微操作码规定微指令的功能。垂直型微指令的结构类似于机器指令的结构,它有操作码,在一条微指令中只有 1~2 个微操作命令(通常控制 1~2 种操作),每条微指令的功能简单,因此,实现一个机器指令的微程序要比水平型微指令编写的微程序长得多。

接下来列举 2 条垂直型微指令的指令格式加以说明,假设指令字长为 16 位,微操作码为 3 位(第 13～15 位)。

(3) 寄存器-寄存器型微指令,其指令格式如图 5-26 所示。

图 5-26　寄存器-寄存器型微指令

该指令的功能是把源寄存器数据送至目标寄存器。其中第 0～2 位为其他,第 3～12 位为源寄存器编址和目标寄存器编址,两者均为 5 位(指定 31 个寄存器)。

(4) 运算控制型微指令,其指令格式如图 5-27 所示。

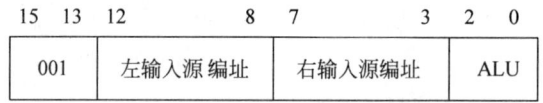

图 5-27　运算控制型微指令

该指令的功能是选择 ALU 的左、右输入源信息,按 ALU 字段所指的运算功能进行处理,并将结果送入暂存器中。其中第 0～2 位为 ALU,第 3～12 位为左、右输入源编址,两者均为 5 位(指定 31 种信息源)。

水平型微指令和垂直型微指令的优缺点分别如下。

(1) 水平型微指令并行操作能力强,指令高效、快速、灵活,垂直型微指令与之相比较差。这是因为水平型微指令可以同时定义比较多的并行操作微命令,通过使用这些微命令来控制尽可能多的并行信息传送,从而具有效率高、灵活性强的优点,但垂直型微指令一般只能完成一个操作,控制一两个信息传送通路,因此并行操作能力低、效率低。

(2) 水平型微指令执行一条指令时间短,垂直型微指令执行时间长。这是因为水平型微指令的并行操作能力强,与垂直型微指令相比,可以用更少的微指令来实现一条指令的功能,从而缩短了指令的执行时间,并且在执行时,水平型微指令一般直接控制对象,而垂直型微指令要经过译码,会影响速度。因此,水平型微指令的速度比垂直型微指令速度快。

(3) 由水平型微指令解释指令的微程序,有微指令字较长而微程序短的特点。垂直型微指令则相反(即微指令字较短而微程序长)。换言之,水平型微指令是用较短的微程序结构换取较长的微指令结构,而垂直型微指令是用较长的微程序结构换取较短的微指令结构。

(4) 水平型微指令与机器指令差别很大,用户难以掌握,通常需要对机器的结构、数据通路和时序系统等精通后才能掌握,而垂直型微指令与机器指令比较相似,相对来说比较容易掌握。

4. 微程序设计的分类

1) 静态和动态微程序设计

微程序设计可分为静态微程序设计和动态微程序设计。通常一台计算机的机器指令只对应于一组微程序,静态微程序设计是指这一组微程序设计好之后无须改变而且也不好改变;动态微程序设计是指通过采用带电可擦可编程的只读存储器作为控制存储器,从而能改变微指令和微程序,最终改变机器的指令系统。

由于采用动态微程序设计时微指令和微程序可以根据需要加以改变,因而可以在一台机器上实现不同类型的指令系统。

2) 毫微程序设计

在普通的微程序计算机中,从主存取出的每条指令是由放在控制存储器中的微程序来解释并执行(通过控制线对硬件进行直接控制)。若将微程序看成是解释机器指令的,毫微程序则可被看成是解释微程序的,而组成毫微程序的毫微指令则是用来解释微指令的。采用毫微程序设计的计算机的优点之一是可以用少量的存储器空间来实现高度并行。

在毫微程序设计的计算机中,通常采用两级微程序的设计方法,第一级微程序为垂直型微指令(并行功能不强,但有严格的顺序结构,用于确定后续微指令的地址,需要时可调用第二级),第二级微程序为水平型微指令(并行功能很强,不包含后续微指令地址)。此时硬件不由微程序直接控制,而是通过存放在第二级控制存储器中的毫微程序来解释并执行(直接控制硬件的是毫微指令),这个第二级控制存储器被称为毫微存储器。

毫微程序设计的优点是通过使用少量的控制存储器空间,就可以达到高度的并行性。一方面,对于很长的微程序,可让它们以垂直格式编码而存放在一个短字长的控制存储器中。另一方面,毫微程序又使用了高度并行的水平格式,因而毫微存储器字长很长。但是因为毫微程序本身通常很短,所以它占用相对少的空间。

毫微程序设计的主要缺点是取毫微指令会增加时间延迟,同时 CPU 的设计也更加复杂。

毫微指令所执行的操作与微程序机器中微指令的操作相比,其级别更低一些。这样,所设计的毫微程序可以在计算机的操作方面多进行一些控制,例如,可以由毫微指令改变一些主要总线的源和目的地。

毫微程序计算机可以用来仿真其他计算机,因为其内部的逻辑结构可以变化,而在指令级上却没有自己的机器语言。

3) 串行与并行微程序控制

在串行微程序控制器中,执行现行微指令的操作与取下一条微指令的操作在时间上是串行进行的,所以微指令周期等于取指令的时间和执行指令的时间之和,即等于只读存储器的读数周期。如图 5-28 所示。

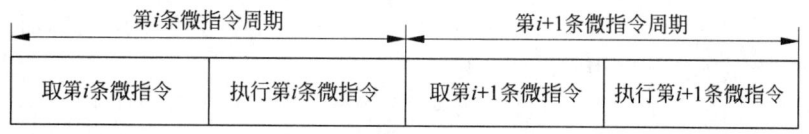

图 5-28 串行微程序控制方式

串行微程序控制器的微指令周期虽然长一些,但是控制比较简单,形成微地址的硬件设备也比较少。

由于取微指令和执行微指令的操作是在两个完全不同的部件中完成的,因此可以将这两部分操作并行执行,以缩短微指令周期,即将这两部分操作在时间上重叠进行(并行微程序控制)。在并行微程序控制方式中,要求执行本条微指令,同时预取下一条微指令,从而节省取微指令的时间,所以微指令周期仅等于执行微操作的时间(由于此时取微指令与执行微指令的时间相同,所以也等于取微指令的时间)。如图 5-29 所示。

并行微操作控制缩短了微指令周期,但是为了不影响本条微指令的正常执行,需要增加一个微指令寄存器,用于暂存下一条微指令,而当微程序出现转移时,需要解决在本条微指

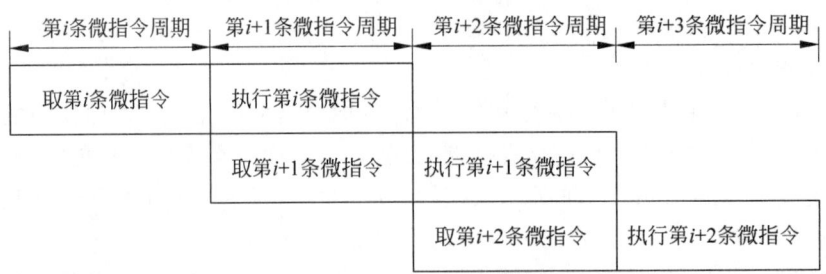

图 5-29 并行微程序控制方式

令执行后如何确定的下一条微指令地址的问题。例如,如果需要通过本条微指令的处理结果来决定下一条微指令的地址时,两者就无法并行操作,此时可以考虑是否能延迟一个微指令周期再取微指令。

在实际进行微程序设计时还应该考虑如何缩短微指令字长、如何减少微程序长度和如何提高微程序的执行速度等问题。

5.6 指令流水线与冲突处理

5.6.1 流水线简介

1. 流水线的工作原理

流水线的工作原理实际上在生活中随处可见,接下来以包饺子为例子来引出这一思想。通常居家包饺子都是从原材料面粉开始(尽管现在超市也有面皮出售,但本例仍从面粉开始),依次要经过和面、将面团拉长切断、用擀面杖来擀面皮、用事先准备好的饺子馅包饺子这一系列步骤才算完成包饺子的任务。在上述包饺子的步骤中,切断面团、擀面皮和包饺子这三步,通常是先将和好的面切成数长段,然后对每一段面团进行如下操作:切断一堆小面团(例如 30 个或者更多,视实际情况而定),然后将切好的小面团擀成面皮,再用面皮包饺子;极少有人会切一个小面团,然后立刻将其擀成面皮,再立刻用这一面皮包饺子。后者这种串行的包饺子的方法之所以在实际中鲜有人采用就是因为它的效率太低,而在实际生活中通常采用前者的方法是因为它的效率更高。

如果需要使用纯人工制作成千上万饺子,理想的情况该是有专门的人负责切断小面团,有专门的人负责将小面团擀成面皮,有专门的人负责包饺子。与串行包饺子的方法相比,这种部分步骤(工序)并行的方式可以极大提高效率。

假设把包饺子看作是一条指令,在面已经和好且饺子馅已经准备好的情况下,通常还需要进行切断小面团、擀面皮和包饺子这三个阶段,如前所述,此时若将这三个阶段串行执行,效率必然低下,在实际生活中没有人会这样做,而是采用流水线的方式来完成包饺子的任务(先将面团分为若干部分,然后对每一部分面团执行三个阶段的操作),如图 5-30 所示。

第三部分面团				切断面团	擀面皮
第二部分面团			切断面团	擀面皮	包饺子
第一部分面团		切断面团	擀面皮	包饺子	

图 5-30 采用流水线的方式包饺子

参照上述包饺子的例子可知，完成一条指令实际上也可以分为许多阶段，通过设计将不同阶段在时间上进行完全重叠，则能使效率大大提高。

【例 5-2】 假设某一计算机解释一条机器指令的过程可分解成取指令（Instruction Fetch，IF）、指令译码（Instruction Decode，ID）、计算有效地址或执行（EXecution，EX）、访存（MEMory，MEM）、结果写回寄存器堆（Write Back，WB）五个子过程，试说明这一计算机解释一条机器指令的过程。

解：该计算机解释一条机器指令的过程如图 5-31 所示。

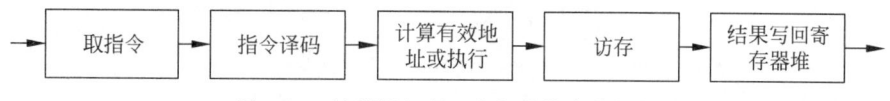

图 5-31 计算机解释一条机器指令的过程

每个子过程由独立的子部件来实现，每个子部件也称为一个功能段。若没有特殊说明，我们都假设各功能段经过的时间均为一个时钟周期。IF 指的是按程序计数器（PC）的内容访存，取出一条指令送到指令寄存器，并修改 PC 的值以提前形成下一条指令的地址；ID 指的是对指令的操作码进行译码，并从寄存器堆中取操作数；EX 指的是按寻址方式和地址字段形成操作数的有效地址，若为非访存指令，则执行指令功能；MEM 指的是根据 EX 子过程形成的有效地址访存取数或存数；WB 指的是将运算的结果写回到寄存器堆。

流水执行的优点是加快指令的解释速度，提高机器的性能。缺点是控制复杂，在软件编译和硬件执行的过程中要解决好指令之间出现的各种相关以及中断等问题。

2. 流水线的分类和特点

根据不同的分类标准，可以把流水线分成不同的种类。接下来分别按流水处理的并行等级、流水线的功能、流水线的工作方式和流水线的连接方式的分类标准来介绍各类流水线。

1）按流水处理的并行等级分类

按流水处理的并行等级不同，流水线可分为指令流水线、算术流水线和处理机流水线三大类。

指令流水线是指令处理时各子过程的并行。如取指、译码、取操作数、执行和写回等子过程的流水处理；算术流水线是指运算操作过程的并行。如输入、减阶、对阶移位、尾数相加减、规格化和输出等浮点加减运算步骤的流水处理；处理机流水线又称宏流水线，它是指程序处理过程的并行。如由一串级联的处理机构成流水线的各个处理段，每台处理机负责某一特定的任务，处理机流水线应用在多机系统中。

2）按流水线的功能分类

按流水线能实现的功能是固定的一种还是不同的多种，可以将其分为单功能流水线和多功能流水线。单功能流水线是指只能完成一种固定功能的流水线；多功能流水线是指同一流水线的各个段之间可以有多种不同的连接方式以实现多种不同的运算或功能。

3）按流水线的工作方式分类

按多功能流水线的各功能段能否允许同时用于多种不同功能连接的流水，可以把流水线分为静态流水线和动态流水线。静态流水线是指在同一时间内，多功能流水线中的各个功能段只能按一种功能的连接方式工作；动态流水线是指在同一时间内，多功能流水线中的各个功能段可以按不同运算或功能的连接方式工作。

4) 按流水线的连接方式分类

根据流水线中各功能段之间是否有反馈回路，可以把流水线分为线性流水线和非线性流水线。若流水线各段串行连接，没有反馈回路，各个段最多只经过一次的，称为线性流水线；如果流水线中除了有串行连接的通路外，还有某种反馈回路，使一个任务流经流水线时，需多次经过某个段或越过某些段，则称为非线性流水线。

在流水技术中，一般有如下特点：

(1) 一条流水线通常由多个流水段组成。

(2) 每个流水段有专门的功能部件对指令进行某种加工。

(3) 各流水段所需的时间是一样的。

(4) 流水线工作阶段可分为建立、满载和排空3个阶段。

(5) 在理想情况下，即不发生任何资源相关、数据相关和控制相关的情况下，当流水线满载后，每隔一个时钟周期解释完一条指令或有一个结果流出流水线。

3. 流水线中的相关

流水线中的相关是指相邻或相近的两条指令因为存在某种关联，导致后一条指令不能在原指定的时钟周期开始执行，相关有可能会使流水线停顿。为了解决这一问题，就需要消除相关，最基本的方法是让流水线中的某些指令暂停，而让其他指令继续执行。

流水线中的相关包括结构相关、数据相关和控制相关。结构相关是指当硬件资源满足不了同时重叠执行的指令的要求，而发生资源冲突时（如功能部件不是全流水，重复设置的资源的份数不够等）产生的相关，故其也被称为资源相关；数据相关是指当一条指令需要用到前面某条指令的结果，从而不能重叠执行时发生的相关；控制相关指当流水线遇到分支指令和其他能够改变PC值的指令时发生的相关。接下来分别介绍这三种相关。

1) 结构相关

在流水线机器中，为了使各种指令组合能顺利地重叠执行，需要把功能部件流水化，并把资源重复设置。如果某种指令组合因资源冲突而不能顺利重叠执行，则称该机器具有结构相关。

通常，大多数机器都是将指令和数据保存在同一存储器中，且只有一个访问口，因此如果在某个时钟周期内，流水线既要完成某条指令对操作数的存储器访问操作，又要完成另一条指令的取指操作，就会发生访存冲突。如表5-4中第4个时钟周期，I1指令(LOAD)的MEM段和I4指令的IF段发生了访存冲突。

表 5-4　两条指令同时访存造成结构相关冲突

时钟 指令	1	2	3	4	5	6	7	8
I1(LOAD)	IF	ID	EX	MEM	WB			
I2		IF	ID	EX	MEM	WB		
I3			IF	ID	EX	MEM	WB	
I4				IF	ID	EX	MEM	WB
I5					IF	ID	EX	MEM

通常有两种方案可以解决此冲突，一是让流水线在完成前一条指令对数据的存储器访问时，暂停取后一条指令的操作（暂停一个时钟周期），如表5-5所示。

表 5-5 解决访存冲突的一种方案

指令	时钟								
	1	2	3	4	5	6	7	8	9
I1(LOAD)	IF	ID	EX	MEM	WB				
I2		IF	ID	EX	MEM	WB			
I3			IF	ID	EX	MEM	WB		
I4				暂停	IF	ID	EX	MEM	WB
I5						IF	ID	EX	MEM

二是增设一个存储器,把指令和数据分别放在两个存储器中。当然,如果 I1 指令不是 LOAD 指令,则在 MEM 段不访存,也就不会发生访存冲突。

2) 数据相关

当指令在流水线中重叠执行时,流水线有可能改变指令读/写操作数的顺序,使之不同于它们在非流水实现时的顺序,这将导致数据相关。按照指令对寄存器的读写顺序,可以将数据相关分为以下 3 种类型:写后读相关(Read After Write,RAW)、写后写相关(Write After Write,WAW)、读后写相关(Write After Read,WAR),如表 5-6 所示为使用 ADD 和 SUB 指令时访问相应寄存器的代码。

表 5-6 使用 ADD 和 SUB 指令时访问相应寄存器

行号	代码	注释
1	ADD R1,R2,R3	将寄存器 R2 和 R3 中的内容相加,结果存入 R1 中。等效于(R2)+(R3)=(R1)
2	SUB R4,R1,R5	将寄存器 R1 和 R5 中的内容相减,结果存入 R4 中。等效于(R1)-(R5)=(R4)

按照顺序执行上述指令,表中 ADD 指令在第 5 个时钟周期将运算结果写入寄存器堆(R1),但 SUB 指令在第 4 个时钟周期将寄存器堆(R1)中的内容读至 ALU 进行运算。本来应该 ADD 指令先写入 R1,而 SUB 指令后读取 R1 的内容,结果却是 SUB 指令先读取 R1 的内容,ADD 指令后写入 R1,因此 ADD 指令和 SUB 指令之间发生了读后写的数据相关冲突,如表 5-7 所示。

表 5-7 两条指令间发生读后写的数据相关冲突

指令	时钟					
	1	2	3	4	5	6
ADD	IF	ID	EX	MEM	WB	
SUB		IF	ID	EX	MEM	WB

为了解决数据相关冲突,流水 CPU 的运算器中特意设置若干运算结果缓冲寄存器,用于暂时保留运算结果,以便后继指令直接使用,这称为"向前"或定向传送技术。

3) 控制相关

控制相关主要是由转移指令引起的。统计表明,转移指令占总指令的 1/4 左右,相比数据相关,它会使流水线丧失更多的性能。当转移发生时,将使流水线的连续流动受到破坏。当执行转移指令时,依据转移条件产生的结果,可能只是使程序计数器(PC)加上一个增量,从而指向下一条指令的地址,也可能将 PC 内容改变成新的目标地址,从而使流水线发生断流。

为了减少转移指令对流水线性能的影响,常用以下两种转移处理技术。

(1) 延迟转移法:由编译程序重排指令序列来实现。基本思想是"先执行后转移",即发生转移取时并不排空指令流水线,而是让紧跟在转移指令之后已进入流水线的少数几条指令继续完成。如果这些指令是与转移指令结果无关的有用指令,那么延迟损失时间片正好得到了有效的利用。

如图 5-32 所示,变量 a、b、c 和 d 先初始化,然后判断变量 a 是否大于 0,若为真则须转去执行 a=a+b,但此时若后续指令 c=c+1 和 d=d*2 也已经进入流水线,可先继续完成这些指令(因为它们是和转移指令的结果无关的有用指令)。

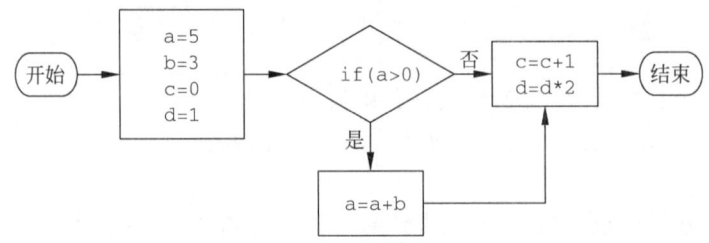

图 5-32 延迟转移法的实例

(2) 转移预测法:由硬件方法来实现,依据指令过去的行为来预测将来的行为。通过使用转移取和顺序取两种指令预取队列器以及目标指令 Cache,可将转移预测提前到取指阶段进行,以获得良好的效果。

5.6.2 典型流水线技术

1. 超标量流水技术

超标量(Super Scalar)流水技术是指在每个时钟周期内可同时并发编译并执行多条独立指令,即以并行操作方式将两条或两条以上的指令编译并执行。如图 5-33 所示为两条指令并行(如指令 1 和指令 2 并行、指令 3 和指令 4 并行、指令 5 和指令 6 并行)的超标量流水。

指令序列							
指令6			IF	ID	EX	MEM	WB
指令5			IF	ID	EX	MEM	WB
指令4		IF	ID	EX	MEM	WB	
指令3		IF	ID	EX	MEM	WB	
指令2	IF	ID	EX	MEM	WB		
指令1	IF	ID	EX	MEM	WB		
	0	1	2	3	4	5	6	7 时钟周期

图 5-33 两条指令并行的超标量流水

要实现超标量技术,要求处理机中配置多个功能部件和指令译码电路,以及多个寄存器端口和总线,以便能实现同时执行多个操作,此外还要编译程序决定哪几条相邻指令可并行执行。对于如表 5-8 所示的代码,第 4 行和第 5 行存在着数据相关(执行第 5 行代码时,必须要知道变量 c 的值,这意味着就一定要先执行第 4 行代码)。

表 5-8 超标量计算机中使用编译技术优化代码

行 号	原 代 码	优化后的代码
1	int a,b,c,d;	int a,b,c,d;
2	a = 5	a = 5
3	b = 3	b = 3
4	c = a+b	c = a+b
5	d = c*2	d = (a+b)*2

超标量计算机不能重新安排上述指令的执行顺序(否则可能导致错误),但可以通过编译技术对上述代码进行优化,从而实现指令的并行,上述代码经过优化后,第 4 行和第 5 行就不存在数据相关,因而可以并行执行。

2．超流水线技术

超流水线(Super Pipelining)技术是将一些流水线寄存器插入到流水线段中。换言之,就是将流水线再分段,如图 5-34 所示。

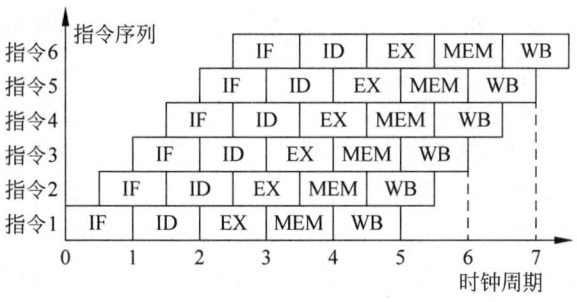

图 5-34　超流水线

图 5-34 中将原来的一个时钟周期又分成 2 段(如在第一个时钟周期内指令 1 和指令 2 先后执行,第二个时钟周期内指令 3 和指令 4 先后执行,第三个时钟周期内指令 5 和指令 6 先后执行),使超流水线的处理器周期比普通流水线的处理器周期更短。可见,在原来的时钟周期内,功能部件被使用 2 次,使流水线以原来的时钟频率速度的 2 倍运行。与超标量计算机一样,超流水线计算机中硬件不能调整指令的执行顺序,需靠编译程序解决优化问题。

3．超长指令字技术

超长指令字(Very Long Instruction Word,VLIW)技术和超标量技术都是采用多条指令在多个处理部件中并行处理的体系结构,在一个时钟周期内能流出多条指令。但超标量的指令来自同一标准的指令流,而 VLIW 则是由编译程序在编译时挖掘出指令间潜在的并行性后,再把多条能并行操作的指令组合成一条具有多个操作码字段的超长指令(指令字长可达几百位),由这条超长指令控制 VLIW 机中多个独立工作的功能部件,这样由每一个操作码字段控制一个功能部件,相当于同时执行多条指令,如图 5-35 所示。

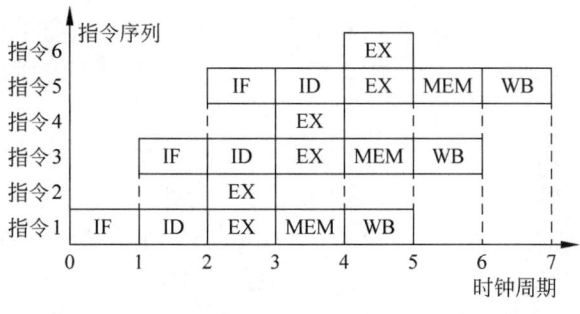

图 5-35　超长指令字

VLIW 较超标量具有更强的并行处理能力,但对优化编译器的要求更高,对 Cache 的容量要求更大。

5.7 中央处理器的实例

5.7.1 Intel 和 AMD 系列处理器

1. Intel 处理器简介

Intel 公司是全球最大的半导体芯片制造商,它成立于 1968 年,作为全球最大的芯片制造商,同时也是计算机、网络和通信产品的领先制造商,它的产品,影响了整个 IT 业的发展。Intel 处理器是 Intel 公司开发的中央处理器,有移动、台式、服务器三个系列。

1971 年 11 月 15 日,Intel 公司的工程师霍夫发明了世界上第一个商用微处理器——4004,从此,这一天被全球 IT 界当作具有里程碑意义的日子永远地载入了史册。这款 4 位微处理器虽然只有 45 条指令,每秒也只能执行 5 万条指令,运行速度只有 108kHz,甚至比不上 1946 年世界第一台计算机 ENIAC,但它的集成度却要高很多,集成晶体管 2300 个。

采用 4004 芯片,再配上程序存储器、数据存储器、移位寄存器,再加上键盘和数码管,就能构成一台完整的微型计算机,可能是因为 4004 的处理能力实在有限,并未引起人们的兴趣。然而,当一年后 Intel 推出 8008 微处理器时,业内的目光几乎都集中到了 Intel 身上。8008 频率为 200kHz,晶体管的总数已经达到了 3500 个,能处理 8 位的数据。更为重要的是,Intel 还首次获得了处理器的指令技术(8008 芯片原本是为得克萨斯州的 Datapoint 公司设计的,但是这家公司最终却没有足够的财力支付这笔费用。于是双方达成协议,Intel 拥有这款芯片所有的知识产权,而且还获得了由 Datapoint 公司开发的指令集。这套指令集奠定了今天 Intel 公司 x86 系列微处理器指令集的基础)。

Intel 公司 1974 年推出了具有划时代意义的处理器 Intel 8080,立即引起了业界的轰动。由于采用了复杂的指令集以及 40 管脚封装,8080 的处理能力大为提高,其功能是 8008 的 10 倍,每秒能执行 29 万条指令,集成晶体管数目 6000 个,运行速度 2MHz,它有幸成为了第一款个人计算机 Altair 的大脑,计算机爱好者花费 395 美元即可购得 Altair 套件(销售量达到数万台,造成了计算机销售历史上第一次缺货现象)。

与此同时,微处理器的优势已经被业内人士所认同,于是更多的公司开始介入这一领域,竞争开始变得日益激烈。当时与 Intel 同台竞技的有美国无线电公司(Radio Corporation of America,RCA)、Honeywell、Fairchild、美国国家半导体公司、美国超威半导体公司(Advanced Micro Devices,AMD)、摩托罗拉以及 Zilog 公司。值得一提的是 Zilog,由该公司推出的 Z80 微处理器比 Intel 8080 功能更为强大,而且直到今天这款处理器仍然被尊为经典。

1978 年,Intel 推出了首枚 16 位微处理器 8086,同时生产出与之配合的数学协处理器 8087,这两种芯片使用相同的指令集,以后 Intel 生产的处理器,均对其兼容。趁着市场销售正好的时机,以及市场需求的提升,Intel 在同一年推出了性能更出色的 8088 处理器。三款处理器都拥有 29000 个晶体管,速度可分为 5MHz、8MHz、10MHz,内部数据总线(处理器内部传输数据的总线)、外部数据总线(处理器外部传输数据的总线)均为 16 位,地址总线为 20 位,可寻址 1MB 内存。首次在商业市场给消费者提供了更自由的选择。

Intel 成功将 8088 销售给 IBM 全新的个人计算机部门,1981 年 IBM 推出的首批个人计算机选用了 Intel 8088 芯片。本来 IBM 准备采用摩托罗拉的芯片,但最后还是由 8088

芯片承担了这项光荣的使命。随着个人计算机的流行，Intel 也开始名扬四海。8088 的大获成功使 Intel 顺利跻身《财富》世界 500 强之列，事后 Intel 高度评价了与 IBM 这笔交易的重要性。如果没有这笔交易，很可能芯片市场是由摩托罗拉等一统天下。

1982 年，Intel 的最后一款 16 位处理器 80286（也称 286）面世，它集成了 14.3 万个晶体管，具有 6MHz、8MHz、10MHz 和 12.5MHz 四个主频的产品。286 是 Intel 第一款具有完全兼容性（可以运行所有针对其前代处理器编写的软件）的处理器，这一软件兼容性也成为了 Intel 处理器家族一个恒久不变的特点。该产品发布后的 6 年内，全世界基于 286 处理器的个人计算机大约达到了 1500 万台。

为适应企业的全球化发展，1985 年秋，Intel 再度发力，并且以一种特殊的形式在伦敦、慕尼黑、巴黎、旧金山和东京同时推出了第一款 32 位处理器 Intel 80386，它也是第一款具有"多任务"（可以同时处理多个程序的指令，这对微软的操作系统发展有着重要的影响）功能的处理器，它集成了 27 万 5 千个晶体管，每秒可以处理 500 万条指令。

1989 年 Intel 发布了 Intel 80486 处理器，它集成了 125 万个晶体管，时钟频率由 25MHz 逐步提升到 33MHz、40MHz、50MHz 及后来的 100MHz。该处理器首次采用内建的数学协处理器，将负载的数学运算功能从中央处理器中分离出来，从而显著加快了计算速度。486 处理器的应用意味着用户从此摆脱了命令形式的计算机，进入"选中并点击（point-and-click）"的计算时代。很多厂商看清了 Intel 处理器的发展规律，大量使用该处理器实现转型，因此导致它成为了一个非常成功的商业项目。

386 和 486 推向市场后均大获成功，这使得 Intel 在芯片领域的霸主地位日益凸现。在 486 处理器推出后，Intel 有史以来为旧款（386 及以前版本的处理器）个人计算机提供升级套件 RapidCAD，它由 RapidCAD-1 和 RapidCAD-2 两颗芯片组成，前者负责所有的运算，而后者则是负责"假装"浮点运算器，以防止旧的主板以为没有安装浮点运算功能（尤其在执行 286/287 的程序时），两者缺一不可。市面上有时候把两者分开销售，是因为不了解 RapidCAD 这一运行方式的原因。

这意味着原 386 的使用者不需要更换主机板，只要把 RapidCAD 买回来将主机板上原来的中央处理器芯片替换掉，就可以享受接近 486 的运算能力。RapidCAD 其实就是把 486 DX 芯片去掉内部高速缓存然后装入 386 的封装里面，它不支持 486 增加的新指令。

但由于 386 封装的频宽限制，RapidCAD 对整体效能的提升比不上直接升级到 486 DX。在相同频率下，486 DX 可以比 386/387 快上两倍的速度，而 RapidCAD 在整数运算方面最多只能提升 35%，在浮点运算方面，则可以提升将近 70%。

1993 年，Intel 发布了 Pentium（俗称 586 或奔腾）中央处理器芯片。之所以不再延续使用数字编号 586 是因为在 486 发展末期，就已经有公司将 486 等级的产品标识成 586 来销售了（竞争对手都用 586 来扰乱消费市场）。因此 Intel 决定使用自创的品牌 Pentium 作为新产品的商标。Intel 奔腾处理器采用了 $0.60\mu m$ 工艺技术制造，核心由 320 万个晶体管组成，支持计算机更轻松地集成数据（如语音、声音、手写体和图片等）。奔腾是一个划时代的产品，影响了 PC 领域十年之久，它是 x86 系列中新特性（如晶体管数目大幅提高、浮点运算功能显著增强、工作电压降至 3.3V）较多的产品，但刚推出的时候有浮点数除法不正确的错误（FDIV Bug），导致 Intel 大量回收第一代产品。

1995 年 3 月 27 日发布了 Pentium 120MHz 处理器（采用了 $0.60\mu m$ 和 $0.35\mu m$ 两种工

艺技术，核心部件依旧由320万个晶体管组成）；1995年6月，Intel发布了Pentium 133MHz处理器（采用0.35μm工艺技术制造，核心部件提升到由330万个晶体管组成）；1995年11月1日发布了Pentium 150MHz、Pentium 166MHz、Pentium 180MHz、Pentium 200MHz四款处理器（采用了0.60μm和0.35μm两种工艺技术，核心部件提升到由550万个晶体管组成）；1996年1月4日发布Pentium 150MHz和Pentium 166MHz两款处理器（采用了0.35μm工艺技术，核心部件由330万个晶体管组成）；1996年6月10日，Intel发布Pentium 200MHz处理器（采用了0.35μm工艺技术，不过核心部件还是由330万个晶体管组成）。

除了文本以外，越来越多的图像、音频和视频数据都被计算机采集并处理，因此Intel公司于1997年1月推出了Pentium MMX芯片，它在X86指令集的基础上加入了57条多媒体指令（Multi-Media eXtension，MMX，专门用来处理视频、音频和图像数据，使CPU在多媒体操作上具有更强大的处理能力）。Pentium MMX还使用了许多新技术，如单指令多数据流（Single Instruction Multiple Data，SIMD）技术能够用一条指令并行处理多个数据，缩短了CPU在处理视频、音频、图形和动画时用于运算的时间；一级高速缓存扩充为16KB（用于数据高速缓存和指令高速缓存，因而速度大大加快）；流水线从5级增加到6级和内部工作电压降到2.8V等。此外，Pentium MMX还吸收了其他CPU的优秀处理技术，如分支预测技术和返回堆栈技术。

1997年5月7日，Intel发布了包含MMX指令集的Pentium II 233MHz、Pentium II 266MHz、Pentium II 300MHz三款处理器，采用了0.35μm工艺技术，核心部件提升到750万个晶体管组成。它们都采用SLOT1架构，通过单边插接卡SEC与主板相连，SEC卡盒将CPU内核和二级高速缓存封装在一起，二级高速缓存的工作速度是处理器内核工作速度的一半，处理器采用了动态执行技术（可以加速软件的执行）；通过双重独立总线与系统总线相连（可进行多重数据交换，提高系统性能）。

1997年6月2日，Intel发布了包含MMX指令技术的Pentium II 233MHz处理器（采用了0.35μm工艺技术，核心部件由450万个晶体管组成）；1997年8月18日，Intel发布L2 Cache为1MB的Pentium II 200MHz处理器（采用了0.35μm工艺技术，核心由550万个晶体管组成）；1998年1月26日，Intel发布Pentium II 333MHz处理器（采用了0.35μm工艺技术，核心部件由750万个晶体管组成）。

1998年4月15日，Intel发布Pentium II 350MHz和Pentium II 400MHz和第一款Celeron 266MHz处理器，这三款CPU都采用了最新0.25μm工艺技术，核心部件由750万个晶体管组成；1998年8月24日，Intel发布Pentium II 450MHz处理器（采用了0.25μm工艺技术，核心部件由750万个晶体管组成）。

Intel将Celeron（俗称赛扬）处理器的L2 Cache设定为只有Pentium II的一半（也就是128KB），这样既有合理的效能，又有相对低廉的售价。从某种意义上说，赛扬300A已经是Intel的第二代处理器。第一代的赛扬处理器仅仅拥有266MHz和300MHz两种版本，但由于它不拥有任何二级缓存，因此虽然有效降低了成本，但是性能也无法让人满意。为了弥补性能上的不足，Intel终于首次推出带有二级缓存的赛扬处理器。

1999年2月26日，Intel发布Pentium III 450MHz和Pentium III 500MHz处理器，同时采用了0.25μm工艺技术，其核心由950万个晶体管组成。Pentium III相当于是

Pentium II 的加强版,新增了七十条新指令,有 Mobile、Xeon 以及 Cerelon 等不同的版本(Celeron 系列与 Pentium III 最大的差距在于二级缓存,100MHz 外频的 Tualatin Celeron 1GHz 可以轻松地跃上 133MHz 外频。更为重要的是,Tualatin Celeron 还有很好的向下兼容性,甚至 440BX 主板在使用转接卡之后也可采用该 CPU,因此也成为很多升级用户的首选)。

2000 年 11 月 Intel 发布首款 Intel Pentium 4 处理器,它是 Intel 生产的第 7 代 x86 微处理器,拥有 1.4GHz 左右的核心时钟(代号为 Willamette);在 2002 年 1 月 Intel 发布了使用 Northwood 内核的 2.0GHz 和 2.2GHz 的 Pentium 4(代号为 Northwood);2002 年 11 月 14 日,Intel 在全新奔腾 4 处理器 3.06 GHz 上推出其创新超线程(Hyper-Threading,HT)技术;2003 年 9 月,Pentium 4 极致版(Pentium 4 Extreme Edition,P4EE)面世;Intel 在 2006 年第一季度发布代号为 Cedar Mill 的最后一个奔腾 4 版本。

2005 年 4 月,Intel 的第一款双核处理器平台问世(采用 Intel 955X 高速芯片组、主频为 3.2GHz 的 Intel 奔腾处理器至尊版 840),这标志着一个新时代来临。双核和多核处理器设计用于在一枚处理器中集成两个或多个完整执行内核,以支持同时管理多项活动。Intel 超线程技术能够使一个执行内核发挥两枚逻辑处理器的作用,因此与该技术结合使用时,Intel 奔腾处理器至尊版 840 能够充分利用以前可能被闲置的资源,同时处理四个软件线程。

随后带有两个处理内核的奔腾 D 处理器随 Intel 945 高速芯片组家族一同推出,它带来了某些消费电子产品的特性(例如,环绕立体声音频、高清晰度视频和增强图形功能等)。

2006 年 1 月,Intel 发布了 Pentium D 9xx 系列处理器,包括了支持虚拟化技术(Virtualization Technology,VT)的 Pentium D 960(3.60GHz)、950(3.40GHz)和不支持 VT 的 Pentium D 945(3.4GHz)、925(3GHz)和 915(2.80GHz);2006 年 7 月,Intel 公司面向家用和商用个人计算机与笔记本电脑,发布了十款全新 Intel 酷睿 2 双核处理器和 Intel 酷睿至尊处理器;Intel 公司于 2008 年 11 月 18 日发布了三款酷睿 i7 处理器,分别为酷睿 i7 920、酷睿 i7 940 和酷睿 i7 965;酷睿 i5 处理器于 2009 年 7 月生产;酷睿 i3 于 2010 年推出。

接下来对 Intel 公司研制的处理器进行简要梳理,具体如表 5-9 所示。

表 5-9　Intel 公司研制处理器的大事件表

时间	处理器型号	说明
1971 年	4004	霍夫发明的世界上第一款商用 4 位微处理器
1972 年	8008	被一款名为 Mark-8(第一批家用计算机之一)的设备采用
1974 年	8080	第一款个人计算机 Altair 的"大脑"
1978 年	8086	第一款 16 位微处理器,与之配合的数学协处理器 8087
1978 年	8088	推出了性能更为出色的 8088 处理器
1982 年	80286	Intel 第一款具有完全兼容性的处理器
1985 年	80386	Intel 第一款 32 位处理器
1989 年	80486	Intel 最后一款以数字为编号的处理器
1992 年	RapidCAD	第一款为旧版个人计算机所提供的升级套件
1993 年	Pentium	自创的品牌 Pentium 作为新产品的商标
1995 年	Pentium Pro	不适应市场需要
1997 年	Pentium MMX	具有更强大的多媒体处理能力

续表

时间	处理器型号	说明
1997 年	Pentium OverDrive	用于旧计算机使用者升级
1997 年	Pentium II	核心由 750 万个晶体管组成
1998 年	奔腾 II Xeon(至强)	可配置四或八枚处理器甚至更多
1999 年	Cerelon(赛扬)	用于经济型的个人计算机市场
1999 年	Pentium III	核心由 950 万个晶体管组成
1999 年	Pentium III Xeon	用于多处理器配置的系统
2000 年	Pentium 4	Intel 生产的第 7 代 x86 微处理器
2001 年	Xeon(至强)	兼具高性能和低价格优势
2002 年	Itanium(安腾)	64 位处理器家族中的首款产品
2003 年	Pentium M	提供出色的移动计算性能和低功耗增强特性
2005 年	Pentium D	正式揭开 x86 处理器多核心时代
2005 年	Core(酷睿)	面向移动平台
2006 年	Core2(酷睿 2)	节能的新型微架构
2007 年	四核处理器	对多任务处理有优势
2007 年	四核至强	节能高效稳定
2008 年	Atom 凌动	超低功耗处理器
2008 年	Core i7	基于全新 Nehalem 架构的下一代桌面处理器
2010 年	至强 7500 系列	用于构建从双路到最高 256 路的服务器系统
2018 年	第九代酷睿	第九代酷睿处理器
2020 年	第十代酷睿	第十代酷睿 H 系列标压版

2. AMD 处理器简介

AMD 成立于 1969 年，总部位于加利福尼亚州桑尼维尔，专门为计算机、通信和消费电子行业设计和制造各种创新的微处理器(CPU、GPU、主板芯片组和电视卡芯片等)，以及提供闪存和低功率处理器解决方案，目前 AMD 是唯一能与 Intel 抗衡的 CPU 厂商。

Intel 在 1974 年发布他们的第一个 8 位微处理器时，AMD 是一家产品组合超过 200 种的公司。在 AMD 和 Intel 于 1976 年签署了交叉许可协议之后，AMD 公司先后开发 8080A(1975 年)、8085(1977 年)、8086 和 8088(1979 年)，尽管在 1982 年 IBM 选择了 Intel 的 8086 作为个人计算机的处理器，但 IBM 仍明确规定 AMD 充当第二供应商，以确保 IBM PC/AT 的持续供应。

在 1982 年底，AMD 开始生产 16 位的 Am286(频率从 8MHz 开始，最高达到 20MHz)；1985 年推出 Am386(以 12MHz 的频率首次亮相，后来又达到 33MHz)，Am386DX 的高端版本于 1989 年以 40MHz 的频率推出；在 1993 年，AMD 发布了频率为 40MHz 的 Am486，该处理器的价格与频率为 33MHz 的 Intel 的 i486 相同，但性能比后者提升了 20%，因此具有高度竞争力；1995 年 AMD 推出了 Am5x86 处理器，作为 Am486 的后继产品，它可以用于对旧处理器进行直接升级；1996 年 3 月，AMD 推出了第一款完全由自己的工程师开发的处理器 5k86(K5)，该芯片旨在与 Pentium 和 Cyrix 6x86 竞争；1997 年由 AMD 收购的公司 NexGen 推出了 Nx686(K6)，这一切都归功于 Vinod Dham(他被广泛认为是"奔腾之父"，他曾在 Intel 工作并建立了第一个闪存芯片，于 1995 年离开 Intel，投奔 NexGen)，K6 造就了 AMD 的成功(从最初频率为 233MHz 到 1998 年 1 月频率为 300MHz 的 Little

Foot，再到 1998 年 5 月频率为 350MHz 的 K6-2，令人惊讶的是 AMD 于 1998 年 9 月推出的频率为 550MHz 的 Chomper Extended），随后推出的 K6-2 与最初的 K6 一样，性能与 Intel 奔腾芯片相当，但价格仅为其一半，而 K6-3(K6 的最终版本)晶体管数量为 2140 万个，远高于第一个 K6 的 880 万个和 K6-2 的 940 万个，这也意味着 K6-3 更为复杂。

1999 年是 AMD 的黄金时代的顶峰。在这一年，他们推出了 K7 处理器(俗称速龙); 2000 年 6 月，AMD 推出了 Athlon Thunderbird，这是一款因超频性能而倍受人们青睐的 CPU，它集成了 DDR RAM 支持和全速 2 级片上高速缓存，其后继者 Palomino、Thoroughbred、Barton 和 Thorton 均以较好的性价比与 Intel 的处理器竞争市场份额; Athlon 于 2003 年 9 月升级为 K8(代号为 ClawHammer)，之所以通常将其称为 Athlon 64，是因为它为 x86 指令集添加了 64 位扩展; 2007 年末，AMD 将四核 K10 推向了台式机市场，2011 年初，一种名为 Bobcat 的新架构发布了，并在 2011 年底推出了另一种架构 Bulldozer; 2016 年，AMD 全新的 Zen 架构开始在市场中亮相(并于 2017 年正式发布 Ryzen); 之后该架构升级为 Zen+，2019 年夏天，AMD 推出了 Zen 2，2020 年发布了 Zen 3 (据称 Zen 4 和 Zen 5 均处于"设计阶段"，后续将推出)。

从上述 AMD 研制处理器的简介历史中，可以看出该公司实力不凡，它研制的架构及处理器如表 5-10 所示。

表 5-10 AMD 研制的处理器

时间	型号	时间	型号	时间	型号
1974 年	8080	1976 年	8085	1978 年	8086
1979 年	8088	1981 年	287FPU	1982 年	80186
1982 年	80286	1991 年	386	1993 年	486DX
1995 年	5X86	1997 年	K5	1997 年	K6
1998 年	K6-2	1999 年	K6-3	1999 年	K7
2001 年	K8 架构	2007 年	K10 架构	2011 年	Bulldozer 架构
2011 年	Bobcat 架构	2012 年	Plidiver	2013 年	Richland
2013 年	Jaguar 架构	2014 年	Kaveri	2017 年	Zen 架构
2018 年	Zen+架构	2019 年	X570 芯片组	2019 年	EPYC 处理器
2019 年	Ryzen	2019 年	Zen 2 架构	2020 年	Zen 3 架构

5.7.2 ARM 系列处理器

1978 年 12 月 5 日，物理学家赫尔曼·豪泽(Hermann Hauser)和工程师 Chris Curry，在英国剑桥创办了 CPU 公司(Cambridge Processing Unit)，主要业务是为当地市场供应电子设备。1979 年 CPU 公司改名为 Acorn 公司(著名的 ARM 公司的前身，Acorn 计算机公司 1991 年剥离了 ARM 部门，成立了 ARM 公司)。1985 年，Roger Wilson 和 Steve Furber 设计了他们自己的第一代 32 位、6MHz 的处理器，用它做出了一台 RISC 指令集的计算机，简称 ARM(Acorn RISC Machine)。这就是 ARM 这个名字的由来。

英国 ARM(Advanced RISC Machine)公司是全球领先的半导体知识产权(Intellectual Property，IP)提供商，它 1991 年成立于英国剑桥。全世界超过 95% 的智能手机和平板电脑都采用 ARM 架构。ARM 设计了大量高性价比、耗能低的 RISC 处理器、相关技术及软件。从其诞生第一颗芯片到 2023 年为止，基于 ARM 技术的芯片有 2500 亿颗。

ARM处理器的特点有指令长度固定、执行效率高、成本低和功耗小等特点。它已经遍及工业控制、消费类电子产品、通信系统、网络系统和无线系统等各类产品市场，基于ARM技术的微处理器应用大约占据了32位RISC微处理器75%以上的市场份额，ARM技术正在逐步渗入到我们生活的各个方面。

ARM公司在全球设立了多个办事处，其中包括比利时、法国、印度、瑞典和美国的设计中心，它是苹果和诺基亚等公司的合资企业。ARM公司通过出售芯片技术授权，建立起新型的微处理器设计、生产和销售商业模式。ARM公司将其技术授权给世界上许多著名的半导体、软件和原始设备制造（Original Equipment Manufacturer，OEM）厂商，每个厂商得到的都是一套独一无二的ARM相关技术及服务。利用这种合伙关系，ARM成为许多全球性RISC标准的缔造者。

接下来简要介绍ARM公司研制处理器的历史。1985年，Roger Wilson和Steve Furber设计的就是第一代ARM处理器（即ARM1）；随后改良版的ARM2也被研发出来，ARM2被用在BBC Archimedes 305上；1989年研发出来了ARM3。

在1990年11月27日，由苹果公司出资150万英镑，芯片厂商VLSI出资25万英镑，Acorn本身则以150万英镑的知识产权和12名工程师入股，Advanced RISC Machines Ltd.（简称ARM）被分拆出来，正式成为一家独立的处理器公司，公司的办公地点非常简陋，就是一个谷仓。

这个项目到后来进入ARM6，首版的样品在1991年发布，然后苹果计算机使用ARM6架构的ARM 610来当作他们Apple Newton产品的处理器。1994年，Acorn使用ARM 610处理器作为他们的个人计算机产品的处理器。

ARM7微处理器系列（采用三级流水线）于1994年推出，它是使用范围最广的32位嵌入式处理器系列。ARM7系列包括ARM7TDMI、ARM7TDMI-S和带有高速缓存处理器宏单元的ARM720T。该系列处理器提供Thumb 16位压缩指令集和EmbededICE软件调试方式，适用于更大规模的SoC设计中。ARM7TDMI基于ARM体系结构V4版本，是目前低端的ARM核。

ARM9采用哈佛体系结构（采用五级流水线），指令和数据分属不同的总线，可以并行处理。基于ARM9内核的处理器，是具有低功耗，高效率的开发平台。广泛用于各种嵌入式产品。它主要应用于音频技术以及高档工业级产品，可以运行Linux以及Windows CE等高级嵌入式系统，可以进行界面设计，做出人性化的人机互动界面，像一些网络产品和手机产品。

ARM9E（E就是Enhance Instructions，意思是增强型DSP指令）是ARM9的一个扩展。ARM9E系列微处理器为综合处理器，它使用单一的处理器内核提供了微控制器、DSP和Java应用系统的解决方案，极大地减少了芯片的面积和系统的复杂程度。由于该系列微处理器提供了增强的DSP处理能力，很适合于那些需要同时使用DSP和微控制器的应用场合。ARM10E使用哈佛结构（采用六级流水线），主频最高可达325MHz。

ARM公司近年推出的新一代RISC处理器是ARM11，它是ARM新指令架构ARMv6的第一代设计实现。该系列主要有ARM1136J、ARM1156T2和ARM1176JZ三个内核型号，分别针对不同应用领域。ARM11特别适用于汽车电子应用、网络处理应用、无线和消费类电子产品。

ARM公司在经典处理器ARM11以后的产品改用Cortex命名，并分成A、R和M三类,旨在为各种不同的市场提供服务。Cortex 系列属于 ARMv7(v7)架构,由于应用领域不同,基于 v7 架构的 Cortex 处理器系列所采用的技术也不相同,基于 v7A 的称为 Cortex-A 系列,基于 v7R 的称为 Cortex-R 系列,基于 v7M 的称为 Cortex-M 系列(Cortex-M 处理器家族更多的集中在低性能端,但是这些处理器相比于许多微控制器使用的传统处理器性能仍然很强大。例如,Cortex-M4 和 Cortex-M7 处理器应用在许多高性能的微控制器产品中,最大的时钟频率可以达到 400MHz)。

接下来将简要介绍 ARM 的系列产品(表 5-11)。

表 5-11 ARM 处理器

序号	系列名	说明
1	ARM1	使用 ARMv1 架构和 ARM1 内核
2	ARM2	使用 ARMv2 架构和 ARM2 内核,其特色是在 Architecture 2 加入了 MUL(乘法)指令,应用于 Acorn Archimedes 和 Chessmachine
3	ARM3	使用 ARMv2a 架构和 ARM2a 内核,首次在 ARM 架构上使用处理器高速缓存,应用于 Acorn Archimedes
4	ARM6	使用 ARMv3 架构和 ARM610 内核,应用于 Acorn RISC PC 600 和 Apple Newton
5	ARM7TDMI	使用 ARMv4T 架构和 ARM7TDMI(-S)内核,使用三级流水线,应用于 Game Boy Advance、Nintendo DS 和 iPod
6	ARM9TDMI	使用 ARMv4T 架构和 ARM9TDMI 内核,使用五级流水线
7	ARM9E	使用 ARMv5TE 架构和 ARM 946E-S 内核,应用于 Nintendo DS、NokiaN-GageConexant 802.11 chips
8	ARM10E	使用 ARM v5TE 架构和 ARM 1020E 内核,使用六级流水线
9	XScale	使用 ARM v5TE 架构和 80200/IOP310/IOP315 内核
10	ARM11	使用 ARMv6 架构和 ARM 1136J(F)-S 内核,使用八级流水线,应用于 Nokia N93、Zune 和 Nokia N800
11	Cortex	使用 ARM v7-A 架构和 Cortex-A8 内核,应用于 Texas Instruments OMAP3

事实上,根据应用范围的不同,ARM 处理器可以分成 3 个系列。

(1) 应用处理器(Application Processors):主要面向移动计算,智能手机和服务器等高端处理器市场。这类处理器运行在很高的时钟频率(超过 1GHz),支持像 Linux、Android、MS Windows 和移动操作系统等完整操作系统需要的内存管理单元(Memory Management Unit,MMU)。

(2) 实时处理器(Real-time Processors):主要面向实时应用的高性能处理器系列,例如硬盘控制器,汽车传动系统和无线通信的基带控制。多数实时处理器不支持 MMU,不过通常具有微处理器单元(Micro Processor Unit,MPU)、Cache 和其他针对工业应用设计的存储器功能。实时处理器运行在比较高的时钟频率,响应延迟非常低。虽然实时处理器不能运行完整版本的 Linux 和 Windows 操作系统,但是支持大量的实时操作系统(Real Time Operating System,RTOS)。

(3) 微控制器处理器(Microcontroller Processors):通常将微控制器处理器设计成面积很小、能效比很高的部件。这些处理器的流水线很短,最高时钟频率很低(虽然市场上有此类的处理器可以运行在 200MHz 之上)。因此,ARM 微控制器处理器在单片机和深度嵌入式系统市场非常成功和受欢迎。

5.8　小结

　　本章的主要内容包括中央处理器简介、指令执行过程、数据通路与时序产生器、硬布线控制器、微程序控制与设计、指令流水线与冲突处理、中央处理器实例。

　　按照冯·诺依曼体系结构的思想,中央处理器无疑是计算机中最为重要的部件,它用于执行各种指令。在指令的执行过程中,可以将指令周期分为取指、间址、执行和中断。根据指令在执行时是串行执行还是并行执行,可以把指令的执行过程分为串行执行的指令和并行执行的指令。

　　数据通路的设计直接影响到控制器的设计,同时也影响到数字系统的速度指标和成本。一般来说,操作控制器发出的各种控制信号都是时间因素和空间因素的函数,在理解计算机中的 CPU 取指、译码和执行指令时,一定要首先考虑时序信号。

　　根据设计方法的不同,操作控制器可以被分为两种:时序逻辑型和存储逻辑型。第一种被称为硬布线控制器,它是采用时序逻辑技术来实现的;而第二种被称为微程序控制器,它是采用存储逻辑来实现的。

　　完成一条指令实际上也可以分为许多阶段,通过设计将不同阶段在时间上进行完全重叠从而形成流水线,则能使效率大大提高。在流水线中一旦发生冲突时,就需要相应的措施解决,即资源相关、数据相关和控制相关。

　　Intel、AMD 和 ARM 是目前较为有名的处理器生产或提供商,从他们的发展历史来看,CPU 的研发需要涉及很多方面的问题,包括技术、资金和市场等。

第 6 章

总线

总线(Bus)是计算机系统中各种功能部件之间传送信息的公共通路。从物理上看,它是由导线组成的传输线束,计算机中各功能部件之间可以通过它进行各种数据和命令的传送。按照计算机所传输信息种类的不同,总线可以划分为数据总线、地址总线和控制总线,分别用来传输数据信号、地址信号和控制信号。

总线是 CPU、内存和输入输出设备传递信息的公用通道,主机的各个部件通过总线相连接,外部设备通过相应的接口电路再与总线相连接,从而形成了计算机硬件系统。在计算机系统中,各个部件之间传送信息的公共通路叫总线,微型计算机是用总线来连接各个功能部件的。

本章将首先介绍总线的概念和特性,然后再介绍总线的结构和分类,之后简要阐述总线仲裁的两种方式,并描述总线通信与控制的具体内容,最后给出了一些典型的总线。

6.1 总线的概述

6.1.1 总线的概念

计算机中各功能部件的连接方式通常有两种,分别为分散连接和总线连接。

分散连接是指各部件间使用单独的信号线连接,这种方法的优点是不同的部件之间可以同时通信且互不干扰(因为任何两个部件通信的模块之间都有单独的信道连接,所以它们的通信信道是互相独立的),而该方法的缺点是可扩展性差,不能实现部件与外部操作的标准化。

总线连接是指各部件都连接到一组公共的信号线上,其优点是可扩展性好,能够实现部件操作标准化,但缺点则是多对部件之间不能同时通信(因为这些部件之间共享同一通信信道,所以同时传输时会因为造成了冲突而无法进行通信)。这就是说,总线非常容易成为通信的瓶颈。

早期的计算机大多数用分散连接方式,如图 6-1 所示为以运算器为中心的分散连接,其中运算器分别与输入设备、输出设备、存储器和控制器直接相连;控制器分别与输入设备和输出设备直接相连;控制器和存储器直接相连。

在这种以运算器为中心的分散结构中,即便是输入输出设备与存储器之间交换信息时,都需要经过运算器,此时会使得运算器停止运算,从而严重影响了 CPU 的工作效率。后来,它被改进为如图 6-2 所示的以存储器为中心的分散连接,其中存储器分别与运算器、控制器、输入设备和输出设备直接相连;控制器分别与运算器、输入设备和输出设备直接相连。

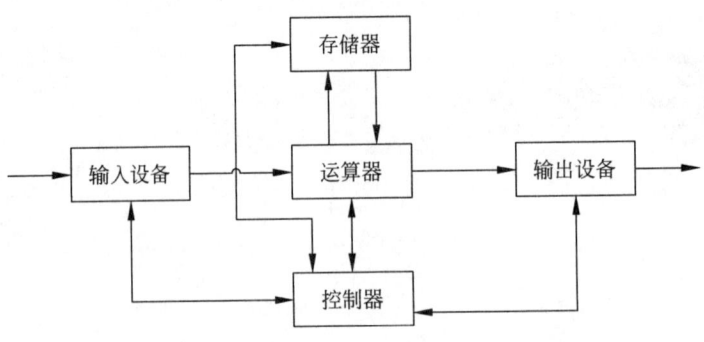

图 6-1　以运算器为中心的分散连接

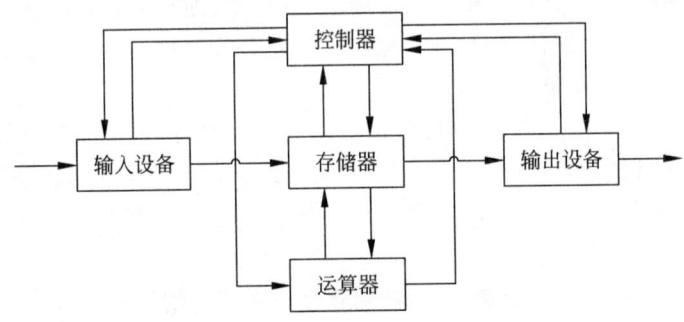

图 6-2　以存储器为中心的分散连接

此时输入输出设备与存储器交换信息可以不经过运算器,同时又因为采用了中断和直接存储器访问等技术,使得 CPU 的工作效率得到很大的提高,但是仍然无法解决输入输出设备与主机之间连接的灵活性。同时,随着计算机应用领域的不断扩大,输入输出设备的种类和数量也越来越多,可扩展性成为计算机系统必备的特性,因此,总线连接成为了最常用的连接方式。借助于总线连接,计算机在各系统功能部件之间实现地址、数据和控制信息的交换,并在争用资源的基础上进行工作。总线实际上是由许多传输线或通路组成的,其中每条线可一位一位地传输二进制代码,一串二进制代码可在一段时间内逐一传输完成。若干条传输线可以同时传输若干位二进制代码,例如,16 条传输线组成的总线可同时传输 16 位二进制代码。

【例 6-1】 某总线的时钟频率为 60MHz,在一个 64 位总线中,总线数据传输的周期是 6 个时钟周期传输 8 个字的数据块。

(1) 总线的数据传输率是多少?

(2) 若不改变数据块的大小,而将时钟频率减半,这时总线的数据传输率是多少?

解:

(1) 总线周期为 6 个时钟周期,总线频率为 60MHz/6=10MHz。

总线在一个完整的操作周期中传输了一个数据块,总线在一个周期内传输的数据量为 64bit/8×8=64B,所以总线的宽度为 64B,传输率为 64B×10MHz=640MB/s。

(2) 时钟频率减半时的总线频率为 10MHz/2=5MHz,因数据块大小不变,故总线宽度仍为 64B,传输率为 64B×5MHz=320MB/s。

6.1.2 总线的特性

从计算机的实现上来看,总线通常都由许多导线直接印制在电路板上,然后为 CPU、内存和硬盘等设备提供相应的总线接口,如图 6-3 所示。

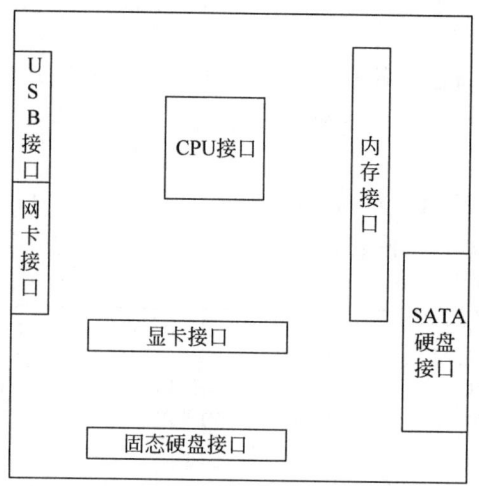

图 6-3 主板上的总线接口

总线的特性大致分为物理特性(也称机械特性)、功能特性、电气特性和时间特性,接下来对这四种特性作简要介绍。

1) 物理特性

总线的物理特性是指总线的物理连接方式,包括总线的根数、总线的插头、插座的形状、引脚线的个数及排列方式和接头处的可靠接触等。

2) 功能特性

功能特性用于描述总线中每一根线的功能。如地址总线的宽度指明了总线能够直接访问存储器的地址空间范围;数据总线的宽度指明了访问一次存储器或外部设备(外设)时能够交换数据的位数;控制总线包括 CPU 发出的各种控制命令(如存储器读/写、输入输出设备的读/写)、请求信号与仲裁信号、外设与 CPU 的时序同步信号、中断信号和直接存储访问(Direct Memory Access,DMA)控制信号等。

3) 电气特性

电气特性定义了每一根线上的信号的传递方向及有效电平范围。一般规定送入 CPU 的信号称为输入信号,从 CPU 发出的信号称为输出信号。例如地址总线是输出线,数据总线是双向传送的信号线,这两类信号线都是高电平有效。控制总线中各条线一般是单向的,既有 CPU 发出的,也有进入 CPU 的;既有高电平有效的,也有低电平有效的,必须注意其不同的规格。大多数总线的电平定义与晶体管-晶体管逻辑电平(Transistor Transistor Logic,TTL)是相符的,但也有例外,如 EIA-RS-232C(Electronic Industry Association-Recommended Standard-232C,串行总线接口标准),其电气特性规定低电平表示逻辑 1,并要求电平低于 −3V;用高电平表示逻辑 0,还要求高电平需高于 +3V,额定信号电平为 −10V 和 +10V 左右。

4) 时间特性

时间特性定义了每根线在什么时间有效。也就是说,只有规定了总线上各信号有效的时序关系(通常用信号时序图来描述),CPU才能正确无误地使用。

6.2 总线的结构和分类

6.2.1 总线的结构

总线结构是计算机内部各部件互连所采用的总线架构,通常可以分成单总线和多总线两种,其中多总线包括双总线、三总线和四总线等。

1. 单总线结构

单总线是指用一组系统总线将所有的部件,如CPU、主存和输入输出(Input/Output,I/O)设备的接口连接起来,各部件之间可以通过总线交换信息,如图6-4所示。

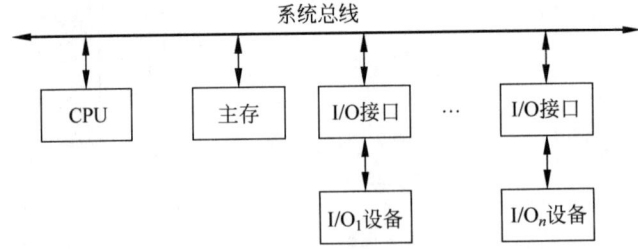

图6-4 单总线结构

单总线结构的优点是结构简单,易于扩充新的I/O设备,并且各种I/O设备的寄存器和主存储器可以统一编址,使CPU访问I/O设备更加方便灵活;其缺点是所有的传送都通过这组共享总线,且同一时刻只能允许挂在总线上的一对设备之间相互传送信息,即部件之间只能分时地使用总线,这限制了信息传送的吞吐量。这种结构一般用在小型或微型计算机中。

随着计算机应用范围不断扩大,其外部设备的种类和数量越来越多,它们对数据传输数量和传输速度的要求也就越来越高。倘若仍然采用单总线结构,那么,当I/O设备数量很多时,总线发出的控制信号从第1个设备顺序地传递到第n个设备的传播延迟时间会严重地影响系统的工作效率。

在数据传输需求量和传输速度要求不太高的情况下,为了克服总线瓶颈问题,尽可能采用增加总线宽度和提高传输速率来解决;但当总线上的设备,如高速视频显示器、网络传输接口等,其数据量很大和传输速度要求相当高的时候,单总线结构则不能满足系统工作的需要。因此,为了从根本上提高数据传输速率,解决CPU、主存与I/O设备之间传输速率的不匹配,从而实现CPU与其他设备相对同步,不得不采用多总线结构。

2. 双总线结构

1) 以CPU为中心的双总线结构

为了解决信息传送的瓶颈,可以设置多组总线。由于CPU和内存之间的通信比较频繁,且数据量传输相对来说比较大,因此最常见的是在主存和CPU之间设置一组专用的高速存储总线(也可称为主存总线或内存总线),并把连接CPU和外围设备的系统总线称为输入输出(I/O)总线。这样就形成了以CPU为中心的双总线结构,如图6-5所示。

这种结构的优点是控制线路简单,对I/O总线的传送速率要求很低,缺点是CPU的工作效率很低,因为I/O设备与主存之间的信息交换都要经过CPU进行。

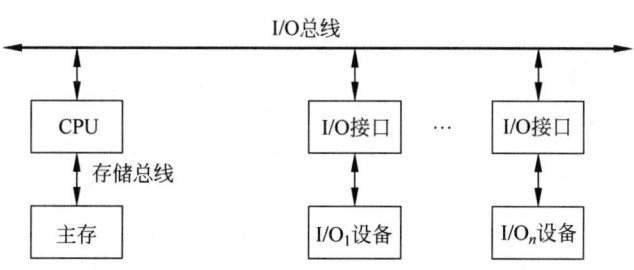

图 6-5　以 CPU 为中心的双总线结构

2）以存储器为中心的双总线结构

为了解决上述问题,则在单总线结构的基础上又开辟出的一条 CPU 与主存之间的存储总线,从而产生了以存储器为中心的双总线结构,如图 6-6 所示。

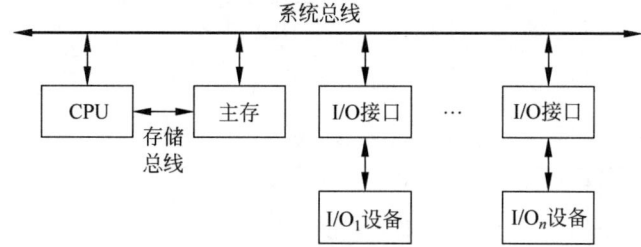

图 6-6　以存储器为中心的双总线结构

在以存储器为中心的双总线结构中,主存储器可以通过存储总线与 CPU 交换信息,同时还可以不经过 CPU 只通过系统总线直接与 I/O 设备交换信息。这种结构的优点是减轻了系统总线的负担,提高了信息传送速率和 CPU 的工作效率,缺点是需要增加新的硬件投资。

3）采用通道的双总线结构

为了进一步增加系统的功能和提高系统的效率,通常在大中型计算机系统中都采用通道结构。在这种结构中,一台主机可以连接多个通道,一个通道可以连接一台或多台 I/O 设备,所以它具有较大的扩展余地。另外,由通道来管理和控制 I/O 设备,减轻了 CPU 的负担,提高了整个系统的效率,如图 6-7 所示。

3．三总线结构

1）具有 DMA 总线的三总线结构

在以 CPU 为中心的双总线结构中,为了方便高速 I/O 设备和主存进行通信,进一步提高 CPU 的工作效率,可以在高速 I/O 设备和主存增加一条 DMA 总线,这样就形成了存储总线、I/O 总线及 DMA 总线的三总线结构,它大大提高了系统的传输效率,如图 6-8 所示。

三总线结构应用在大多数计算机中,它通过这三条各自独立的总线构成信息通道,其中存储总线是连接 CPU 与主存之间的信息通道;I/O 总线是连接 CPU 与 I/O 设备间的信息通道;DMA 总线是连接主存和高速 I/O 设备间的信息通道。在这种总线结构下,那些低速的 I/O 设备要想和主存进行通信还是要经过 CPU,需要占用 CPU 的资源。

2）具有扩展总线和局部总线的三总线结构

三总线的另一种结构并不常见,这三条总线分别是系统总线、扩展总线和局部总线。通过在单总线结构中新增一条扩展总线和一条局部总线,即可得该结构,如图 6-9 所示。

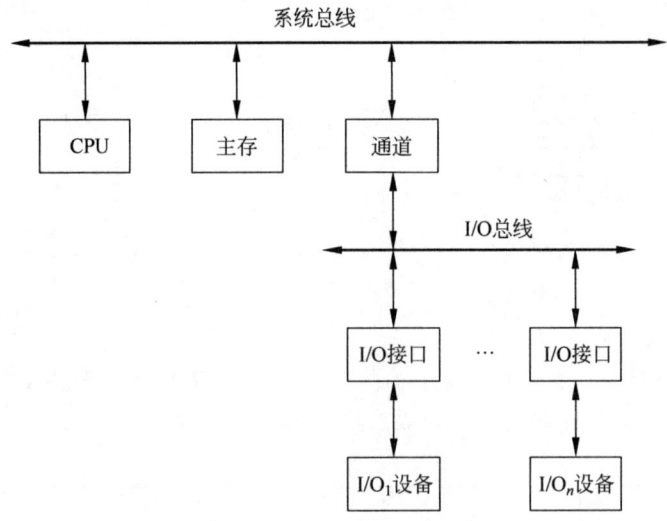

图 6-7 采用通道的双总线结构

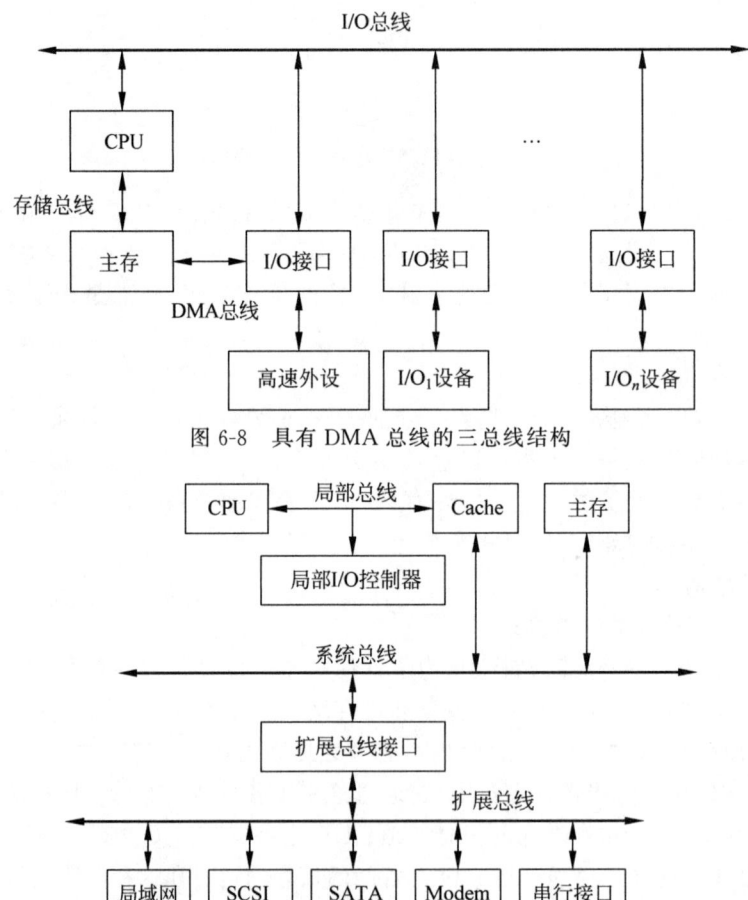

图 6-8 具有 DMA 总线的三总线结构

图 6-9 具有扩展总线和局部总线的三总线结构

所有的 I/O 设备都与扩展总线相连,而扩展总线通过扩展总线接口与系统总线进行通信,局部总线将 CPU 和 Cache 相连,Cache 又通过系统总线和主存连接到一起,这样 CPU

只和 Cache 进行通信,当 Cache 中的数据没有命中时,Cache 才同主存进行通信,把数据从主存中读取出来放入 Cache 中,此时要求 Cache 比较大或调度算法比较好效率才会比较高(尽可能绝大部分情况下数据都在 Cache 中命中)。

在这种三总线结构中,扩展总线上没法区分 I/O 设备是高速还是低速,因此无法差异化对待 I/O 设备,故而会降低系统的效率。

4. 四总线结构

由于在具有扩展总线和局部总线的三总线结构中,扩展总线无法区分 I/O 设备速度的高低,因此在四总线结构中,又新增了一条高速总线来连接一些高速 I/O 设备,同时该高速总线还与 Cache 相连以方便 CPU 可以更快地从 Cache 读取由高速的 I/O 设备提供的数据或反之。对于一些低速的 I/O 设备,则仅在扩展总线上连接,如图 6-10 所示。

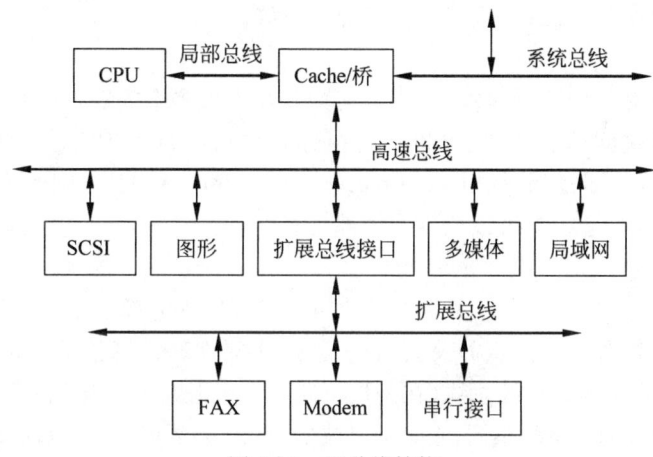

图 6-10 四总线结构

在四总线结构中,通过对不同速度的 I/O 设备的请求进行差异化的响应和处理,可以极大地提高系统的效率。

除了上述介绍的总线结构以外,还有一些典型的总线结构,如现代计算机上常用的 PCI (Peripheral Component Interconnection)总线结构,在这一总线结构中,CPU 通过系统总线和存储器连接,同时系统总线上连接了一个 PCI 桥,通过 PCI 桥可以连接 PCI 总线,PCI 总线下也可以连接符合 PCI 接口的 I/O 设备,同时 PCI 总线下又可以连接 PCI 桥,PCI 桥下又可再连接 PCI 总线,从而实现向下扩展,只是此时对扩展的设备会有数量上的限制。

6.2.2 总线的分类

总线的应用极为广泛,基于不同的角度可以有不同的分类方法。按数据传送方式的不同可以分为并行传输总线和串行传输总线。在并行传输总线中,又可按传输数据的宽度分为 8 位、16 位、32 位和 64 位等。

按功能和规范可将总线分为五大类型:数据总线、地址总线、控制总线、扩展总线及局部总线。数据总线、地址总线和控制总线也统称为系统总线,即通常意义上所说的总线。常见的数据总线包括 ISA(Industrial Standard Architecture,工业标准架构)、EISA(Extended Industry Standard Architecture,扩展工业标准架构)、VESA(Video Electronic Standard Association,视频电子标准协会)和 PCI 等。

按照时钟信号是否独立，可将总线分为同步总线（能与时钟同步工作）和异步总线（不能与时钟同步工作）。同步总线的时钟信号独立于数据，而异步总线的时钟信号是从数据中提取出来的，即无法独立于总线。例如，SPI(Serial Peripheral Interface，串行外设接口)和 I^2C (Inter-Integrated Circuit，两线式串行总线)是同步串行总线，而 RS-232 采用异步串行总线。

总线还可以分为内部总线、系统总线和外部总线。内部总线是微机内部各外围芯片与处理器之间的总线，用于芯片一级的互连，因此有时也被称为片内总线；而系统总线是微机中各插件板与系统板之间的总线，用于插件板一级的互连；外部总线则是微机和外部设备之间的总线，微机作为一种设备，通过该总线和其他设备进行信息与数据交换，它用于设备一级的互连。

接下来分别介绍片内总线、系统总线和通信总线。

1．片内总线

片内总线是指芯片内部的总线，它用于连接芯片内部多个元器件（同一部件内部连接各寄存器及运算部件之间的总线，也可以称为内部总线）。如在 CPU 芯片内部，寄存器与寄存器之间、寄存器与算术逻辑单元(Arithmetic Logic Unit，ALU)之间的公共连接线都是由片内总线连接的，这些总线都可以统称为内部总线。

2．系统总线

系统总线是指 CPU、主存、I/O 设备（通过 I/O 接口）各大部件之间的信息传输线（同一台计算机系统的各部件相互连接的总线）。由于这些部件通常都被预先设置在主板或各个插件板（插卡）上，故又称为板级总线（在一块电路板上各芯片间的连线）或板间总线。

按系统总线传输的信息的不同，它又可以被分为三类：数据总线、地址总线和控制总线。

1) 数据总线

数据总线是用来传输各功能部件之间的数据信息，它是双向传输总线，其位数与机器字长和存储字长有关，一般为 8 位、16 位或 32 位。如果数据总线的宽度为 8 位，指令字长为 16 位，那么，CPU 在读取指令阶段就必须访问两次主存。

数据总线的位数称为数据总线宽度，它是衡量系统性能的一个重要参数。例如，在其他参数不变的前提下，32 位数据总线的性能是 16 位数据总线性能的两倍。

2) 地址总线

地址总线主要用来指出数据总线上的源数据或目的数据在主存单元或 I/O 设备上的地址，它是单向传输总线。例如，在从存储器中读出某一数据之前，CPU 要将此数据所在存储单元的地址送到地址总线上。又如，在将某一数据经 I/O 设备输出时，CPU 除了需要将该数据送到数据总线，还需要将该输出设备的地址（通常都经 I/O 接口）送到地址总线上。由此可见，地址总线可以用来指明 CPU 待访问的存储单元或 I/O 端口的地址，然后以单向传输的方式由 CPU 输出。

地址总线的位数称为地址总线宽度，它用于表明总线目标设备及设备内部单元的最大个数，即地址总线宽度。地址线的位数与存储单元的个数有关，如地址线为 20 根，则对应的存储单元个数为 2^{20}。

3) 控制总线

由于数据总线、地址总线都是被挂在总线上的所有部件共享的，如何使各部件能在不同时刻占有总线使用权,需依靠控制总线来完成,因此控制总线是用来发出各种控制信号的传输线。通常对任一控制线而言,它的传输是单向的。例如,存储器读/写命令或 I/O 设备读/写命令都是由 CPU 发出的。但对于控制总线总体来说,又可认为是双向的。例如,当某设备准备就绪时,便向 CPU 发中断请求;当某部件(如 DMA 接口)需获得总线使用权时,也向 CPU 发出总线请求。此外,控制总线还起到监视各部件状态的作用。例如,查询该设备是处于"忙"还是"闲",是否出错等。因此对 CPU 而言,控制信号既有输出,又有输入。

常见的控制信号有时钟信号、复位信号、总线请求和允许信号、中断请求和响应信号、存储器读和写信号,具体如表 6-1 所示。

表 6-1 常见的控制信号及其功能

序号	控制信号	功能描述
1	时钟	用来同步各种操作
2	复位	初始化所有部件
3	总线请求	表示某部件需获得总线使用权
4	总线允许	表示需要获得总线使用权的部件已获得了控制权
5	中断请求	表示某部件提出中断请求
6	中断响应	表示中断请求已被接收
7	存储器读	将指定存储单元中的数据读到数据总线上
8	存储器写	将数据总线上的数据写至存储器的指定地址单元内
9	I/O 读	从指定的 I/O 端口将数据读到数据总线上
10	I/O 写	将数据总线上的数据输出到指定的 I/O 端口内
11	传输响应	表示数据已被接收,或已将数据送至数据总线上

3. 通信总线

通信总线用于计算机系统之间或计算机系统与其他系统(如控制仪表、移动通信等)之间的通信,如 USB 总线。由于这类总线通常会涉及到许多方面的因素(如外部连接、距离远近、速度快慢和工作方式等),而这些因素的不同使得总线之间的差别极大,因此通信总线的类别很多。但按传输方式可以粗略地分为两种:即串行通信和并行通信。

串行通信是指数据在单条 1 位宽的传输线上,一位一位地按顺序分时传送。如 1 字节的数据,在串行传送中要通过一条传输线分 8 次由低位到高位(或反之)按顺序逐位传送。

并行通信是指数据在多条并行 1 位宽的传输线上,同时由源传送到目的地。如 1 字节的数据,在并行传送中要通过 8 条并行传输线同时由源传送到目的地。

尽管串行和并行通信的数据传输速率都与距离成反比,但并行通信更适合于近距离(通常小于 30m)的数据传输,串行通信则适合于远距离(可以从几米达数千千米)的数据传输,在短距离内,并行数据传送速率比串行数据传送速率高得多,而对于远距离通信而言,采用串行通信更好。

6.2.3 总线的性能指标

总线的性能指标主要有总线宽度、总线带宽和总线的工作频率等,具体如下。

1. 总线的传输周期

总线的传输周期(简称总线周期)指一次总线操作所需的时间(包括申请阶段、寻址阶段、传输阶段和结束阶段),它通常由若干总线时钟周期构成。

2. 总线时钟周期

总线时钟周期即机器的时钟周期。计算机通常有一个统一的时钟，用来控制整个计算机的各个部件，总线也要受此时钟的控制。

3. 总线的时钟频率

总线的时钟频率即机器的时钟频率，它为时钟周期的倒数。总线时钟频率越快，总线性能越好。

4. 总线的工作频率

总线上各种操作的频率，为总线周期的倒数。实际上指1秒内传送几次数据。若总线周期为N个时钟周期，则总线的工作频率＝总线的时钟频率/N，即此时总线的工作频率为总线的时钟频率N分之一。

5. 总线宽度

总线宽度又称总线位宽，通常是指数据总线的根数（或位数），也可以认为是总线可以同时传输的二进制位数，单位用bit（位）表示，典型的总线宽度有8位、16位、32位、64位（分别对应8根、16根、32根、64根）。

6. 总线带宽

总线带宽可被认为是总线的数据传输速率，即单位时间内总线上传输数据的位数，通常用每秒传输信息的字节数来衡量，单位可用Mb/s（兆位每秒）或MB/s（兆字节每秒）表示。

7. 信号线数

地址总线、数据总线和控制总线三种总线数的总和。

8. 总线复用

总线复用是指一种信号线在不同的时间传输不同的信息，因此可以使用较少的线传输更多的信息，从而节省空间和成本。例如，通常地址总线与数据总线在物理上是分开的两种总线，地址总线传输地址码，数据总线传输数据信息。若将地址总线和数据总线共用一组物理线路，并在这组物理线路上分时传输地址信号和数据信号，即为总线的多路复用。

9. 总线负载能力

总线的负载能力即驱动能力，是指当总线接上负载后，总线输入输出的逻辑电平是否能保持在正常的额定范围内。例如，PC总线的输出信号为低电平时，要吸入电流，这时的负载能力即指当它吸收电流时，仍能保持额定的逻辑低电平。总线输出为高电平时，要输出电流，这时的负载能力是指当它向负载输出电流时，仍能保持额定的逻辑高电平。由于不同的电路对总线的负载是不同的，即使同一电路板在不同的工作频率下，总线的负载也是不同的，因此，总线负载能力的指标不是太严格。通常用可连接扩增电路板数来反映总线的负载能力。

在上述总线的性能指标中，最主要的是总线宽度、总线工作频率和总线带宽，总线带宽是指总线本身所能达到的最高传输速率，它是衡量总线性能的重要指标。三者的关系如下：

$$总线带宽＝总线宽度×总线工作频率$$

总线带宽还可以表示为

$$总线带宽＝总线宽度×总线传输次数/传输时间$$

【例6-2】 假设某总线的工作频率为66MHz，总线宽度为32位（即4B），试求其总线带宽。

解：根据总线带宽的计算公式，总线带宽＝总线工作频率×总线宽度/8
可得

$$总线带宽＝66MHz×32/8B＝264MB/s$$

6.3 总线仲裁

由于总线是公共的,所以在总线上经常连接着很多设备。在同一时刻,如果总线上的多个设备都要求使用总线,就需要有一个控制机构来仲裁总线使用权,即按什么规则安排这些设备分时共享总线。这也就是说,如何安排多个设备按先后顺序使用总线就成了一个关键问题。一般来说,这个问题是通过判优控制(总线仲裁)来解决,即要求所有的设备都遵循某一规则来确定各自使用总线的优先次序,从而实现根据事先设定的优先次序来决定哪个设备首先使用总线。只有获得了总线使用权的设备,才能开始传送数据。

总线仲裁方式按其仲裁电路位置的不同可被分为集中仲裁方式和分布仲裁方式两类。

6.3.1 集中仲裁方式

集中仲裁方式是指所有总线主设备是根据某种策略选中其中的一个总线主设备获得总线使用权。在集中仲裁方式中,总线控制逻辑电路集中在一处(如在 CPU 内部),每个功能模块有两条线连到总线仲裁部件,一条是送往总线仲裁部件的总线请求信号线(Bus Request,BR),另一条是总线仲裁部件送出的总线授权信号线(Bus Grant,BG)。

对于单处理器系统总线来说,总线仲裁部件又称为总线控制器,它是 CPU 的一部分,一般是一个单独的功能模块。典型的集中仲裁方式分为三种:链式查询方式、计数器定时查询方式和独立请求方式。

1. 链式查询方式

链式查询方式的总线控制如图 6-11 所示。

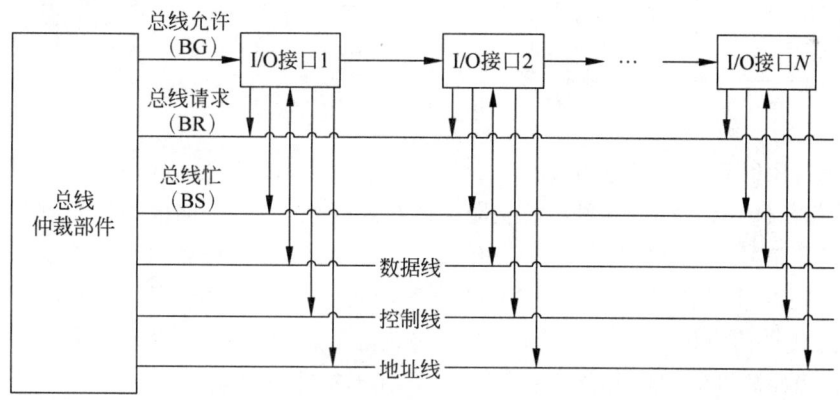

图 6-11 链式查询方式

在链式查询方式中,主要有 3 条控制线对总线实施判优控制。

(1) 总线忙(Bus Busy,BS)。该线有效时,表示总线当前正在被某一 I/O 设备使用。

(2) 总线请求(BR)。该线有效时,表示至少有一个 I/O 设备要求使用总线。

(3) 总线授权(BG)。该线有效时,表示总线仲裁部件响应总线请求。

当与总线相连的多个 I/O 设备同时向总线仲裁部件发出总线请求时,总线仲裁部件将总线授权信号串行地沿 I/O 接口 1 到 I/O 接口 N 依次进行传送,若该信号传到某一个 I/O 设备时,发现该接口有总线请求,则将总线使用权交给该接口,同时该接口将总线忙信号设置成有效状态,此时该 I/O 设备便获得了总线使用权,可以使用总线传送数据;如果总线授权信号到达的接口没有总线请求,则继续串行地向着 I/O 接口 N 的方向传送。由此可见,I/O 设备离总线控制器越近,其优先级越高。

链式查询方式的优点是优先级固定且结构简单,只需很少的几根控制线就能按一定优先次序实现总线控制。在该方式下,若需增加更多的 I/O 设备也十分容易。

链式查询方式的缺点之一是对硬件电路的故障敏感,若某一 I/O 设备的接口出现电路故障,那么该设备之后的设备都不能正常工作。此外,优先级固定在某种情况下也是一个缺点,由于优先级不能改变,若优先级高的 I/O 设备频繁请求使用总线,可能会造成优先级低的设备长时间不能使用总线。

2. 计数器定时查询方式

计数器定时查询的仲裁思想与链式查询方式基本相同,为了解决链式查询方式中存在的不足,采用设备地址信号线代替总线允许信号线与各主设备连接,其中不同的主设备事先设定不同的设备地址。计数器定时查询方式的总线控制如图 6-12 所示。

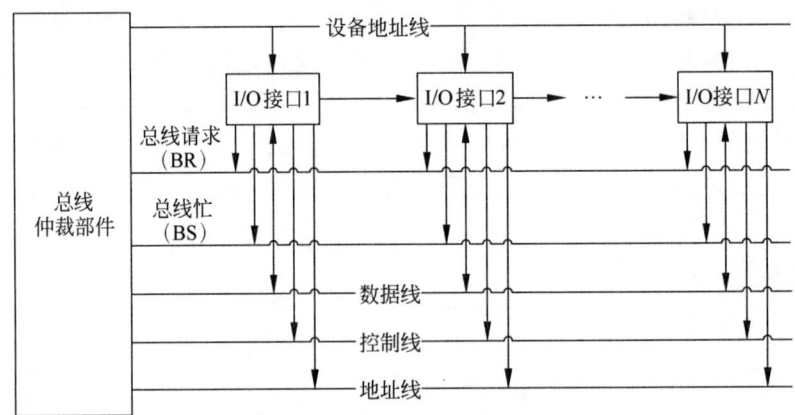

图 6-12 计数器定时查询方式

在计数器定时查询方式中,若总线上的 I/O 设备要求使用总线,则向总线发出总线请求,总线仲裁部件收到该请求信号后,立即让计数器开始计数,并向设备地址线发出其内部计数器的计数信号(该信号被作为当前询问的设备号),各 I/O 设备自行判断自身设备地址与该设备号是否相同,若相同,表示该 I/O 设备正被询问,若自身有总线请求时,该 I/O 设备立即将总线忙信号设置成有效状态,表示它获得了总线使用权,此时终止计数器定时查询;否则总线仲裁机构定时查询下一个设备,直到本轮仲裁结束。

计数器定时查询方式的优点是优先级不是固定的。若每次计数从 0 开始,此时各 I/O 设备的优先次序与链式查询方式相同,即优先级的顺序是固定的;但若设置计数从上一次的终点开始,即采用一种循环方法,此时 I/O 设备使用总线的优先级相等;此外,计数器的初值还可由程序进行设置,这样各 I/O 设备优先次序就可以被动态改变,而不像链式查询方式那样是固定的。这种方式对电路的故障没有链式查询方式敏感,如可以通过修改优先级来跳过某些有电路故障的 I/O 设备。

计数器定时查询方式的缺点是增加了控制线数(若有 N 个设备,则大致需要控制线的条数的数量级与 $\log_2 N$ 相当),控制也比链式查询更加复杂。

3. 独立请求方式

独立请求方式的总线控制如图 6-13 所示。

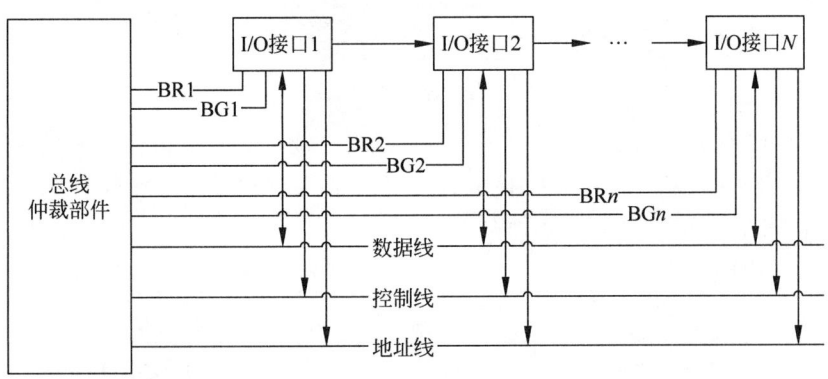

图 6-13 独立请求方式

在独立请求方式中,每个设备均有一对总线请求线和总线允许线,当总线上的 I/O 设备需要使用总线时,经各自的总线请求线发送总线请求信号,这些由不同 I/O 设备发送的请求信号将在总线仲裁部件中排队,当总线仲裁部件按一定的优先次序决定批准某个 I/O 设备的请求时,就立即给该 I/O 设备发送总线响应信号,该 I/O 设备接收到此信号后就获得了总线使用权,开始传送数据。

独立请求方式的优点是响应速度快,即确定优先响应的 I/O 设备所花费的时间少,总线允许信号直接从控制器发送到有关设备,而不必在设备间传递或查询,而且对优先次序的控制相当灵活,它可以预先固定,例如 BR1 优先级最高,BR2 次之,……,BRn 最低;也可以通过程序来改变优先次序;甚至还可以用屏蔽(禁止)某个请求的办法,从而实现不响应来自无效设备的请求。因此目前总线标准大都采用独立请求方式。

独立请求方式的缺点是控制线数量多(若有 n 个设备,则需要 $2n$ 条控制线),总线控制逻辑更加复杂。

注意:独立请求方式实现时还需要再增加一条控制线用于表示总线忙,这条控制线的作用是让 I/O 设备向总线仲裁部件反馈已使用完总线。

6.3.2 分布仲裁方式

分布式仲裁是指所有主设备均设置自己的仲裁电路。当主设备发出请求时,各仲裁电路根据一定的策略,共同决定总线使用权。在分布仲裁方式中,控制逻辑电路分散在与总线连接的各个部件上,它不需要中央仲裁器,每个潜在的主模块都有自己的仲裁号和仲裁器。分布仲裁方式的总线控制如图 6-14 所示,从 I/O 设备 1 到 I/O 设备 N 都连接在同一根共享仲裁总线上,当它们有总线请求时,就会把它们各自唯一的仲裁号发送到共享的仲裁总线上,每个仲裁器将依次从仲裁总线上得到的仲裁号与自己的仲裁号进行比较(由于参加竞争的各设备速度不一致,因此这个比较过程是需要反复自动进行的)。若仲裁总线上的仲裁号优先级更高,则它的总线请求不予响应,并撤销它的仲裁号。最后,唯一留下来的仲裁号保留在仲裁总线上。显然,分布仲裁方式是以优先级仲裁策略为基础。

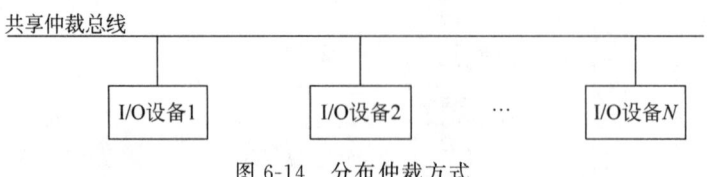

图 6-14　分布仲裁方式

【例 6-3】　如图 6-15 所示,一条共享仲裁总线上连接四个 I/O 设备,它们的仲裁号分别为 1、2、3 和 4。假设在某一时刻 I/O 设备 1、I/O 设备 3 和 I/O 设备 4 同时发起总线请求,试描述在分布式仲裁方式下的仲裁过程。

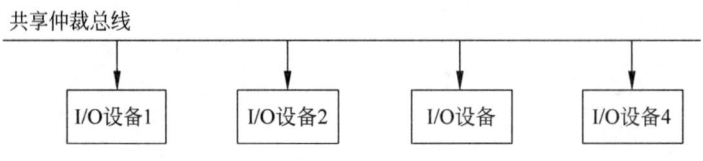

图 6-15　连接四个 I/O 设备的共享仲裁总线

解：I/O 设备 1、I/O 设备 3 和 I/O 设备 4 都有自己的仲裁号和仲裁器,它们同时向共享仲裁总线发起总线请求,并把它们自己的仲裁号发送到共享仲裁总线上。由于各设备速度不一致,因此这里假设共享仲裁总线先响应仲裁号 1,于是 I/O 设备 1 先将自己的仲裁号与 1 比较,由于 1＝1,因此仲裁号 1 保留在共享仲裁总线上。之后共享仲裁总线响应仲裁号 3,于是 I/O 设备 1 先将自己的仲裁号与 3 比较,由于 3＞1,因此不予响应 I/O 设备 1 的请求,并撤销仲裁号 1,由于 I/O 设备 2 无总线请求,所以 I/O 设备 3 将自己的仲裁号与 3 比较,由于 3＝3,因此仲裁号 3 保留在共享仲裁总线上。最后共享仲裁总线响应仲裁号 4,由于仲裁号 1 被撤销,I/O 设备 2 无总线请求,所以 I/O 设备 3 将自己的仲裁号与 4 比较,由于 4＞3,因此不予响应 I/O 设备 3 的请求,并撤销仲裁号 3,然后 I/O 设备 4 将自己的仲裁号与 4 比较,由于 4＝4,所以仲裁 4 保留在共享仲裁总线上。所以最终仲裁号 4 保留在共享仲裁总线上,即 I/O 设备 4 竞争成功。

根据上述分析,在假设按 I/O 设备 1、I/O 设备 3、I/O 设备 4 的顺序处理请求的前提下,本次仲裁过程最终是仲裁号为 4 的 I/O 设备 4 竞争成功,获得使用总线的使用权。但事实上,无论是按什么顺序进行仲裁,经过反复比较之后,都该是仲裁号最大的 I/O 设备竞争成功,最终获得使用总线的使用权。

对于分布式仲裁来说,一定要尽量使不同速度的设备在竞争总线使用权的时间足够长,从而保证速度最慢的 I/O 设备也能公平地参与到竞争中,否则就会出现速度慢的 I/O 设备长时间无法使用总线的问题。

总的来说,集中式仲裁方式的优点是仲裁过程及总线设备接口简单,缺点是线路的可靠性低(一旦仲裁电路出现了故障,将会导致整个系统瘫痪),设备的可扩展性差(如果需要扩展设备,则需要对仲裁电路进行较大的修改,难度较大);分布式仲裁的优点是线路可靠性高(因为没有中央仲裁器,所以系统不容易瘫痪),设备扩展灵活(如果需要扩展设备,可以比较随意地接插设备),缺点是电路复杂(由于每个主设备需要在其接口设计仲裁电路,导致设计的复杂性加大),需要冗余判断(如确定总线主设备是否在正常工作,系统需要进行超时判断)。

6.4 总线通信与定时

6.4.1 信息的传送方式

在计算机系统中,总线传输信息的方式大致可以分为三种:串行传送方式、并行传送方式和分时传送方式。

1. 串行传送方式

串行传送是指设备之间数据传输的各二进制位是按顺序依次一位接一位进行传送。通常数据在一根数据线或一对差分线上传输。在串行传送时,被传送的数据需要在发送部件进行从并行到串行转换(并串转换),这称为拆卸;而在接收部件又需要进行从串行到并行转换(串并转换),这称为装配。

如图 6-16 所示,从发送部件将数据 11110000 传送到接收部件,第一次将最右边的 0 从发送部件传送到接收部件,第二次将从最右边算起第二个 0 从发送部件传送到接收部件,…,第五次将从最右边算起第一个 1 从发送部件传送到接收部件,直到最后将从最右边算起第四个 1 传送到接收部件。

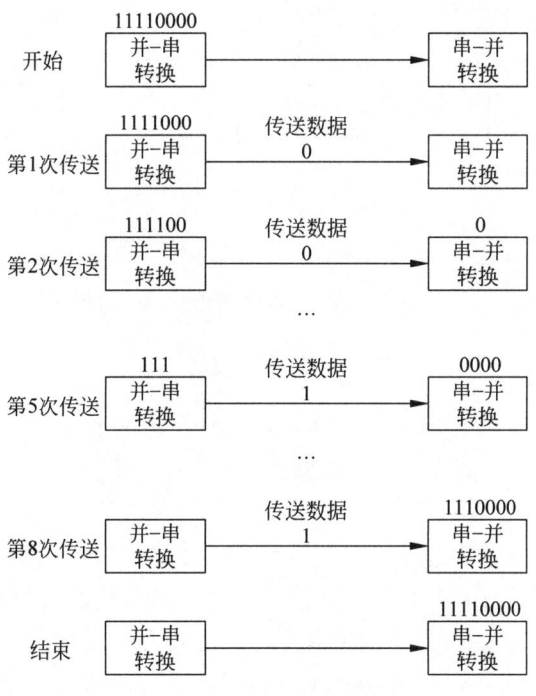

图 6-16 串行传送方式

当串行传送时,有可能按顺序连续传送若干个 0 或若干个 1,如果在编码时用二进制数 1 表示有脉冲,二进制数 0 表示无脉冲,那么当连续出现几个 0 时,则表示某段时间间隔内传输线上没有脉冲信号。为了要确定传送多少个 0,则必须采用某种时序格式(通常是采用位时间,即指定一个二进制位在传输线上占用的时间长度),以便使接收设备能加以识别。显然,位时间是由同步脉冲来体现的。

假定串行数据是由位时间组成的,那么传送 8 比特需要 8 位时间(每一比特需要 1 位时间)。例如,如果接收设备在第一个位时间和第三个位时间接收到一个脉冲,而其余的6位时间没有收到脉冲,那么就会知道所收到的二进制信息是00000101。串行传送时低位在前,高位在后(即最先收到的数据在最右边,最后收到的数据在最左边)。

串行传送的主要优点是只需要一条传输线,这一点对长距离传输显得特别重要,因为不管传送的数据量有多少,都只需要一条传输线即可,这样就降低了传输成本。

串行传送方式分为异步串行传送方式与同步串行传送方式。

异步串行传送方式是指数据传送以字符为单位,相邻的两个字符间的间隔是任意长,字符与字符间的传送是完全异步的,位与位之间的传送基本同步。由于一个字符中的比特位长度有限,所以只需要接收时钟和发送时钟相同就可以。简单地说,异步串行传送方式的特点就是字符间同步,字符内比特间异步。

同步串行传送方式是指数据传送以数据块(一组字符)为单位,字符与字符之间,字符内部的位与位之间都同步。在一个数据块(信息帧)内,字符与字符之间无间隔。由于一次传输的数据块中包含的数据较多,所以接收时钟与发送时钟之间必须严格同步,通常需要有同步时钟来帮助两者实现同步。

【例6-4】 在利用串行方式传送字符时,通常把每秒钟传送的比特(bit)位数称为波特率。如图6-17所示,每1个字符包含10比特(起始位和停止位分别为1位,数据位为8位)。

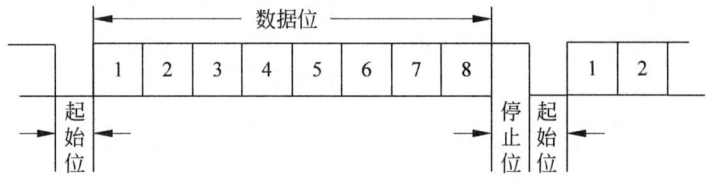

图6-17 串行传送字符的格式

假设数据传送速率是240个字符/秒,试求传送的波特率是多少?每比特位占用的时间是多少?

解:根据题意,可得

$$波特率=10×240 字符/秒=2400 波特$$

由于每比特位占用的时间 T_d 是波特率的倒数,因此 $T_d=1/2400s=0.416×10^{-3}s=0.416ms$。

2. 并行传送方式

并行传送是指计算机与I/O设备之间同时通过多条传输线交换数据,设备之间数据传输的各二进制位同时传送,通常以字或字节为单位进行并行传输。计算机或可编程逻辑控制器(Programmable Logic Controller,PLC)的各种内部总线就是以并行方式传送数据的。

如图6-18所示,从发送部件将8位的二进制数据11110000传送到接收部件,这8位分别在8条传输线上同时进行传送,即每条传输线上传送1位。

并行传送是微机系统中最基本的信息交换方式。在并行传送方式中,传递的信息不要求固定的格式,其接口的数据传输率比串行接口快8倍,且传输的数据宽度可以是1~128位,甚至更宽,但是有多少数据位就需要多少根数据线,因此传输的成本较高。此外,同时并行传送抗干扰能力较差,以计算机的字长(通常是8位、16位或32位)为传输单位,一次传送一个字长的数据。标准并行接口数据的理论传输速率为1Mb/s(兆比特/秒)。

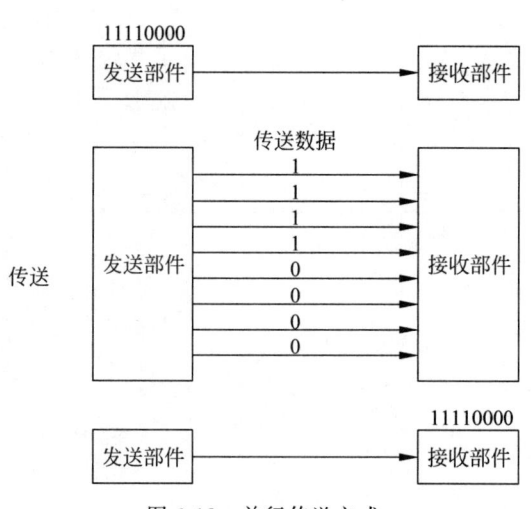

图 6-18 并行传送方式

总的来说,串行传送传输速度慢,但使用该传送方式的传输设备成本较低,可利用现有的通信手段和通信设备,适合于计算机的远程通信;并行通信的速度快,但使用该传送方式的传输设备成本较高,适合于近距离、大量和快速的数据传输(通常要使传输距离小于 30m)。

出于速度和效率上的考虑,系统总线上传送信息通常采用并行传送方式。

【例 6-5】 (1)某总线的带宽为 132MB/s,假设一个总线周期等于一个总线时钟周期,总线时钟频率为 33MHz,试求该总线在一个总线周期中能并行传送多少字节的数据?

(2)某总线的带宽为 528MB/s,假设一个总线周期等于一个总线时钟周期,总线时钟频率为 66MHz,试求该总线在一个总线周期中能并行传送多少位的数据?

解:

(1)设总线带宽用 D_r 表示,总线时钟周期用 $T=1/f$ 表示,一个总线周期传送的数据量用 D 表示,根据定义可得:

$$D = D_r \times T = 132MB/s \times 1/33MHz = 4B$$

因此该总线在一个总线周期中能并行传送 4 字节的数据。

(2) $D = D_r \times T = 528MB/s \times 1/66MHz = 8B$

由于 8B=64 位,因此该总线在一个总线周期中能并行传送 64 位的数据。

3. 分时传送方式

分时传送方式通常有两种形式:总线复用和共享总线的部件分时使用总线(或对应地将其称为总线分用)。

总线复用是指在某个传输线上既传送地址信息,又传送数据信息。为此必须划分时间片,以便在不同的时间间隔中完成传送地址和传送数据的任务。

如图 6-19 所示,总线在 $t_0 \sim t_1$ 这一个时间片周期传送地址信息,在 $t_1 \sim t_2$ 时间片周期传送数据信息,在 $t_2 \sim t_3$ 时间片周期传送地址信息,……,在 $t_6 \sim t_7$ 时间片周期传送地址信息,在 t_7 时刻完成传送任务。即总线在不同的时间片内分别传送地址和数据信息。

总线分用是指不同的设备在不同的时间内使用总线传送不同的信息。如图 6-20 所示,总线在 $t_0 \sim t_4$ 传送地址信息,在 $t_4 \sim t_7$ 传送数据信息,在 t_7 时刻完成传送任务。即总线先将共享总线的各 I/O 设备的地址信息传送完,再去传送共享总线的各 I/O 设备的数据信息。

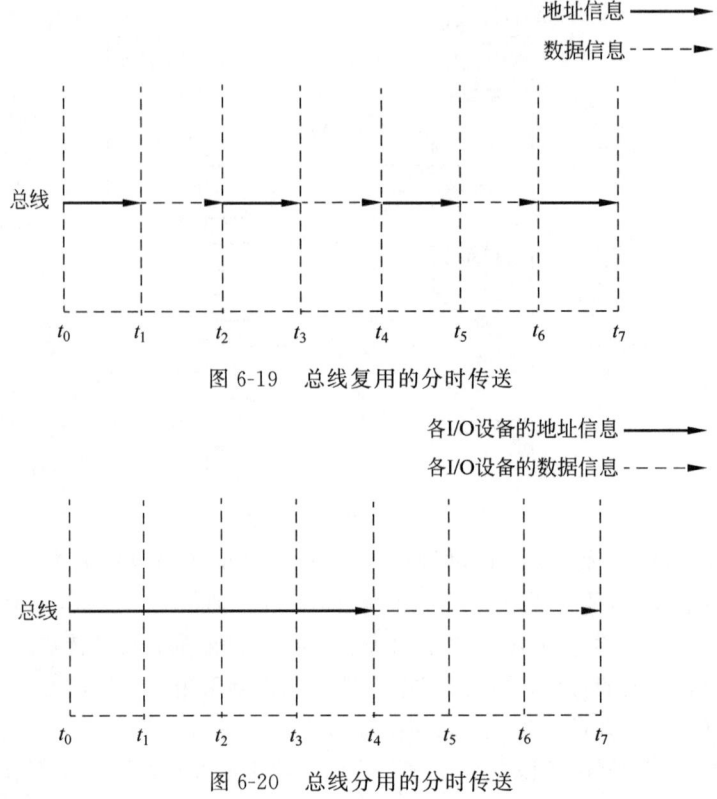

图 6-19 总线复用的分时传送

图 6-20 总线分用的分时传送

6.4.2 总线的定时

总线的定时是指事件出现在总线上的时序关系，其实质是一种协议或规则。总线上的众多部件在竞争总线的使用权时，必须按照一定的规则来进行。例如，假设某一总线上连接 N 个部件，首先为总线上的每一个部件事先分配好优先级（假设分别从 1 到 n），然后根据部件的优先级来解决总线竞争的问题。竞争中获得总线使用权的部件可以分时地（假定有 n 个时间片）占用总线，即当某一部件获得使用权时，此刻就由它使用总线传送数据，而当下一部件获得使用权时，则接着在下一时刻使用总线传送数据。这样一个接一个时间片地轮流交替使用总线传送数据，如图 6-21 所示。

通常把完成一次总线操作的时间称为总线周期，一般它可以被分为申请分配、寻址、传输和结束四个阶段（也可以将申请分配阶段分为申请和分配两个阶段，从而形成五个阶段），具体介绍如下。

① 申请分配阶段：这一阶段可以细分为申请和分配两个阶段，其中申请阶段通常是指由需要使用总线的主部件（也可称模块或设备）提出申请，而分配阶段是指经总线仲裁机构决定下一传输周期的总线使用权，并将其授予某一申请者。

② 寻址阶段：在这一阶段，取得了使用权的主部件需要通过总线发出本次要访问的从部件（或从设备）的地址及相关命令，启动参与本次传输的从部件。

③ 传输阶段：即主部件和从部件之间进行数据交换的阶段，可以单向或双向进行数据传送（对于单向传送，数据可以从源部件到目标部件，或反之；对于双向传送，则是数据既从源部件到目标部件，又从目标部件到源部件）。

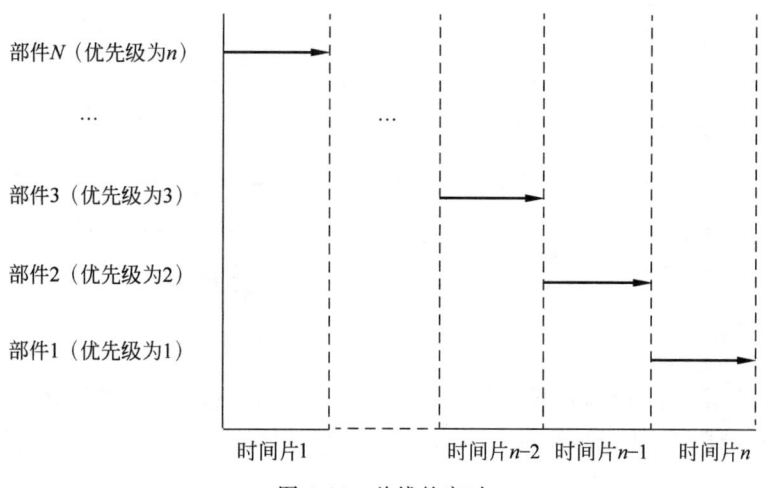

图 6-21　总线的定时

④ 结束阶段：这一阶段出现在数据传输完成之后，主部件的有关信息均从系统总线上撤除，并且还要交出总线使用权。

对于仅包含有一个主部件的简单总线系统，无须申请、分配和撤销，总线使用权始终归它独占使用，而对于包含中断、DMA 控制或多处理器的系统，则还需要有其他管理机构来参与。

总线的定时按照时钟信号是否独立，可以分为同步定时、异步定时、半同步定时和分离式定时。

1．同步定时

总线上的部件通过总线进行信息传送时，系统采用一个公共的时钟信号来协调发送方和接收方之间的传送定时关系被称为同步定时。这个公共的时钟信号可以由总线控制部件发送到每一个部件（设备），也可以让每个部件各自的时钟发生器产生，然而它们都必须由总线控制部件发出的时钟信号进行同步。表 6-2 所示为一个总线周期内 CPU 进行数据传送的过程。

表 6-2　一个总线周期内 CPU 进行数据传送的过程

序号	时刻	操　作
1	t_0	由 CPU 产生的设备地址放在地址总线上，同时经控制总线指出操作的性质（读/写内存或读/写 I/O 设备）
2	t_1	按 CPU 要求把数据放到数据总线上
3	t_2	CPU 在进行数据选通，将数据接收到自己的寄存器中
4	t_3	总线周期结束，再开始一个新的数据传送过程

【例 6-6】　假定与 CPU 连接的某一设备的地址为 0001，现将数据 11110000 通过数据总线由 CPU 开始传送，若每一时间间隔传送一位，请画出其传送过程（图 6-22）。

同步定时方式具有较高的传输速率，且控制逻辑简单，适用于总线长度较短、各部件存取时间比较接近的情况。这是因为同步方式对任何两个设备之间的通信都给予同样的时间安排。就总线长度来讲，必须按距离最长的两个设备的传输延时来设计公共时钟，但这样会降低传输的频率，从而导致传输速率下降。

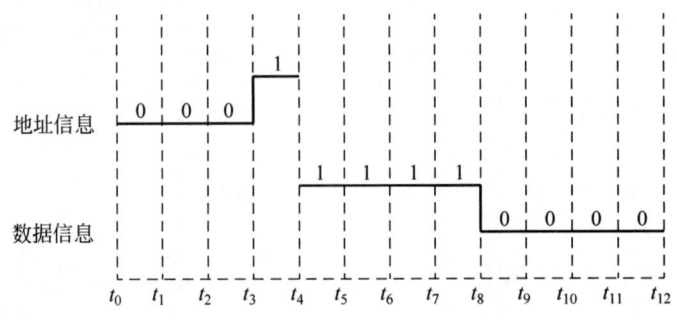

图 6-22 数据的传送过程

同步定时方式灵活性差,尤其是当系统中各部件工作速度差异较大时,总线工作效率明显下降。由于主从部件属于强制性同步,不能及时进行数据通信的有效性检验,因此可靠性较差。

2. 异步定时

异步定时允许总线上的各部件有各自的时钟,这使它克服了同步定时的缺点。部件之间进行通信时不要求采用公共的时间标准,而是靠发送信息的同时发出本设备的时间标志信号,用"应答方式"(又称握手方式)来进行通信,即当主模块发出请求(request)信号时,一直等待从模块反馈回来"响应"(acknowledge)信号后,才开始通信。当然,这就需要主从模块之间增加两条应答线(握手交互信号线 handshaking)。

异步定时的应答方式又可分为不互锁、半互锁和全互锁三种类型,接下来简要介绍之。

1) 不互锁方式

在这种方式中,主模块发出请求信号后,不必等待接到从模块的应答信号,而是经过一段时间,确认从模块已收到请求信号后,便撤销其请求信号;从模块收到请求信号后,在条件允许时发出应答信号,并且经过一段时间(这段时间的设置对不同设备而言是不同的)确认主模块已收到应答信号后,自动撤销应答信号。上述主模块和从模块的交互如图 6-23 所示。

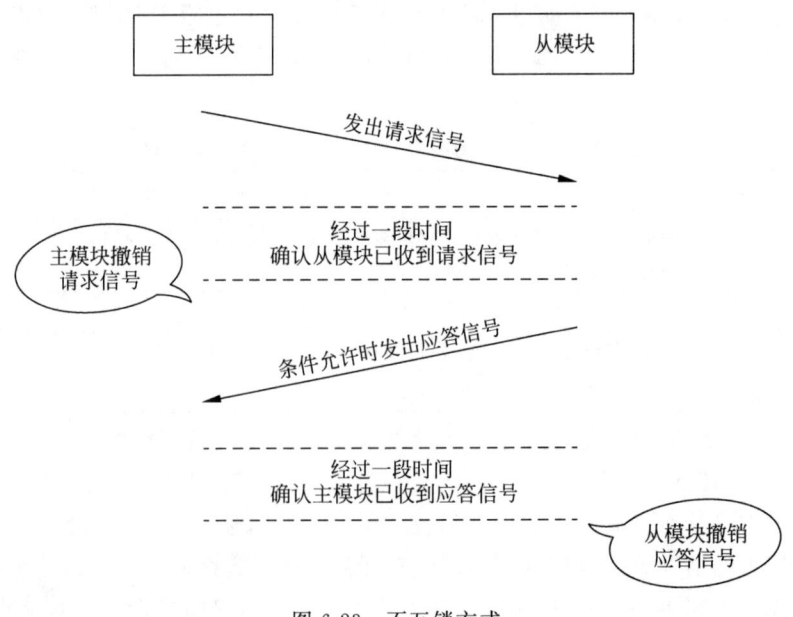

图 6-23 不互锁方式

这也就是说,通信双方并无互锁关系。例如,CPU 向主存写信息,CPU 要先后给出地址信号、写命令以及写入数据,即采用此种方式。

2) 半互锁方式

在这种方式中,主模块发出请求信号,必须一直等待,直到接收到从模块的应答信号后再撤销其请求信号,此时主从模块之间存在互锁关系;而从模块在接到请求信号后发出应答信号,但不必等待获知主模块的请求信号已经撤销,而是隔一段时间后自动撤销其应答信号,两者之间此时无互锁关系。由于一方存在互锁关系,而另一方不存在互锁关系,故称半互锁方式,其交互过程如图 6-24 所示。

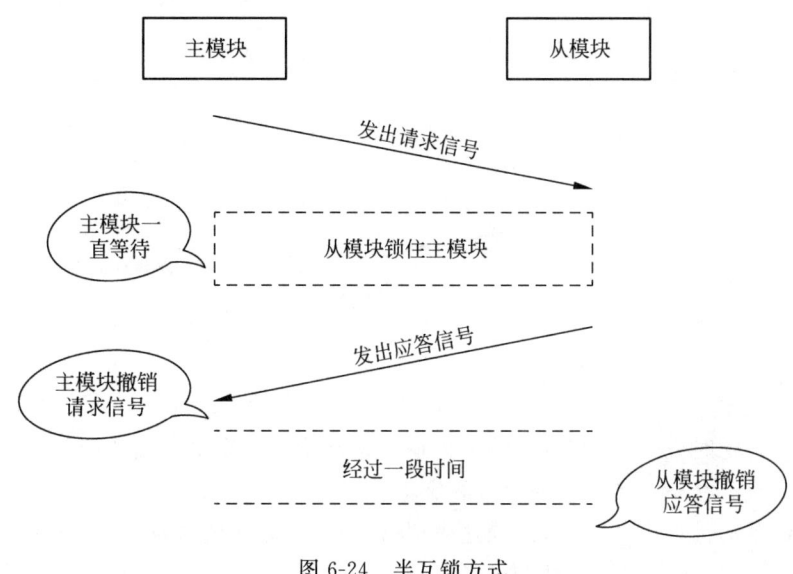

图 6-24 半互锁方式

例如,在多机系统中,某个 CPU 需访问共享存储器(供所有 CPU 访问的存储器)时,该 CPU 发出访存命令后,必须收到存储器未被占用的回答信号,才能真正进行访存操作。

3) 全互锁方式

在全互锁方式中,主模块发出请求信号,必须一直等待,直到从模块应答后再撤销其请求信号;从模块发出应答信号,必须在获知主模块请求信号已撤销后,再撤销其应答信号。此时双方存在互锁关系,故称为全互锁方式,如图 6-25 所示为该方式中主从模块的交互。

例如,在网络通信中,通信双方采用的就是全互锁方式。

3. 半同步定时

半同步定时方式结合了同步与异步定时两者的优点,它既保留了同步定时的基本特点,如所有的地址、命令、数据信号的发出时间,都严格参照系统时钟的某个前沿开始,而接收方都采用系统时钟后沿时刻来进行判断识别;同时又像异步定时那样,允许不同速度的模块协调工作,并为此增设了一条"等待"响应信号线。

半同步定时方式适用于系统工作速度不高但又包含了由许多工作速度差异较大的各类设备组成的简单系统。它的控制方式比异步定时简单,在全系统内各模块又在统一的系统时钟控制下同步工作,可靠性较高,同步结构较方便。该方式的缺点是对系统时钟频率不能要求太高,故从整体上来看,系统工作的速度还不是很高。

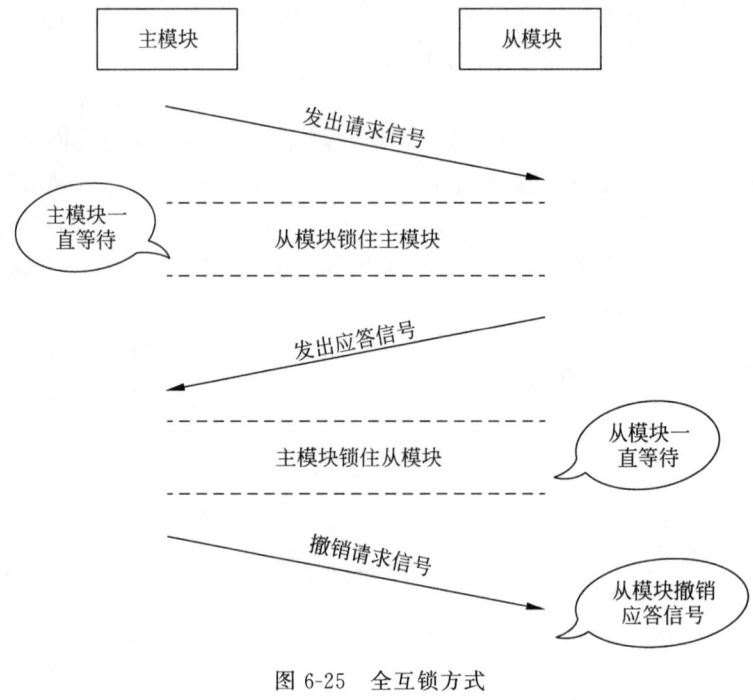

图 6-25 全互锁方式

4. 分离式定时

在上述三种定时方式中,都可以认为传输周期开始于主模块发出地址和读写命令,结束于数据传输完成。在整个传输周期中,系统总线完全由主模块和与之通信的从模块使用。接下来以读命令的传输周期为例,来描述主、从模块使用总线的过程,具体如图 6-26 所示。

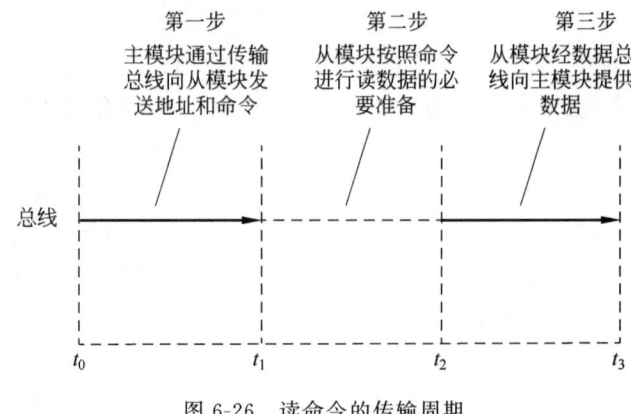

图 6-26 读命令的传输周期

从图 6-26 可以看出,上述过程的第二步系统总线处于消极的空闲等待状态。在大型计算机系统中,总线的负载已处于饱和状态,若能克服和利用这种消极的空闲等待,充分挖掘系统总线到瞬间的潜力,对提高系统性能起到极大作用。

因此,人们又提出了"分离式"的通信方式,其基本思想是将一个传输周期(或总线周期)分解为两个子周期。

在第一个子周期中,主模块在获得总线使用权后,将信息(包括命令、地址、主模块编号以及其他有关信息)发到系统总线上,经总线传输后被相关的从模块接收下来。主模块一旦向系统总线发送完这些信息(只占用总线很短的时间)就立即放弃总线使用权,以便其他模块使用。

在第二个子周期中,当从模块收到主模块发来的有关命令信号后,经一系列内部操作(如选择、译码和读取等)将主模块所需的数据准备好,再由从模块申请总线使用权,一旦获准,从模块便将一系列信息(如主模块的编号、从模块的地址、主模块所需的数据等)送到总线上,供主模块接收。

在上述两个传输子周期中都只有单方向的信息流,这使得每个模块都变成了主模块。分离式定时方式的特点如下:

(1) 各模块需要占用总线使用权时都必须提出申请。

(2) 在得到总线使用权后,主模块在限定的时间内向对方传送信息,采用同步方式传送,不再等待对方的应答信号。

(3) 各模块在准备数据的过程中都不占用总线,使总线可以接收其他模块的请求。

(4) 总线被占用时都在做有效工作(如通过它发送命令,或者通过它传送数据),不存在空闲等待时间,充分地利用了总线,从而实现了总线在多个主从模块间进行信息交叉重叠并行式传送,这对大型计算机系统是极为重要的。

当然,由于这种方式控制比较复杂,一般在普通微型计算机系统很少采用。

6.5 总线标准

总线是在计算机系统模块化的发展过程中产生的,随着计算机应用领域的不断扩大,计算机系统中模块(特别是 I/O 设备所带的各类接口模块)种类繁多,往往一种模块要配一种总线,因此很难在总线上更换组合各类模块或设备。

20 世纪 70 年代末,为了简化系统设计,同时确保其性能稳定、质量可靠和便于维护等,人们开始研究如何建立总线标准,即在总线的统一标准下(系统总线的标准化问题),完成系统设计和模块制作。总线标准可视为系统与各模块之间、模块与模块之间的一个互连的标准界面。这个界面对它两端的模块都是透明的,即界面的任一方只需根据总线标准的要求完成自身一方接口的功能要求,而无须了解对方接口与总线的连接要求。因此,按总线标准设计的接口可视为通用接口。采用总线标准可以为计算机接口的软硬件设计提供方便。对硬件设计而言,总线标准使各个模块的接口芯片设计相对独立;对软件设计而言,总线标准更有利于接口软件的模块化设计。

本节将主要介绍常用的一些总线,如 ISA 和 EISA 总线、PCI 和 AGP 总线等。

6.5.1 ISA 和 EISA 总线

标准的 16 位 ISA 总线是最早出现的微型计算机系统总线标准,它被应用在 IBM 的 AT(Advanced Technology,先进技术)机上,而 EISA 是为了配合 32 位 CPU 而设计的总线扩展标准,它对 ISA 完全兼容,如图 6-27 所示为计算机中的 ISA 和 EISA 总线。

1. ISA 总线

ISA(Industrial Standard Architecture)总线为工业标准架构,它是 IBM 公司 1984 年为推出 PC/AT 机而建立的系统总线标准,所以也称 AT 总线。它使用独立于 CPU 的总线时

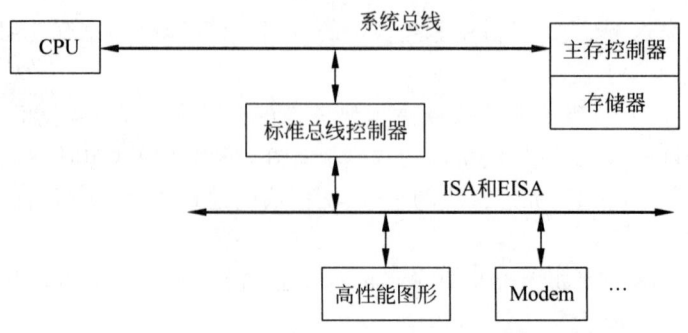

图 6-27 ISA 和 EISA 总线

钟,因此 CPU 可以采用比总线频率更高的时钟(这样有利于 CPU 性能的提高)。ISA 总线的最高时钟频率为 8MHz,最大数据传输率为 16MB/s,数据线为 16 位,地址线为 24 位。

由于 lSA 总线没有支持总线仲裁的硬件逻辑,因此它不能支持多台主设备系统,即不支持多台具有申请总线控制权的设备,而且 ISA 上的所有数据的传送必须通过 CPU 或 DMA 接口来管理,因此使 CPU 花费了大量时间来控制与外部设备交换数据。

ISA 总线的每个插槽由一个短槽和一个长槽构成。其中,短槽每列有 18 对引脚,引线标为 C1～C18 和 D1～D18;长槽每列有 31 对引脚,引线标为 A1～A31 和 B1～B31。ISA 总线一共有 98 根信号线(即在原 PC/XT 总线的 62 根线的基础上扩充了 36 根线),它们与原 PC/XT 总线完全兼容。

ISA 总线具有分立的数据线和地址线,能支持 0100H～03FFH 范围的 I/O 地址空间,具有 16MB 主存地址空间,可进行 8 位或 16 位数据访问,支持 16 级中断和 7 级 DMA 通道,支持 8 种总线事务类型(存储器读、存储器写、I/O 读、I/O 写、中断响应、DMA 响应、存储器刷新和总线仲裁等)。

2. EISA 总线

EISA(Extended Industry Standard Architecture,扩展工业标准架构)是 EISA 集团为配合 32 位 CPU 而设计的总线扩展标准。它吸收了 IBM 微通道总线的精华,并且兼容 ISA 总线。EISA 总线是以 Compaq、AST、Zenith、Tandy 等公司为代表的几个公司,为解决使用 ISA 总线通信时数据传输存在的瓶颈现象,针对 486 微机而设计的。它是在原 AT 总线的基础上进行扩展构成的。由原来 AT 总线的 98 个引脚扩展到 198 个引脚,与原 ISA 总线完全兼容。由 16 位数据总线扩展成 32 位总线体系结构。

它从 CPU 中分离出了总线控制权,是一种具有智能化的总线,支持多总线主控和突发传输方式。

EISA 总线的主要特点:

(1) 最大时钟频率为 8.33MHz。
(2) 具有分立的数据线和地址线。
(3) 32 位数据线,具有 8 位、16 位、32 位数据传输能力,最大数据传输速率为 33MB/s。
(4) 地址线的宽度为 32 位,所以寻址能力达 $2^{32}B=4GB$。

6.5.2 PCI 和 AGP 总线

1. PCI 总线

随着图形用户接口和多媒体技术在 PC 中的广泛应用,ISA 和 EISA 由于受带宽的限制,已经不能适应系统工作的要求(硬盘、显示卡和其他的外围设备都只能慢速发送和接收数据),这也使得整机的性能受到了严重的影响。

为了解决这个问题,Intel 公司在 1991 年提出了一种高性能的 32 位的 PCI(Peripheral Component Interconnect,周边组件互连)总线,它后来与 IBM、Compaq 和 HP 等公司联合成立 PCI 集团,1992 年 6 月推出了 PCI 1.0,1995 年和 1999 年又分别推出了 PCI 2.1 和 PCI 2.2。从创立规范到现在,PCI 总线已成为了计算机的一种标准总线。典型的 PCI 总线结构如图 6-28 所示。

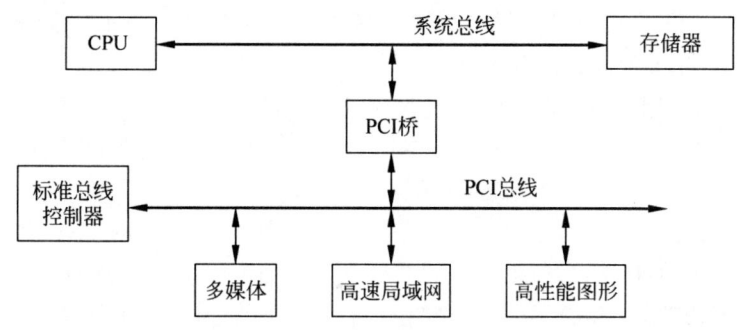

图 6-28　PCI 总线结构

PCI 总线作为一种高带宽、独立于处理器的总线,主要用于高速外围设备的 I/O 接口和主机相连。当 PCI 总线驱动能力不足时,可以采用多层 PCI 总线结构,它是通过 PCI 结构中的 PCI 桥进行扩展得到的,如图 6-29 所示。

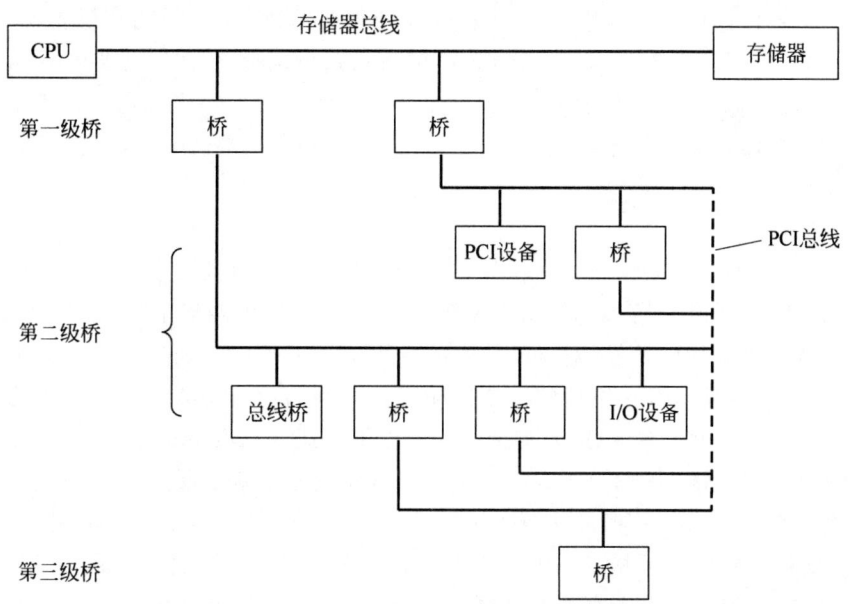

图 6-29　多层 PCI 总线结构

PCI 总线的主要特点有高性能、兼容性好、可扩充性好、支持即插即用(任何扩展卡只要插入系统便可工作)、具有支持多主设备的能力、具有与处理器与存储器子系统完全并行操作的能力、提供数据和地址奇偶校验功能等。接下来简要介绍 PCI 总线的部分特点。

(1) 高性能。PCI 总线是一种不依附某个具体处理器的局部总线,它为系统提供了一个高速的数据传输通道。PCI 总线自身采用 33MHz 和 66MHz 的总线时钟(与 CPU 时钟频率无关),其数据线为 32 位(可扩展到 64 位),传输速率从 132MB/s(33MHz 时钟,32 位数据通路)可升级到 528MB/s(66MHz 时钟,64 位数据通路)。PCI 总线支持突发工作方式,这种方式是指若被传送的数据在主存中连续存放,则在访问此组数据时,只需给出第一个数据的地址,占用一个时钟周期,其后每个数据的传送各占一个时钟周期,不必每次给出各个数据的地址,因此可提高传输速率。

(2) 兼容性好。PCI 总线部件和插件接口相对于处理器是独立的,它支持所有目前和将来不同结构的处理器,因此具有相对长的生命周期。PCI 总线与 ISA 和 EISA 总线均可兼容,也可以转换为标准的 ISA 和 EISA 总线。

(3) 支持即插即用。PCI 设备中配有存放设备具体信息的寄存器,这些信息可以供基本输入输出系统(Basic Input Output System,BIOS)和操作系统层的软件自动配置 PCI 总线部件和插件,这样无须进行复杂的手动配置。

(4) 具有支持多主设备的能力。主设备是指对总线有控制权的设备,PCI 支持多主设备,即允许任何主设备和从设备(对总线没控制权的设备)之间实现点到点对等存取。

(5) 具有与处理器和存储器子系统完全并行操作的能力。PCI 总线可视为 CPU 与外设之间的一个中间层,它通过 PCI 桥路(PCI 控制器)与 CPU 相连。PCI 桥路有多级缓冲,可以把一批数据快速写入缓冲器中,在这些数据不断写入 PCI 设备的过程中,可真正实现与处理器或存储器子系统的安全并发工作。

PCI 总线不同于 ISA 总线,PCI 总线的地址总线与数据总线是分时复用的。这样做一方面可以节省连接插件的引脚数,另一方面便于实现突发数据传输。在做数据传输时,由一个 PCI 设备做"发起者"(主设备,Initiator 或 Master),而另一个 PCI 设备做目标(从设备,Target 或 Slave)。总线上的所有时序的产生与控制,都由主设备来发起。PCI 总线在同一时刻只能供一对设备完成传输,这就要求有一个"仲裁机构"(Arbiter),来决定谁有权力得到总线的主控权。

2. AGP 总线

加速图像接口(Accelerated Graphics Port,AGP)是 Intel 推出的一种 3D 标准图像接口,专用于连接主存和图形存储器,属于局部总线,它能够提供四倍于 PCI 的效率。

随着多媒体计算机的普及,对三维技术的应用也越来越广。处理三维数据不仅要求有惊人的数据量,而且要求有更宽广的数据传输带宽。例如,对于 640×480 像素的分辨率而言,以每秒 75 次画面更新率计算,要求全部的数据带宽达 370MB/s;若分辨率提高到 800×600 像素时,总线带宽高达 580MB/s。因此 PCI 总线成为传输瓶颈。

为了解决此问题,Intel 于 1996 年 7 月推出了 AGP,这是显示卡专用的局部总线,基于 PCI 2.1 版的规范并进行了相应扩充修改而成。它采用点对点通道方式,并以 66.7MHz 的频率直接与主存联系,以主存作为帧缓冲器,从而实现了高速缓冲。AGP 的最大数据传输速率(假定数据宽带为 32 位)为 266MB/s,是传统 PCI 总线带宽的 2 倍。

AGP 还定义了一种双激励的传输技术(能在一个时钟的上下沿双向传输数据),从而实现了传输频率 133MHz(66.7MHz×2),此时最大数据传输速率为 533MB/s。后来又依次推出了 AGP2X、AGP4X、AGP8X 多个版本,数据传输速率可达 2.1GB/s。AGP 为传输视频和三维图形提供了切实可行的解决方案。

6.5.3 USB 总线

通用串行总线(Universal Serial Bus,USB)是由七家世界著名的计算机和通信公司(Intel、Compaq、Digital、IBM、Microsoft、NEC 和 Northern Telecom)共同推出的一种新型接口标准。它基于通用连接技术实现外设的简单快速连接,达到降低成本、方便用户、扩展 PC 连接外设范围的目的。用户可以将几乎所有的外设装置(包括显示器、键盘、鼠标、打印机、扫描仪、数码相机、U 盘和调制解调器等)直接插入标准的 USB 插口,还可以将一些 USB 外设进行串接,使一大串设备共用 PC 上的端口。它的主要特点有:

(1) 真正的即插即用。用户在开机状态可以很方便地对外设实行安装和拆卸,主机可按外设的增删情况自动配置系统资源,外设装置驱动程序的安装和删除均自动实现(从理论上来说是如此)。

(2) 强大的连接能力。标准的 USB 电缆长度为 3m,低速传输方式时为 5m,可以使用 USB HUB(USB 集线器)或中继器实现系统扩展,最多可链式连接 127 个外设到同一系统,传输速率可达 480Mb/s,可使传输距离达 30m。如图 6-30 是典型的 5 层 USB 系统拓扑结构。

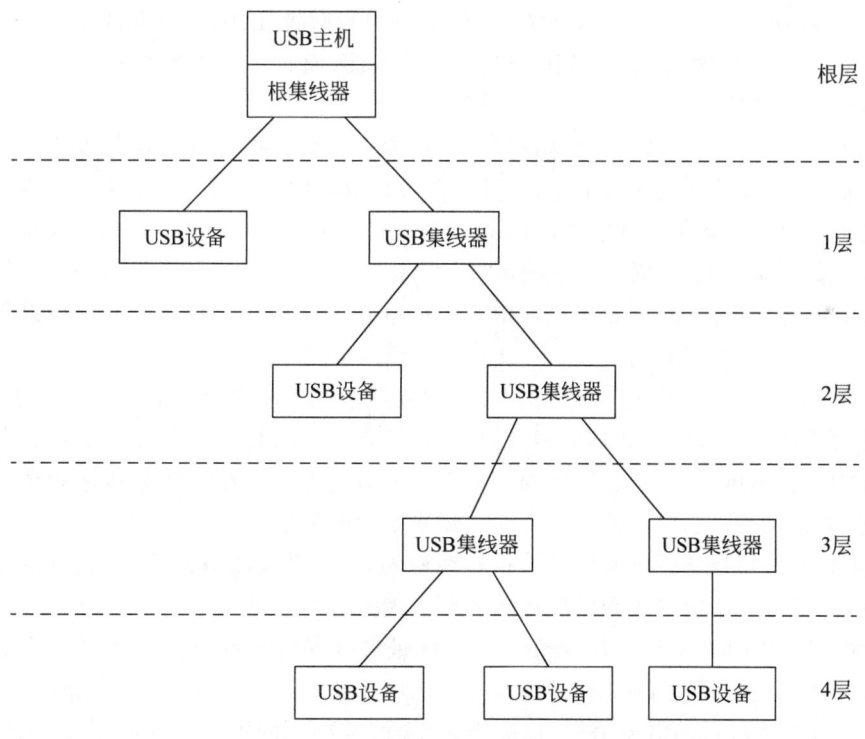

图 6-30 典型的 5 层 USB 系统拓扑结构

(3) 较高的传输速率。USB 1.0 的数据传输方式有两种,即采用普通无屏蔽双绞线,速度可达 1.5Mb/s,若用带屏蔽的双绞线,速度可达 12Mb/s(比串口快 100 倍,将近比并口快 10 倍);USB 2.0 版的数据传输速率最高可达 480Mb/s;USB 3.0 的最大传输带宽高达 5.0Gb/s(500MB/s);USB 4.0 的速度最高可达 40Gb/s。

(4) 统一的接口标准。目前在 PC 中引入 USB,减少了其他标准接口的需求,如串行接口的鼠标、键盘,并行接口的打印机、扫描仪,IDE接口的硬盘,都可以改成以统一的USB接口标准接入系统,从而减少了对PC插槽的需求,节省了PC的空间。

(5) 方便的供电方式。USB可以直接为外设提供电源,而不像普通的使用串、并口的设备那样需要单独的供电系统。USB使用的4芯电缆(2条用于信号连接,2条用于电源/地)可为外设提供+5V的直流电源,这一供电方式极大地方便了用户。

(6) 开放的通信规范。USB是一种开放性的不具有专利版权的工业标准,它是由一个标准化组织"USB实施者论坛"(该组织由150多家企业组成)制定出来的,因此不存在专利版权问题,从而使USB规范具有强大的生命力。

6.5.4 其他类型的总线

1. I^2C 总线

I^2C(Inter Integrated Circuit)总线是由Philips公司开发的两线式串行总线(只需要两根线就可以在连接于总线上的器件之间传送信息),它用于连接微控制器及其外围设备,是微电子通信控制领域广泛采用的一种总线标准。作为同步通信的一种特殊形式,它具有接口线少、控制方式简单、器件封装形式小和通信速率较高等优点。

I^2C总线中的串行数据(Serial DAta,SDA)和串行时钟线(Serial Clock Line,SCL)用于在连接到总线的器件(每个器件都有一个唯一的地址,而且都可以作为一个发送器或接收器)间传递信息,其特点如下。

(1) 在硬件上,I^2C总线只需要两根线(一根数据线和一根时钟线),总线接口已经集成在芯片内部,不需要特殊的接口电路,而且片上接口电路的滤波器可以滤去总线数据上的毛刺。因此I^2C总线简化了硬件电路(Printed Circuit Board,PCB,印制电路板,又称印刷线路板)布线,降低了系统成本,提高了系统可靠性。由于I^2C芯片除了这两根线和少量中断线,与系统没有其他的连接线,因此用户常用的集成电路(Integrated Circuit,IC)可以很容易标准化和模块化,便于重复利用。

(2) I^2C总线是一个真正的多主机总线,如果两个或多个主机同时初始化数据传输,可以通过冲突检测和仲裁防止数据破坏,每个连接到总线上的器件都有唯一的地址,任何器件既可以作为主机也可以作为从机,但同一时刻只允许有一个主机。数据传输和地址设定由软件设定,非常灵活。总线上的器件增加和删除不影响其他器件正常工作。

(3) I^2C总线可以通过外部连线进行在线检测,便于系统故障诊断和调试(故障可以立即被寻址,软件也利于标准化和模块化),从而大大缩短开发时间。

(4) 连接到相同总线上的IC数量只受总线最大电容的限制,串行的8位双向数据传输位速率在标准模式下可达100Kb/s,快速模式下可达400Kb/s,高速模式下可达3.4Mb/s。

(5) 总线具有极低的电流消耗,抗高噪声干扰,兼容不同电压等级的器件,工作温度范围宽,增加总线驱动器可以使总线电容扩大10倍,使传输距离达到15m。

2. CAN总线

控制器局域网(Controller Area Network,CAN)是由以研发和生产汽车电子产品著称的德国博世(BOSCH)公司开发的,并最终成为国际标准ISO(International Organization for Standardization)11898,它是国际上应用最为广泛的现场总线之一。在北美和西欧,CAN总线协议已经成为汽车计算机控制系统和嵌入式工业控制局域网的标准总线,并且拥有以 CAN 为底层协议专门为大型货车和重工机械车辆设计的 J1939 协议。

CAN 被设计为汽车环境中的微控制器通信,在车载的各电子控制装置(Electronic Control Unit,ECU)之间交换信息,从而形成汽车电子控制网络。例如,发动机管理系统、变速箱控制器、仪表装备和电子主干系统,均嵌入 CAN 控制装置。

CAN 是一种有效支持分布式控制或实时控制的串行通信网络,它属于现场总线(当今自动化领域技术发展的热点之一)的范畴,基本设计规范要求有高的位速率,高抗电磁干扰性,而且能够检测出产生的任何错误。当信号传输距离达到 10km 时,CAN 仍可提供高达 50Kb/s 的数据传输速率。

为促进 CAN 以及 CAN 协议的发展,1992 在欧洲成立了 CiA(CAN in Automation)。在 CiA 的努力推广下,CAN 技术的应用范围已不再局限于汽车行业,而向自动控制、航空航天、航海、过程工业、机械工业、纺织机械、农用机械、机器人、数控机床、医疗器械及传感器等领域发展。与一般的通信总线相比,CAN 总线的数据通信具有突出的可靠性、实时性和灵活性。

由于其良好的性能及独特的设计,CAN 总线越来越受到人们的重视。它在汽车领域上的应用是最广泛的,世界上一些著名的汽车制造厂商都采用了 CAN 总线来实现汽车内部控制系统与各检测和执行机构间的数据通信。同时,由于 CAN 总线本身的特点,现已有 400 多家公司加入了 CiA,CiA 已经为全球应用 CAN 技术的权威。

CAN 总线成本较低、总线利用率较高、数据传输距离(长达 10km)较长、数据传输速率(高达 1Mb/s)较高、可根据报文的 ID 决定接收或屏蔽该报文、错误处理和检错机制较为可靠,具有自动重发甚至自动退出总线的功能(即发送的信息遭到破坏后可自动重发,节点在严重错误的情况下自动退出总线)、报文不包含源地址或目标地址(仅用标志符来指示功能信息和优先级信息)。

3. VESA(VL-BUS)总线

VESA 总线是由视频电子标准协会(Video Electronic Standard Asociation,VESA)提出的局部总线标准(指在系统外为两个以上模块提供的高速传输信息通道),又称为 VL-BUS(VESA Local BUS)总线。VL-BUS 是由 CPU 总线演化而来的,它采用 CPU 的时钟频率达 33MHz、数据线为 32 位,可通过扩展槽扩展到 64 位,配有局部控制器,最大传输率达 133MB/s。该总线用于多媒体计算机高速传送活动图像形成的大量数据。

通过局部总线控制器,将高速 I/O 设备(如多媒体、高性能图形和高速局域网)直接挂在 CPU 上,从而实现 CPU 与高速 I/O 设备之间的高速数据交换,如图 6-31 所示。

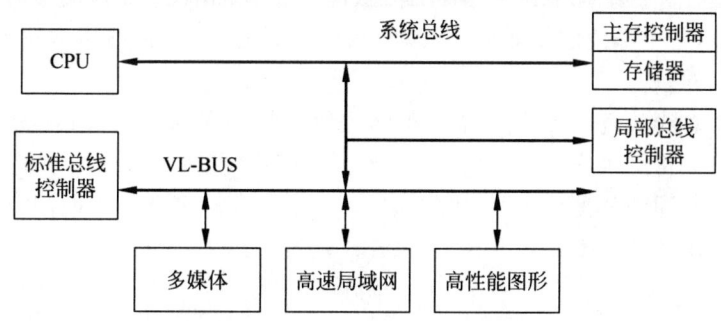

图 6-31 通过 VL-BUS 实现高速数据交换

4. PCI-E 总线

在 2001 年的春季"Intel 开发者论坛"上,Intel 公司就提出了要用新一代的技术取代 PCI 总线和多种芯片的内部连接,并称之为第三代 I/O 总线技术。随后在 2001 年底,包括 Intel、AMD、DELL 和 IBM 在内的 20 多家业界主导公司开始起草新技术规范,并在 2002 年完成,将其正式命名为 PCI Express(PCI-E)。作为新一代的总线和接口标准,它将全面取代现行的 PCI 和 AGP,从而最终统一总线标准,采用此类接口的显卡产品,已经在 2004 年正式面世。

从 2001 年春季的 Intel 正式公布 PCI Express,到 2019 年 10 月为止,PCI-E 规范从 1.0 版本已经发展到 5.0 版本,各版本推出的时间和传输速率如表 6-3 所示。

表 6-3 PCI-E 各版本传输速率

PCI-E 版本	推出时间	传输速率
1.0	2003	2.5GT/s
2.0	2007	5.0GT/s
3.0	2010	8.0GT/s
4.0	2017	16.0GT/s
5.0	2019	32.0GT/s

除了上述介绍的总线,还有一些较为常用的总线,如 RS-232C(Recommended Standard,RS)、PCMCIA(Personal Computer Memory Card International Association)总线、IDE(Integrated Drive Electronics)总线、SCSI(Small Computer System Interface)总线和 SATA(Serial Advanced Technology Attachment)总线等。

RS-232C 是由美国电子工业协会(Electronic Industries Association,EIA)推荐的一种串行通信总线标准,它是串行二进制交换的数据终端设备(Data Terminal Equipment,DTE)和数据通信设备(Data Communication Equipment,DCE)之间的标准接口。

PCMCIA 总线是被广泛应用于笔记本电脑中的一种即插即用的总线接口标准,它是一个小型的用于扩展功能的插槽;IDE 是磁盘驱动器总线接口类型;SCSI 是一种用于计算机和智能设备之间的智能小型计算机系统总线接口;SATA 是一种基于行业标准的串行硬件驱动器总线接口,它是由 Intel、IBM 和 Dell 等公司共同提出的。

6.6 小结

总线是连接计算机系统中各个部件的信息传输通道,是各个部件共享的传输介质。计算机工作过程中,各个部件之间就是依靠总线互相传输信息,按照分类方法不同,计算机总线的类别就会不同。

本章介绍了总线的概念和特性、总线的结构和分类、总线仲裁方式、总线通信与定时、总线标准。通常可以将总线分为单总线和多总线,总线的仲裁则可分为集中式和分散式,总线的通信方式按照不同的分类方法可以分为串行和并行,定时可以分为同步、异步和半同步。计算机系统中常用的总线主要有 ISA 总线、EISA 总线、PCI 总线和 USB 总线等。

第7章 输入输出系统

输入输出(Input/Output,I/O)系统,是计算机系统十分重要的组成部分,其特点是异步性、实时性和设备无关性。一个计算机系统的综合处理能力,与输入输出系统密切相关。本章首先介绍输入输出系统的概念,然后再介绍典型的输入输出设备及其接口,最后介绍输入输出设备与主机交换信息的控制方式,即程序查询方式、中断方式、直接存储器访问(Direct Memory Access,DMA,也称直接存储器存取)方式和通道方式。

7.1 输入输出系统简介

7.1.1 输入输出系统的基本概念

在计算机中,通常把在输入输出系统中使用的设备称为输入输出设备。根据输入输出设备与计算机进行交互的方式,可以粗略地将输入输出系统中使用的设备分成三类,即输入设备、输出设备和输入输出设备。

(1) 输入设备。输入设备是指用户或其他设备与计算机进行交互的一种装置,它通常用于把原始数据和处理这些数据的程序或命令输入到计算机中。

典型的输入装置如键盘、鼠标、摄像头、扫描仪、光笔和手写输入板等都属于输入设备,计算机通过使用这些不同类型的输入设备,能够将接收到的数据(如图形、图像、声音等)输入到计算机中,并由计算机进行处理,这些数据既可以是数值型的,也可以是非数值型的。

(2) 输出设备。输出设备是指用于接收计算机数据、程序和操作命令的一种装置,它能把计算机输出的信息转换成外界能接受的表现形式。例如,将各种计算的数据结果或信息以数字、字符、图像和声音等形式展示出来。

常见的输出设备有显示器、打印机、绘图仪、影像输出系统、语音输出系统和磁记录设备等。利用这些输出设备既可以将计算机的输出信息转换成印在纸上的数字、文字、符号、图形和图像,也可以将这些输出信息记录在磁盘、磁带、纸带和卡片上,或者先将它们转换成模拟信号,再直接传送给相关的控制设备。

(3) 输入输出设备:输入输出设备是指既可以通过输入方式,也可以通过输出方式与计算机进行交互的一种装置,从某种程度上来看,它将输入设备和输出设备融为一体。

在计算机中,常用的输入输出设备有磁盘、终端、模数(Analog to Digital,A/D)和数模(Digital to Analog,D/A)转换器等。利用输入输出设备既可以将计算机中的数据或信号输出到输入输出设备中,也可以将输入输出设备中的原始数据和处理这些数据的程序输入到计算机中。

例如：模数转换器作为输入设备，它可以将模拟信号量转换为数字信号量，而数模转换器作为输出设备，它可以将计算机输出的数字信号量转换为控制所需的模拟信号量。无论是模数转换器还是数模转换器，现在均已制成各种规格的芯片，由于其属于过程控制设备，因此还需要配备如传感器、放大电路以及开关等设备，从而实现与计算机共同完成控制对象的过程。

一般来说，输入输出设备通常由存储介质、驱动装置、控制电路三个基本部分组成：

存储介质是存储数据的载体。例如：机械硬盘、固态硬盘、闪存和U盘等。目前流行的存储介质大部分都基于闪存(Nand Flash)，比如U盘和基于闪存的固态硬盘。

驱动装置用于移动存储介质。例如，磁盘设备中的驱动装置通常用于对其读写时转动磁盘，以便于对磁道上的数据实现定位。

控制电路用于向存储介质发送数据或者从存储介质中接收数据。例如从磁盘中读取数据时，控制电路会把磁盘上的信息转换成电信号，并传送给主机。

接下来看下输入输出设备同处理机交换数据时的输入和输出过程。

对于输入过程，至少需要以下三个步骤：

① 处理机把一个地址值放在地址总线上，这一步将选择某一输入设备。
② 处理机等候输入设备的数据成为有效。
③ 处理机从数据总线读入数据，并放在一个相应的寄存器中。

而对于输出过程，至少需要以下三个步骤：

① 处理机把一个地址值放在地址总线上，选择输出设备。
② 处理机把数据放在数据总线上。
③ 输出设备认为数据有效，从而把数据取走。

7.1.2 输入输出设备的分类

由于不同类型的输入输出设备工作时的速度相差很大，且远远小于处理机工作时的速度，因此这些设备与处理机连接在一起工作时，需要保证两者在时间上同步，即需要考虑如何解决输入输出设备的定时问题。

显然，对于不同速度的输入输出设备，需要有不同的定时方式。接下来将分别介绍三类不同速度的输入输出设备，以及处理机与这些设备之间的定时方式。

1) 速度极慢或简单的输入输出设备与任意定时方式

对于机械开关、显示二极管等这类速度极慢或简单的输入输出设备，处理机总是能足够快地做出响应。换句话说，对机械开关来讲，处理机可以认为输入的数据一直有效，因为机械开关的动作相对处理机的速度来讲是非常慢的；而对显示二极管来讲，处理机可以认为输出一定准备就绪，因为只要给出数据，显示二极管就能将它显示出来，所以，在这种情况下，处理机只要接收或发送数据就可以了。

因此，对于速度极慢或简单的输入输出设备而言，可以认为处理机与它们之间的数据交换采用的是任意定时方式。

2) 慢速或中速的输入输出设备与异步定时方式

这类设备的速度与上述设备（即速度极慢或简单的输入输出设备）相比更快，仍和处理机的速度相差甚远，并且这类设备（如键盘）是被随机操作的，因此处理机与这类设备之间的数据交换通常采用异步定时方式。

接下来以处理机接收数据和发送数据为例,简要说明该类设备的工作过程。处理机在接收数据时首先询问外部设备(即计算机系统中输入输出设备的统称,简称"外设")的状态,如果该外设的状态标志表明自身已经"准备就绪",那么处理机就从总线上接收数据,然后发出输入响应信号,告诉外设已经把数据总线上的数据取走,此时外设把"准备就绪"的状态标志复位,并准备下一个字的交换;如果外设没有"准备就绪",那么它就发出表示外设"忙"的标志,处理机将进入一个循环程序中等待,并在每次循环中询问外设的状态,一直到外设发出"准备就绪"信号以后,才从外设接收数据。

处理机发送数据的情况也与上述情况相似,外设先发出请求输出信号,而后,处理机询问外设是否准备就绪。如果外设已准备就绪,处理机便发出准备就绪信号,并送出数据。外设接收数据以后,将向处理机发出"数据已经取走"的通知。

通常,把这种在处理机和外设间用问答信号进行定时的方式叫做应答式数据交换。

3) 高速的输入输出设备与同步定时方式

由于这类外设是以相等的时间间隔操作的,而处理机也以等间隔的速率执行输入/输出指令的,因此,这种方式叫做同步定时方式。一旦处理机和外设发生同步,它们之间的数据交换便靠时钟脉冲控制来进行。

【例 7-1】 假定某 I/O 系统有三个设备,分别为磁盘、磁带和打印机,其中磁盘的传输速率为 500000b/s,磁带为 200000b/s,打印机为 2000b/s,键盘为 100b/s,试计算 CPU 分别每隔多长时间与它们进行一次定时操作,并简要分析之。

解:由题意可知

CPU 与磁盘的定时 $=1/500000(s)$

CPU 与磁带的定时 $=1/200000(s)$

CPU 与打印机的定时 $=1/2000(s)$

CPU 与键盘的定时 $=1/100(s)$

因此,可以得出传输速率越高的 I/O 设备,会越快与 CPU 进行定时操作。

7.1.3 输入输出系统的发展概况

输入输出系统的发展大致可以分为直接连接(直连)阶段、接口阶段、DMA 阶段、具有通道结构的阶段(即通道阶段)和具有 I/O 处理机(外围处理机,Peripheral Processor)的阶段(即外围处理机阶段)。

1. 输入输出设备与 CPU 直接连接的直连阶段

在直连阶段,I/O 设备与主存交换信息必须通过 CPU,如图 7-1 所示。

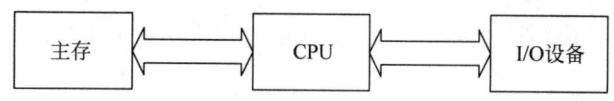

图 7-1　I/O 设备通过 CPU 与主存交换信息

在这一阶段,I/O 设备有以下几个特点:

(1) 每个 I/O 设备都有专门的控制线路与 CPU 相连,用来实现 I/O 设备和主机之间的信息交换,从而导致线路十分散乱。

(2) 由于 I/O 设备和 CPU 之间是按串行方式工作的,因此 I/O 设备执行输入输出命令完成输入输出过程时,CPU 必须停止各种运算,这一过程浪费了 CPU 的很多时间,最终极大地降低了 CPU 的利用率。

(3) 由于每个 I/O 设备的控制电路与 CPU 的控制电路紧密结合在一起,导致它们之间相互依赖。因此,添加、更换或撤销某个 I/O 设备都是非常困难的。

不过因为在这一阶段中 I/O 设备的数量非常少,且主机与 I/O 设备之间交换的信息量不大,所以这样的设计还是可行的。

2. 输入输出设备与 CPU 通过接口模块连接的接口阶段

随着计算机中 I/O 设备的增多,它们通过 CPU 与主存交换信息的方式极大地浪费了 CPU 这一宝贵资源,因此已经不再适用了。在这一背景下,出现了接口模块,即在采用总线结构的计算机系统中,I/O 设备通过接口模块与主机相连,如图 7-2 所示。

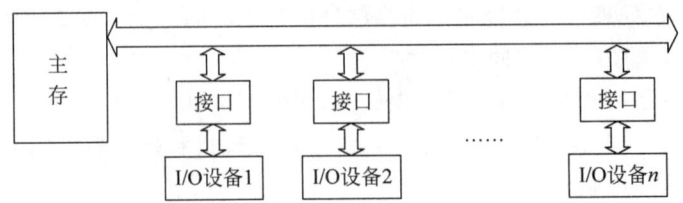

图 7-2 I/O 设备通过接口与主机交换信息

由于 I/O 设备和 CPU 传输数据的速度不一致,并且有些 I/O 设备是串行传输数据,而 CPU 是并行传输数据,所以在接口模块中,需要设置数据通路和控制通路。对于这两种通路,其中数据通路既要有数据缓冲的作用,又要有串/并转换(即串行转换为并行)的功能,而控制通路则要完成控制命令(从 CPU 向 I/O 设备发送)和反馈信号(从 I/O 设备向 CPU 发送)的传输。此外,许多接口模块还能满足中断请求处理的要求,这使得 CPU 和 I/O 设备之间能够并行工作,从而进一步提高了 CPU 的工作效率。

通过采用接口技术,还可以使得多台 I/O 设备分时地请求 CPU 为其工作,最终提高了整机的工作效率。

3. 输入输出设备与 CPU 通过 DMA 连接的 DMA 阶段

在接口阶段,尽管 CPU 和 I/O 设备之间能够并行工作,但却存在以下问题:即当两者(CPU 和 I/O 设备)之间传输数据时,CPU 要中断当前运行的程序。

DMA 技术的出现解决了这一问题,该技术的特点是在 I/O 设备与主存之间有一条直接的数据通路,借助于该数据通路,I/O 设备可以直接与主存交换信息,而无需要求 CPU 强行中断当前正在运行的程序。这意味着 CPU 在 I/O 设备与主存之间交换信息时能够继续完成自身的工作而不必中断它,所以进一步提高了 CPU 的效率,这也使系统资源的利用率得到了极大的提升。如图 7-3 所示为 I/O 设备通过 DMA 接口与主存交换信息。

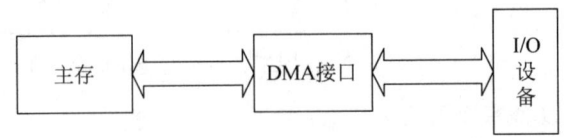

图 7-3 I/O 设备通过 DMA 接口与主机交换信息

4. 输入输出设备与 CPU 通过通道连接的通道阶段

在小型机和微型机中，DMA 方式可以完成主机和高速 I/O 设备之间的成组数据传输，但在大型计算机中，由于 I/O 设备数量巨大，种类繁多，数据传输极为频繁，此时若仍使用 DMA 方式，容易出现一些问题。例如，若为每台 I/O 设备配备 DMA 接口，不仅硬件成本比较高，而且 CPU 对众多 DMA 接口的控制也会变得十分复杂，进而直接影响系统的整体工作效率。

所以在大型机中，通常采用 I/O 通道的方式进行数据传输，如图 7-4 所示为 I/O 设备通过通道与主存交换信息。

图 7-4 I/O 设备通过通道与主存交换信息

通道可以管理连接在通道上的 I/O 设备，并实现主机与 I/O 设备之间的数据传输。通道可以被认为是一种具有特殊功能的处理器，它有自己专用的通道指令系统，能够独立地执行用通道指令编写的通道程序，来完成 I/O 设备与主机间的输入输出操作，但它并不是一个完全独立的处理器。通道根据 CPU 的 I/O 指令启动、停止或改变工作状态，是从属于 CPU 的一个专用处理器。在通道方式下，I/O 设备和主存进行信息交换时，CPU 并不直接参与，这样提高了 CPU 的利用率和效率。

5. 输入输出设备与 CPU 通过外围处理机连接的外围处理机阶段

外围处理机基本独立于主机工作，它不仅可以完成 I/O 通道中的 I/O 控制，还能完成码制转换、格式处理、数据块检错和纠错等操作。在这一阶段，输入输出系统与 CPU 工作的并行性更高，从而具有很好的独立性。如图 7-5 所示为 I/O 设备通过外围处理机与主存交换信息。

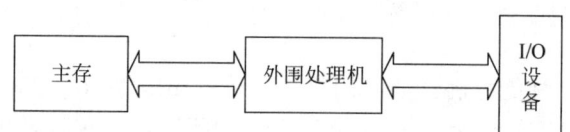

图 7-5 I/O 设备通过外围处理机与主存交换信息

7.2 输入输出设备

7.2.1 输入设备

输入设备（Input Device）是指向计算机输入信息的外部设备，它是计算机与用户或其他设备通信的桥梁。作为用户和计算机系统之间进行信息交换的主要装置之一，它按一定要求将程序、数据、命令以及某些标志等信息转换成计算机能够识别的二进制代码，并输送到计算机中进行处理。

在计算机发展的初期，计算机的输入设备种类非常有限。计算机的一切数据和操作指令都是通过纸带输入机进行的，纸带输入机是当时唯一的输入设备。纸带输入机是可以读出穿孔纸带上的信息并输入到计算机中的设备，在穿孔纸带上利用一排孔表示一个字符，用穿孔或不穿孔分别表示 1 和 0，来将指令和数据导入内存。但纸带输入机输入速度很慢，可靠性也差，最终被淘汰。

计算机的输入方式从最早的纸带输入到键盘输入、再到鼠标输入、直到现在最为流行的触摸输入（智能手机的主流输入方式），共经历了四个阶段。根据输入信息的不同，输入设备大致可以分为：字符输入设备、图形输入设备、图像输入设备以及语音输入设备等；而按照功能和结构的不同，输入设备又可分为：键盘、鼠标和触摸屏等，其中键盘和鼠标是目前计算机中最为基本的输入设备，而触摸屏是目前智能手机的标准输入设备。下面基于上述第二种分类方法介绍一些常用的输入设备。

1. 键盘

键盘是把一组按键按一定方式排列组合而形成的输入设备，它是计算机系统中最早采用的人工输入方式的人机对话工具。通常键盘由按键开关、编码器、盘架和接口电路等元器件组成，用户可以在它工作时，按下任意按键来产生相应的按键开关动作，从而在电路中触发电脉冲信号，再由控制编码器产生该键所表示的字符或数字等信息的编码，然后将它翻译成计算机能够识别的二进制代码并输入计算机中，同时将其在屏幕上显示出来。

在键盘中判断哪个键被按下有两种方法，分别为用硬件判断的编码键盘法和用软件判断的非编码键盘法。对于编码键盘法，是由硬件电路直接产生相应按键的 ASCII 码并送入 CPU 中；而对于非编码键盘法，则是利用简单的硬件和一套专用键盘编码程序来判断按键的位置，然后再由 CPU 将位置码（被按下的键的位置对应的编码）经查表程序转换成相应的编码信息。显然，与用硬件判断按键相比，用软件判断的方法结构更为简单，但速度较慢。

键盘的分类方式很多，按键盘的工作原理可分成机械键盘、塑料薄膜式键盘、导电橡胶式键盘和无接点静电电容键盘四种类型。近些年来出现了智能键盘，如 IBM PC 的键盘（该键盘内装有 Intel 8048 单片机，故可以完成键盘扫描、键盘监测、消除重键、自动重发、扫描码的缓冲以及主机之间的通信等任务）。

2. 鼠标

鼠标（Mouse）是一种能控制计算机阴极射线管（Cathode Ray Tube，CRT）光标移动的定点输入设备，由于它的外形为一个小方盒子（或半圆形，现在已经出现了各式各样的形状），且通过一根电缆线经过接口与主机相连，因此像一只拖着尾巴的小老鼠。

第一个用于 IBM PC 的鼠标是 1982 年由 Mouse System 公司推出的，1983 年微软推出了它的两键 PC 鼠标，还配置了专门的支持软件。根据鼠标接口类型的不同，可将其分为串行鼠标、PS/2 鼠标、总线鼠标和 USB 鼠标四种；而根据其工作原理及内部结构的不同，又可以将其分为机械式鼠标、光电式鼠标和光机式鼠标。

鼠标的一个重要参数是 DPI（Dots Per Inch，即鼠标移动时每英寸产生的点数）值。鼠标的 DPI 值越大，其灵敏度越高，但 DPI 值并不是越大越好，比如在用鼠标精细作图时，DPI 值越小，作图就会更稳定。

3. 触摸屏

触摸屏（Touch Panel）又称为"触控屏""触控面板"，是一种可接收触头等输入信号的感应式液晶显示装置。触摸屏技术产生于 20 世纪 70 年代，最先应用于美国的军事领域。此后，该项技术逐渐向民用移转，并且随着电子技术、网络技术的发展和互联网应用的普及，新一代触摸屏技术和产品相继出现，其坚固耐用、反应速度快、节省空间、易于交流等许多优点得到了大众的认同。

触摸屏作为一种最新的人机交互技术已经被推向众多领域。除了应用于个人便携式信息产品之外，还广泛应用于家电、公共信息（如电子政务、银行、医院、电力等部门的业务查询等）、电子游戏、多媒体教学、通信设备、办公室自动化设备、信息收集设备及工业设备等。

触摸屏技术在我国的应用虽然只有十多年的时间，但是它已经成为了继键盘和鼠标之后最为普通百姓所易接受的计算机输入方式。利用这种技术，用户只需用手指轻轻地触碰计算机显示屏上的图符或文字，所摸到的位置就会被触摸屏控制器检测到，并通过串行口或者其他接口送到CPU，从而确定用户所输入的信息，进而能实现对主机的操作，这使人机交互更为直截了当。由于触摸屏技术极大地方便了用户，故其逐渐成为主流的多媒体交互设备。

触摸屏有很多种类，按安装方式的不同可以将其分为外挂式、内置式、整体式和投影仪式；按结构和技术分类可以将其分为红外技术触摸屏、电容技术触摸屏、电阻技术触摸屏、表面声波触摸屏、压感触摸屏和电磁感应触摸屏。

触摸屏的性能指标包括：清晰度、反光性、透光率、最大分辨率、压力轴响应、漂移、反应速度和色彩失真等。

4．其他输入设备

1) 数码影像输入设备

（1）数码相机又称为数字相机。它是一种与计算机配套使用的、新型的数码影像设备。由于数码相机所获得的数字化图像可以很方便地在计算机中得到处理，所以伴随着多媒体计算机的迅速普及，数码相机也逐渐成为多媒体计算机的一种重要的输入设备。数码相机技术颠覆了传统摄影技术，它不仅能够记录静止图像，而且还能够记录活动图像和声音。

数码相机的分类方法有很多，如按其所采用的图像传感器分类，数码相机可以分为CCD相机和CMOS相机；按其对计算机的依赖程度分类，可分为脱机型相机和联机型相机；按机身结构分类，可分为简易型相机、单反型相机和后背型相机；按价格分类，可分为低档相机、中档相机和高档相机；按所采用的接口分类，可分为PP相机、USB相机和PCI相机；按使用对象分类，可分为家用型相机、商业型相机和专业型相机。

数码相机的主要性能指标包括：分辨率、彩色深度、光学镜头、镜头焦距、光圈和快门、白平衡、感光度、曝光补偿和曝光模式等。

（2）数码摄像机是一种记录声音和数码活动图像的数码视频设备。它的面世，最初只是为了应用于家庭娱乐方面。由于它不仅可以记录活动图像，而且能够拍摄静态图像（相当于数码相机的功能），且记录的数字图像可以直接输入到计算机中进行编辑处理，因此其应用领域大大扩展，最终成为多媒体计算机的一种重要的输入设备。

数码摄像机若按其用途分类，可分为广播级数码摄像机、专业级数码摄像机和消费级数码摄像机；按存储介质可分成磁带式数码摄像机、光盘式数码摄像机、硬盘式数码摄像机和存储卡式数码摄像机，按传感器类型可分为CMOS数码摄像机和CCD数码摄像机。

数码摄像机的主要性能指标包括：CCD、镜头、兼容性、液晶显示屏和分辨率等。

（3）数字摄像头是随着互联网的发展而诞生出的一种新的高科技数码影像产品，是集灵活性、实用性和可扩展性于一身的网络视频通信产品，它通常用于网上传送实时影像，能够在网络电话和视频电子邮件中实现实时影像捕捉。

数字摄像头按照传感器的不同,可分为 CCD 型数字摄像头和 CMOS 型数字摄像头,其性能指标有摄像器件、像素的分辨率、压缩算法、接口方式和视频捕捉速度等。

2) 扫描仪

扫描仪(Scanner)是一种数字化输入设备,它能够捕捉图像(照片、文本、图画、胶片等,甚至三维图像)并将其转换为计算机可以显示、编辑、存储和输出的对象。扫描仪一度被广泛用于各类应用中,如图像处理、出版、印刷、广告制作、艺术设计、办公自动化、多媒体制作、图文数据库、图文通信和工程图纸输入等,但随着智能手机高清晰度摄像头的普及,人们在通用领域中更愿意选择扫描 App 来完成纸质内容的数字化处理,而不再借助于扫描仪完成,这导致现如今扫描仪仅限于在某些专业领域里使用。

扫描仪的种类繁多,根据扫描仪扫描介质和用途的不同大体上分为:平板式扫描仪、名片扫描仪、胶片扫描仪、馈纸式扫描仪、文件扫描仪。除此之外还有手持式扫描仪、鼓式扫描仪、笔式扫描仪、实物扫描仪和 3D 扫描仪等。

扫描仪的主要性能指标包括:分辨率、彩色深度、灰度级、扫描速度及其动态范围。

3) 游戏手柄

游戏手柄是一种电子游戏机的部件。玩家可以通过操纵手柄按钮来实现对游戏角色的控制。游戏手柄的配置包括:十字键(方向)、A、B、X、Y 功能键(动作)、选择及暂停键(菜单)三种控制按键。经过这些年的不断的发展,计算机游戏也支持使用游戏手柄进行操作。

目前,游戏手柄按照使用用途可以分为:PC 游戏手柄、PS2 游戏手柄、PS3 游戏手柄、PS4 游戏手柄;按照产品类型可以分为:有线游戏手柄、无线游戏手柄、蓝牙手柄等。

7.2.2 输出设备

输出设备(Output Device)是指接收计算机内存中的各种数据,并将其以数字、字符、图像或声音等形式展现出来的设备。计算机中的输出设备种类很多,常用的有显示设备、打印设备和绘图设备等。

1. 显示设备

显示设备是多媒体计算机系统中实现人机交互的外部设备,是计算机不可或缺的输出设备。

显示器是一种最为典型的输出设备,它必须配合显示适配器(显示卡,也称显卡)才能正常工作。它的功能是在显示器的屏幕上迅速显示相应的数据信息,并同时能够方便地为用户修改数据提供实时反馈(即允许人们利用键盘或鼠标等输入设备把数据和指令送入计算机时同步显示出来,并能让用户看到对所显示的内容进行修改的全过程)。因此,显示设备也是实现人机对话的重要工具之一。

多媒体计算机系统中的显示设备,若按显示对象分类,可分为字符显示、图形显示和图像显示;若按显示器件分类,可分为阴极射线管(CRT)显示器、等离子显示面板(Plasma Display Panel,PDP)、发光二极管(Light Emitting Diode,LED)显示器、电致发光显示器(Electro Luminescent Display,ELD)和液晶显示器(Liquid Crystal Display,LCD)等。

显示器的主要性能指标有点距、可视面积、可视角度、色彩度、对比度、亮度值和扫描方式等。

显卡的全称为显示接口卡(Video Card,Graphics Card),它是连接显示器和个人计算机的重要元件,也是个人计算机最基本的组成部分之一。显卡的用途是将计算机系统所需要显示的信息进行转换驱动,并向显示器提供行扫描信号,从而控制显示器的正确显示。显卡作为计算机主机里的一个重要组成部分,承担输出显示图形的任务。对于从事专业图形设计的人来说,显卡非常重要。显卡通常由总线接口、显示芯片、显存及其他外围组件构成,现在的显卡大多还具有数字视频接口(Digital Visual Interface,DVI)、显示器接口或者高清多媒体接口(High Definition Multimedia Interface,HDMI)及 S-Video(Separate Video,也称为 Super Video)端子接口。目前商用显卡图形芯片供应商主要包括 AMD(ATI,Array Technology Industry)和 Nvidia(英伟达)两家。

2. 打印设备

打印设备又称为硬拷贝设备,它可以将计算机内存储的数据按照文字或图形的方式永久地输出到纸张或者透明胶片上,产生永久性记录。打印输出是计算机最为基本的输出形式之一,它通常由打印机(Printer)这种典型的打印设备来实现。

打印设备可以按多种方法来分类,接下来分别按印字原理的不同、工作方式的不同、打印纸宽度的不同和数据传输方式的不同分类介绍。

(1) 按印字原理的不同分类。按印字的原理不同,可以分为击打式和非击打式两大类。击打式打印机可分为活字打印机和点阵针式打印机,它是利用机械动作使印字机构与色带和纸相撞击而打印字符,特点是设备成本低,印字质量较好,但噪声大、速度慢;非击打式打印机采用电、磁、光、喷墨等物理和化学方法来印刷字符,如激光打印机、静电打印机和喷墨打印机等,特点是速度快,噪声低,印字质量高,但价格较贵,有的设备需用专用纸张进行打印。目前发展趋势是从机械式的击打式设备逐步转向电子化的非击打式设备。

(2) 按工作方式的不同分类。按工作方式的不同,可将打印机分为串行打印机和行式打印机。串行打印机是逐字打印的,而行式打印机是逐行打印的,它主要用于报表、日志等文档的打印。行式打印机的针排列为一行,其宽度和最大打印的宽度相同。与串行打印机相比,行式打印机的打印速度很快,在短时间内可以完成较多的打印任务,被广泛用于金融和电信等行业。

(3) 按打印纸宽度或数据传输方式的不同分类。按打印纸宽度的不同,可将打印机分为宽行打印机和窄行打印机;按数据传输方式分类,打印机还可以分为串行打印机和并行打印机两类。

目前市场上的主流产品是点阵针式打印机、激光打印机和喷墨打印机,接下来对它们进行简要介绍。

(1) 点阵针式打印机。点阵针式打印机主要由打印头、横移结构、输纸机构、色带机构和相应的控制电路组成,其结构简单、体积小、重量轻、价格低、字符种类不受限制,较易实现汉字打印,还可打印图形和图像,是目前应用最广泛的一种打印设备。它的印字原理是由打印机(钢针)引出点阵来组成字符或图形,点越密,字形质量越高。

(2) 激光打印机。激光打印机由激光扫描系统、电子照相系统、字形发生器和接口控制器组成。由于它同时采用了激光技术和照相技术,因此印字质量好,故而在各种计算机系统中被广泛采用。激光打印机的印字原理如下:由计算机传来二进制数据信息,通过视频控制器转为视频信号,再由视频接口/控制系统把视频信号转换为激光驱动信号,然后由激光扫描系统产生载有字符信息的激光束,最后是由电子照相系统使激光束成像并转印到纸上。

激光打印机作为一种页式输出设备,可以使用普通纸张打印,通常用每分钟输出的页数(Pages Per Minute,PPM)来描述它的速度。高速(速度在 100PPM 以上)和中速(速度为

30～60PPM激光打印机主要用于大型计算机系统,低速激光打印机(速度为20PPM以下)则用于办公室自动化系统和文字编辑系统。

(3) 喷墨打印机。喷墨打印机主要由喷头、墨盒、清洁单元、小车单元、送纸单元和传感器单元等组成,它的印字原理是将墨水喷射到普通打印纸上,若采用红、绿、蓝三色喷墨头,便可实现彩色打印。随着喷墨打印技术的不断提高,其输出效果越来越接近于激光打印机,而价格又与点阵针式打印机相当,因此得到了相当广泛的应用。

以上介绍的三种打印机都配有一个字符发生器,它们的共同点是都能将字符编码信息变为点阵信息,不同的是这些点阵信息的控制对象不同。点阵针式打印机的字符点阵用于控制打印针的驱动电路;激光打印机的字符点阵脉冲信号用于控制激光束;喷墨打印机的字符点阵信息控制墨滴的运动轨迹。

3. 绘图设备

绘图仪是计算机用来绘制图形的输出设备,又称绘图机。绘图仪既可以绘制图形,也可以输出图像,在计算机辅助设计(Computer Aided Design,CAD)和计算机辅助制造(Computer Aided Manufacturing,CAM)领域中得到广泛引用。

目前市场上的绘图仪种类繁多,性能各异。通常可将绘图仪进行如下分类:

(1) 按有无绘图笔划分可以分为矢量绘图仪和点阵绘图仪。

(2) 按驱动方式的不同可以分为步进电机驱动、伺服电机驱动、直线电机驱动、平面电机驱动等类型。

(3) 按色彩划分的不同可以为分为单色和彩色绘图仪。

(4) 按绘图的幅面尺寸可分为大、中、小型绘图仪。

绘图仪的主要性能指标有:有效幅面尺寸、速度和加速时间、精度、脉冲当量。

7.2.3 输入输出设备

计算机中有一类I/O设备既有输入功能,又有输出功能,如硬盘存储器、光盘存储器、模数和数模转换设备、终端设备和廉价磁盘冗余阵列(Redundant Array of Inexpensive Disks,RAID)。由于第3章"存储器"中已经介绍了硬盘存储器和光盘存储器,因此接下来只介绍模数和数模转换设备、终端设备和RAID。

1. 模数和数模转换设备

当计算机用于过程控制时,其控制信号是模拟量,而计算机只能处理数字量,此时需要模数和数模转换设备来完成模拟量和数字量之间的转换任务。模数设备能将模拟量转换成数字量,属于输入设备;数模设备能将数字量转换成模拟量,属于输出设备。

模数和数模转换器均属于过程控制设备,往往还需要配置其他设备(如传感器、放大电路、执行机构以及开关量设备等),才能与计算机协同工作。

2. 终端设备

终端设备是由显示器和键盘组成的一套独立完整的I/O设备。终端设备与显示器不同,它的结构比显示器复杂,能完成显示控制与存储、键盘管理、通信控制和简单的转换任务。

3. 磁盘阵列RAID

RAID在多个物理盘上分割交叉存放数据,并将多个独立的物理磁盘组成一个独立的逻辑盘,使之可以并行存取。在RAID控制器的管理下,可实现数据的并行存储、交叉存储和单独存储。磁盘阵列中有一部分磁盘用于存放冗余信息，若某一磁盘的信息失效，此时可以利用冗余信息重建磁盘信息。

RAID 的六种分级如下所示。

（1）RAID0：无冗余和无校验的磁盘阵列。RAID0 把连续的数据分散到多个磁盘上进行存取，这样，系统有数据请求时就可以被多个磁盘并行执行，每个磁盘执行属于它自己的那部分数据请求。这种数据上的并行操作可以充分利用总线的带宽，显著地提高了磁盘的整体存取性能。

（2）RAID1：采用镜像磁盘阵列。RAID1 通过磁盘数据镜像在成对的独立磁盘上产生互为备份的数据，从而实现数据冗余。当原始数据繁忙时，可直接从镜像拷贝中读取数据，因此 RAID1 可以提高读取性能。RAID1 是磁盘阵列中单位成本最高的，但它提供了很高的数据安全性和可用性。当一个磁盘失效时，系统可以自动切换到镜像磁盘上读写，而不需要重组失效的数据。

（3）RAID2：采用纠错的海明码的磁盘阵列。RAID2 是 RAID0 的改良版，它以海明码的方式将数据进行编码后分割为独立的位元，并将数据分别写入硬盘中。由于在数据中加入了错误修正码，所以数据整体的容量会比原始数据大一些。

（4）RAID3：采用位交叉奇偶校验的磁盘阵列。与 RAID2 不同，RAID3 只能查错不能纠错。它将数据条块化并分布于不同的硬盘上，访问数据即是处理一个条块化的硬盘，这样可以提高读取和写入速度。它和 RAID0 一样以并行的方式存放数据，但速度没有 RAID0 快。

（5）RAID4：采用块交叉奇偶校验的磁盘阵列。与 RAID3 类似，但不同的是，它对数据的访问是按照数据块进行的（也就是按照磁盘进行的），每次读取一个盘块的数据。

（6）RAID5：采用无独立校验的奇偶校验的磁盘阵列。RAID5 是 RAID0 和 RAID1 的折中方案。RAID5 具有和 RAID0 相近似的数据读取速度，只是多了一个奇偶校验信息，写入数据的速度比对单个磁盘进行写入操作稍慢。同时由于多个数据对应一个奇偶校验信息，RAID5 的磁盘空间利用率要比 RAID1 高，存储成本相对较低，是目前运用较多的一种解决方案。

7.3 输入输出接口

7.3.1 接口概述

输入输出接口（I/O 接口，简称接口）指的是主机与 I/O 设备之间的连接部分（包括硬件和软件），其中硬件部分指的是主机与 I/O 设备之间设置的一个硬件电路，软件部分则包括初始化程序、传送方式处理程序、主控程序及辅助程序等。

I/O 设备的种类有很多，它们通常都包括两部分：执行 I/O 操作的机械部件和执行 I/O 控制的电子部件，其中后者称为适配器或设备控制器，通常用于控制 I/O 设备，并通过 I/O 接口与主机进行数据传输。主机与 I/O 设备之间设置接口的理由有：

（1）实现设备选择。由于一台主机往往配置了多台 I/O 设备，而每台 I/O 设备都有自己的设备号，因此通过接口可以实现对 I/O 设备的选择。

（2）进行数据缓冲。通常 I/O 设备与主机之间的速度相差很大，所以可通过接口来实现两者之间的数据缓冲，从而达到速度匹配的目的。

（3）转换数据格式。主机与 I/O 设备之间需要通过接口转换数据格式，比如，有的 I/O 设备是串行传输数据，而 CPU 是并行传输数据，因此需要通过接口实现并串或者串并的数据格式转换；I/O 设备的输入输出电平数据可能与 CPU 的输入输出电平数据不同，因此需要通过接口实现电平数据转换等。

（4）传送控制命令和状态信息。CPU 启动 I/O 设备工作时，通过接口向 I/O 设备发送控制命令；I/O 设备将其工作状态（如"忙""准备就绪"和"中断请求"等）通过接口及时向 CPU 报告。

7.3.2 接口的组成与功能

I/O 接口包括各种电路（如控制逻辑电路和设备选择电路等），其结构如图 7-6 所示。

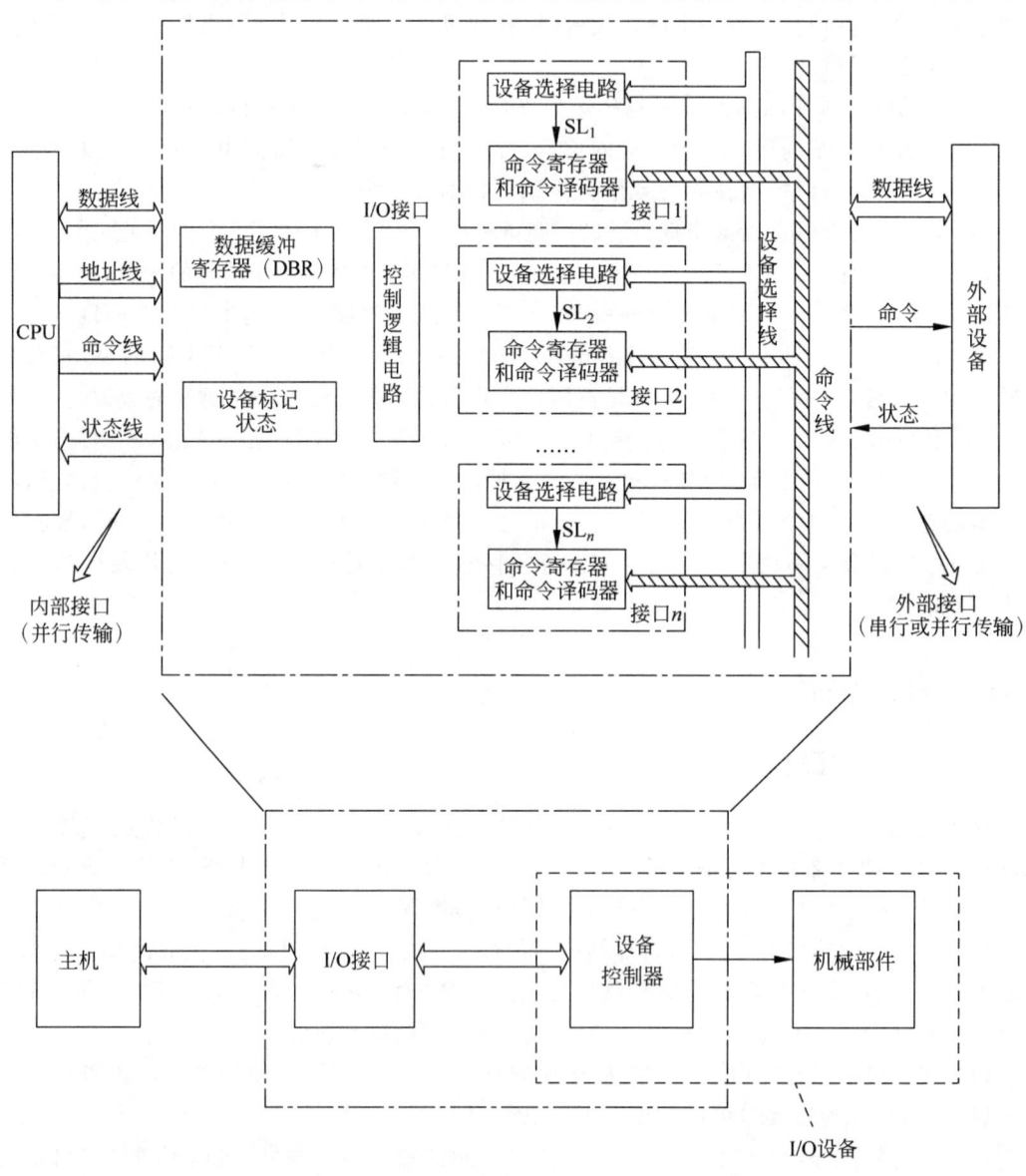

图 7-6 接口的结构

CPU 同外部设备之间的接口可分为内部接口和外部接口两大类,其中内部接口与系统总线相连,实质上是内存与 CPU 相连,它们之间的数据的传输方式是并行传输;而外部接口通过接口电缆与外部设备相连接,外部接口的数据传输方式可能是串行传输,也可能是并行传输,若其为串行传输时,I/O 接口需要具有串-并转换的功能。

如图 7-7 所示,每一台 I/O 设备都通过 I/O 接口与 I/O 总线连接。

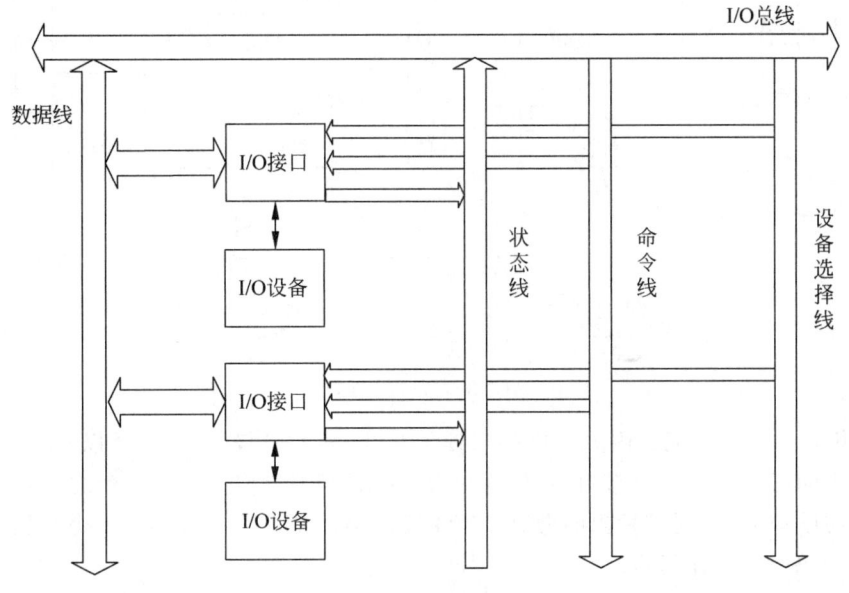

图 7-7　I/O 接口电路

接下来将分别介绍 I/O 总线和 I/O 接口。

通常,I/O 总线包括数据线、设备选择线、命令线和状态线,现简要介绍如下。

数据线是指 I/O 设备与主机之间进行数据传输的线路,通常是双向的,但有时也可以是单向的。若使用单向数据总线,则需要两组才能完成输入输出操作;而双向数据总线只需要一组即可。数据总线的根数与存储字长的位数和字符的位数有关。

设备选择线(也称为地址线)是用来传送设备码的,它的根数取决于 I/O 指令中设备码的位数。设备选择线既可以是一组(双向总线),也可以是两组(单向总线),若使用后者,则其中一组用于主机向 I/O 设备发送设备码,另外一组用于 I/O 设备向主机回送设备码。

命令线主要用来传输 CPU 向 I/O 设备发送的各种命令信号。它是一组单向总线,其根数与命令信号有关。CPU 向 I/O 设备发送的常见命令有启动命令,清除命令和读写命令等。

状态线也是一组单向总线,它主要用于向 CPU 传输 I/O 设备的状态。I/O 设备常用的状态有设备是否正常,设备是否已经准备就绪和设备是否请求中断等。

如图 7-8 所示,I/O 接口主要有设备选址功能、传送命令的功能、传送数据的功能和反映 I/O 设备工作状态的功能。

(1) 设备选址功能。由于 I/O 总线和所有的 I/O 设备相连,当 CPU 发出命令或者传送数据时,选择哪台 I/O 设备必须通过设备选择线上的设备码(即地址)来决定。首先该设备码被送到所有的 I/O 接口,然后再通过 I/O 设备的选址功能与这一设备码进行匹配,只有当前设备的设备码与设备选择线上的这一设备码相同时,才选择当前设备。

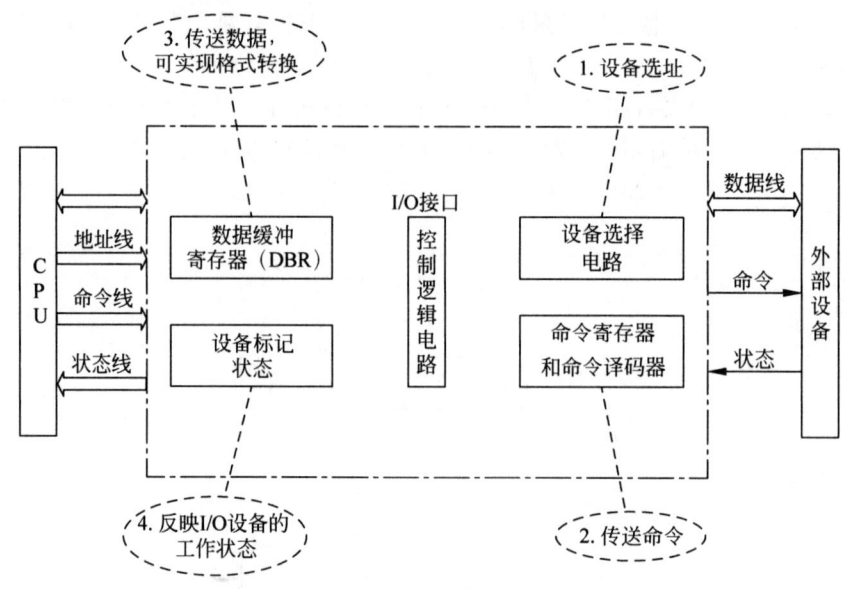

图 7-8 接口的功能

(2) 传送命令的功能。因为 I/O 接口处于 CPU 和 I/O 设备之间,所以 CPU 向 I/O 设备传送命令时必须通过 I/O 接口,这就意味着 I/O 接口必须具备传送命令的功能,否则 I/O 设备将无法响应 CPU 对其发出的命令。I/O 接口中通常设有存放命令的命令寄存器和对命令进行译码的命令译码器。

(3) 传送数据的功能。同样,由于 I/O 接口处于 CPU 和 I/O 设备之间,因此它们进行数据传送时也必须通过 I/O 接口,这就要求 I/O 接口中要有数据通路来完成数据的传送功能,同时,由于 CPU 和 I/O 设备的速度不匹配,这意味着该数据通路还必须具有缓冲功能。因此,I/O 接口中设置了数据缓冲寄存器,它与 I/O 总线中的数据线是相连的,被用于暂时存放 CPU 和 I/O 设备之间将要交换的数据。

由于在数据传送时会遇到不同类型的数据,因此有时还需要对数据的不同格式进行转换。例如,磁盘的数据缓冲寄存器(Data Buffer Register,DBR)就需要有串-并转换的能力,才能实现将磁盘中串行读出的信息并行送至主存,反之亦然。

(4) 反映 I/O 设备的工作状态的功能。CPU 要及时地了解 I/O 设备的状态,就必须在 I/O 接口内设置一些反映设备工作状态的触发器。但由于现代计算机系统大都使用中断技术,因此在 I/O 接口中还可能设有中断请求触发器用于 I/O 设备向 CPU 发起中断请求,并需要屏蔽触发器与之配合使用,从而完成设备的屏蔽功能。

事实上,I/O 接口还需要有一些状态标志触发器用于处理数据检验或出错等。这些部件共用的电路都随着 VLSI 技术的发展而被集成在一个通用接口芯片中,而将专用电路集成在设备控制器中。

7.3.3 接口的类型

在现代的计算机系统当中,往往存在很多与输入输出相关的设备,这些设备中的一部分就是通过 I/O 接口与 CPU 相连接。根据分类方式的不同,可将 I/O 接口分为以下不同的类型。

(1) 按数据传输方式的不同,可将 I/O 接口分为并行接口和串行接口两类。其中按并行接口传输数据是指一个字节或一个字的所有位同时传送(如 Intel 8255);而按串行接口传输数据则是指一位接一位的传送(如 Intel 8251)。由于接口与主机之间是按字或者字节进行并行传输的,所以对于 I/O 设备与接口之间的串行接口,还需要完成数据格式的转换才能进行传送。

(2) 按功能选择的灵活性,可将 I/O 接口分为可编程接口和不可编程接口。其中可编程接口的功能和操作方式可利用程序改变或者选择(如 Intel 8255 或 8251);而不可编程的接口则无法利用程序改变或者选择,只能通过硬连线逻辑来实现不同的功能(如 Intel 8212)。

(3) 按通用性分类,可将 I/O 接口分为通用接口和专用接口。其中通用接口可供多种 I/O 设备使用(如 Intel 8255 或 8251);而专用接口是为某类 I/O 设备专门设计使用的(如 Intel 8279 可编程键盘/显示器接口或 Intel 8275 可编程 CRT 控制器接口等)。

(4) 按主机访问 I/O 设备的控制方式分类,可以将 I/O 接口分为程序型接口、中断型接口和 DMA 型接口和通道型接口等。通常程序型和中断型接口通常用于连接速度较慢的 I/O 设备,如显示终端、键盘、打印机等,而 DMA 型和通道型接口通常用于连接高速 I/O 设备,如磁盘、磁带等。

7.3.4 输入输出端口及其编址方式

I/O 端口是指接口电路中可以被 CPU 直接访问的寄存器,主要分为数据端口、状态端口和控制端口。I/O 端口与 I/O 接口是两个不同的概念,若干个 I/O 端口加上相应的控制逻辑才可以组成 I/O 接口。CPU 同外部设备之间的信息传送,其实质是对外设接口中的某些寄存器(即端口)进行读或写。通常 CPU 能对数据端口执行读操作和写操作,但对状态端口只能执行写操作。

I/O 端口必须要有端口地址,才能被 CPU 访问。通常要求每一个端口都对应一个唯一的端口地址。I/O 端口的编址方式一般有两种:存储器统一编址和独立编址。

存储器统一编址,又称存储器映射方式,它是指把 I/O 端口当做存储器的单元进行地址分配。因此,CPU 不需要设置专门的 I/O 指令,只需用统一的访存指令就可以访问 I/O 端口,这使得 CPU 访问 I/O 的操作更加灵活方便,并且使端口有较大的编址空间。但在这种编址方式下,存在以下问题:一方面,由于端口占用了存储器的地址,使得内存容量变小,另一方面利用存储器编址的 I/O 设备进行数据输入/输出操作,执行速度较慢。

独立编址,又称 I/O 映射方式,它是指 I/O 端口地址独立编址,与存储器地址无关。因此,CPU 只需要设置专门的输入输出指令来访问端口,而不需要设置存储器指令,这使得编制的程序结构清晰,易于理解。但是采用这种方式编址的不足之处在于:一方面输入输出的指令较少,通常只能对端口进行传送操作,另一方面是需要 CPU 提供存储器读/写、I/O 设备读/写两组控制信号,增加了控制的复杂性。

7.4 程序查询方式

7.4.1 程序查询方式的基本概念

程序查询方式也称为程序控制 I/O 方式。在这种方式下,CPU 通过程序不断地查询 I/O 设备是否已经做好传送数据的准备。通常需要执行测试指令、传送指令和转移指令才能完成数据传送。其中测试指令用于询问 I/O 设备是否就绪;传送指令用于 I/O 设备就绪时传送数据；转移指令用于结束当前正在执行的指令而转去执行其他指令。在测试指令检测到该设备未就绪后，若只有一个 I/O 设备，则执行转移指令来继续测试该设备是否就绪；否则将测试下一 I/O 设备是否就绪。

若采用这种方式实现主机与 I/O 设备之间的数据交换，则需要在 I/O 接口内设置一个能反映 I/O 设备状态的标志，CPU 通过对此标志的检测可知 I/O 设备是否已经做好数据传送的准备。程序查询方式的接口电路如图 7-9 所示。

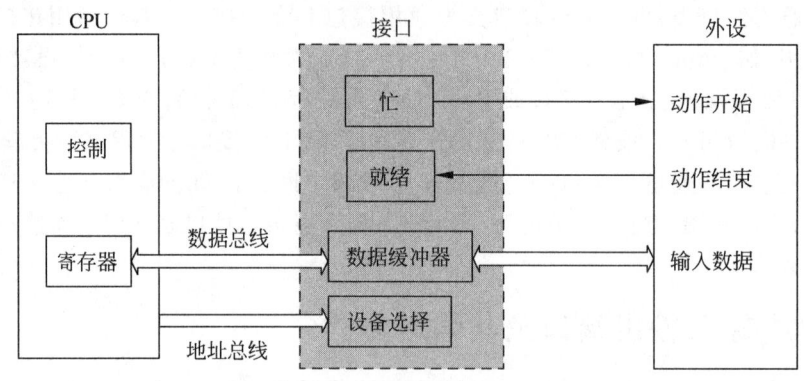

图 7-9　程序查询方式的接口电路

(1) 设备选择电路。接到总线上的每个设备都预先分配了设备地址码。CPU 执行 I/O 指令时需要把指令中的设备地址送到地址总线上，用来指示 CPU 要选择的设备。每个设备接口电路都包含一个设备选择电路(实质为设备地址的译码器)，它用来判别自己是否为地址总线上呼叫的设备，如果是，该设备就进入工作状态，否则无响应。

(2) 数据缓冲寄存器。当执行输入操作时，数据缓冲寄存器用来存放从 I/O 设备中读出的数据；当执行输出操作时，数据缓冲寄存器用来存放 CPU 送来的数据。

(3) 设备状态表示。一旦 CPU 采用程序查询方式来访问某一 I/O 设备时，就会读取该设备的状态位信息。

程序查询方式仅需要很少的硬件，是一种简单经济的 I/O 控制方式，但在该方式中 CPU 的利用率不高。

【例 7-2】　在程序查询方式的输入输出系统中，假设不考虑处理时间，每一次查询操作需要 100 个时钟周期，CPU 的时钟频率为 50MHz。现有鼠标和硬盘两个设备，而且 CPU 必须每秒对鼠标进行 30 次查询，硬盘以 32 位字长为单位传输数据，即每 32 位被 CPU 查询一次，传输率为 2MB/s。试求 CPU 对这两个设备查询所花费的时间比率，并进行简要分析。

解： 由题意可知

(1) CPU 每秒对鼠标进行 30 次查询，所需的时钟周期数为

$$100 \times 30 = 3000$$

由于 CPU 的时钟频率为 50MHz，即每秒 50×10^6 个时钟周期，故对鼠标的查询占用 CPU 的时间比率为

$$[3000/(50 \times 10^6)] \times 100\% = 0.006\%$$

(2) 对于硬盘，每 32 位被 CPU 查询一次，故每秒查询

$$2MB/4B = 512K \text{ 次}$$

则每秒查询的时钟周期数为
$$100×512×1024=52.4×10^6$$
故对磁盘的查询占用 CPU 的时间比率为
$$[(52.4×10^6)/(50×10^6)]×100\%=105\%$$

可见,即使 CPU 将全部时间都用于对硬盘的查询也不能满足磁盘传输的要求,因此 CPU 一般不采用程序查询方式与磁盘交换信息。

7.4.2 程序查询方式的工作流程

若 CPU 发现待传送数据,则需先通过接口将命令字发给 I/O 设备并启动该设备。接下来 CPU 则需等待 I/O 设备完成数据传送的准备工作。在这一等待时间内,CPU 不断地用一条测试指令去检测 I/O 设备的状态,一旦发现该设备处于"就绪"状态,就可以开始进行数据传送。程序查询方式的工作流程如图 7-10 所示。

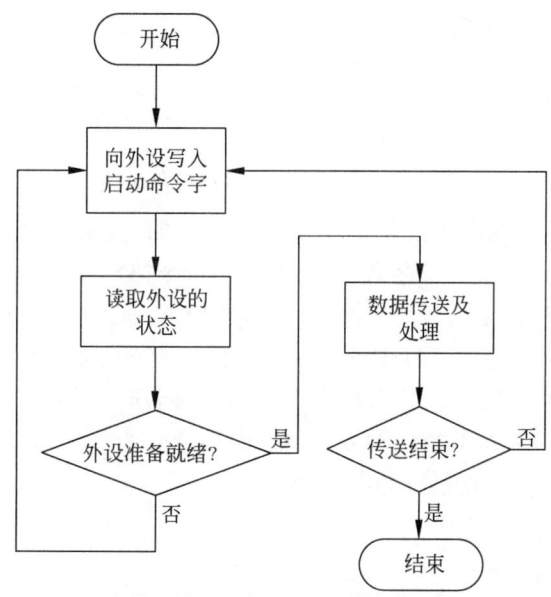

图 7-10　程序查询方式的工作流程

由于 CPU 和 I/O 设备之间的同步控制完全由程序中的指令来实现,因此硬件接口电路较为简单。因为 I/O 设备的工作速度往往比 CPU 慢得多,所以 CPU 需要花费大量的时间来等待 I/O 设备准备数据(尤其是对慢速 I/O 设备更是如此),而不能执行其他的操作,从而导致整机的工作效率较低。在一个实际的计算机系统中,往往有多台 I/O 设备,因此 CPU 在执行程序的过程中可以周期性地调用各 I/O 设备的"询问"子程序,依次"询问"各个 I/O 设备的"状态"。如果某个 I/O 设备为就绪状态,则转去执行这个 I/O 设备的服务子程序;否则依次测试下一个 I/O 设备,如图 7-11 所示为多个 I/O 设备的查询流程。

在某 I/O 设备的服务子程序执行完以后,接着查询下一个 I/O 设备,被查询的 I/O 设备的先后次序由询问程序确定。一般来说,CPU 总是先查询数据传输速率较高的 I/O 设备,然后再查询数据传输率较低的 I/O 设备,但也可以将不同的 I/O 设备设定为不同的优先级,然后根据优先级的不同进行查询。

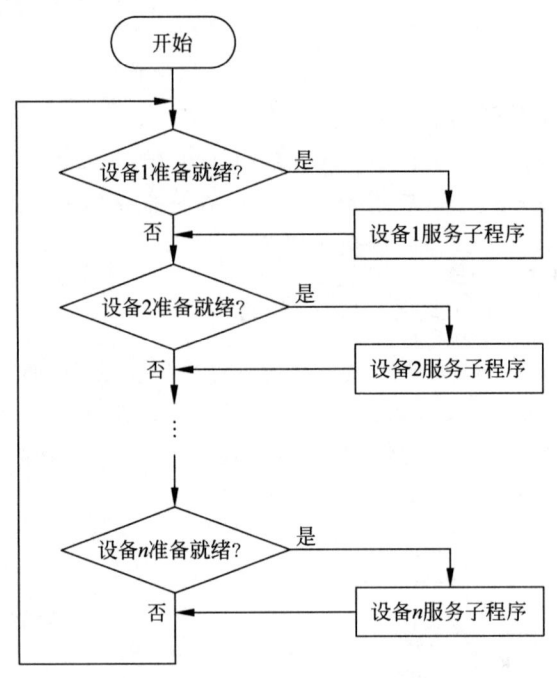

图 7-11　多个 I/O 设备的查询流程

设备服务子程序的功能主要是实现数据传送,具体如下:在数据输入时,由输入指令将设备的数据传送到 CPU 的某一寄存器中,再由访存指令把寄存器中数据存入内存某单元,同时修改内存地址,为下一个数据传送做好准备,然后再修改此次传送的字节数(或计算待传送的数据还剩多少尚未传送),以便确定数据块传送是否完成;在数据输出时,先由访存指令把内存单元的数据读入到 CPU 的寄存器中(此时同样需要修改内存地址,为传送下一个数据做好准备,并计算剩余数据块的数量以确定传送是否完成),再由输出指令将寄存器中的数据送至 I/O 设备。上述过程如图 7-12 所示。

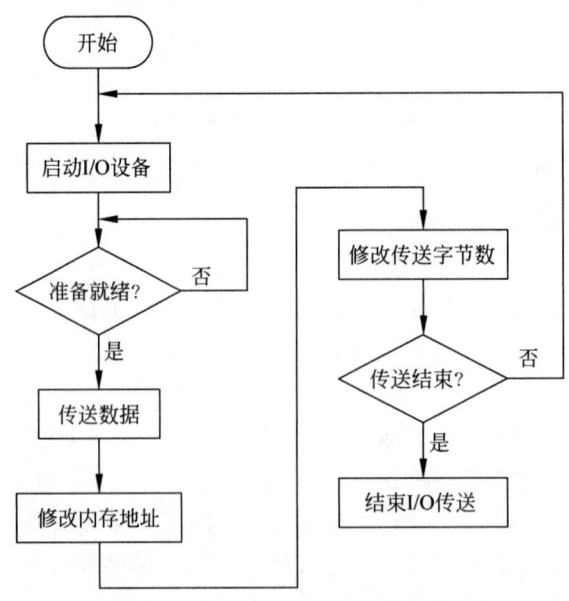

图 7-12　设备服务子程序的工作过程

7.5 程序中断方式

在程序查询方式中,CPU 根据事先设定好的程序,按先后次序定时查询 I/O 设备的状态,使得 I/O 设备处于"被动"的地位。显然,在这种方式下,无论 I/O 设备是否需要 CPU 提供的服务,CPU 都需要通过执行询问程序才能最终确定,因此这种方式效率极为低下。通过使用中断,可以较好地解决这一问题。

7.5.1 中断的基本概念

"中断"是由 I/O 设备或其他急需处理的事件引起的,与上述程序查询方式不同,此时 I/O 设备处于"主动"的地位。"中断"使 CPU 暂停正在执行的程序,然后转至另一服务程序去处理这一事件,待事件处理完毕后再返回并继续执行原程序。

接下来给出一个中断的例子,假设现有 1 号、2 号、3 号 I/O 设备处于中断工作方式,它们分别在时刻 t_1、t_2 和 t_3 向 CPU 请求服务。

在 t_1 时刻,1 号 I/O 设备准备就绪,需要 CPU 为其服务,于是它向 CPU 请求中断。这时 CPU 暂停正在执行的主程序,转去为 1 号 I/O 设备服务。因此,在 t_1 时刻,主程序产生一个"断点"(即断点 A),此时,CPU 为 1 号 I/O 设备服务的方式是转去执行 1 号 I/O 设备的中断服务程序。待 1 号 I/O 设备的中断服务结束(即 1 号 I/O 设备的中断服务程序执行完毕)后,CPU 返回"断点"处继续执行主程序。

在 t_2 时刻,2 号 I/O 设备请求中断,产生断点 B,此时 CPU 转去为 2 号 I/O 设备服务,即转去执行 2 号 I/O 设备的中断服务程序。待 2 号 I/O 设备的中断服务程序结束后,CPU 返回断点 B 继续执行主程序。

在 t_3 时刻,3 号 I/O 设备请求中断,这时产生断点 C,此时 CPU 转去执行 3 号 I/O 设备的中断服务程序。待 3 号 I/O 设备的中断服务程序结束后,CPU 返回断点 C 继续执行主程序。

如图 7-13 所示为 1 号、2 号、3 号 I/O 设备中断时的过程。

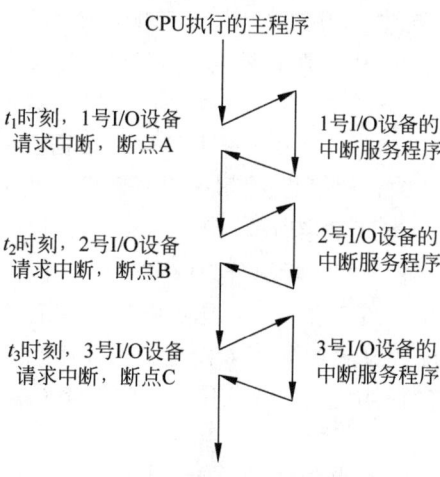

图 7-13　多个 I/O 设备处于中断时的过程

中断系统在计算机系统中的作用大概有以下5个方面：

(1) 实现 CPU 和 I/O 设备并行工作。中断系统是 I/O 设备和 CPU 联系的必要手段。现代的 I/O 设备，大多是由微处理机控制工作的，因此，当 CPU 和 I/O 设备之间不需要交换数据时，它们可以同时工作。只有当它们之间要进行数据交换时，I/O 设备才向 CPU 请求中断，此时 CPU 响应该中断，并暂停当前正在执行的主程序，转而执行中断服务程序。待中断服务程序执行完毕后，CPU 返回到断点处并继续执行主程序，这时，CPU 和 I/O 设备又可以继续并行工作。

(2) 实现了分时操作。中断系统是变更程序执行流程的有效手段，在多道程序工作的计算机系统中，CPU 执行的程序可以通过定时中断在各通道程序之间切换，从而实现分时操作。对多道程序和分时操作而言，没有中断系统是不可能的。

(3) 实现了对程序的监控。中断系统通过监控当前正在运行的主程序，可以提高系统处理故障的能力，增强系统的可靠性。当处理机发生运算溢出或非法操作码等程序性错误或机器故障时，CPU 可以通过中断系统暂停执行主程序并保留现场，然后转入相应的中断服务程序，对错误或故障进行处理。

(4) 实现了实时处理。所谓实时处理，是指计算机中某个事件或现象出现时，能够及时地得到响应或处理，而不是集中起来进行批处理。由于实时信息是随机的，因此只有通过中断系统及时响应和处理，才能避免信息的丢失和错误的操作。

(5) 实现了人机交互。在计算机工作过程中，人要随机地干预机器、了解机器的工作状态、给机器下达临时性的命令等。在没有中断系统的计算机中，这些功能几乎是无法实现的，而利用中断系统实现人机交互则更加方便有效。

(6) 实现了应用程序和操作系统（管态程序）的切换，称为"软中断"。

(7) 实现了多处理器系统中各处理器之间的信息交流和任务切换。

总之，中断系统在计算机中具有非常重要的作用。中断系统和操作系统是密切相关的，在很多方面，操作系统是借助中断系统来控制和管理计算机系统的。

7.5.2 程序中断方式的工作流程

本小节将先简要介绍中断请求、中断判优、CPU 响应中断的条件、中断隐指令和中断向量的基本概念，然后再介绍 CPU 从接收中断请求信号到中断服务结束的五个阶段。

1. 中断请求

中断请求是指中断源向 CPU 发送中断请求信号。根据不同的分类标准，可将中断分为内中断和外中断、硬件中断和软件中断、非屏蔽中断和可屏蔽中断。

(1) 内中断和外中断。中断源是指请求 CPU 中断的设备或事件，一台计算机通常有多个中断源。根据中断源的类别，可把中断源分为内中断和外中断两类。

每个中断源向 CPU 发出中断请求的时间是随机的。为记录中断事件并区分不同的中断源，中断系统需对每个中断源设置中断请求标记触发器 INTR，当其状态为1时，表示中断源有请求。这些触发器可组成中断请求标记寄存器，该寄存器可集中在 CPU 中，也可分散在各个中断源中。

内中断主要是指在处理器和内存内部产生的中断，包括程序运算引起的各种错误，如地址非法、算术操作溢出和数据格式非法等。

外中断是指由处理器和内存以外的部件引起的中断,包括 I/O 设备发出的 I/O 中断、外部信号中断(如用户按 Esc 键),以及各种定时器引起的时钟中断等。外中断在狭义上一般称为中断(若未特别说明,接下来所说的中断均指外中断)。

(2) 硬件中断和软件中断。

硬件中断:通过外部的硬件产生的中断。硬件中断属于外中断。

软件中断:通过某条指令产生的中断,这种中断是可以通过编程实现的。软件中断是内中断。

(3) 非屏蔽中断和可屏蔽中断。

非屏蔽中断:非屏蔽中断是一种硬件中断,它通过不可屏蔽中断请求(Non Maskable Interrupt,NMI)控制,不受中断标志位(Interrupt Flag,IF)的影响,即使在关闭中断的情况下也会被响应。

可屏蔽中断:可屏蔽中断也是一种硬件中断,此中断通过中断请求标记触发器 INTR 控制,且受中断标志位 IF 的影响,在关闭中断情况下不接受中断请求。

也就是说,可屏蔽中断和非屏蔽中断均是外中断。

2. 中断判优

中断系统在任一瞬间只能响应一个中断源的请求。由于许多中断源提出中断请求的时间都是随机的,因此当多个中断源同时提出请求时,需通过中断判优逻辑来确定响应哪个中断源的请求(例如故障中断的优先级比 I/O 中断高)。

中断判优既可以用硬件实现,又可用软件实现。硬件实现是通过硬件排队器实现的,它既可以设置在 CPU 中,也可以分散在各个中断源中,而软件实现是通过查询程序实现的。

一般来说,硬件故障中断属于最高级,其次是软件中断,非屏蔽中断优于可屏蔽中断,DMA 请求优于 I/O 设备传送的中断请求,高速设备优于低速设备,输入设备优于输出设备,实时设备优于普通设备等。

3. CPU 响应中断的条件

CPU 必须在满足一定的条件下才会响应中断源发出的中断请求,并且需要经过一些特定的操作,才能转去执行中断服务程序。

CPU 响应中断必须满足以下 3 个条件:

(1) 中断源有中断请求。

(2) CPU 允许中断及打开中断。

(3) 一条指令执行完毕,且没有优先级更高的任务。

注意:I/O 设备的就绪时间是随机的,而 CPU 在统一的时刻即每条指令执行阶段结束前向接口发出中断查询信号,以获取 I/O 的中断请求,也就是说,CPU 响应中断的时间是在每条指令执行阶段的结束时刻。这里说的中断仅指外中断,内中断不属于此类情况。

4. 中断隐指令

CPU 响应中断后,经过某些操作,转去执行中断服务程序。这些操作是由硬件直接实现的,我们将它称为中断隐指令。中断隐指令并不是指令系统中的一条真正的指令,它没有操作码,所以中断隐指令是一种不允许也不可能为用户使用的特殊指令。它所完成的操作如下:

(1) 关闭中断。在中断服务程序中,为了保护在中断现场(即 CPU 主要寄存器中的内容)期间不被新的中断所打断,必须关闭中断,从而保证被中断的程序在中断服务程序执行完毕后能接着正确地执行。

(2) 保存断点。为保证在中断服务程序执行完毕后能正确地返回到原来的程序,必须将原程序的断点(即程序计数器中的内容)保存起来。

(3) 引出中断服务程序。引出中断服务程序的实质是取出中断服务程序的入口地址并传送给程序计数器。

5. 中断向量

不同的设备有不同的中断服务程序,每个中断服务程序都有一个入口地址,CPU必须找到这个入口地址(即中断向量),并把系统中的全部中断向量集中存放到存储器的某个区域内,这样就形成了中断向量表(即中断服务程序入口地址表)。

CPU响应中断后,中断硬件会自动将中断向量地址传送到CPU,由CPU实现程序的切换,这种方法称为中断向量法,采用中断向量法的中断称为向量中断。

注意:中断向量是中断服务程序的入口地址,中断向量地址是指中断服务程序的入口地址的地址。

如图7-14所示,CPU从接收中断请求信号到中断服务结束,可大致分为中断请求、保护现场、中断服务、恢复现场和中断返回五个阶段。

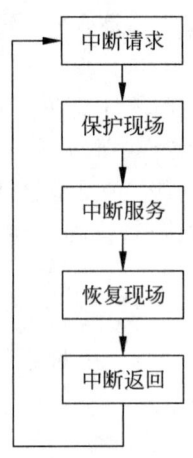

图7-14 程序中断方式的五个阶段

(1) 中断请求。由于中断请求是随机的,因此当CPU接收到第一个I/O设备的中断请求信号后,CPU须待当前基本操作结束后,才会响应该中断信号(此时将CPU内的中断允许标志设置为无效状态,即关闭中断。这一操作是为了保证CPU在该中断响应期间,即使收到了新的中断请求也不予以响应,以避免产生混乱,通常将这种中断称为单重中断)。

(2) 保护现场。在CPU响应中断请求后,必须将当前程序计数器的值(即断点地址)及CPU的状态(包括各种标志的程序状态字)压入堆栈保护起来。此外,由于中断的发生是随机的,因此尽管在中断响应期间,CPU已经将程序计数器及程序状态字压入堆栈保护,但为了使中断返回后程序能正确地执行下去,还必须将中断服务程序用到的一些寄存器中的内容压入堆栈保护,以避免中断服务程序修改这些现场数据。

(3) 中断服务。在完成现场保护处理之后,则开始进入中断服务阶段,由于在一个计算机系统中,存在着多个中断源,每个中断源有其对应的中断服务程序的入口地址,因此中断服务必须正确地找到对应的中断服务程序的入口地址。

在中断响应过程中,CPU 必须能识别当前请求的中断的中断源(即 CPU 必须知道对应中断的中断号或中断向量)。CPU 首先向接口发送中断响应信号(Interrupt Acknowledge, INTA),在接口接收到中断响应信号后,再将中断号或中断向量通过数据总线传送给 CPU。此时 CPU 根据中断号或中断向量(中断号或中断向量一般存放在对应中断源的接口电路中)找到中断服务程序的入口地址并将此地址赋予程序计数器,这样就可以跳转到中断服务程序的入口处,从而开始执行中断服务程序以提供中断服务。

(4) 恢复现场。恢复现场是由中断服务程序来完成的,它要求在退出服务程序之前,将原程序中断时的数据恢复到原来的寄存器中。即将保护现场时压入堆栈的内容从堆栈中弹出,并传送给原来的那些寄存器,为中断返回做准备。通常可以用取数指令或出栈指令来完成这一任务。

(5) 中断返回。中断返回通常由中断服务程序的最后一条指令完成,它使 CPU 返回到原程序的断点处继续执行该程序。

在上述五个阶段中,从 CPU 接收到 I/O 设备的中断请求信号开始,到判断 CPU 可以响应该中断后,立刻关闭中断,然后保护程序状态字和断点地址,并获取中断号或中断向量以便转入中断服务程序后开始执行之。其工作流程如图 7-15 所示。

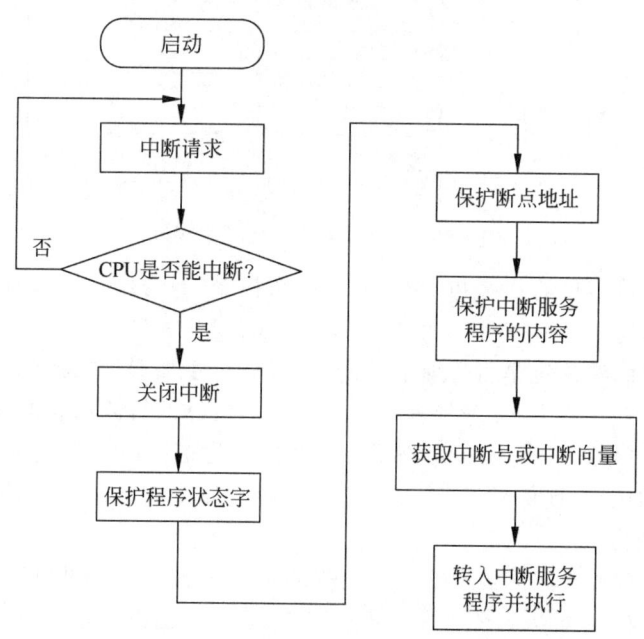

图 7-15 程序中断方式的工作流程

CPU 在响应中断期间,已经将中断允许标志设置为无效状态,即 CPU 处于禁止中断状态(通常将这种中断称为单重中断)。为了允许优先级更高的中断在 CPU 中断时可以抢占 CPU,在进入中断服务程序后,需将中断允许标志置为有效状态以开放中断,这样 CPU 就有可能在新的中断请求出现后,暂停现行的中断服务程序,转去处理新的中断请求,这被称为多重中断(或称为中断嵌套)。

程序中断方式部分解决了程序查询方式中 CPU 一直在苦苦等待设备的状态信号的问题,实现了 CPU 与 I/O 设备的并行工作,从而提高了 CPU 的效率。但事实上 CPU 在执行中断服务程序时仍需暂停原程序的正常运行,尤其是当高速 I/O 设备或辅助存储器频繁地与主存交换信息时,仍需不断地打断 CPU 执行主程序而执行中断服务程序,这令 CPU 的效率仍然不高。为此,人们探索出使 CPU 效率更高的 DMA 控制方式。

7.5.3 程序中断方式的基本 I/O 接口

程序中断主要与 CPU、I/O 接口和外设相关,其中 CPU 与程序中断相关的部件有中断屏蔽触发器(Interrupt Mask,IM)、中断请求触发器(Interrupt Request,IR)和程序计数器(Program Counter,PC)等,I/O 接口电路中与程序中断相关的部件有工作标志触发器(Bus-cycle Start,BS)、就绪标志触发器(Ready,RD)和允许中断触发器(Enable Interrupt,EI,也叫控制触发器)等,如图 7-16 所示。

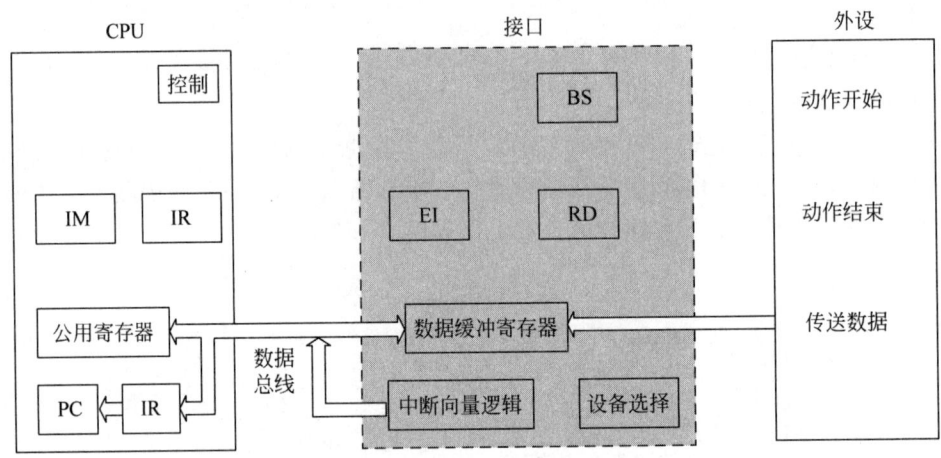

图 7-16 程序中断方式的基本接口

程序中断由外设接口的状态和 CPU 两方面来控制。在接口方面,有决定是否向 CPU 发出中断请求的机构,主要是接口中的"准备就绪"标志(RD)和"允许中断"标志(EI)两个触发器。在 CPU 方面,有决定是否受理中断请求的机构,主要是"中断请求"标志(IR)和"中断屏蔽"标志(IM)两个触发器。接下来对上述四个触发器的具体功能进行简要介绍。

(1) 准备就绪标志。一旦设备做好了一次数据传送的接收或发送的准备后,便发出一个设备动作完毕的信号,该信号使 RD 标志置 1。在程序中断方式中,该标志作为中断源触发器,简称中断触发器。

(2) 允许中断触发器。该触发器可以用程序指令来置位,即可以设置为允许某外设向 CPU 发出中断请求,也可以设置为禁止某外设向 CPU 发出中断请求。设置允许中断触发器的目的,就是通过软件来控制是否允许某外设发出中断请求。

(3) 中断请求触发器。中断请求触发器用于暂存中断请求线上由外设发出的中断请求信号。当其值为 1 时,表示设备发出了中断请求。

(4) 中断屏蔽触发器。它是 CPU 是否中断或是否允许中断的标志。当 IM 标志为 0 时,表示 CPU 可以受理外界发出的中断请求,反之,当 IM 标志为 1 时,则 CPU 不受理外界的中断。

由于计算机应用范围不断增大,所以用到的硬件设备的类型和需要处理的事件越来越多。因此,除了各种 I/O 设备外,还有许多突发性事件都会向 CPU 提出中断请求。通常把所有向 CPU 提出中断请求硬件或软件都统称为中断源。

若某一时刻有多个中断源同时向 CPU 提出中断请求，CPU 在这一时刻只能接受一个中断源的请求。因此 CPU 让所有中断源的请求进行排队，然后挑选级别最高的中断源的请求进行响应，此时不允许级别低的中断源中断正在运行的中断服务程序。这就是接下来要介绍的多重中断及中断屏蔽技术。

7.5.4 多重中断和中断屏蔽技术

如前所述，对于单重中断而言，CPU 在执行中断服务时又出现了新的中断请求，CPU 将不予响应该请求。

如图 7-17 所示，CPU 正在运行主程序，在 t_1 时刻遇到一个中断请求 A，它就转去执行该中断请求对应的中断服务程序，而此时更多的中断请求 B、中断请求 C 和中断请求 D 分别在 t_2、t_3、t_4 时刻出现了，CPU 均不予响应。

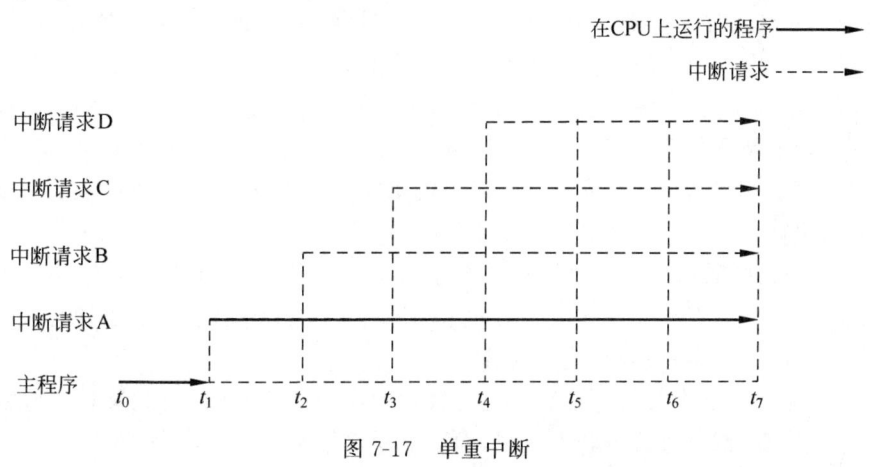

图 7-17 单重中断

多级中断系统就是用来处理多重中断这一情况的，即计算机系统中有相当多的中断源，根据各中断事件的轻重缓急程度不同而分成若干不同的中断级别，对每一中断级别分配一个优先权值。一般说来，CPU 遇到优先权值高的中断，就会暂停正在执行的优先权低的中断服务程序，转去执行某一优先权值高的中断对应的中断服务程序，这一过程是以程序嵌套方式进行工作。

如图 7-18 所示，CPU 正在运行主程序时，优先级为 3 的中断请求 A 出现了，CPU 就转去执行该中断请求对应的中断服务程序，此时优先级为 2 的中断请求 B、优先级为 5 的中断请求 C 和优先级为 6 的中断请求 D 同时出现了，CPU 就转去执行优先级较高的中断请求 D。当执行完中断请求 D 后，由于在剩下的中断请求中，中断请求 C 的优先级最高，所以 CPU 转去执行中断请求 C。当执行完中断请求 C 后，优先级为 3 的中断请求 A 最高，所以 CPU 转去继续执行中断请求 A。当执行完中断请求 A 后，CPU 去执行优先级最低的中断请求 B，最后返回到主程序的断点处继续执行主程序。

根据系统配置的不同，多级中断又可分为一维多级中断和二维多级中断。一维多级中断是指每一级中断里只有一个中断源，而二维多级中断是指每一级中断里有多个中断源。

对于多级中断，须注意以下事项。

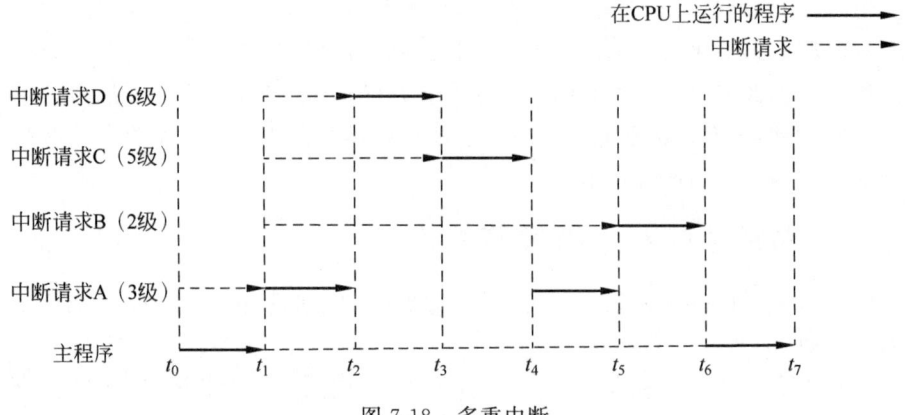

图 7-18 多重中断

(1) 一个系统若有 n 级中断,那么在 CPU 中就有 n 个中断请求触发器,它们被称为中断请求寄存器;与之对应的 n 个中断屏蔽触发器则被称为中断屏蔽寄存器,通常将其中的内容称为屏蔽字,它与中断源的优先级是一一对应的。

与单级中断不同,在多级中断中,中断屏蔽寄存器中的内容是非常重要的。因此在响应中断时,需要把中断屏蔽寄存器的内容保存起来,并设置新的中断屏蔽状态。一般在某一级中断被响应后,要关闭本级和优先权低于本级的中断屏蔽触发器,开放更高级的中断屏蔽触发器,以此来实现正常的中断嵌套。

(2) 多级中断中的每一级可以只有一个中断源,也可以有多个中断源。在多级中断之间可以实现中断嵌套,但是同一级内有不同中断源的中断是不能嵌套的,必须是处理完一个中断后再响应和处理同一级内其他中断源。

(3) 设置多级中断的系统一般都希望有较短的中断响应时间,因此首先响应哪一级中断和哪一个中断源,都是直接由硬件实现,而不是用软件实现的。

另外,在二维中断结构中,除了有中断优先级排队电路确定优先响应中断级外,还要确定优先响应的中断源,一般通过链式查询的硬件逻辑来实现。通常采用独立请求方式与链式查询方式相结合的方法来决定首先响应哪个中断源。

(4) 同单级中断情况类似,在多级中断中也使用中断堆栈保存现场信息,使用堆栈保存现场的好处体现在两方面:一方面是控制逻辑简单,保存和恢复现场的过程按先进后出顺序进行;另一方面是每一级中断不必单独设置现场保护区,各级中断现场可按其顺序放在同一个栈里。

CPU 要具备多重中断的功能,必须满足下列条件:
① 在中断服务程序中提前设置打开中断指令。
② 优先级别高的中断源有权中断优先级别低的中断源。

中断屏蔽技术主要用于多重中断,它是用来保证优先级低的中断请求不会干扰比其优先级更高的中断请求的中断处理过程。接下来对中断屏蔽技术作简要介绍。

(1) CPU 与程序中断相关的接口电路的工作过程。在 CPU 与程序中断相关的接口电路中,通常包含中断请求触发器和中断屏蔽触发器等。

每个中断源都有一个中断屏蔽触发器,当中断源被屏蔽时,此时即使设备工作已完成,中断查询信号也将被屏蔽,这意味着 CPU 接收不到(或不接收)该中断源的中断请求;反之,若该中断源未被屏蔽,且设备工作已完成,此时不会屏蔽中断查询信号,这意味着 CPU 能接收到该中断源发出的中断请求(此时该请求需被送至排队器中进行优先级判断)。

显然,对于每个中断请求触发器就有一个中断屏蔽触发器,将所有中断屏蔽触发器组合在一起,便构成了一个中断屏蔽寄存器。中断屏蔽寄存器的内容称为屏蔽字。屏蔽字与中断源的优先级是一一对应的。

(2)中断屏蔽技术的作用。严格地说,优先级包含响应优先级和处理优先级。响应优先级是指 CPU 响应各中断源请求的优先次序,这种次序往往是由硬件线路预先设置好的,不便于改动。处理优先级是指 CPU 实际对各中断源请求的处理优先次序。

如果不采用中断屏蔽技术,响应的优先次序就是处理的优先次序;若采用则可以改变 CPU 处理各中断源的优先等级,从而改变 CPU 执行程序的轨迹。

中断屏蔽技术不仅可以改变优先级,还能给程序控制带来更大的灵活性(例如,在浮点运算中可设一屏蔽字,用以保证即使出现"阶上溢",机器也不停机)。

【例 7-3】 假设 A、B、C、D、E 这 5 个中断请求的优先级为 A>B>C>D>E,下列两种情况的屏蔽字信息如表 7-1 所示,试解答以下问题。

(1)试根据原屏蔽字描述 CPU 根据这一次序响应处理上述中断请求的过程,并绘制相应的工作过程图。

(2)由于在不改变 CPU 响应中断的次序下,通过改变屏蔽字可以改变 CPU 处理中断的次序。假设将上述 5 个中断请求的屏蔽字处理次序更改为 AEDCB,试根据新屏蔽字描述在改变中断处理次序后 CPU 响应中断请求的过程,并绘制相应的工作过程图。

表 7-1 两种中断请求对应的屏蔽字

中 断 源	原 屏 蔽 字	新 屏 蔽 字
A	11111	11111
B	01111	01000
C	00111	01100
D	00011	01110
E	00001	01111

解:由题意可知

(1) CPU 在运行程序的过程中,若 A、B、C、D、E 这 5 个中断请求同时发出,按照中断优先级的高低,CPU 首先响应并处理 A,由于 A 的屏蔽字为 11111,即屏蔽了所有的中断请求,故 A 可以全部执行完,然后回到主程序。此时由于 B、C、D、E 还未响应,而 B 的响应优先级高于其他,所以 CPU 响应 B,进入 B 的中断服务程序。在 B 的服务程序中,由于设置了新的屏蔽字 01111,即屏蔽了 B、C、D、E,而 A 已执行完,故 B 可以全部执行完,然后回到主程序。同理,CPU 根据响应次序依次执行完 C、D、E。其工作过程如图 7-19 所示。

(2) CPU 在运行程序的过程中,若 A、B、C、D、E 这 5 个中断源同时提出中断请求,按照中断优先级的高低(请注意此时 5 个中断请求的屏蔽字处理次序更改为 AEDCB),CPU 首先响应并处理 A,由于 A 的屏蔽字是 11111,即屏蔽了所有的中断源,故 A 可以全部执行完,然后回到主程序。此时由于 B、C、D、E 还未响应,而 B 的响应优先级高于其他,所以 CPU 响应 B,进入 B 的中断服务程序。在 B 的服务程序中,由于设置了新的屏蔽字 01000,即 A、C、D、E 可打断 B,而 A 已执行完,C 的响应优先级高于 D、E,于是 CPU 响应 C,进入 C

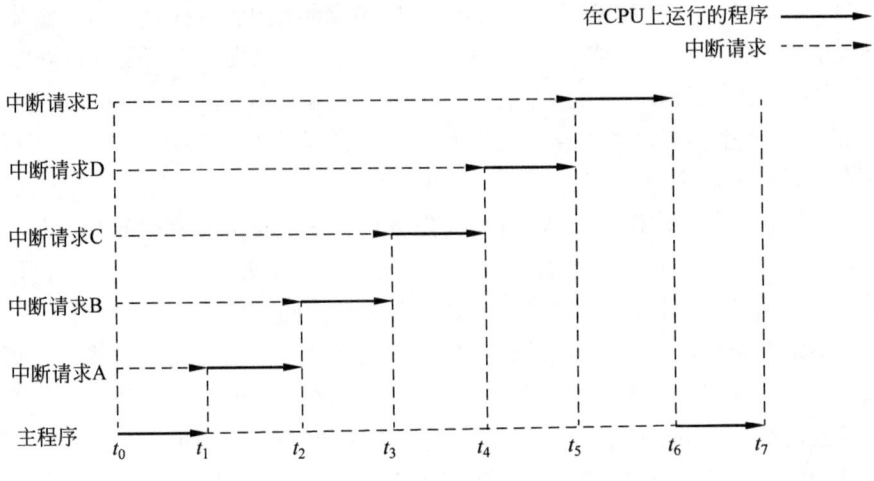

图 7-19　CPU 按次序响应中断请求

的服务程序。在 C 的服务程序中,由于设置了的屏蔽字 01100,即 A、D、E 可打断 C,而 A 已执行完,D 的响应优先级高于 E,于是 CPU 响应 D,执行 D 的中断服务程序。在 D 的服务程序中,由于设置了新的屏蔽字 01110,即 A、E 可打断 D,而 A 已执行完。于是 CPU 响应 E,执行 E 的中断服务程序。E 一直做完后回到 D,D 执行完后回到 C。C 做完后回到 B,B 执行完后回到主程序。其工作过程如图 7-20 所示。

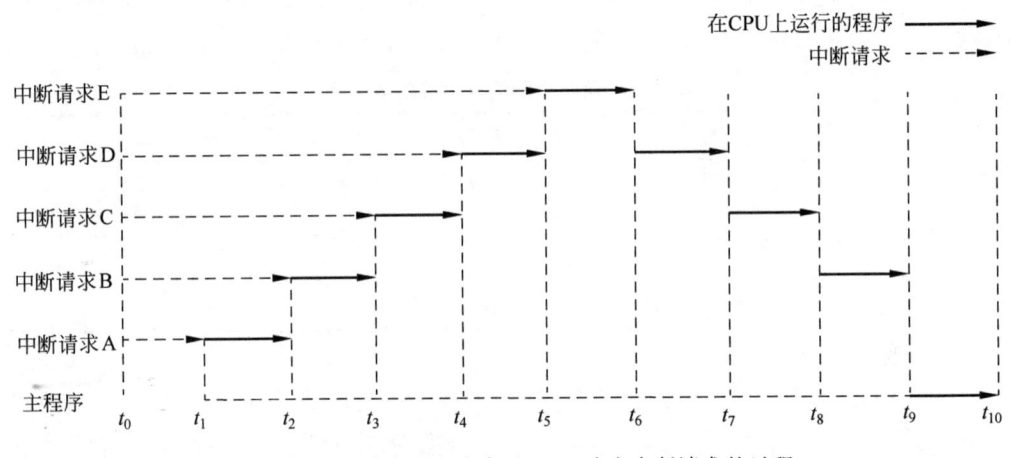

图 7-20　改变中断处理次序后 CPU 响应中断请求的过程

7.6　DMA 方式

7.6.1　DMA 方式的基本概念

DMA 方式是一种完全由硬件控制的输入/输出工作方式,这种硬件就是 DMA 控制器(也叫 DMA 接口)。在正常工作时,CPU 是计算机系统的主控部件,所有工作周期均用于执行 CPU 的程序。但在 DMA 方式下,由于 CPU 释放了总线的控制权,由 DMA 控制器接管总线,因此数据交换直接在内存和外围设备之间进行,而不经过 CPU。DMA 方式的工作原理如图 7-21 所示。

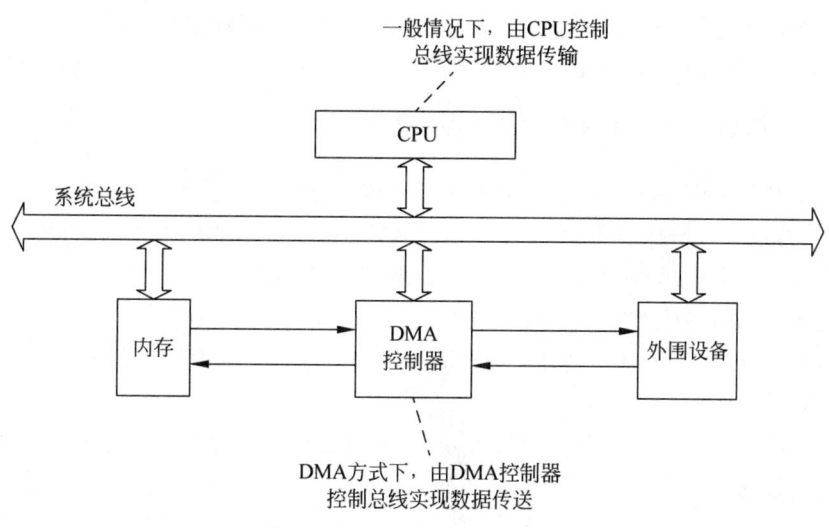

图 7-21 DMA 方式的工作原理

DMA 传送主要用于需要高速、大批量数据传送的系统中,以提高数据的吞吐量。在磁盘存取、图像处理、高速数据采集系统、同步通信中的收发信号等方面被广泛应用。

由于 CPU 根本不参加数据传送操作,所以 DMA 方式的主要优点是速度快,但它是以增加系统硬件的复杂性为代价的,因为 DMA 方式和程序控制方式相比,是用硬件控制去代替软件控制。

另外,CPU 在 DMA 传送期间被挂起,导致部分或完全失去对系统总线的控制,这可能会影响中断请求的及时响应与处理。因此在一些小型处理系统或者对速度要求不高、数据传输量不大的系统中,一般不使用 DMA 方式。

DMA 传送虽然脱离了 CPU 的控制,但并不是说 DMA 传送完全不需要进行控制和管理。通常采用 DMA 控制器来代替 CPU,负责 DMA 传送的全过程控制。由于目前大规模集成电路技术的发展,很多厂家直接生产可编程的大规模集成电路的 DMA 控制器(如 Z80、Intel 8257 或 8237),其复杂程度接近于 CPU,但使用起来非常方便。由于 DMA 控制器是实现 DMA 传送的核心器件,对它的工作原理、外部特性以及编程使用方法等方面的学习,就成为掌握 DMA 技术的重要内容。

DMA 的种类很多,但不同的 DMA 都需要至少能执行以下一些基本操作。

(1) 从外围设备发出 DMA 请求。

(2) CPU 响应 DMA 请求,并将 CPU 改成 DMA 操作方式,DMA 控制器从 CPU 接管总线的控制。

(3) 由 DMA 控制器对内存寻址,即决定数据传送的内存单元地址及数据传送个数的计数,并执行数据传送的操作。

(4) 向 CPU 报告 DMA 操作的结束。

DMA 方式具有下列特点:

① 它使主存与 CPU 不再具有固定联系,主存既可被 CPU 访问,又可被外设访问。

② 在数据块传送时,主存地址的确定、传送数据的计数等都由硬件电路直接实现。

③ 主存中要开辟专用缓冲区,及时为外设提供数据或接收外设的数据。

④ DMA 传送速度快，CPU 和外设并行工作，提高了系统效率。

⑤ DMA 在传送开始前要通过程序进行预处理，结束后要通过中断方式进行后处理。

7.6.2　DMA 控制器的功能与组成

在 DMA 方式中由 DMA 控制器负责对数据传送过程进行控制。当 I/O 设备需要进行数据传送时，通过 DMA 控制器向 CPU 提出传送请求，CPU 响应之后将让出系统总线，并由 DMA 控制器接管该总线，然后进行数据传送。DMA 控制器的主要功能如下。

(1) 接受 I/O 设备发出的 DMA 请求，并向 CPU 发出总线请求。

(2) CPU 首先响应此总线请求，再发出总线响应信号，并接管总线控制权，然后进入 DMA 操作周期。

(3) 确定传送数据的主存单元地址及长度，并自动修改主存地址计数和传送长度计数。

(4) 规定数据在主存和 I/O 设备之间的传送方向，发出读写等控制信号，执行数据传送操作。

(5) 向 CPU 报告 DMA 操作是否结束。

一个 DMA 控制器，实际上是采用 DMA 方式的外围设备与系统总线之间的接口电路。这个接口电路是在中断接口的基础上再加 DMA 部件组成。图 7-22 给出了一个简单的 DMA 控制器组成示意图，它由内存地址寄存器（Address Register，AR）、字计数器（Word Counter，WC）、设备地址寄存器（Device Address Register，DAR）、数据缓冲寄存器（Buffer Register，BR）、DMA 请求标志、控制/状态逻辑和中断机构等逻辑部件组成。

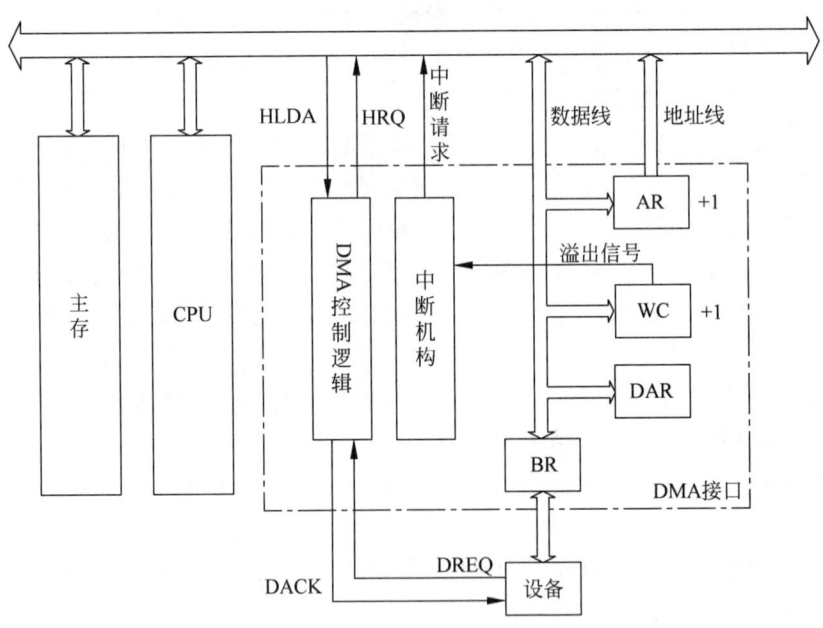

图 7-22　简单的 DMA 控制器组成

(1) 内存地址计数器。内存地址计数器用于存放内存中要交换的数据的地址。在 DMA 传送前，必须通过程序将数据在内存中的起始位置（首地址）送到内存地址计数器中。而当 DMA 传送时，每交换一次数据，都需要将地址计数器加一，从而以增量的方式给出内存中要交换的一批数据的地址。

(2) 字计数器。字计数器用于记录传送数据块的长度(即传送多少个字)。其内容(通常以补码形式表示)也是在数据传送之前由程序预先设定。在 DMA 传送时,每传送一个字,字计数器就加 1,当计数器溢出(即最高位产生进位时),表示这批数据传送完毕,此时 DMA 控制器向 CPU 发出中断信号。

(3) 设备地址寄存器。设备地址寄存器用于存放 I/O 设备的设备码或表示设备信息存储区的寻址信息,如磁盘数据所在的区号、盘面号和柱面号。具体内容取决于设备的数据格式和地址的寻址方式。

(4) 数据缓冲寄存器。数据缓冲寄存器用于暂存每次传送的数据。当进行数据输入时,由设备(如磁盘)送往数据缓冲寄存器,再由其通过数据总线送到内存。反之进行数据输出时,则由内存通过数据总线送到数据缓冲寄存器中,然后再送到设备里。

(5) DMA 请求标志。每当设备准备好一个数据字后就会发出一个控制信号,将"DMA 请求"的标志位设置为 1,这样将会向"控制/状态"逻辑发出 DMA 请求(Data Request, DREQ),后者又向 CPU 发出总线使用权的请求(Hold Request, HRQ),CPU 响应此请求后发回响应信号(Hold Acknowledge, HLDA),"控制/状态"逻辑接收此信号后发出 DMA 响应信号(Data Acknowledge, DACK),使"DMA 请求"标志复位,为交换下一个字做好准备。

(6) 控制/状态逻辑。控制/状态逻辑由控制和时序电路以及状态标志等组成,用于修改内存地址计数器和字计数器,指定传送类型(输入或输出),并对"DMA 请求"信号和 CPU 响应信号进行协调和同步。

(7) 中断机构。当字计数器溢出(全 0)时,意味着一组数据交换完毕,由溢出信号触发中断机构,向 CPU 发出中断报告。这里的中断与上一节介绍的 I/O 中断所采用的技术相同,但中断的目的不同,前面是为了数据的输入或输出,而这里只是为了报告一组数据传送结束,因此它们是 I/O 系统中不同的中断事件。

前面介绍的是最简单的 DMA 控制器,一个控制器只控制一个 I/O 设备。但在实际中经常采用的是选择型 DMA 控制器和多路型 DMA 控制器,简介如下。

(1) 选择型 DMA 控制器。如图 7-23 所示是选择型 DMA 控制器的逻辑框图,它在物理上可以连接多个设备,而在逻辑上只允许连接一个设备。换句话说,在某一段时间内只能为一个设备服务。

选择型 DMA 控制器工作原理与前面的简单 DMA 控制器基本相同。除了前面讲到的基本逻辑部件外,还有一个设备号寄存器。数据传送是以数据块为单位进行的,在每个数据块传送之前的预置阶段,除了用程序中 I/O 指令给出数据块的传送个数、起始地址和操作命令外,还要给出所选择的设备号。从预置开始,一直到这个数据块传送结束,DMA 控制器只为所选设备服务。下一次预置再根据 I/O 指令指出的设备号,为另一选择的设备服务。显然,选择型 DMA 控制器相当于一个逻辑开关,根据 I/O 指令来控制此开关与某个设备连接。

通过在最简单的 DMA 控制器上增加少量硬件就形成了选择型 DMA 控制器,它能够实现为多个 I/O 设备服务的目的。选择型 DMA 控制器特别适合数据传输率很高(如接近主存存取速度)的设备。该控制器在很快地完成传送一个数据块后,又可为其他设备服务。

(2) 多路型 DMA 控制器。多路型 DMA 控制器不仅在物理上可以连接多个设备,而且在逻辑上也允许多个设备同时工作,各个设备采用字节交叉的方式通过 DMA 控制器进行

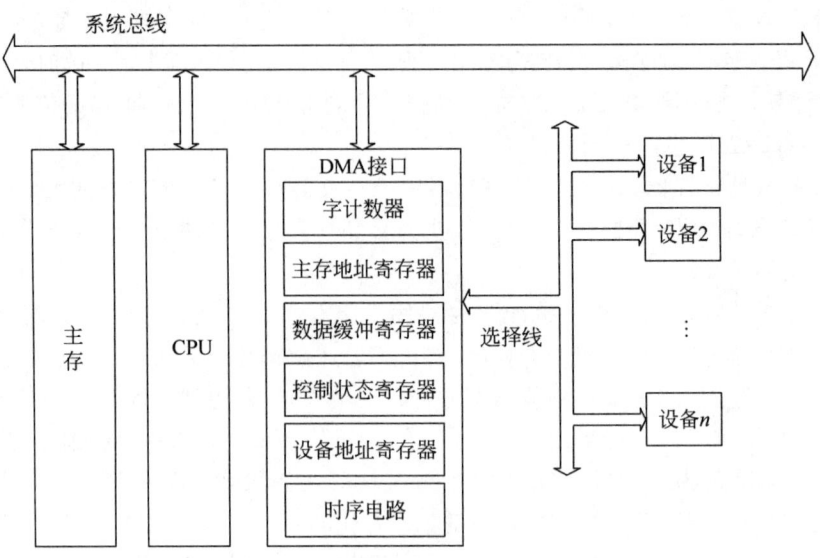

图 7-23 选择型 DMA 控制器

数据传送。在多路型 DMA 控制器中，为每个与它连接的设备都设置了一套寄存器，分别存放各自的传送参数。如图 7-24 所示分别是链式多路型 DMA 控制器和独立请求多路型 DMA 控制器，它们特别适合于同时为多个数据传输速率不高的设备提供服务。

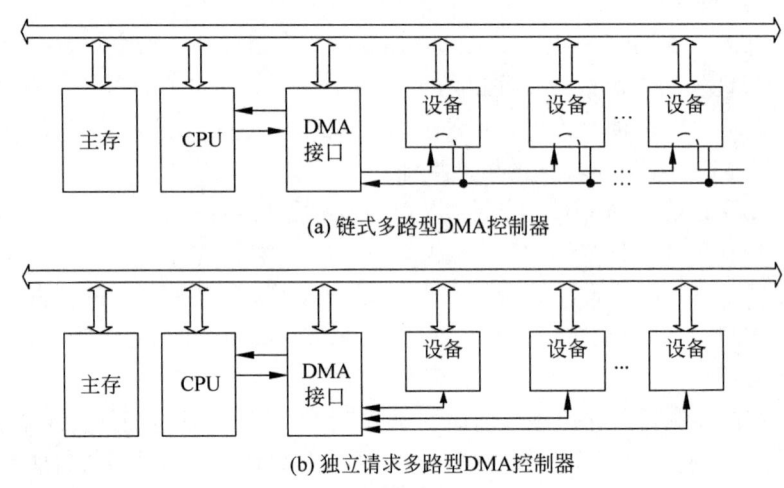

图 7-24 多路型 DMA 控制器

7.6.3 DMA 传送方式

DMA 技术的出现，使得 I/O 设备可以通过 DMA 控制器直接访问主存，而无需通过 CPU，此时 CPU 可以继续执行当前正在执行的程序以实现并行工作，这大大提高了 CPU 的利用率。

但是，当 I/O 设备和 CPU 同时访问主存时，有可能发生冲突，那么如何解决这一冲突以实现 DMA 控制器与 CPU 分时使用主存呢？通常采用以下三种方式来解决。

1. 停止 CPU 访问主存

当外围设备要求传送一批数据时,由 DMA 控制器发送一个停止信号给 CPU,要求 CPU 放弃对地址总线、数据总线和相关的控制总线的使用权。DMA 控制器获得总线控制权以后,开始进行数据传送。当一批数据传送完毕后,DMA 控制器通知 CPU 可以使用主存,并把总线控制权交还给 CPU,如图 7-25 所示。

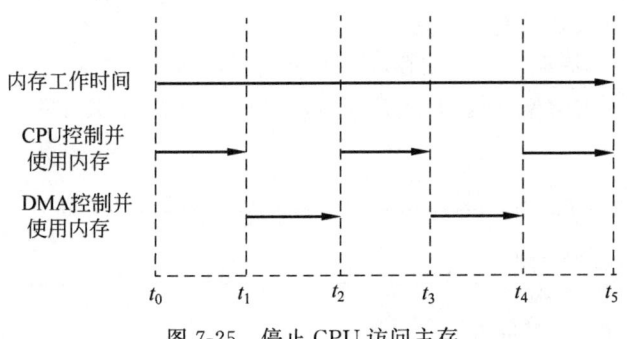

图 7-25 停止 CPU 访问主存

显然,在这种方式中,CPU 基本处于不工作状态或者说保持状态。这种方式的优点是控制简单,它适用于传输速率很高的 I/O 设备成组传送数据;缺点是在 DMA 控制器访存阶段,主存的效能没有充分发挥,相当一部分主存工作周期是空闲的。这是因为,I/O 设备传送两个数据之间的间隔一般总是大于主存的存储周期(如软盘读出一个 8 位二进制数大约需要 $32\mu s$,而半导体内存的存储周期小于 $0.2\mu s$,前者是后者的 160 倍),即使高速 I/O 设备也是如此,因此许多空闲的存储周期不能被 CPU 利用。

2. 周期挪用

在这种方式中,当 I/O 设备没有 DMA 请求时,CPU 按程序的要求访问主存;一旦 I/O 设备有 DMA 请求,则由 I/O 设备挪用一个或几个主存周期。

I/O 设备要求 DMA 传送时可能遇到两种情况。一种情况是此时 CPU 不需要访存,如 CPU 正在执行乘法指令。由于乘法指令执行时间较长,此时 I/O 访存与 CPU 访存没有冲突,即 I/O 设备挪用一两个主存周期对 CPU 执行程序没有任何影响。另一种情况是当 I/O 设备要求访存时 CPU 也要求访存,这就产生了访存冲突,在这种情况下 I/O 设备访存优先,因为 I/O 访存有时间要求,前一个 I/O 设备的数据必须在下一个访存请求到来之前存取完毕。

显然,在这种情况下 I/O 设备挪用一两个主存周期,意味着 CPU 就需要相应地延缓对指令的执行(即在 CPU 执行访存指令的过程中插入 DMA 请求,挪用了一两个访存周期),周期挪用的方式如图 7-26 所示。

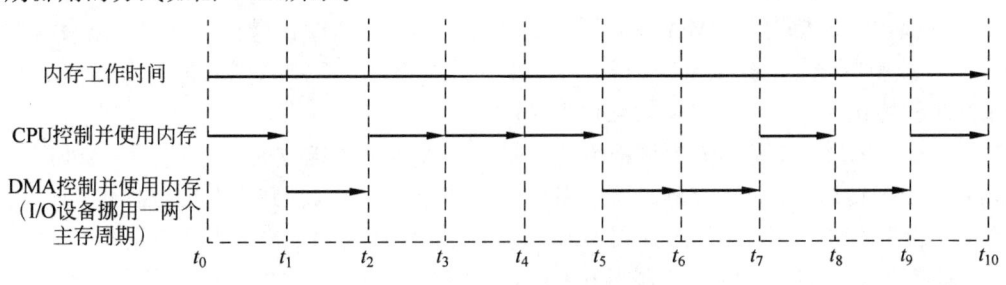

图 7-26 周期挪用

与第一种方式相比,周期挪用的方法既实现了 I/O 传送,又较好地发挥了访存和 CPU 的效率,是一种被广泛采用的方法。但是 I/O 设备每一次周期挪用都需要申请总线控制权、建立总线控制权和归还总线控制权,所以传送一个字对主存来说要占用一个周期,但对 DMA 控制器来说一般要 2~5 个内存周期(视逻辑线路的延迟而定)。因此,周期挪用的方法仅适用于 I/O 设备读写周期大于主存存储周期的情况。

3. DMA 与 CPU 交替访存

如果 CPU 的工作周期比主存的存取周期长很多,上述方式就不适用了,此时可以采用交替访存的方法来使 DMA 传送和 CPU 同时获得较高的效率,其原理如图 7-27 所示。

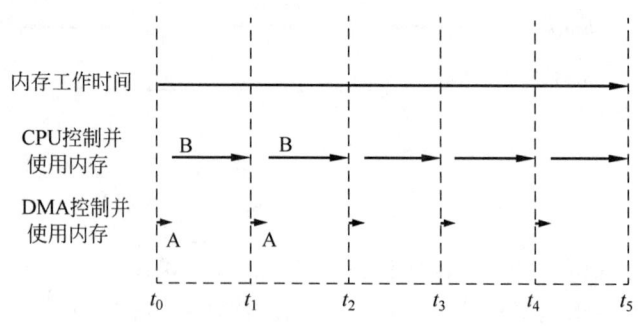

图 7-27 DMA 与 CPU 交替访存

假设 CPU 工作周期为 $1.2\mu s$,内存存取周期小于 $0.6ps$,那么一个 CPU 周期可分为 A 和 B 两个分周期,其中 A 专供 DMA 控制器访存,B 专供 CPU 访存。这种方式不需要申请、建立和归还总线使用权,因为总线使用权是通过 A 和 B 分时控制的。CPU 和 DMA 控制器各自有自己的访存地址寄存器、数据寄存器和读/写信号等控制寄存器。在 A 周期中,如果 DMA 控制器有访存请求,可将地址和数据等信号送到总线上,而在 B 周期中,如 CPU 有访存请求,同样将地址和数据等信号传送到总线上。事实上,对于总线,这相当于是用 A 和 B 控制的一个多路转换器,这种总线控制权的转移几乎不需要什么时间,所以对 DMA 传送来讲效率是很高的。

由于这种 DMA 传送方式对 CPU 来说是透明的,因此又将其称为"透明的 DMA"方式。在这一方式下,CPU 既不需要停止主程序的运行,也不需要进入等待状态,是一种高效率的工作方式,但不足之处是相应的硬件逻辑更加复杂。

7.6.4 DMA 传送过程

DMA 的数据传送过程可分为三个阶段:传送前预处理、正式传送和传送后处理。

1. 传送前预处理阶段

传送前预处理是指对 DMA 控制器的初始化操作。在初始化操作时,CPU 作为主控部件,DMA 控制器作为从控设备,根据 DMA 传送的要求,CPU 需测试外围设备的状态和设置 DMA 初始化命令字。其中初始化命令字时需要完成以下内容。

(1) 设置 DMA 传送方式的数据传送方向,DMA 数据传送方向有 3 种:一是外围设备到内存的数据传送;二是内存到外围设备的数据传送;三是内存到内存的数据传送。

(2) 设置 DMA 的数据传送方式。即决定当前要传送的 DMA 方式是停止 CPU 访问方式、周期挪用方式,还是 DMA 控制器和 CPU 交替访问内存的方式。

（3）设置DMA各通道的优先级。对于多个通道的DMA控制器来说，通过此命令决定各个通道的优先级。当两个以上的通道同时请求DMA传送时，DMA控制器先响应优先级高的通道。

（4）开放或屏蔽DMA通道。与中断方式类似，CPU也可以通过设置命令字开放或屏蔽某个DMA通道。当某个通道被屏蔽后，即使该通道有DMA请求，DMA控制器也不予响应。

（5）设置DMA传送的字数。字数通常以补码形式设置。设置字数时，CPU将实际要传送的字数以字计数器的长度为模取补，并将取补后的数据传送给字计数器。例如，当前要传送的数据的长度为8192（2000H），字计数器的长度为16位，则其补码为57344（E000H），CPU将57344传送给字计数器。

（6）设置DMA传送的内存初始地址。若是内存到内存的DMA传送，则需两个DMA通道，一个DMA控制器通道的地址寄存器用来设置源数据区的初始地址，另一个用来设置目的数据区的初始地址。

2. 数据传送过程阶段

在DMA传送过程中，DMA控制器作为主控部件，控制总线实现数据传送。下面以外围设备向内存传送数据为例说明DMA的数据传送过程。

（1）外围设备向DMA控制器请求DMA传送。

（2）若该通道未被屏蔽，则DMA控制器进行优先级裁决。如果无更高优先级的DMA通道正在进行数据传送或同时请求DMA传送，则DMA控制器向CPU发送总线请求信号。

（3）CPU暂停执行当前正在进行的基本操作，释放总线的控制权，并向DMA控制器发送一个总线响应信号。

（4）DMA控制器接收总线响应信号后，获得总线的控制权，并将DMA响应信号传递给外围设备。

（5）DMA控制器将地址寄存器的内容发往地址总线，同时发送I/O读和存储器写等控制信号，以传送一个字数据。

（6）地址寄存器的内容加1，字计数器的内容加1。

（7）若为单字传送，则DMA传送过程结束。若为数据块传送，则需判断字计数器是否溢出，如果未溢出，则转步骤（5）；否则DMA传送结束。

（8）若DMA结束，则DMA控制器将总线控制权交还给CPU，此时CPU将继续返回之前的基本操作。

内存到外围设备的DMA传送过程与上述类似，不再赘述。

3. 传送后处理

当DMA的中断请求得到响应后，CPU停止原程序的执行，转去执行中断服务程序，此时需要处理一些DMA传送结束时的工作。这些工作包括校验送入主存的数据是否正确（若数据不正确，则需进行相应的处理）；决定是否继续用DMA传送其他数据块（若继续传送，则再次对DMA接口进行初始化）；测试在传送过程中是否发生错误（若出错，则转错误诊断及处理错误程序）。

DMA接口与系统的连接方式有两种：公用的DMA请求方式和独立的DMA请求

方式。

在公用的 DMA 请求方式中,若干个 DMA 接口通过一条公用的 DMA 请求线向 CPU 申请总线控制权。CPU 发出响应信号后,用链式查询方式在这些与 DMA 接口连接的设备中找到最先响应的设备,该设备将获得总线控制权,即可占用总线与主存传送信息。在独立的 DMA 请求方式中,每一个 DMA 接口各有一对独立的 DMA 请求线和 DMA 响应线,它由 CPU 的优先级判别机构来决定首先响应哪一个请求,并在响应线上发出响应信号,获得响应信号的 DMA 接口便可以通过总线与主存传送数据。

在完成了 DMA 方式的学习之后,接下来看一下它与中断方式的区别,具体如表 7-2 所示。

表 7-2 DMA 方式与中断方式的区别

类　　别	中断方式	DMA 方式
是否占用 CPU 资源	是程序的切换,需要占用 CPU 来保护和恢复现场	除了预处理和后处理,在其他时候都不占用 CPU
对请求的响应	对中断请求的响应只能发生在每条指令执行完毕时(即指令的执行周期后)	对 DMA 请求的响应可以发生在每个机器周期结束时(在取指周期、间址周期、执行周期后均可),只要 CPU 不占用总线就可被响应
传送过程	需要 CPU 的干预	不需要 CPU 的干预
请求的优先级	更高	更低
对异常事件的处理	具有对异常事件的处理能力	仅局限于传送数据块的 I/O 操作
数据传送	靠程序传送	靠硬件传送

7.7　通道方式

7.7.1　通道的作用和功能

在大型计算机系统中,如果仅仅采用前面介绍的程序查询、程序中断和 DMA 方式来与外围设备进行通信,会存在以下两个问题。

(1) 所有输入/输出操作都要由 CPU 控制,使得 CPU 的负担较重,这势必会降低整个计算机的性能。对于低速外围设备,每传送一个字数都要由 CPU 执行程序来完成,而高速的外围设备虽然采用 DMA 方式来降低 CPU 的负担,但是初始化等操作仍需要 CPU 通过执行程序来完成。在大型计算机系统中,这种输入/输出操作相对于 CPU 的时间占用实际上是一种浪费。为了避免这种浪费,可以设置专用的 I/O 处理机来分担部分或大部分的输入/输出操作。

(2) 在大型计算机系统中外围设备虽然很多,但是它们一般并不同时工作。如果为每一台外围设备都配置一个接口,显然是一种浪费。采用 DMA 方式传送数据,虽然提高了输入/输出的速度,但它是以每一台外围设备都配置一个专用的 DMA 控制器为代价的。尽管在微型或小型计算机系统中,由于外围设备的数量很少,因而 DMA 控制器的数量相当有限,浪费并不明显。但在大型计算机系统中,由于外围设备的数量较多,则需要考虑如何让多个外围设备共享 DMA 控制器以避免资源浪费的问题(即不能为每一台外围设备都配置一个 DMA 控制器)。

为了使 CPU 从繁重的输入/输出操作中摆脱出来，提高系统硬件的利用率，在大型计算机系统中采用通道方式传递数据是一种比较好的选择。在通道方式中，通道处理机能够完成外围设备的大部分输入/输出工作，包括所有按字节传送方式工作的低速和中速外围设备和按数据块传送方式工作的高速外围设备。

在一台大型计算机系统中可以有多个通道，一个通道可以连接多个外围设备控制器，而一个设备控制器又可以管理一台或多台外围设备，这样就形成了非常典型的输入/输出系统的四级层次结构。

通道的基本功能是执行通道指令、组织外围设备和内存之间的数据传送、按 I/O 指令要求启动外围设备和向 CPU 报告中断等，它在实际应用时通常完成以下任务。

（1）接收 CPU 的 I/O 指令，并按指令要求与指定的外围设备进行通信。

（2）从内存中取出属于该通道程序的通道指令，经译码后向设备控制器或外围设备发出各种命令。

（3）组织外围设备与内存之间进行数据传送，并根据需要提供数据传送的缓存空间、数据存入内存的地址和传送的数据量。

（4）从外围设备得到状态信息，形成并保存通道本身的状态信息，根据要求将这些状态信息送到内存的指定单元中，以供 CPU 使用。

（5）将外围设备的中断请求和通道本身的中断请求，按次序向 CPU 报告。

综上所述，通道比前面介绍的程序查询、程序中断和 DMA 方式更能提高 CPU 的工作效率，但仍有改进的空间。外围处理机（Peripheral Processor Unit，PPU）方式就是通道方式的进一步发展。由于 PPU 基本上独立于主机工作，因此它的结构更接近一般处理机，甚至可以说它就是微小型计算机。在一些系统中，设置了多台 PPU，分别承担 I/O 控制、通信和维护诊断等任务，从某种意义上说，这种系统已变成分布式的多机系统。

输入输出处理器（I/O Processor，IOP）是通道结构的升级版本，尽管它不能独立于 CPU 工作，而只是主机的一个部件，但它可以和 CPU 并行工作，提供高速的 DMA 处理能力，实现数据的高速传送。

7.7.2 通道的类型

根据通道的工作方式分类，通道可以分为选择通道、字节多路通道和数组多路通道。

1. 选择通道

选择通道又称"高速通道"，在物理上可以连接多台外围设备，但多台设备不能同时工作。也就是说在一段时间内，选择通道只能为一台外围设备服务，在不同的时间内可以选择不同的外围设备。一旦选中某一设备，通道就进入"忙"状态，直到该设备数据传输工作结束，才能为其他设备服务。

选择通道主要用于连接高速外围设备（如磁盘、磁带等），信息以数据块方式高速传输，由于数据传输速率很高，所以在数据传送期间只为一台设备服务是合理的。但是这类设备的辅助操作时间很长，如磁盘机平均寻道时间是 10ms，磁带机走带时间可以长达几分钟。在这样长的时间里通道处于等待状态，因此整个通道的利用率不是很高。

2. 字节多路通道

字节多路通道是一种简单的共享通道，主要用于连接大量的低速设备（如键盘、打印机等)。由于外围设备的工作速度较慢,通道在传送两个字节之间有很多空闲时间,利用这段空闲时间,字节多路通道可以为其他外围设备服务。因此,字节多路通道采用分时工作方式,依靠它与 CPU 之间的高速总线分时为多台外围设备服务。

3. 数组多路通道

数组多路通道是选择通道和字节多路通道的结合,它的基本思想是:当某设备进行数据传输时,通道只为该设备服务;当设备在进行寻址等控制性操作时,通道暂时断开与该设备的连接,挂起该设备的通道程序,去为其他设备服务,即执行其他设备的通道程序。由于数组多路通道既保持了选择通道高速传输数据的优点,又充分利用了控制性操作的时间间隔为其他设备服务,使通道效率充分得到发挥,因此数组多路通道在实际的计算机系统中应用的最多。

字节多路通道和数组多路通道有共同之处,即它们都是多路通道(又称为多路转换通道),在一段时间内能交替执行多个设备的通道程序,使这些设备同时工作。

字节多路通道和数组多路通道也有不同之处,主要是:

① 字节多路通道不仅允许多个设备同时操作,还允许它们同时进行传输型操作;而数组多路通道虽然允许多个设备同时工作,但只允许一个设备进行传输型操作,其他设备进行控制型操作。

② 字节多路通道与设备之间数据传送的基本单位是字节,通道为一个设备传送一字节后,又可以为另一个设备传送一字节,因此各设备与通道之间的数据传送是以字节为单位交替进行;而数组多路通道与设备之间数据传送的基本单位是数据块,通道必须为一个设备传送完一个数据块以后,才能为其他设备传送数据块。

7.7.3 通道的工作过程

通道的工作过程可分为启动通道、数据传输、通道程序结束 3 部分,如图 7-28 所示。

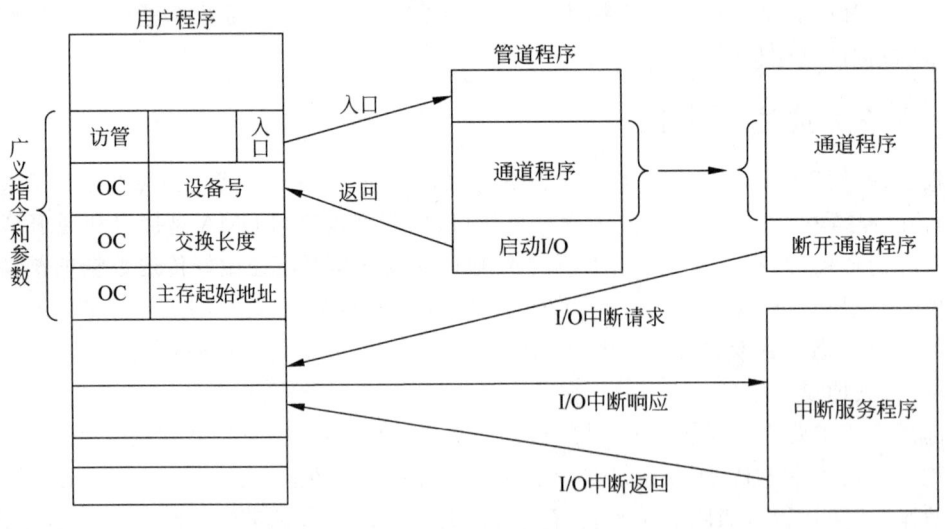

图 7-28 通道的工作过程

1. 启动通道

在用户程序中使用访管指令进入管理程序,由 CPU 通过管理程序组织一个通道程序,并启动通道。广义指令由一条访管指令和若干参数组成,访管指令的地址码部分实际上是这条访管指令要调用的管理程序入口地址。当用户程序执行到要求进入输入输出操作的访管指令时,产生自愿访管中断请求。

CPU 响应这个中断请求后,转入管理程序入口。管理程序根据广义指令提供的参数（如设备号、交换长度和主存起始地址等信息）来编制通道程序。在通道程序的最后,用一条启动输入输出指令来启动通道开始工作。

2. 数据传输

通道被启动后,CPU 就可以退出操作系统的管理程序,返回到用户程序继续执行原来的程序。而通道处理机执行 CPU 为它运行的通道程序,完成指定的数据输入输出工作。

3. 通道程序结束

当通道处理机执行完通道程序的最后一条通道指令（即断开通道指令）时,通道的数据传输工作就全部结束了。当通道程序结束后向 CPU 发出中断请求,CPU 响应这个中断请求后,第二次进入操作系统,调用管理程序对输入输出中断进行处理。如果是正常结束,管理程序需要进行必要的登记等工作;如果是故障或错误等异常情况,则需要进行异常情况处理。最后,CPU 返回到用户程序继续执行。

这样 CPU 只需要两次调用管理程序即可完成一次输入或输出,大大减少了对用户程序的打扰。当系统中有多个通道同时工作时,CPU 与多种不同类型、不同工作速度的外围设备并行工作,可以充分发挥效能。

7.8 小结

输入输出系统是计算机中最为重要部分之一,本章首先简要介绍了输入输出系统的概念,然后介绍了输入输出设备的分类,最后介绍了输入输出系统的发展概况。

输入输出设备可大致分为输入设备、输出设备和输入输出设备三类,典型的输入设备如键盘和鼠标,输出设备如显示器或打印机,输入输出设备如数模和模数转换设备。

输入输出接口实质包括软件和硬件两方面,主要有选址、传送命令、传送数据和反映设备工作状态的功能；按照不同的分类标准可以将输入输出接口分为并口或串口、可编程和不可编程接口等；输入输出端口的编址可分为统一编址和独立编址。

按照控制方式可以将接口分为程序型接口、中断型接口和 DMA 型接口和通道型接口等,在程序查询方式中,CPU 必须不断的查询 I/O 设备是否已经做好传送数据的准备；在中断方式中,输入输出设备处于主动地位,它使 CPU 暂停正在执行的程序,然后转至另一服务程序去处理这一事件,待事件处理完毕后再返回并继续执行原程序；DMA 方式是一种完全由硬件控制的输入输出工作方式；在通道方式中,通道处理机能够完成外围设备的大部分输入/输出工作,包括所有按字节传送方式工作的低速和中速外围设备和按数据块传送方式工作的高速外围设备。

参 考 文 献

[1] 唐朔飞. 计算机组成原理[M]. 2版. 北京：高等教育出版社，2008.
[2] 唐朔飞. 计算机组成原理：学习指导与习题解答[M]. 2版. 北京：高等教育出版社，2012.
[3] 白中英，戴志涛，等. 计算机组成原理[M]. 5版. 北京：科学出版社，2013.
[4] 白中英，戴志涛，等. 计算机组成原理试题解析[M]. 5版. 北京：科学出版社，2013.
[5] PATTERSON D A，HENNESSY L J．Computer Organization and Design：The Hardware/Software Interface[M]. 3rd ed. Burlington：Morgan Kaufmann，2004.